国家重点基础研究发展计划（973）项目（2014CB440905）
国家重点研发计划项目（2017YFC0602502）
国家自然科学基金项目（41872095、U1812402、41430315、42172082）
云南大学科研启动项目（YJRC4201804）和创新团队项目（2021-3）
联合资助

黔西北地区铅锌矿床成矿作用与找矿预测

周家喜 等 著

科学出版社
北京

内 容 简 介

本书在简要分析川滇黔铅锌矿集区地质背景和成矿特征基础上，重点解析黔西北铅锌成矿区（川滇黔铅锌矿集区重要组成部分之一）内典型矿床地质特征、元素地球化学和同位素地球化学特征，并率先开展主要成矿元素锌自身稳定同位素体系矿床学应用研究，然后初步揭示黔西北铅锌成矿区铅锌矿床成因、成矿规律与找矿方向，最后创新性地建立此类型矿床流体-构造-岩石组合耦合成矿与找矿模式，划分黔西北地区三级铅锌成矿与找矿远景区，提出下一步区域铅锌矿产勘查部署建议。

本书可供元素地球化学、同位素地球化学、矿床学、区域成矿学、矿产勘查学、矿山地质学、成矿规律与找矿预测等方面科研院所、大专院校、勘查单位和矿山企业科研人员、技术人员、研究生、大学生参考。

审图号：GS 川（2022）173 号

图书在版编目（CIP）数据

黔西北地区铅锌矿床成矿作用与找矿预测/周家喜等著. —北京：科学出版社，2022.12

ISBN 978-7-03-073010-7

I. ①黔…　II. ①周…　III. ①铅锌矿床－成矿作用－研究－贵州 ②铅锌矿床－找矿－预测－研究－贵州　IV. ①P618.4

中国版本图书馆 CIP 数据核字（2022）第 157509 号

责任编辑：李小锐 / 责任校对：彭　映
责任印制：罗　科 / 封面设计：墨创文化

科学出版社出版
北京东黄城根北街 16 号
邮政编码：100717
http://www.sciencep.com

四川煤田地质制图印务有限责任公司印刷
科学出版社发行　各地新华书店经销

*

2022 年 12 月第　一　版　开本：787×1092　1/16
2022 年 12 月第一次印刷　印张：15 3/4
字数：373 000

定价：168.00 元

《黔西北地区铅锌矿床成矿作用与找矿预测》
作 者 名 单

周家喜　黄智龙　金中国

杨德智　叶　霖　安　琦

包广萍　罗　开　肖宪国

前　言

黔西北铅锌成矿区是川滇黔铅锌矿集区的重要组成部分之一，但与相邻的滇东北（有会泽和毛坪等超大型铅锌矿床）和川西南铅锌成矿区（有大梁子和天宝山等大型铅锌矿床）内“多（矿床数量多）、富（矿床品位高）、大（矿床储量大）”的成矿特征相比，黔西北铅锌成矿区已发现的铅锌矿床无论是数量、品位，还是储量，都要逊色得多。截至2020年底，黔西北地区发现铅锌矿床（点）有130余处，仅有猪拱塘特大型铅锌矿床（约300万t铅锌金属资源储量）1处，纳雍枝大型铅锌矿床（约150万t铅锌金属资源储量，但其是否归属黔西北铅锌成矿区还有争议，本次工作暂不涉及）1处，其余均为中小型矿床（点）。本次工作在对以往工作总结的基础上，通过大量的典型矿床地质、地球化学和年代学研究，结合剖面实测、坑道与钻孔编录、物探、化探和遥感资料，进行多元综合信息深度融合，在区域成矿规律、矿床成因、成矿预测和找矿远景等几个方面取得以下新认识。

（1）黔西北铅锌矿床（点）的分布明显受构造控制，特别是区域性构造（深大断裂+紧密褶皱）控制矿床（点）的展布，区域性构造及其派生构造的张性空间（穿层+顺层构造带）控制矿体的产出，体现出显著的圈闭构造体系控矿特征。

（2）黔西北地区泥盆系—二叠系沉积岩中均有原生铅锌矿产出，显示铅锌矿的含矿层位具多层性，但以泥盆系和石炭—二叠系为主，其中二叠系富有机质层与铅锌矿具有明显的空间对应关系，暗示具有一定的层位控矿特征。

（3）黔西北地区云炉河（台地相带）→猫猫厂、天桥、双龙井、山王庙（台地边缘相带或称过渡相）→观音山、响水河、杉树林（浅海盆地相带），主要铅锌矿床（点）多集中于台地边缘礁（滩）碳酸盐岩相中，表现出必要的岩相控矿特征。

（4）黔西北地区铅锌矿的含矿围岩包括灰岩、白云质灰岩、灰质白云岩、白云岩和硅化白云岩等碳酸盐岩，显示铅锌成矿对碳酸盐岩具有专属性，其中（硅化）重结晶白云岩是最主要的赋矿岩石，赋矿地层中通常发育有蒸发膏盐岩（层）、富有机质页岩等，上覆玄武岩，下伏浅变质岩，彰显有利岩石组合控矿特征。

（5）黔西北地区铅锌矿床的围岩蚀变虽然弱，但热液黄铁矿化、钙镁碳酸盐岩化（白云石和方解石）和铁锰碳酸盐岩化（铁锰碳酸盐矿物，如菱铁矿、铁白云石、锰方解石等）普遍发育，并具有蚀变分带特征，其中黄铁矿化为近矿蚀变，钙镁碳酸盐岩化和铁锰碳酸盐岩化为外带蚀变。

（6）黔西北地区铅锌矿床的成矿金属具有多来源特征，其中赋矿沉积岩和基底浅变质岩是最主要来源，而赋矿沉积岩中二叠系含有机质页岩不仅是重要的物源岩，还起到关键的有机质还原障作用；矿化剂S具有异地和原地来源特征，特别是原地蒸发膏盐岩（层）对矿床定位和成矿规模具有决定性作用；矿化剂CO_2以原地为主，与钙镁碳酸盐岩化和铁锰碳酸盐岩化关系密切，且碳酸盐矿物在整个成矿过程中都扮演重要角色，起到碳酸盐缓冲作用。

（7）黔西北地区铅锌矿床具有“区域性深大断裂（流体运移通道）+挤压构造及其派生构造的局部张性部位（容矿空间）+重结晶白云岩（赋矿围岩）+蒸发膏盐岩（提供硫源）+富有机质页岩（提供部分成矿物质和还原剂）+大规模成矿流体（成矿金属搬运介质）”的“六位一体”特征，是大规模流体-圈闭构造体系-有利岩石组合耦合成矿作用的产物。

（8）黔西北地区铅锌成矿流体运移方向为富硫流体由 SE 向 NW 运移，而富金属流体由 NW 向 SE 演化，流体混合是研究区铅锌矿床沉淀的重要机制；研究区铅锌矿床成因属于不同于密西西比河谷型（Mississippi Valley-type，MVT）矿床的新类型，即川滇黔（SYG）型或上扬子型（Upper Yangtze-type）铅锌矿床。

（9）SYG 型铅锌矿床是指形成于被动边缘构造背景挤压带内、台地碳酸盐岩中、与岩浆活动具有一定时空及成因联系、矿石品位较高（Pb+Zn 质量分数通常大于 10%）和有益组分较多（如 Cu、Ag、Ge、Cd 和 Ga 等）、成矿温度（通常小于 300℃）和盐度（质量分数，NaCl equiv.）（通常小于 20%）较低的一类后生热液型铅锌矿床，除广泛发育于扬子板块周缘低温成矿域外（特别是川滇黔铅锌矿集区），特提斯成矿域和其他相似成矿区（带）也有分布。

（10）在黔西北地区划分三级铅锌成矿与找矿远景区。Ⅰ级共 4 个：垭都-蟒硐断裂带朱沙厂—老君洞和罐子窑—亮岩窝弓；云炉河-银厂坡断裂带云炉河—乐开和银厂坡。Ⅱ级共 8 个：垭都-蟒硐断裂带垭都—箴匠冲、蟒硐、五里坪、福来厂、猫榨厂、天桥—耗子硐；威宁-水城断裂带青山和杉树林。Ⅲ级共 6 个：垭都-蟒硐断裂带发达、独山、观音山；威宁-水城断裂带双水井和水槽堡；云炉河-银厂坡断裂带中部。

本书是云南大学、中国科学院地球化学研究所、贵州省有色金属和核工业地质勘查局、贵阳矿业开发投资股份有限公司、贵州省地质矿产勘查开发局等单位相关人员综合研究的成果。得到国家自然科学基金项目（41872095、U1812402、41430315、42172082）、国家重点研发计划项目（2017YFC0602502）、国家重点基础研究发展计划（973）项目（2014CB440905）和云南大学科研启动项目（YJRC4201804）和创新团队项目（2021-3）等联合资助。

在项目实施和专著撰写过程中，得到云南大学谈树成教授、夏既胜教授、赵志芳教授等，中国科学院地球化学研究所胡瑞忠院士/研究员、毕献武研究员、温汉捷研究员、张辉研究员、樊海峰研究员等，贵州有色金属和核工业地质勘查局张伦尉研究员、陈兴龙研究员等，昆明理工大学李波教授、高建国教授等，贵州地质矿产勘查开发局 104 队杨兴玉教授级高工等和 109 队金少荣教授级高工等，中国科学院地质与地球物理研究所秦克章研究员等，中国地质调查局发展研究中心吕志成研究员等，中国地质调查局成都地质调查中心李文昌教授等，云南省有色地质局崔银亮教授等，中国地质科学院地质研究所朱祥坤研究员、杨志明研究员、宋玉财研究员等，中国地质大学（北京）毛景文院士/研究员、谢桂青研究员、袁顺达研究员等，中国地质科学院矿产资源研究所陈懋弘研究员等，南京大学倪培教授等，中山大学王岳军教授等，西北大学袁洪林教授等，北京大学许成教授等，澳大利亚昆士兰大学赵建新教授、俸月星博士等，香港大学周美夫教授等的支持和帮助，在此表示衷心的感谢！硕士生杨智谋、安芸林、肖嵩、王敏、张浩、彭旎、朱瑞丰等参与了数据分析和图件绘制。

专著撰写分工如下。前言：周家喜、黄智龙。第一章：周家喜、黄智龙、金中国、叶霖。第二章：周家喜、金中国、肖宪国、杨德智、安琦。第三章：周家喜、金中国、杨德智、肖宪国、包广萍、罗开、叶霖。第四章：周家喜、黄智龙、叶霖、罗开、包广萍。第五章：周家喜、包广萍、罗开。第六章：周家喜、黄智龙、包广萍、罗开。第七章：周家喜、黄智龙、金中国、杨德智、肖宪国、叶霖。第八章：周家喜、黄智龙、金中国。全书由周家喜、黄智龙统一定稿完成。

由于著者水平有限，本书难免存在不足之处，敬请读者批评指正！

周家喜　云南大学、中国科学院地球化学研究所
黄智龙　中国科学院地球化学研究所

二〇二二年三月二十二日于春城

目　录

第一章　川滇黔地区地质概况

研究区位于扬子陆块西南缘的四川—云南—贵州（川滇黔）交接区内，即安宁河-绿汁江断裂以东、弥勒-师宗-水城断裂以西北和康定-彝良-水城断裂以西南，总面积约为 200000km^2 的大三角区域内（图 1-1）。川滇黔地区构造分区隶属于扬子陆块西南部康滇地轴（贵州省地质矿产局，1987；云南省地质矿产局，1990；四川省地质矿产局，1991；

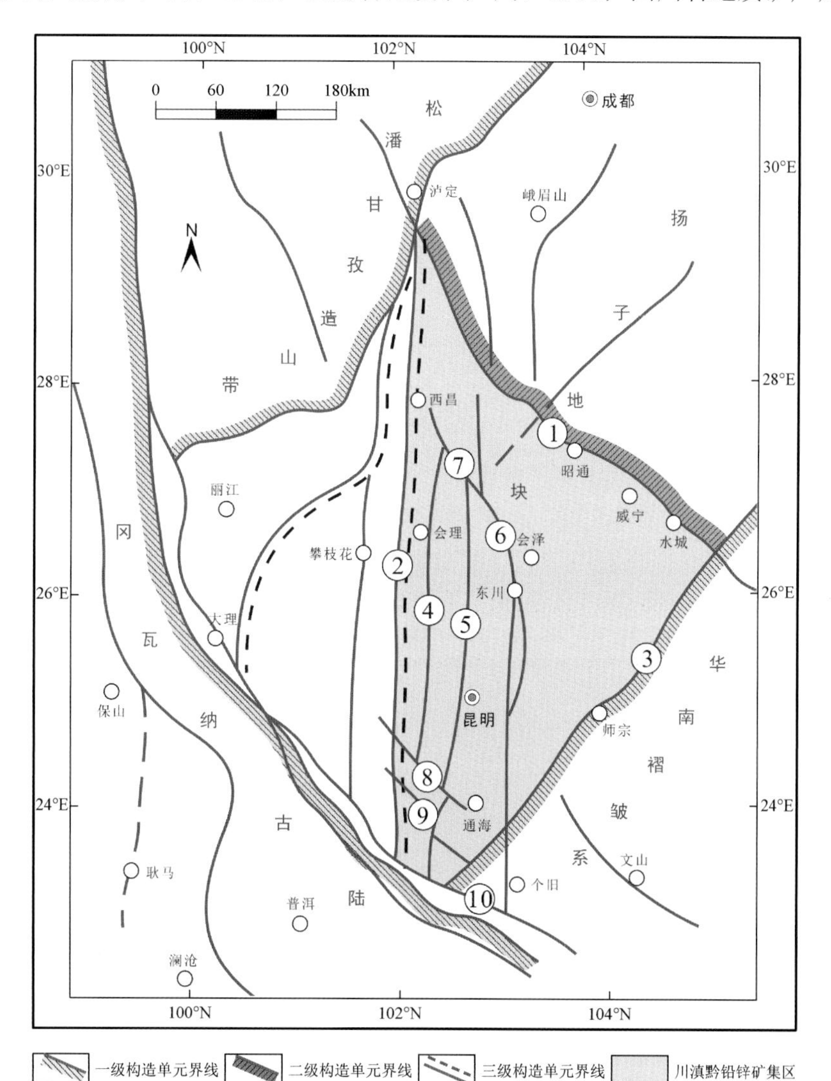

图 1-1　川滇黔铅锌矿集区大地构造略图（马力 等，2004）

王宝碌　等，2004）。川滇黔地区地壳结构复杂、构造运动强烈、岩浆活动频繁，具有优越的成矿地质背景和形成大型-超大型矿床的地质条件（黄智龙　等，2004；Zhou et al.，2018a）。

截至2020年底，川滇黔铅锌矿集区内已发现铅锌银等多金属矿床（点）500余处[柳贺昌和林文达（1999）统计为400余处]，构成我国独具特色的上扬子铅锌成矿省（the Upper Yangtze Pb-Zn metallogenic province；Zhou et al.，2018a）。按矿床（点）所在的地理位置，该成矿省大致可划分为滇东北、黔西北和川西南三个铅锌成矿区（图1-2）。

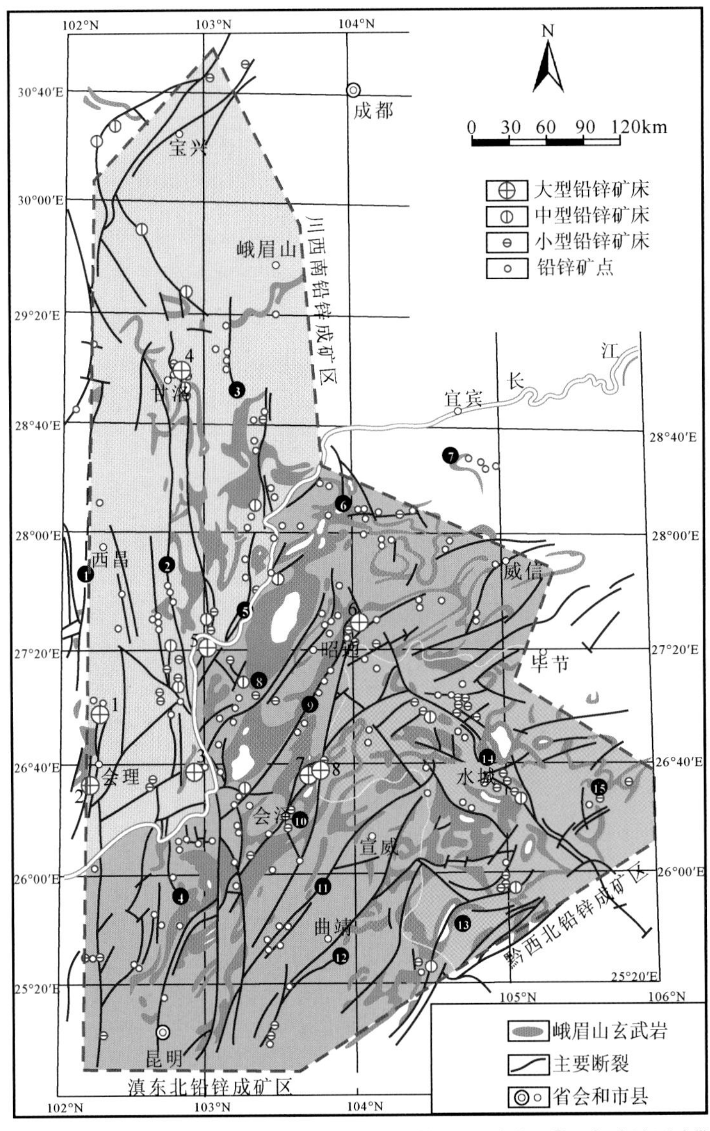

①泸定-易门矿带；②汉源-巧家矿带；③峨边-金阳矿带；④梁土山（普渡河）矿带；⑤巧家-金沙厂矿带；⑥永善-盐津矿带；⑦珙县-兴文矿带；⑧巧家-大关矿带；⑨会泽-彝良矿带；⑩会泽金牛厂-矿山厂矿带；⑪寻甸-宣威矿带；⑫牛首山矿带；⑬罗平-普安矿带；⑭威宁-水城矿带；⑮六枝-织金矿带

1. 天宝山；2. 小石房；3. 大梁子；4. 赤普；5. 茂租；6. 毛坪；7. 矿山厂；8. 麒麟厂

图1-2　川滇黔铅锌矿集区地质略图（柳贺昌和林文达，1999；略修改）

川滇黔铅锌矿集区发育超大型矿床3处（会泽，铅锌金属资源储量＞500万t；毛坪，铅锌金属资源储量＞300万t；猪拱塘，铅锌金属资源储量＞300万t），大型矿床10处（大梁子、天宝山、小石房、乌斯河、赤普、茂租、乐红、富乐和纳雍枝，铅锌金属资源储量＞50万t，乐马厂属于大型独立银矿床），中、小型矿床80余处（如金沙厂、天桥、杉树林、银厂坡等），累计探明铅锌金属资源储量超过2000万t（王峰 等，2013）。

这些铅锌矿床中普遍富集铜（Cu）、银（Ag）、锗（Ge）、镓（Ga）、镉（Cd）和硒（Se）等有益组分（如会泽富锗、天宝山富铜并发现铜矿体、大梁子富镉、丁头山富硒、富乐富多种稀散元素等），且具有相似的成矿条件、控矿因素和矿化特征（柳贺昌和林文达，1999；黄智龙 等，2004；刘家铎 等，2004；金中国和黄智龙，2008；崔银亮 等，2011；李家盛 等，2011；孙海瑞 等，2016；胡瑞忠 等，2021）以及相近的成矿时代（226～182Ma）（黄智龙 等，2004；Li et al.，2007；Yin et al.，2009；蔺志永 等，2010；毛景文 等，2012；Zhou et al.，2013a，2013b，2015，2018a；Zhang et al.，2015），形成了以优势紧缺（铅锌）、战略关键（稀散金属）矿产为主的大型-超大型富稀散金属铅锌特色成矿系统。

第一节　区 域 地 层

一、基底

川滇黔地区的扬子陆块基底具有“双层结构”（张云湘 等，1988；柳贺昌和林文达，1999；黄智龙 等，2004；李家盛 等，2011），即太古代—古元古代结晶基底（ca. 3.3～2.5Ga）（Qiu et al.，2000；Gao et al.，2011）和中—新元古代褶皱基底（ca. 1.7～1.0Ga）（Sun et al.，2009；Wang et al.，2010，2012；Zhao et al.，2010）。结晶基底为以康定杂岩为主体的康定群，其分布北起四川康定—泸定，南延经石棉、冕宁、西昌、攀枝花至云南元谋一带，两侧均为断裂带所限（图1-3）。康定群为一套片麻状的岩石组合，主要由斜长角闪岩、角闪斜长片麻岩、黑云变粒岩和少量二辉麻粒岩等组成，岩石普遍遭受重熔混合岩化作用，局部出现奥长花岗质、英云闪长质和角闪二辉质混合片麻岩，其原岩恢复结果表明，该套地层为一套火山-沉积岩组合，其下部以基性火山熔岩为主，向上变为中酸性火山岩及火山碎屑岩-火山质浊积岩，最后转为正常的沉积岩。褶皱基底分布于以轴部为南北向康定群结晶基底带为界的两侧（图1-3），西侧以盐边群为代表，分布于盐边一带，厚度近10000m，主要为一套轻微变质的复理石和枕状熔岩组合，形成于优地槽构造环境（张云湘 等，1988；黄智龙 等，2004）；东带以会理群为代表，主要分布于会理、通安和会东一带，总体以浅变质的正常沉积岩为特征，夹少量火山岩，变质程度为低绿片岩相，厚度近 1500m，形成于冒地槽构造环境。东南部滇东北以昆阳群为代表，主要分布于东川、易门一带，厚度近10000m，主要为一套由碳酸盐岩和碎屑岩组成的复理石建造，著名的东川铜矿床和易门铜矿床均产于该套地层中（柳贺昌和林文达，1999；叶霖，2004）。川滇黔铅锌矿集区内只有褶皱基底岩石出露，其中滇东北和川西南成矿区内昆阳群和会理群分布较为广泛（柳贺昌和林文达，1999；刘家铎 等，2004；黄

智龙 等，2004；王峰 等，2013），而黔西北成矿区内结晶基底和褶皱基底均未出露（金中国和黄智龙，2008）。

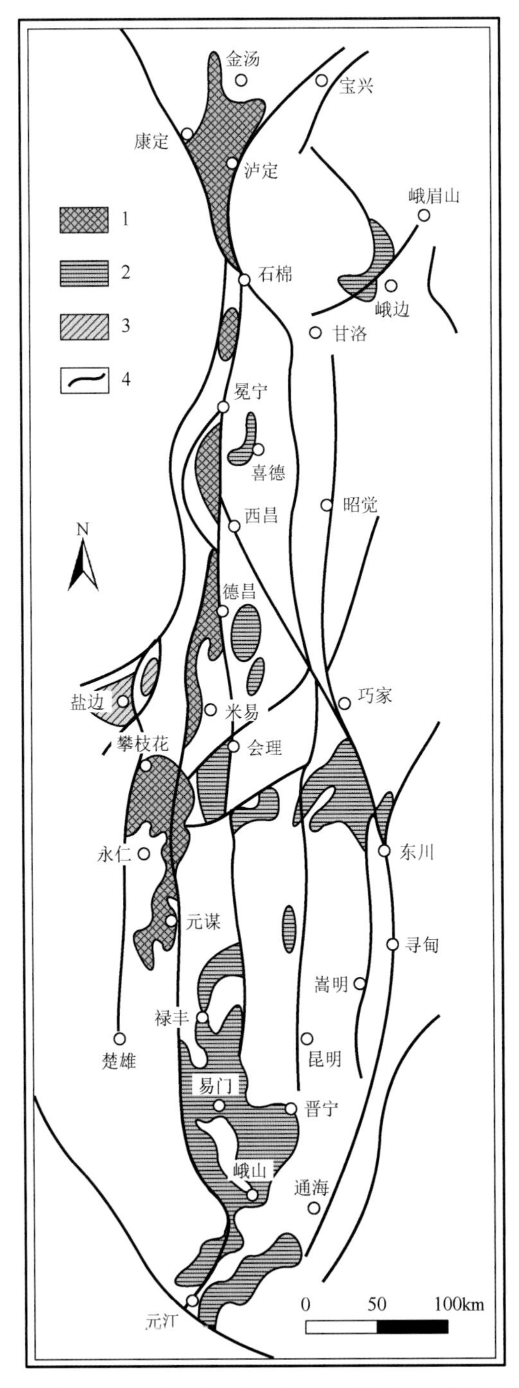

1. 康定群；2. 会理群（昆阳群）；3. 盐边群；4. 断裂带

图 1-3　扬子地块西缘基底分布图（黄智龙 等，2004，修改）

二、盖层

盖层发育自震旦系至第四系，虽然不同地区相同时代地层的名称和出露厚度有所差异，但其岩性均可对比（图 1-4）（张云湘 等，1988；柳贺昌和林文达，1999；黄智龙 等，2004；金中国，2008；李家盛 等，2011；王峰 等，2013；胡瑞忠 等，2021）。震旦系下统为一套陆相红色磨拉石建造，向东逐渐过渡为陆-浅海相碎屑沉积；上统下部零星出露陆相冰川堆积物，中部由北向南由碳酸盐岩过渡为碎屑岩，上部为碳酸盐岩，其中含膏盐岩（层），是成矿域内铅锌矿床主要的层位之一，产有茂租、大梁子等铅锌矿床。寒武系上统为碳酸盐岩；中、下统以碎屑岩为主夹碳酸盐岩，下统夹含磷碎屑岩。奥陶系下部以碎屑岩为主，夹少量碳酸盐岩，中部为碳酸盐岩，上部为页岩、碎屑岩或白云岩。志留系主要为滨-浅海相砂岩、泥岩及泥质碳酸盐岩，局部为白云岩。泥盆系为滨-浅海相碎屑岩及碳酸盐岩。石炭系底部为含煤碎屑沉积，向上为碳酸盐岩，是区域内铅锌矿床主要的赋矿层位之一，产有会泽、杉树林等铅锌矿床。二叠系中、下统以海相碳酸盐岩为主，下部为砂岩、页岩，上部为碳酸盐岩；上统为峨眉山玄武岩；之上主要为滨-浅海相含煤碎屑岩及碳酸盐岩和陆相含煤砂泥岩。三叠系下部为长石石英砂岩、粉砂岩夹泥岩、泥灰岩，中部以碳酸盐岩为主，上部为碎屑岩夹泥灰岩、煤层。侏罗系为长石石英砂岩、粉砂岩及页岩，底部常见砾石层，上部夹少量泥晶灰岩。白垩系为紫红色含岩屑石英砂岩及砾岩层。古近-新近系主要为湖沼相黏土岩、砾岩，夹褐煤层。第四系为残坡积、冲积、洪积砂砾黏土层，河湖相或湖沼相沉积物中夹褐煤或泥炭层。

第二节 区 域 构 造

川滇黔铅锌矿集区周边均以深大断裂为界（图 1-1），成为不同级别构造单元分界线，在其长期演化过程中表现出不同的活动性质。长期地史发育中，共同特点是具有被动大陆边界性质，并在不同地史时期对两侧沉积作用及矿集区内成矿作用均有明显控制作用。

一、康定-彝良-水城断裂

该断裂北起康定，经泸定—汉源—甘洛—雷波—大关—彝良—威宁—水城—关岭并继续向 SE[①]延伸（图 1-1①），东南段贵州境内称紫云-垭都断裂（金中国和黄智龙，2008），西北段四川境内称泸定-汉源-甘洛断裂（刘家铎 等，2004），可能与鲜水河断裂相接；中段（甘洛—雷波—永善—大关段）地表断裂表现不连续，具隐伏性质特征，而大关-彝良段断裂地表反映明显。紫云-垭都断裂对其两侧沉积和构造的控制作用十分明显，为贵州省内二、三级构造单元分界；北东盘以 NE 向褶皱和断裂为主，缺失或极少发育泥盆系—石炭系沉积；南西盘称六盘水断陷，以 NW 向褶皱及断裂为主，而泥盆系—石炭系沉积厚度较大。该断裂同时控制了黔西北铅锌成矿区内绝大多数铅锌矿床（图 2-2）（王华云 等，1996；金中国和黄智龙，2008；周家喜 等，2010，2012；王峰 等，2013；Zhou et al.，2018a）。

① 文中的 S、N、E、W 是方向简称，其对应含义分别为 south（南）、north（北）、east（东）、west（西）。

地层＼分区			滇东区	滇东北区	川西南区	黔东北区	主要矿产举例
新生界	第四系	全新统	砾石及砂土	冲洪积层	河流阶段及坡积	坡残积、冲积层	铅锌、铁
		更新统	元谋组	冲积层		湖沼洞穴堆积	煤、黏土
	新近系		茨营组	茨营组	昔各达组		煤、铁
	古近系		路南组	路南组		砂砾岩、钙质泥岩	石膏、煤
中生界	白垩系	上统	赵家店组		嘉定群		石膏
			江底河组				石膏
			鸟头山组				铜、石膏
		下统	普昌河组				石膏
			高峰寺组				铜
	侏罗系	上统	妥店组	蓬莱镇组	飞天山组	重庆组	
		中统	蛇店组	遂宁组	官沟组	朗代组	铜、盐泉
				上沙溪庙组	牛滚函组		铜、盐泉、黏土、石膏
			张河组	下沙溪庙组	新村组		铜
				自流井组	金门组		芒硝
		下统	冯家河组		白果湾群	龙头山群	铅锌、铁、黄铁矿、煤
	三叠系	上统	一平浪组	须家河组		火把冲组	铅锌、铁、黄铁矿、煤、粘土、油页岩
			鸟格组			把南组	
		中统	法郎组	关岭组 上段	雷口坡组	法郎组	
			个旧组	关岭组 下段		关岭组	砷、石膏、油页岩、盐泉
		下统	永宁镇组	永宁镇组	嘉陵江组	永宁镇组	铜、钼、铀、汞、石膏
			飞仙关组	飞仙关组	飞仙关组	飞仙关组	铜、锑、黄铁矿、铁
古生界	二叠系	上统	宣威组	宣威组	乐平组	宣威组	锑、钼、砷、铀、铁、锰、萤石、煤、铝土矿
			峨眉山玄武岩组	峨眉山玄武岩组	峨眉山玄武岩组	峨眉山玄武岩组	铜、钴、汞、黄铁矿、铁、钒、钛
		中统	茅口组	茅口组	茅口组	茅口组	铅锌、铜、汞、锑、萤石
			栖霞组	栖霞组	栖霞组	栖霞组	铅锌、铜、铁、萤石
		下统	梁山组	梁山组	梁山组	梁山组	黄铁矿、铝土矿、黏土、煤
	石炭系	上统	马坪组	马坪组		马坪组	铅锌、铜
			威宁组	威宁组		黄龙组	铅锌
		下统	摆佐组	摆佐组		摆佐组	铅锌
			大塘组 上司段	大塘组 上司段		大塘组 上司段	煤、铁
			大塘组 万寿山段	大塘组 旧司段		大塘组 旧司段	
				岩关组		岩关组	铅锌
	泥盆系	上统	一打得群	寨结山组	唐王寨群	代化组	铅锌、石膏
				一打得群		望城坡组	
		中统	曲靖组	中统 曲靖组	白石铺群	火烘组	铅锌、汞、黄铁矿、铁
			盘溪组	中统 红崖坡组		剩山组	铀页岩
			海口组	中统 缩头山组		邦寨群	铁
		下统	翠峰山群	箐门组	平驿铺群		铁
				下统 边箐沟组		龙华山群	铁
				下统 坡脚组			铁
				下统 翠峰山组			铁
	志留系	上统	玉龙寺群	菜地湾组	纱帽湾组		
		中统	马龙群	大路寨组	石门坎组	大关群	铅锌、磷
				嘶风崖组			
				黄葛溪组			铅锌
		下统	龙鸟溪群	龙鸟溪群	龙鸟溪群		铜、盐泉
	奥陶系	上统	五峰组	大箐组	钱塘江群		铅锌、重晶石、黄铁矿、盐泉
			盐津组				
		中统	大箐组		艾家山群		铅锌、黄铁矿、磷、铁、盐泉
			巧家组	上巧家组		十字铺组	
		下统	诺多组	下巧家组	宜昌群	同高组	铅锌、锆石
			红石崖组	红石崖组		戈塘组	
	寒武系	上统		二道沟组	二道沟组	娄山关群	铅锌、萤石、盐泉
		中统	双龙潭组	西王庙组	西王庙组		石膏、盐泉
			陡坡寺组	陡坡寺组	大槽河组	高台组	银、铜、铅锌、汞
		下统	龙王庙组	龙王庙组	龙王庙组	清虚洞组	铅锌、石膏
			沧浪铺组	沧浪铺组	沧浪铺组	金顶山组	铅锌、钴、铁、石膏
			筇竹寺组	筇竹寺组	筇竹寺组	牛蹄塘组	铅锌、钒、钼、镍、铀、磷、油页岩、萤石、汞、雄黄、盐泉
					渔户村组		
元古宇	震旦系	上统	灯影组	灯影组	灯影组	灯影组	铅锌、铜、铁、萤石、重晶石、磷、石膏
			陡山沱组	陡山沱组	观音崖组		铅锌、铜、铁、锰、黄铁矿
			南沱组	南沱组	列古六组	南沱组	
		下统	澄江组	澄江组	开建桥组		铜、汞
					苏雄组		
	前震旦系		昆阳群	麻地组	天宝山组		铅锌、铁
					风山营组		铜、铅锌、黄铁矿
				小河口组	力马河组		铜、镍
				大营盘组	通安组 五段		铜、黄铁矿
				青龙山组	通安组 四段		铅锌、铜
				黑山组	通安组 三段		
				落雪组	通安组 二段		铜、铁
				因民组	通安组 一段		铜、铁
				美党组	河口组		铁、钴、铅锌
				大龙口组			铁、铅锌
				黑山头组			铁
				黄草岭组			铁

图 1-4　川滇黔铅锌成矿域地层对比图（柳贺昌和林文达，1999；胡瑞忠 等，2015）

二、安宁河-绿汁江断裂

该断裂规模宏大，延伸数百公里，切穿地壳，深入地幔，对两盘次级单元的沉积（地层）、构造、岩浆活动及成矿有显著控制作用。该断裂纵贯川滇两省，南段在滇中称绿汁江断裂，北段在攀西称安宁河断裂（图 1-1②），南北延伸长逾 500km，在地质、物探、遥感方面均有明显反映。张云湘等（1988）总结了该断裂带的基本特征：①形成时间早，继承先成基底断裂，发生过多期活动，始终控制两侧的地质构造发展；②不同构造阶段表现出不同的力学性质，中元古代初具张性岩石圈断裂，晋宁运动转化为压性壳断裂，澄江期又转为张性岩石圈断裂，海西—印支期发展为典型裂谷型岩石圈断裂，喜山期被改造为压性冲断裂，现代又表现为左旋走滑断裂；③海西—印支期的张性岩石圈断裂属性最为明显，组成攀西裂谷轴部的主干断裂，控制着裂谷内岩浆活动和盆地形成。此外，该断裂带对成矿域内铅锌矿床的分布也具有重要的控制作用（王峰 等，2013），天宝山、小石房等铅锌矿床就分布在断裂带内（图 1-2）。

三、弥勒-师宗-水城断裂

该断裂西南端在河底河与红河交汇处附近交接，终止于红河断裂，向 NE 延伸大致经建水-弥勒-师宗，至水城附近交于康定-彝良-水城断裂（图 1-1③），全长大于 450km（云南境内约为 320km、贵州境内大于 150km），主断面倾向为 NW，倾角为 40°～60°。断裂北西盘出露大量古生界地层，南东盘主要为三叠系，沿线可见上古生界，逆冲覆盖在三叠系不同层位之上。另外，在北西盘有大量二叠纪峨眉山玄武岩分布，东南盘则少见。沿断裂带常见一系列小型基性侵入体出露，显示对基性岩浆活动有明显控制作用。本断裂传统上被当作扬子陆块和华夏陆块的分界线（王峰 等，2013）。

四、小江断裂带

小江断裂带为滇东靠西部的一条断裂带，是我国强烈地质活动带之一（图 1-1⑥）。断裂带基本沿东经 103°线呈南北向延伸，北西由四川昭觉、宁南延入云南，经巧家、蒙姑沿小江河谷延伸，到东川附近分成东、西两支。小江断裂带在云南境内延伸长达 530km 以上，由东、西两支所夹持的断裂带宽达 10～20km。云南省地质矿产局（1990）总结了该断裂带的基本特征：①沿断裂带形成了一条宽大的挤压破碎带；②断裂带明显切过区内北东向构造，其西盘相对东盘发生过大规模的左行位移；③断裂带形成过程中，经历过张、压、扭不同力学性质的转化，最早可能在晚元古代末就有活动迹象，二叠纪表现为强烈的裂陷张裂，中生代经历过强烈挤压，喜山期表现为张裂和左行走滑；④断裂带具有明显的现代活动性。该断裂带同样对成矿域内铅锌矿床的分布具有重要的控制作用（王峰 等，2013），大梁子、茂租等铅锌矿床就分布在断裂带内（图 1-2）。

第三节　区域岩浆岩

一、基本特征

川滇黔铅锌成矿域受板块碰撞以及板内攀西裂谷作用的影响，岩浆活动强烈（喷出岩、侵入岩均广泛分布）、跨越时间长（自太古宙至新生代），形成的岩浆系列复杂（钙碱性系列和碱性系列）、岩石类型繁多（超基性岩、基性岩、中性岩、酸性岩等）。

本区喷出岩最早见于太古代。前已述及，区域结晶基底康定群以康定杂岩为主体，为一套片麻状的岩石组合，主要由斜长角闪岩、角闪斜长片麻岩、黑云变粒岩和少量二辉麻粒岩等组成，原岩恢复结果表明，该套地层为一套火山-沉积岩组合，其下部以基性火山熔岩为主，向上变为中酸性火山岩及火山碎屑岩-火山质浊积岩，最后转为正常的沉积岩。

元古宙（晋宁期—澄江期）该区有大量岩浆岩出露，除会理群、昆阳群及时代相近的地层（如川西天宝山组、苏雄组、开建组）分布大量酸性、中酸性火山岩和火岩碎屑岩外，还广泛出露了规模不等的基性-超基性和中酸性岩体（柳贺昌和林文达，1999）。周朝宪等（1998）和 Zhou 等（2001）从多方面论证了该期火山岩系可能为成矿域内多金属矿床重要的矿源层之一。

古生代至新生代，该区岩浆岩岩石系列和岩石类型伴随攀西裂谷的形成、演化、消亡及新构造活动呈有规律的变化。张云湘等（1988）根据攀西裂谷的发展阶段以及岩体的接触关系和同位素年代学研究成果，将区内岩浆活动划分为：①裂前阶段（加里东晚期—海西早期），主要为超基性小岩体群层状堆晶杂岩和环状碱性杂岩的深成作用；②裂谷阶段（海西晚期—印支期），以强烈的双峰式火山活动为特征，伴有碱酸性次火山穹窿体及各种岩墙群；③裂后阶段（燕山期和喜山期），为重熔型花岗岩基的侵位及金云火山岩的爆发活动。图 1-5 为古生代至新生代岩浆活动的“岩浆树”，可见该时期岩浆来源“盘根错节”、岩浆演化“枝繁叶茂”、岩石组合“丰富多彩”（张云湘 等，1988）。

柳贺昌和林文达（1999）将川滇黔铅锌矿集区内的侵入岩划分为西、中、东三带，西带位于安宁河断裂带和小江断裂之间，东带位于富源至宣威一线以东，两带之间为中带。西带侵入岩岩体分布最广，基性-超基性岩、中性岩、酸性岩岩体均有出露，岩基、岩床、岩株、岩墙（脉）均可见及，成岩时代从晋宁期至喜山期；东带侵入岩岩体出露较多，但岩石组合相对单一（主要为辉绿岩）、规模小（主要呈岩墙产出），成岩时代以海西期为主，少量为燕山期；中带侵入岩出露最少，仅有几处时代不明的次玄武岩岩体。

二、峨眉山玄武岩

成矿域内规模最大的岩浆活动当数海西晚期峨眉山玄武岩，虽然张云湘等（1988）和从柏林（1988）均将其作为裂谷作用的产物，但近年来越来越多的研究成果表明，峨

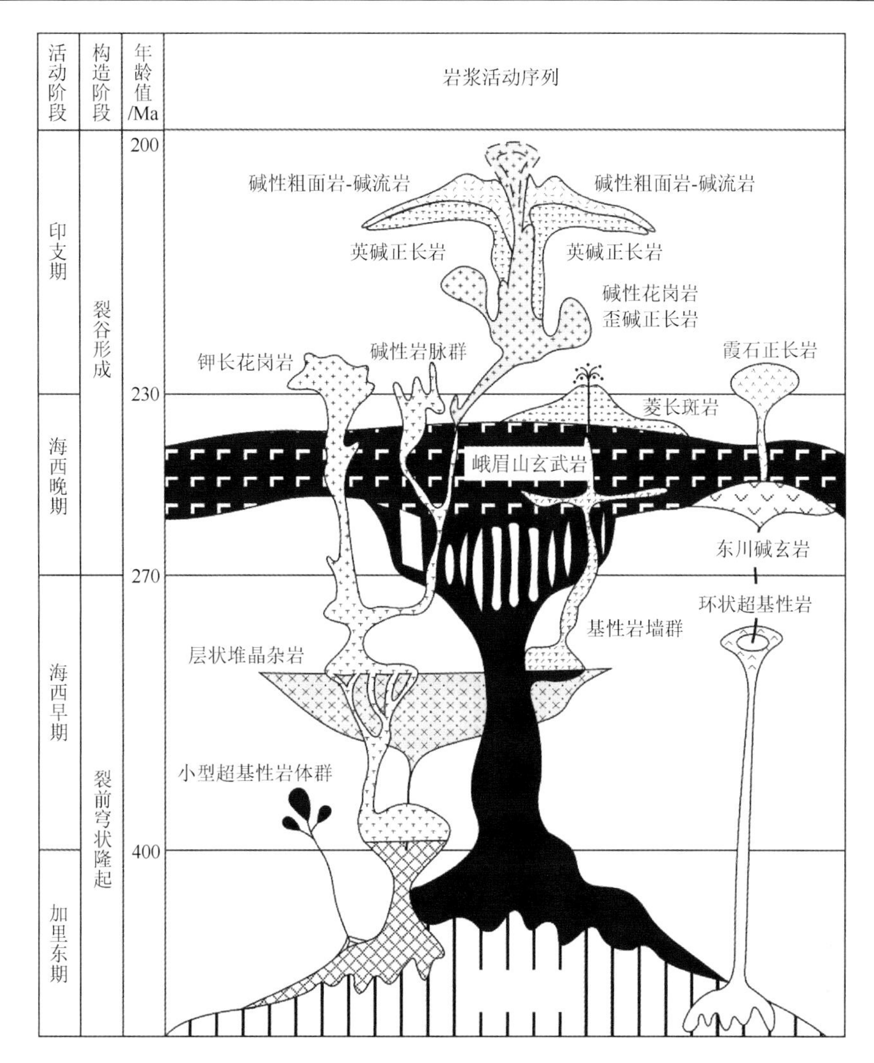

图 1-5　攀西裂谷古生代至新生代岩浆活动序列（“岩浆树”）（张云湘 等，1988）

眉山玄武岩以及与之有成因联系的基性-超基性岩和中酸性岩为地幔柱活动产物，是我国唯一被国际学术界认可的大火成岩省（Chung and Jahn，1995；Chung et al.，1998；Xu and Chung，2001；Song et al.，2001；Zhou et al.，2002；Ali et al.，2005；Jian et al.，2009）。同时显示区域内包括铅锌矿床在内的众多金属矿产的形成均与峨眉山大火成岩省（玄武岩）岩浆活动存在密切联系（谢家荣，1963；柳贺昌和林文达，1999；黄智龙 等，2004；Xu et al.，2014；Zhou et al.，2018b）。

1. 时空分布

传统意义上的峨眉山玄武岩是指分布于扬子陆块西缘，四川、云南和贵州三省境内的晚二叠世玄武岩（图 1-6），其西界为哀牢山-红河断裂、西北界为龙门山-小箐河断裂、东界止于师宗-弥勒断裂、南界大致在个旧—富宁一线，空间上为一长轴近南北向的菱形，覆盖面积约为 $3.0\times10^5 km^2$。

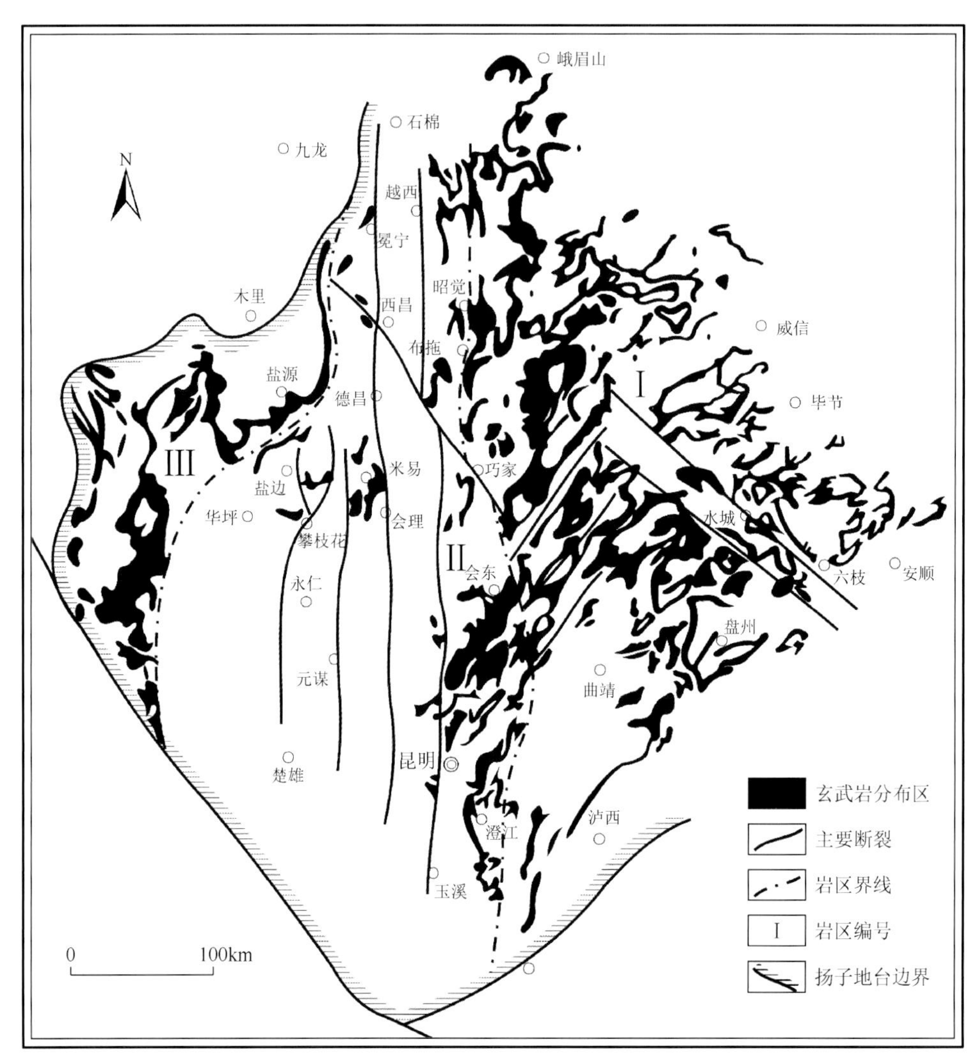

I. 东岩区；II. 中岩区；III. 西岩区

图 1-6　峨眉山大火成岩省玄武岩分布图（张云湘 等，1988）

张云湘等（1988）根据构造单元，将大面积分布的峨眉山玄武岩分为西岩区、中岩区和东岩区，其中东岩区包括小江断裂带以东的川、滇、黔三省大面积分布的玄武岩；西岩区包括箐河-程海断裂与小金河断裂带之间广泛分布的玄武岩；两岩区之间为中岩区，主要为攀西裂谷双峰式火山岩套分布区。

近年来的研究表明，峨眉山大火成岩省的分布范围远大于传统意义的峨眉山玄武岩分布区，如侯增谦等（1999）和宋谢炎等（2002）均认为分布于攀西裂谷北部松潘—甘孜地区的玄武岩是峨眉山大火成岩省的一部分；Chung 和 Jahn（1995）、Xu 等（2001）均已将分布于小金河断裂带北西侧的玄武岩作为峨眉山大火成岩省来研究；肖龙等（2003）的研究结果表明，出露于云南西南部的金平玄武岩的地质、地球化学均可与宾川等地的玄武岩进行对比，原可能与宾川玄武岩同为一体，哀牢山-红河断裂使之错位达

600km 以上，据此推测峨眉山大火成岩省的南界已到越南境内。因此，侯增谦等（1999）和宋谢炎等（2002）估算峨眉山大火成岩省出露面积达 $5.0\times10^5km^2$，同时将其划分为 4 个岩区，即松潘-甘孜岩区、盐源-丽江岩区、攀西岩区和贵州高原岩区，其中后 3 个岩区分别与张云湘等（1988）划分的西岩区、中岩区和东岩区对应，但范围更大。由于目前对松潘-甘孜岩区的研究程度较低，本书在后文中引用张云湘等（1988）的划分方案。

从图 1-7 中可见，从西到东，峨眉山大火成岩省出露岩石的厚度逐渐减薄，西岩区岩石厚度多在 2000～3000m，云南宾川上仓剖面厚达 5384m；中岩区岩石厚度一般在 1000m 以上，米易龙帚山厚度最大，为 2746m；东岩区岩石厚度绝大部分小于 1000m，沿昭觉—东川一线厚 700～1000m，向东至贵州水城—盘州一带减薄至 200～500m，至安顺以西岩石向东呈舌状尖灭。从图 1-7 中还看出，3 个岩区玄武岩存在几个厚度中心，西岩区有宾川、丽江和盐源，中岩区有龙帚山，东岩区有东川、昭觉和会泽，这些厚度中心大体沿南北向深大断裂带分布。

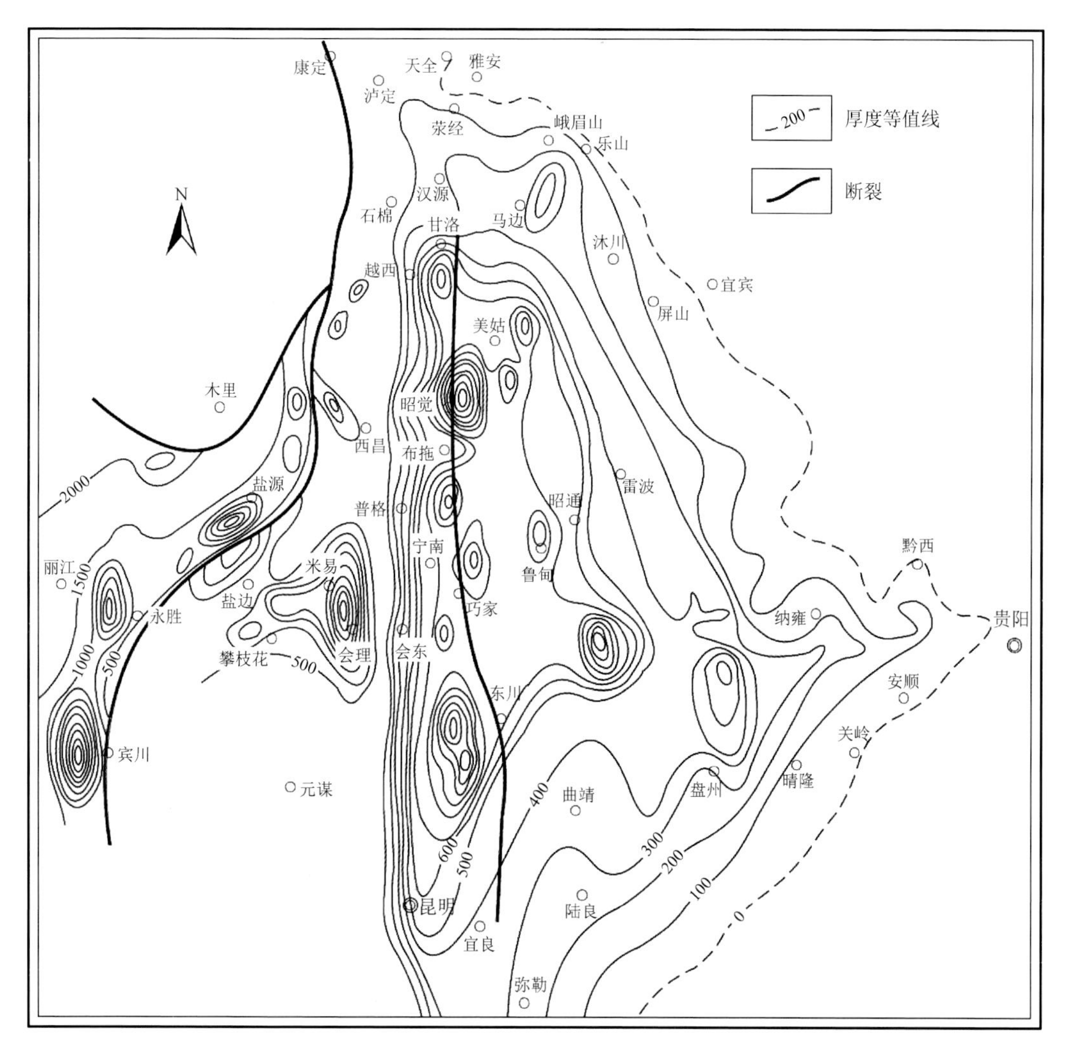

图 1-7　峨眉山大火成岩省玄武岩等厚图（张云湘 等，1988）

野外观察表明，峨眉山玄武岩不整合于中二叠统茅口组上，其喷发年龄应该等于或小于龙潭组（258～253Ma）。Zhou 等（2002）测得新街岩体的锆石 SHRIMP U-Pb 年龄为 258～256Ma，Lo 等（2002）测得玄武岩的 ^{40}Ar-^{39}Ar 年龄为 253～251Ma，均表明峨眉山大火成岩省规模宏大的熔岩是岩浆短时间内（1～2Ma）喷发的产物。

2. *岩相学*

峨眉山玄武岩具有多期次喷发活动，不同地区玄武岩可分出多个喷发旋回，每个旋回按致密块状玄武岩→斑状玄武岩→气孔或杏仁状玄武岩的岩石序列又可细分出若干喷发韵律，如林建英（1982）将丽江地区玄武岩划分为 3 个喷发旋回、24 次喷发韵律；熊舜华和李建林（1984）在实测峨眉山清音电站玄武岩剖面后分出 3 个喷发旋回、9 次喷发韵律；张云湘等（1988）将米易二滩玄武岩剖面分为 2 个喷发旋回、10 次喷发韵律。

不同岩区玄武岩的喷出环境和岩石组合具有较明显的差异，西岩区西部为典型海相玄武岩，靠近中岩区为海陆交互相玄武岩。该岩区苦橄岩大量发育，在大理、宾川厚达 170 余米，在丽江累计厚度为 300 余米，构成多个苦橄岩-苦橄质玄武岩-玄武岩旋回（宋谢炎 等，2002）。在 R_1-R_2 分类图上［图 1-8（a）］，岩石组合包括苦橄质玄武岩-橄榄玄武岩-拉斑玄武岩-粗安玄武岩-玄武岩-安山岩等。

中岩区发育双峰式火山岩套，火山岩分布零星，深成岩出露较为广泛。张云湘等（1988）根据火山喷发次序和岩石组合，将该岩区从早到晚划分出 3 个大的火山活动序列。早期以东川和龙帚山碱玄岩为代表，主要由碱玄质火山角砾岩和集块岩组成，岩石含霓辉石、霓石和霞石等典型碱性矿物；中期相当于区域峨眉山玄武岩，主要岩石类型有辉斑玄武岩、斜斑玄武岩、无斑玄武岩以及杏仁状、气孔状玄武岩；晚期以菱长斑岩和熔岩、熔结凝灰岩组成的碱酸性火山颈相为特征。在 R_1-R_2 分类图上［图 1-8（b）］，火山岩的成分明显分布于三个区：Ⅰ区岩石组合为碧玄岩-碱玄岩-响岩质碱玄岩等，Ⅱ区岩石组合为苦橄质玄武岩-橄榄玄武岩-拉斑玄武岩-玄武岩-橄榄粗安岩-安粗岩-粗安岩-安山岩等，Ⅲ区为响岩-霞石响岩-粗面岩-石英粗面岩-石英安粗岩-碱性流纹岩-流纹岩等。

东岩区为典型大陆溢流玄武岩，岩石类型相对单一，以玄武质熔岩占绝对优势，为安山岩，同时伴有较多浅成相辉绿岩、辉绿辉长岩岩床或岩墙。云南个旧太坪子地区出现碱玄岩和碱性玄武岩，属碱性玄武岩系列；云南建水—绿春一带玄武岩与安山岩、安山质英安岩、英安岩、英安质流纹岩、流纹岩共生，属典型拉斑玄武岩系列。在 R_1-R_2 分类图上［图 1-8（c）］，岩石组合以拉斑玄武岩系列的安山玄武岩-安粗玄武岩-安粗岩-安粗安山岩-安山岩为主，次为碱性玄武岩系列的橄榄玄武岩-中长玄武岩-橄榄粗安岩。

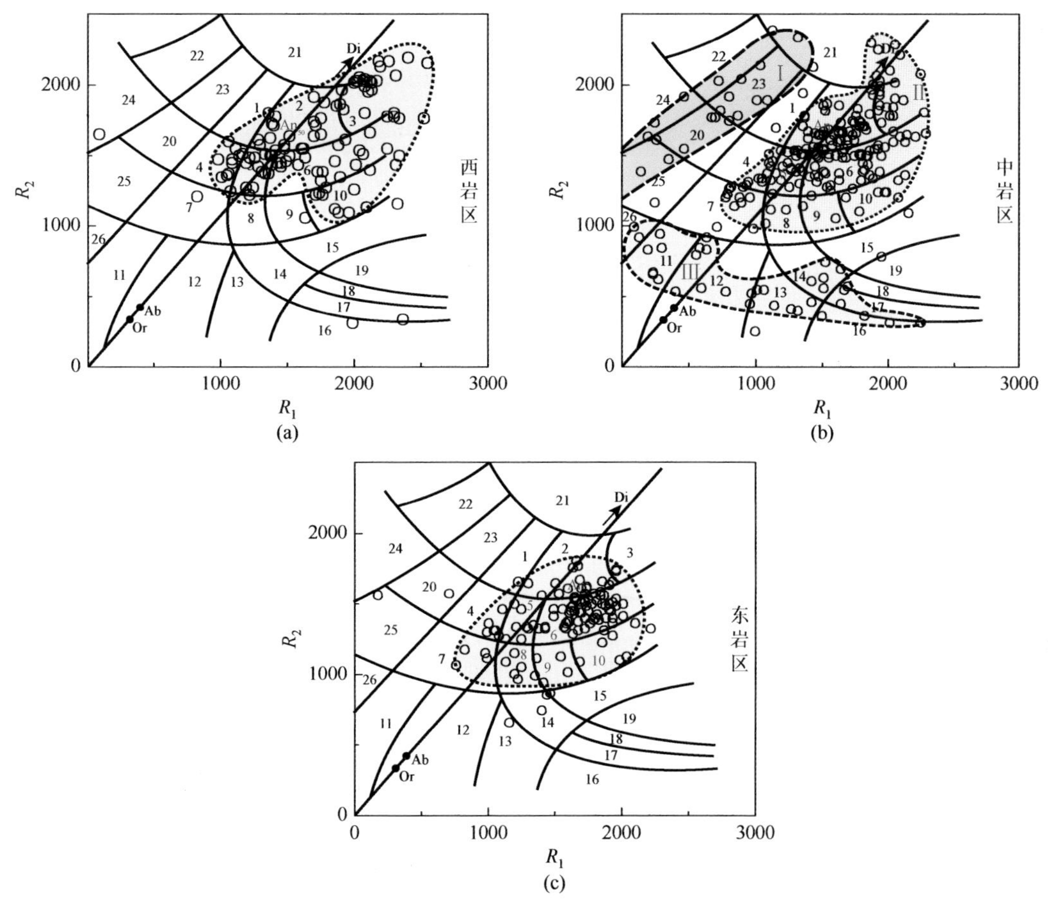

R_1=4Si−11(Na+K)−2(Fe+Ti)，R_2=6Ca+2Mg+Al（阳离子数）

1. 碱性辉长岩（碱性玄武岩）；2. 橄榄辉长岩（橄榄玄武岩）；3. 辉长苏长岩（拉斑玄武岩）；4. 正长辉长岩（粗石玄武岩）；5. 二长辉长岩（粗安玄武岩）；6. 辉长岩（玄武岩）；7. 闪长正长岩（橄榄安粗岩）；8. 二长岩（安粗岩）；9. 二长闪长岩（粗安岩）；10. 闪长岩（安山岩）；11. 霞石正长岩（粗石质响岩）；12. 正长岩（粗石岩）；13. 石英正长岩（石英粗石岩）；14. 石英二长岩（石英安粗岩）；15. 英云闪长岩（英安岩）；16. 碱性花岗岩（碱性流纹岩）；17. 钾长花岗岩（流纹岩）；18. 二长花岗岩（英安流纹岩）；19. 花岗闪长岩（流纹英安岩）；20. 碱性辉长岩-霓辉二长岩（碱玄岩）；21. 橄榄岩（苦橄岩）；22. 霞霓岩（苦橄霞玄岩）；23. 霞斜岩（碧玄岩）；24. 霓霞岩（霞石岩）；25. 碱性辉长岩（响岩质碱玄岩）；26. 霞石正长岩（响岩）Or. 钾长石；Ab. 钠长石；An50. 50 号斜长石；Di. 透辉石

图 1-8 峨眉山大火成岩省 R_1-R_2 图（黄智龙 等，2004）

第四节 区域构造演化

本区的地质演化历史经历了基底形成阶段（新太古代—中元古代）、盖层形成阶段（早震旦世—晚古生代）、陆内裂谷阶段（晚二叠世—三叠纪）、前陆盆地-造山带阶段（侏罗纪—新近纪），其盖层形成阶段至造山阶段的构造演化模式如图 1-9 所示（钟大赉，1998）。

一、基底形成期

扬子陆块基底具有“双层结构”。下部为结晶基底，形成时限为新太古代—古元古代（ca. 3.3～2.5Ga）（Qiu et al.，2000；Gao et al.，2011），组成结晶基底以康定群为代

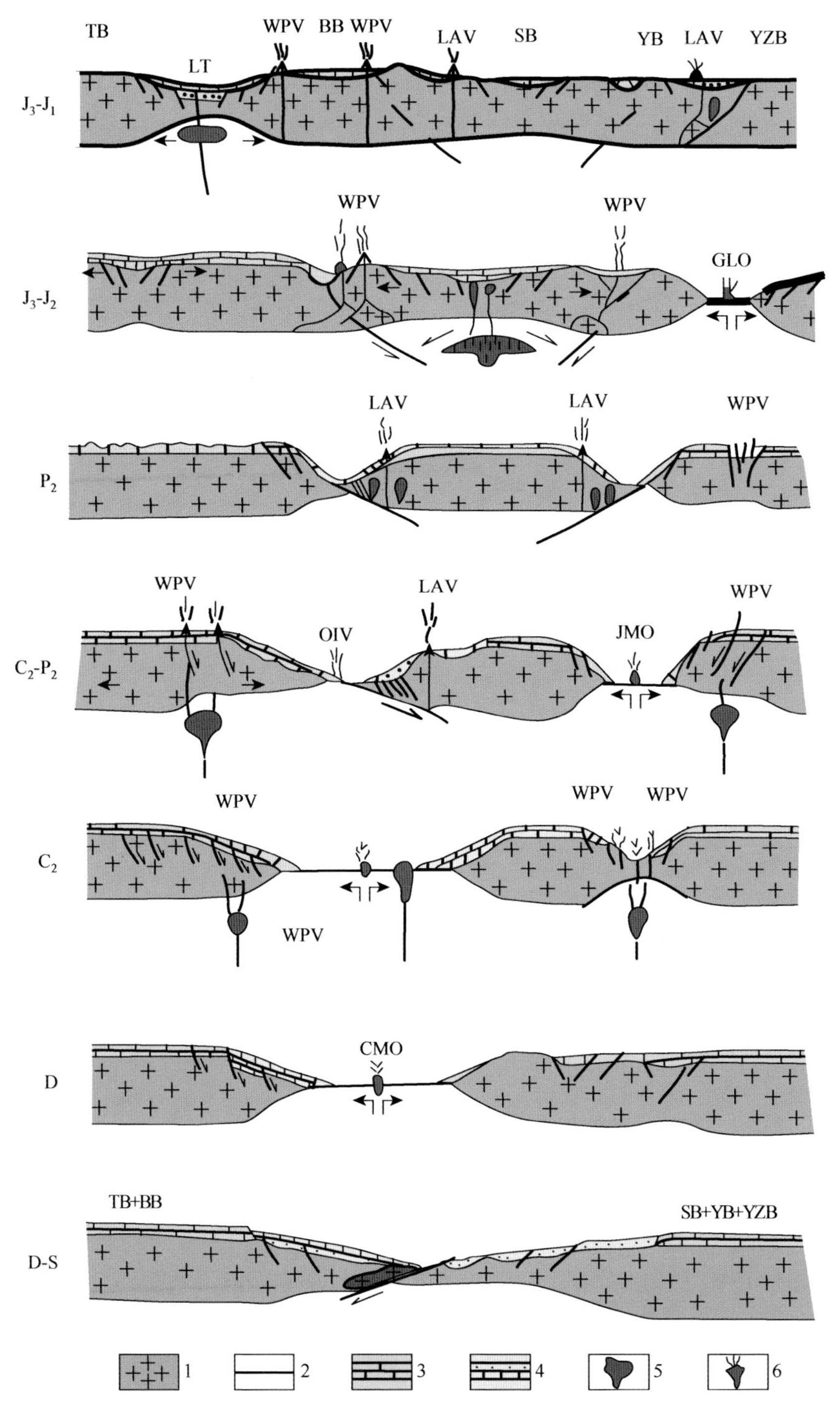

1. 洋壳；2. 洋壳+深海沉积；3. 台地沉积；4. 大陆边缘沉积；5. 洋脊和岩浆房；6. 洋中脊
LAV. 岛弧火山岩及侵入岩；OIV. 洋岛火山岩；WPV. 板内火山岩；BB. 保山地块；TB. 腾冲地块；YZB. 扬子微大陆；
YB. 义敦地块；CMO. 昌宁-孟连主洋盆；JMO. 金沙江-墨江支洋盆；GLO. 甘孜-理塘支洋盆；LT. 潞西海槽

图 1-9　扬子陆块西南缘泥盆纪以来构造演化模式图（钟大赉，1998）

表，它由前寒武纪变质杂岩组成。本区的构造史可追溯到新太古代—古元古代陆核萌生期，下关河运动结束了这一最早的演化阶段，形成了具区域热动力深变质的近东西向结晶基底（康定群和河口群）。早期陆核的发展由于东川运动而结束，并形成了本区中-浅变质的以东西向为主的褶皱基底（ca. 1.7～1.0Ga）（Sun et al.，2009；Zhao et al.，2010；Wang et al.，2010，2012）主体（盐边群、会理群和昆阳群）。它们是陆核，具初始陆壳的特点。

约9亿年前，晋宁运动Ⅰ期爆发，已经沉积的地层发生强烈褶皱、变质，在此之后，由于后造山松弛作用，川滇带上的断裂发生差异升降活动并形成一系列小型断陷盆地；约8亿年前，晋宁运动Ⅱ期爆发，这次活动更为猛烈，川滇裂谷带彻底关闭，其中沉积物进一步褶皱变质，形成本区上部的褶皱基底，发生低温区域动力变质，变质相普遍为高绿片岩相-低绿片岩相（陆彦，1998）。

二、新元古代大陆裂解期

1. 早震旦世

晋宁运动以后本区进入了被动大陆边缘演化阶段（张云湘　等，1988），自震旦纪至三叠纪总体上处于拉张状态，属于地裂发展旋回。罗迪尼亚（Rodinia）超大陆的解体活动始于800Ma前的陆内裂谷作用的火山活动，该区域型构造火山活动在中国南方被称作雪峰运动。在扬子地台西缘，晋宁运动发生于中元古代昆阳群地层形成之后，震旦纪澄江砂岩沉积之前，其主要表现为两者之间发育角度不整合面。

2. 晚震旦世

早震旦世末期发生了澄江运动，川滇黔地区由陆地转入陆海环境，上下地层间为整合或平行不整合接触关系。从上自下沉积了海相碎屑岩-碳酸盐岩建造序列。古环境为被动大陆边缘盆地的滨海相、浅海相和碳酸盐台地相。早震旦世本区经历了裂谷事件和冰川事件，发育一套厚3000m的陆相火山岩和冰水湖泊沉积物，并有微古生物化石。进入晚震旦世后，经过长期的夷平作用，扬子大陆因海侵而逐次淹没，并在晚震旦世晚期（灯影期）形成了一个开阔的碳酸盐台地——川黔碳酸盐台地（夏文杰　等，1994），形成了一套以震旦系碳酸盐岩为主的沉积地层。晚震旦世中期，沉积环境区域稳定，由浅海转为陆棚环境，沉积一套细碎屑岩和碳酸盐岩相混合的地层。在晚震旦世晚期（灯影组）沉积古环境转变为多岛的碳酸盐台地环境，其间川滇黔地区多有前震旦纪侵入岩、变质岩构成的水下高地（如康滇古陆），灯影组碳酸盐岩直接超覆于这些结晶-褶皱基底岩石之上，造成灯影组在区内厚度变化大。这一时期，Rodinia超大陆完全解体，在扬子大陆开始出现蠕形动物。

三、寒武纪至石炭纪被动大陆边缘盆地发展期

震旦纪末期至寒武纪初期，扬子陆块完全从Rodinia超大陆解体出来，位于扬子陆块西南缘的川滇黔地区，从寒武纪至石炭纪为扬子地台进入到被动大陆边缘盆地发展时期，

地壳长期稳定下沉（康滇古陆除外），在此期间最主要的构造运动为加里东运动和海西运动。加里东构造期是指雪峰运动（澄江运动）至广西运动（加里东运动）之间的一段时期，时限为震旦纪至志留纪末。该时期是扬子地块较稳定的发展阶段。晚期受华南地槽褶皱回返的影响，在挤压应力作用下，呈现出以黔中滇东隆起为主体的北东东向大型隆起和凹陷的古构造特征。志留纪末期的广西运动是该构造阶段的主要构造运动，华南陆块回返运动，形成了以北东向为主体的紧密褶皱，在扬子地台范围内，主要表现为升降运动。

加里东期的另一次重要的构造运动，发生于中奥陶世晚期与早志留世之间，在川滇黔地区称为都匀运动，表现为大规模隆起，大部分地区缺失晚奥陶世乃至志留纪沉积。张云湘等（1988）认为该区的隆升为软流圈地幔物质上涌，乃至地壳受热膨胀引起的。广西运动的结果形成了黔中滇东隆起和乐山隆起，在隆起间形成了大型凹陷，如滇黔北部凹陷。海西印支期的时限为泥盆纪至中三叠世末。该时期是以地台裂陷断块为特征，主要在引张应力作用下，断裂活动活跃，完整的地台被裂陷槽割裂，出现了基性岩浆活动。垭都-紫云断裂、弥勒-师宗断裂、小江断裂等此时已显示出活动性，这些古断裂在海西期的地质历史演化中，有着重要的影响和制约。在海西期主要表现为台地沉积区中嵌以静水盆相沉积，这些静水盆地多以条带状展布，呈 NW-NWW 向弯曲延伸。

寒武纪期间，川滇黔地区位于扬子大陆西南缘边缘海，分布许多岛屿与潜山。早寒武世梅树村期，为广海碳酸盐台地相建造，沉积了一套含磷质燧石条带的白云岩。筇竹寺期和沧浪铺期沉积环境转为古陆边缘盆地，海水为半滞留状态，弱氧化-还原环境，沉积了一套泥质粉砂岩夹粉砂质页岩的砂岩层。龙王庙期沉积物以内碎屑为主，主要岩石为深灰色厚层状白云岩夹钙质砂岩、页岩。早寒武世沉积环境由碳酸盐台地+边缘（碎屑岩）盆地相碳酸盐岩盆地转化。中寒武世古气候变为干热，沉积环境变为半封闭海湾-潟湖相。沉积物有泥岩、灰岩向砂岩、白云岩、石膏岩转化，沉积环境转化情况为浅海相→滨海相→碳酸盐台地相→潟湖相。晚寒武世沉积环境转为广海碳酸盐台地相，为开放的氧化环境，沉积了一套灰色层状白云岩、白云石灰岩夹石英砂岩、泥岩。早寒武世和中寒武世都经历了一次海退和海侵旋回，由弱氧化-还原环境向干热型氧化环境演变。寒武纪是全球生命大爆发的地质年代，川滇黔地区生物化石较为发育。

奥陶纪时期，川滇黔地区隆升为古陆，成为剥蚀区，中、下奥陶统仅出露于盐边和仁和一带。沉积环境由晚寒武世碳酸盐台地相过渡到早奥陶世滨海相碎屑岩沉积。本区（包括康滇古陆）在奥陶纪，构造运动主要表现为地壳的升降运动，早、中奥陶世沉积的区域在晚奥陶世时普遍缺失沉积记录，升为古陆。奥陶纪晚期开始，区域地壳开始处于拉张状态，川滇南北带再次开始活动。幔源基性、超基性岩浆沿着安宁河断裂等深大断裂的上涌活动引起地表大范围的隆起，攀西地区出现了一个南北向的大型台背斜隆起带（张云湘 等，1988）。这种状态持续了古生代的大部分时间。

志留纪—泥盆纪期间，川滇黔地区沉积环境继承了奥陶纪以来的古地理格局。早志留世处于多岛半封闭海湾环境，沉积盆地底部为还原环境，缺少底栖生物，沉积物主要是悬浮泥质和化学沉积的硅质岩。中、晚志留世古地理环境为滨海-浅海开放性环境。进入泥盆纪后，川滇黔地区的康滇古陆上升，海平面下降，古特提斯洋打开，沉积环境演变到陆表海的滨岸带环境，沉积区靠近剥蚀区，沉积了一套较粗的复成分陆源碎屑岩。在泥盆纪地质演化中，整个稳定的扬子古陆西缘连续沉积了一套完整的浅海和碳酸盐台地及其边缘沉积岩。早泥盆世沉积环境转为滨海-陆棚环境，沉积了混合相泥岩、泥灰岩、粉砂质页岩及生物碎屑灰岩夹层，水动力条件减弱。

中泥盆世，古陆相对下降，海平面相对上升，海侵区进一步扩大，沉积了一套浅海相碳酸盐岩，沉积物源为内源碳酸盐岩和生物碎屑等。晚泥盆世海平面相对稳定，为碳酸盐台地相；到晚泥盆世末期，转变为碳酸盐台地鲕滩环境。

石炭纪时期，川滇黔地区整体上处于剥蚀夷平阶段，形成准平原地形。区内沉积的地层均为碳酸盐岩沉积物，沉积环境为开阔的碳酸盐台地环境，微环境有台地边缘斜坡相和台内鲕滩相等。

四、二叠纪至早三叠世攀西陆内裂谷演化期

在早二叠世出现了断块升降运动，断裂西侧继承了石炭纪的古环境，沉积了一套灰红色厚层生物碎屑灰岩、微晶灰岩。随后在康滇地轴上为继震旦纪灯影灰岩之后又一最大海侵期沉积。接着该区主要发育两大地质事件：一是峨眉山溢流玄武岩的喷发，形成大规模的玄武岩覆盖区；二是发育以层状基性-超基性岩为主体的镁铁-超镁铁质侵入岩，通常岩体规模大，岩石类型复杂，构成攀西裂谷岩浆岩带，形成超大型钒钛磁铁矿矿床和铂钯矿床。早二叠世末，随着区域拉伸作用及地幔物质上涌作用的增强，攀西地区的地幔热点此时发展成大陆裂谷——攀西裂谷，大量的碱性玄武岩喷溢，形成了川西大面积的玄武岩分布区。其中，米易龙帚山的玄武岩残留厚度达 2746m。这次运动使川滇黔地区的晚二叠世沉积转变为陆相。东吴运动之后发生以裂陷断块为特征的构造运动。中三叠世晚期的印支运动，结束了该地区长期以来的海相沉积史，开始了陆相湖盆沉积，这是该地区地质历史上的一个大的转折点。印支运动主要表现为区域性的隆起和拗陷。通过这一运动，使得本区形成了南北向隆起带。

进入早三叠世后，攀西裂谷的地裂运动已趋于缓和并进入后期的成谷阶段；裂谷区地块上升，裂谷盆地在干热气候下，形成陆相盐湖。中三叠世裂谷以东地区没有沉积记录，该区处于剥蚀期。

五、三叠纪古特提斯洋闭合期

早三叠世，受全球特提斯裂解作用影响，扬子地台西缘形成复杂的海洋环境，成为特提斯的一部分。从中三叠世开始，滇西地区与义敦岛弧一起进入弧后盆地阶段，进入晚三叠纪后，印支运动在冈瓦纳（Gondwana）大陆和劳亚（Laurasia）古陆拼合的基础上，导致古特提斯洋关闭，三叠纪末古特提斯洋首先在四川关闭，海相向西逐步退出，于古近纪退出西藏。该区从早三叠世到晚三叠世沉积了一套连续的海相沉积地层。晚三叠世

对扬子地台西部边缘构造带来说，是重要的奠定构造格架的时期，经历了一个由拉张到挤压的完整的构造旋回（云南省地质矿产局，1990）。此时，川西地区古特提斯洋关闭，形成松潘-甘孜印支褶皱带。这一时期，松潘-甘孜印支褶皱带和扬子西缘拼接在一起，共同转入稳定的陆内发展过程中。

六、晚三叠世—白垩纪陆相盆地发育期

强大的印支运动标志着古特提斯洋的闭合，川滇地区进入陆内发展阶段。伴随着古特提斯洋闭合，扬子陆块西缘川滇黔交接区爆发大规模铅锌成矿事件（黄智龙 等，2004；张志斌 等，2006；蔺志永 等，2010；毛景文 等，2012；Li et al.，2007；Yin et al.，2009；Zhou et al.，2013a，2013b，2015，2018a；Hu et al.，2017；胡瑞忠 等，2021）。晚三叠世早期，滇西出现盆-岭构造格局，原来的变质地体和古特提斯增生代形成了“岭”，原来的陆块下沉形成了“盆”。例如，扬子陆块南缘与印支陆块缝合形成了楚雄-西昌边缘前陆盆地，这条缝合线向西为甘孜-理塘缝合线。这些陆相湖盆为连续陆相红色沉积，其构造形态主要是半地堑、内部复杂的地堑谷和地垒。从地壳结构、缺乏火山作用、断层系统等判定，这不是单纯的地幔上升产物，而是古特提斯地幔上升后地壳迅速要求补偿，并同时受新特提斯洋的弧后扩张的影响而成的。这些裂陷构造运动总的趋势是间歇性的抬升，为大陆内部的发展阶段，属台地型沉积（四川省地质矿产局，1991）。

燕山晚期构造运动导致地台盖层强烈褶皱，这是该区的重要构造运动，深刻地改造了晚古生代晚期以来各构造期所形成的古构造形式。该区褶皱运动发生的时间应为白垩纪沉积之前。侏罗纪至白垩纪，松潘-甘孜印支造山带与扬子地块和秦岭造山带拼接在一起构成统一的中国大陆，仅在西藏地区还存在特提斯海。其间，甘孜陆块上的巴颜喀拉海盆开始造山（褶皱回返）；甘孜陆块开始向东南方向的扬子陆块推覆，同时驱动盐源-丽江断块向攀西-滇中断块推覆，使龙门山-锦屏山造山带进一步隆升（王奖臻 等，2001），也有学者认为哀牢山-龙门山-锦屏山造山带在新生代形成（张岳桥 等，2004），中生代形成的山链已经消失。白垩纪时期，川中盆地和攀西盆地形成了侏罗纪古气候和古地理格局，但沉积面积大幅度减小，沉积中心更加靠近物源区。川滇黔地区白垩纪广泛抬升，在早白垩世没有沉积记录，晚白垩世中后期，在南边有干旱型湖相沉积。此后直到古近纪全区没有沉积记录，也没有岩浆活动，为平稳剥蚀区。

七、古近纪—第四纪现代地质构造地貌形成期

古近纪期间，整个四川地区陆内湖进一步缩小，大部分地区没有沉积记录，与攀枝花相邻的盐源地区有古近纪山麓磨拉石建造。该地区在古近纪整体转为陆地，没有沉积和岩浆活动。东西向的挤压使得本区发生强烈的褶皱和断裂，深大断裂复活，隆

升和剥蚀形成了与现在一致的古地貌。新近纪时期，四川地区气候转入温和潮湿期。这个时期也是特提斯最活跃的时代。北上的印度板块和欧亚板块（华南板块及藏滇板块此时都为其一部分）碰撞-喜马拉雅造山运动爆发，这是亚洲大陆上最重要的造山运动之一。川滇黔地区进一步发生挤压、褶皱、断裂活动，基本造就了现在的地形、地貌和地质构造。

喜山期构造运动是该时期的主要构造运动，以强烈的抬升和剥蚀为特征，部分地区也有褶皱运动。在燕山期奠定的构造格局的基础上，本区被强烈抬升和剥蚀。使得古生代至三叠纪时期沉积的地层大量裸露地表，使得原始侏罗纪盆地向北收缩至现今的位置，并肢解出楚雄等大型构造盆地。在黔北赤水地区、楚雄盆地有褶皱运动发生，可能是燕山晚期褶皱运动的延续。与此同时，沿着断裂和负向构造带，出现了众多的小型古近—新近系盆地，形成现今的构造面貌。一些研究显示，喜山期对川滇黔铅锌成矿作用亦有影响（Zhou et al.，2001；周家喜，2011；Liu et al.，2013；江小均 等，2017）。

新近纪，青藏高原开始整体抬升，松潘-甘孜印支褶皱带和扬子陆块西缘结合地区再度活动起来，沿结合带形成一个个推覆体，这些推覆体由北向南展布，由西向东退覆，具有巨型左行走滑特征。青藏高原的隆升也带动了康滇地轴上南北向深大断裂带再度复活，它们普遍具有反扭特征。

第五节 区域矿产

一、概况

川滇黔铅锌矿集区基底地层广泛分布、盖层地层发育齐全、构造运动强烈、岩浆活动频繁，具有十分有利的成矿地质背景，形成了许多具有重要工业价值的矿产资源，如铜镍矿、钒钛磁铁矿、铁铜矿、铅锌矿、稀土矿、铂钯矿、金矿、银矿、铌钽锆矿以及煤矿、膏盐等矿产组合，其中攀枝花钒钛磁铁矿在世界范围内享有盛誉，金宝山铂钯矿是我国规模最大的独立铂族矿床，冕宁稀土矿储量在我国原生稀土矿床中仅次于白云鄂博，川滇黔相邻铅锌成矿域也已成为我国重要的铅、锌、银、锗的重要生产基地之一。

该区以其矿种多、储量大、成矿系列复杂、矿床类型丰富而吸引了许多中外地质学家的关注。张云湘等（1988）从裂谷作用角度出发，将该区划分为三大成矿作用、8个成矿系列和若干种矿床类型，不同成矿作用、成矿系列发生于不同构造环境，形成不同矿床类型和矿种（表 1-1），其中铅锌矿床对应于后生成矿作用、以碳酸盐岩为容矿岩石的层控型铅锌（银）成矿系列，矿床类型为硫化物型。

表 1-1　攀西裂谷成矿作用简表

<table>
<tr><th>成矿作用</th><th>成矿系列</th><th>矿床类型</th><th>矿种或元素</th><th colspan="2">构造阶段</th><th>实例</th></tr>
<tr><td rowspan="5">内生成矿作用</td><td>1. 超基性岩体群有关的成矿系列</td><td>岩浆熔离型
矿浆贯入型</td><td>Cu-Ni（PGE）</td><td colspan="2" rowspan="2">裂前成穹</td><td>会理力马河
元谋朱布</td></tr>
<tr><td>2. 层状基性-超基性杂岩体有关的成矿系列</td><td>岩浆分异型
矿浆贯入型</td><td>Fe-Ti-V
（Cu，Ni，Cr，PGE）</td><td>攀枝花</td></tr>
<tr><td>3. 玄武岩有关的成矿系列</td><td>火山沉积型
火山气液充填型</td><td>Fe，Cu，自然铜</td><td rowspan="4">裂谷形成</td><td rowspan="3">破裂期</td><td>盐源矿山梁子
滇东北地区</td></tr>
<tr><td>4. 碱性岩脉群有关的成矿系列</td><td>碱性正长伟晶岩型
碱性花岗伟晶岩型</td><td>Nb，Ta，Zr（Hf，U，Th），水晶</td><td>会理白草</td></tr>
<tr><td>5. 碱性花岗岩有关的成矿系列
（1）岩浆晚期-气成型铌钽亚系列
（2）岩浆期后伟晶型-气成亚系列</td><td>岩浆晚期-自交代型
伟晶岩型</td><td>Nb，Ta，Y，Zr（Hf）</td><td>德昌茨达
西昌长村</td></tr>
<tr><td>外生成矿作用</td><td>1. 陆相碎屑岩-蒸发岩组合的成矿系列
2. 陆相碎屑岩含煤成矿系列</td><td>含铜砂岩型
陆相干盐湖
河湖沼泽相</td><td>Cu
石膏
煤</td><td>成谷期</td><td>盐边朵格
攀枝花宝鼎</td></tr>
<tr><td>后生成矿作用</td><td>以碳酸盐岩为容矿岩石的层控型铅锌（银）成矿系列</td><td>硫化物型</td><td>Pb-Zn（Ag）</td><td colspan="2">裂谷全过程</td><td>川滇黔相邻铅锌成矿域</td></tr>
</table>

注：据张云湘等（1988）。

二、铅锌矿

铅锌矿集区总面积约为 $2\times10^5km^2$（图 1-2），星罗棋布的 500 多个铅锌银矿床（点）分布于川滇黔三省的 52 个县市，其中超大型铅锌成矿 3 处（会泽、毛坪和猪拱塘）、大型铅锌银矿床 10 处（大梁子、天宝山、小石房、乌斯河、赤普、茂租、乐红、富乐、纳雍枝和乐马厂）、中-小型铅锌矿床 80 余处（四川 27 个，云南 25 个，贵州 30 个）。柳贺昌和林文达（1999）将该成矿域内的铅锌银矿床（点）划分为 15 个成矿带，即①泸定-易门矿带，②汉源-巧家矿带，③峨边-金阳矿带，④梁王山（普渡河）矿带，⑤巧家-金沙厂矿带，⑥永善-盐津矿带，⑦珙县-兴文矿带，⑧巧家-大关矿带，⑨会泽-彝良矿带，⑩会泽金牛厂-矿山厂矿带，⑪寻甸-宣威矿带，⑫牛首山矿带，⑬罗平-普安矿带，⑭威宁-水城矿带，⑮六枝-织金矿带（图 1-2）。本次工作将成矿域分为三个成矿区，即滇东北铅锌成矿区、黔西北铅锌成矿区和川西南铅锌成矿区。典型铅锌矿床地质特征见表 1-2。许多学者对成矿域的成矿背景、矿床（尤其是单个矿床）地质特征、地球化学及成因进行过研究，积累了丰富的资料，获得了一批有意义的研究成果（例如，Zheng and Wang，1991；Deng et al.，2000；Huang et al.，2003；Bai et al.，2013；Zhu et al.，2013；Zhou et al.，2014a，2014b，2018a，2018b，2018c；Hu et al.，2017；胡瑞忠 等，2021）。

表 1-2　川滇黔铅锌矿集区典型铅锌矿床地质特征统计表

矿床名称	位置（成矿区）	规模	赋矿围岩	构造位置	矿体形态	矿体产状	矿石矿物	脉石矿物	矿石品位	矿石结构	矿石构造	围岩蚀变	资料来源
阿尔	四川甘洛，川西南成矿区	中型	寒武系龙王庙组，灰岩	色达倒转背斜北西翼，层间滑动剥离破碎带、挤压破碎带	透镜状、脉状	透镜状矿体：倾向为NE，倾角为30°～40°；脉状矿体：倾向为NE-NNE，倾角为42°～67°	方铅矿、闪锌矿、黄铜矿、黄铁矿，次生白铅矿、铅矾、菱锌矿、异极矿、铜蓝、褐铁矿等	石英为主，次为萤石、白云石、方解石、重晶石	Pb为3.27%～3.88%，Zn为2.94%～4.73%，Ag为26.57g/t	晶粒、变晶、揉皱、乳浊状、结状	块状、浸染状、星点状	硅化主，萤石化、重晶石化、白云石化和方解石化次	王峰 等，2013
宝贝幽	四川荥经，川西南成矿区	小型	震旦系灯影组白云岩，奥陶系白云质灰岩	倒转背斜核部层间破碎带	柱状、似层状、透镜状、细脉状	倾向为SE，倾角陡，平均为65°～80°	闪锌矿、方铅矿为主，少量黄铁矿等	白云石为主，少量方解石和石英	平均品位Pb为2.56%，Zn为10.38%，Ag为113g/t	粒状、碎裂、填隙、交代等	浸染状、团块状、环带状、角砾状、网脉状等	白云石化、硅化、重晶石化、黄铁矿化	王峰 等，2013
赤普	四川甘洛，川西南成矿区	大型	震旦系灯影组白云岩	小江深大断裂东支的甘洛河断裂活动带马拉哈倒转背斜东翼	似层状、透镜状	倾向为60°～140°，倾角为10°～50°	方铅矿、闪锌矿为主，次为黄铁矿，少量砷黝铜矿、砷硫锑铅矿、黄铜矿等，次生白铅矿、铅矾、菱锌矿、异极矿等	白云石和石英为主，次为方解石，偶见重晶石和萤石	品位Pb为2%～10%，平均为6.4%，Zn为1%～5%，平均为3.24%，Ag平均为31.5g/t	自形-半自形粒状、变晶镶嵌、等粒状、鲕状连生等	块状、浸染-稠密浸染状为主，次为角砾状、细脉状、条带状、碎粒状等	硅化主，方解石化、白云石化、沥青化次，局部见重晶石化	张长青 等，2007
大梁子	四川会东，川西南成矿区	大型	震旦系灯影组白云岩	凉山断褶带东南角和东川台拱西北交接部位	筒状、脉状、透镜状	倾向为SW，倾角为84°～87°	闪锌矿、方铅矿、黄铁矿、黄铜矿为主，少量毒砂、银黝铜矿、深红银矿和白铁矿等，次生菱锌矿、白铅矿、水锌矿、铅矾、异极矿、褐铁矿	方解石、白云石、石英	Ⅰ号矿体平均Pb为0.75%、Zn为10.47%；Ⅱ号矿体平均品位Pb为0.73%、Zn为7.52%、Ag为43.1g/t	细粒、球粒状、草莓状	脉状、网脉状、角砾状、块状	硅化、碳化、黄铁矿化、碳酸盐岩化	付绍洪，2004；Zheng and Wang，1991
底舒	四川金阳，川西南成矿区	小型	震旦系灯影组白云岩	康滇地轴东缘金阳-会东拗陷盆地	似层状、透镜状	与地层基本一致，倾向为W、NW和SW，局部倒转，倾角为70°～80°	闪锌矿为主，次为方铅矿、黄铜矿、黝铜矿、黄铁矿，次生菱锌矿、褐铁矿、蓝铜矿、异极矿、白铅矿、孔雀石等	白云石、方解石、石英、萤石、重晶石、黑云母、绢云母等	平均品位Pb为0.64%，Zn为6.46%、Cd为0.0198%	粒状、溶蚀交代、假象交代	浸染状、团块状、网脉状、多孔状、交错状、蜂窝状	白云石化、硅化主，黄铁矿化、萤石化、重晶石化、绢云母化次	朱赖民 等，1998
二郎	四川康定，川西南成矿区	中型	下泥盆统白云石化灰岩	二郎山向斜东翼靠近褶皱轴部	似层状、充填脉状、囊状		方铅矿和闪锌矿为主		平均品位Pb为2.15%，Zn为2.92%				王峰 等，2013

续表

矿床名称	位置（成矿区）	规模	赋矿围岩	构造位置	矿体形态	矿体产状	矿石矿物	脉石矿物	矿石品位	矿石结构	矿石构造	围岩蚀变	资料来源
发箐	四川会东，川西南成矿区	小型	震旦系灯影组白云岩	区域褶皱的次级褶皱带、NW向张扭性及压扭性构造带复合部位	似层状、透镜状	龙潭-老槽矿段倾向为NE，倾角为45°～76°；白石崖矿段倾向为NW，倾角为27°～76°	方铅矿、闪锌矿为主，少量黄铁矿，次生白铅矿、菱锌矿、褐铁矿等	白云石、萤石和方解石为主，少量重晶石	Pb、Zn含量变化大，分别为0.96%～12.06%和0.69%～12.99%，部分矿体Zn含量很低	等粒、交代残余、自形-半自形晶粒	网脉状、条带状、浸染状、块状、空洞	黄铁矿化、重晶石化、硅化、碳酸盐岩化、萤石化	肖光武和肖渊甫，2009
跑马	四川宁南，川西南成矿区	中型	下寒武统麦地坪组角砾状白云岩	宁南-会东拗陷盆地，SN向跑马-骑骡沟背斜西翼	层状、似层状、囊状、不规则状	III号矿体倾向为W，倾角为21°～45°，IV号矿体倾向为W，倾角为10°～40°	闪锌矿、方铅矿为主，次为黄铁矿、黄铜矿，次生菱锌矿、白钒矿、铅矾、孔雀石等	白云石、方解石、石英、萤石、重晶石	III号矿体平均品位Pb为2.22%，Zn为5.19%；IV号矿体平均品位Pb为5.73%，Zn为6.28%	自形粒状、变晶镶嵌、交代残余	浸染状、条带状、细脉状、团块状、网脉状、块状	硅化、碳酸盐岩化主，黄铁矿化、重晶石化、萤石化次	晏子贵 等，2006；贺光兴 等，2006；蔺志永 等，2010
唐家	四川汉源，川西南成矿区	中型	震旦系灯影组白云岩	NW向断裂带和层间破碎带控制	脉状、似层状	倾向为N，倾角为60°～80°	闪锌矿、方铅矿、黄铁矿为主，次为白铁矿、硫砷铅矿、黄铜矿、毒砂、砷黝铜矿等，次生褐铁矿、菱锌矿、异极矿、白铅矿等	白云石、石英、方解石、重晶石等	平均品位Pb为2.35%，Zn为6.74%	粒状、包含、填隙、斑状、镶边、次文象、交代、压碎	块状、角砾状、脉状、浸染状、胶状、蜂窝状、格子状	白云石化、黄铁矿化、方解石化、石膏化、绿泥石化、高岭石化、褐铁矿化	王峰 等，2013
天宝山	四川会理，川西南成矿区	大型	震旦系灯影组白云岩	安宁河断裂带中，天宝山EW向短轴向斜轴部	大脉状	与地层斜交，走向为EW	闪锌矿为主，次为方铅矿、黄铁矿、黄铜矿，少量银黝铜矿、深红银矿和毒砂等，次生菱锌矿、白铅矿、孔雀石等	白云石、石英、方解石、重晶石等	平均品位Pb为0.81%，Zn为9.84%	粒状、交代残余、揉皱、碎裂、文象、连生、叶片状、乳滴状	块状、脉状-网脉状、细脉浸染状、角砾状、晶洞	硅化、黄铁矿化、水白云母、绢云母化、绿泥石化、碳酸盐岩化等	李发源，2003；付绍洪，2004；Wang et al.，2000；Zhou et al.，2013c
团宝山	四川汉源，川西南成矿区	中型	震旦系灯影组白云岩	康滇地轴北段东缘，团宝山背斜东翼的层间破碎带及张性裂隙	透镜状、囊状体、脉状	部分矿体与地层产状一致，部分矿体与地层斜交	闪锌矿、方铅矿为主，次为黄铜矿、黄铁矿，少量辉银矿，次生菱锌矿、白铅矿、铅矾、孔雀石等	白云石、菱镁矿为主，次为石英、方解石，少量滑石	平均品位Pb为2.66%，Zn为12.56%，Zn与Pb含量比为5.17∶1，个别矿体含Ag和Cu	他形-自形粒状、散点状、致密状、镶嵌	脉状、透镜状、斑点状、块状、浸染状、土状、蜂窝状、皮壳状、网格状等	白云石化、菱镁矿化、黄铁矿化、角砾化、滑石化	朱创业 等，1994
乌斯河（黑区—雪区）	四川汉源，川西南成矿区	中型	震旦系灯影组白云岩，下寒武统麦地坪组角砾状白云岩	峨眉山断拱瓦山断弯西缘，SN向王帽山断裂东测的万里村向斜南段	层状、似层状、透镜状	与地层产状一致，倾角仅为4°～8°	闪锌矿为主，其次为黄铁矿和方铅矿，次生菱锌矿、铅矾、异极矿、褐铁矿等	石英为主，其次为玉髓、白云石，含少量重晶石、墨石、水云母、沥青等	平均品位Zn与Pb之和为10.58%，Zn为8.62%，Pb为1.96%，Zn与Pb含量比为4.4∶1	主要为他形-半自形细粒状、微晶，少量鳞片状、纤维状	层纹状、条纹-条带状、层状、碎裂、沉积角砾状、胶状、莓球状、块状、浸染状、脉状、细脉状	硅化、重晶石化、萤石化、碳酸盐岩化、黄铁矿化、沥青化等	罗开 等，2021

续表

矿床名称	位置（成矿区）	规模	赋矿围岩	构造位置	矿体形态	矿体产状	矿石矿物	脉石矿物	矿石品位	矿石结构	矿石构造	围岩蚀变	资料来源
乌依	四川布拖，川西南成矿区	中型	上奥陶统大箐组白云质灰岩	NW、NE及SN向断裂和东西向断拱，层间破碎带	似层状、透镜状	倾向为SE，倾角为9°～15°	方铅矿为主，次为闪锌矿和黄铁矿，少量黄铜矿、铜蓝、砷黝铜矿、辉银矿等，次生菱锌矿、白铅矿、铅矾等	重晶石、白云石、方解石为主，少量石英	平均品位Pb为4.15%，Zn含量较低，为0.02%～3.6%	自形-他形粒状、交代残余、交代溶蚀、胶状、纤维状	块状、浸染状、似层状、脉状、不规则状、条带状、层纹状、胶状	重晶石化、白云石化和方解石化	林方成，2005
小石房	四川会理，川西南成矿区	大型	会理群天宝山组浅变质碎屑岩	安宁河深断裂西侧，小石房倒转向斜南北两翼	似层状、扁豆状、脉状	与围岩一致，倾向为NW，向NW侧伏，倾角为20°～60°，深部变陡，60°左右	方铅矿、闪锌矿、黄铁矿、磁黄铁矿为主，其次有银黝铜矿、硫铜银矿、黄铜矿、斑铜矿以及微量自然金等，次生白铅矿、铅矾、铜蓝、异极矿、菱锌矿等	重晶石、石英为主，其次为绢云母、斜长石、白云母、方解石、红柱石等	平均品位Pb为1.43%，Zn为2.22%，Pb/Zn=1∶1.55，Ag为11.61g/t，Ge为0.0012%，Ga为0.0011%	粒状、镶嵌、包含、填隙、共溶边、乳浊状、固溶体分离、侵蚀、残余、骸晶、交代、簇状晶、胶状	块状、浸染状、条纹状、团斑状、斑杂状、细脉浸染状、次棱角状、环状、条带状、晶簇、皮壳状、胶状	主要见黄铁细晶岩化及退色化两种，局部发育重晶石化及绿泥石化	王峰 等，2013
银厂沟-骑骡沟	四川宁南，川西南成矿区	中型	震旦系灯影组白云岩	骑骡沟倾伏背斜西翼，控矿构造为NNW向断层及层间裂隙	透镜状、网脉状和细脉状	矿体走向为NW-NNW，倾向为NE-NEE，倾角为45°～70°	方铅矿、闪锌矿为主，次为黄铁矿、黝铜矿，次生铜蓝、白铅矿、铅矾矿、菱锌矿、蓝铜矿、褐铁矿等	石英、方解石、白云石为主，少量萤石、重晶石、玉髓等	平均品位Pb为3.36%，Zn为1.73%，Ag为29.43g/t	他形-自形粒状为主，少量乳浊状、细脉状、镶边、纤维状	块状、角砾状、细脉状、浸染状	主要为硅化、碳酸盐岩化（白云石化、方解石化），局部可见重晶石化	Li et al.，2016
则板沟	四川甘洛，川西南成矿区	小型	震旦系灯影组白云岩	SN向马拉哈断裂北段与马拉哈背斜的构造复合部位	层状、似层状、透镜状	由则板沟和沙岱2个矿段组成，倾向为NW，倾角为20°～36°	方铅矿、闪锌矿为主，少量黄铁矿、胶黄铁矿、黄铜矿和黝铜矿、砷硫锑铅矿等，次生铅矾、白铅矿、菱锌矿、孔雀石等	主要为白云石、石英，含炭质物	则板沟矿段Pb为2.90%、Zn为4.15%、Ag为34.45g/t，沙岱矿段Pb为5.57%、Zn为5.23%、Ag为46.43%	莓粒、半自形粒状、包含、交代、骸晶、浸蚀、固溶体分离、胶状、重结晶、破裂	块状、角砾状、浸染状、斑点状、似条带状、多孔状-土状、胶状、钟乳状等	主要白云石化、方解石化、硅化，少量黄铁矿化	曾令刚，2006
寨子坪	四川康定，川西南成矿区	中型	中泥盆统燧石灰岩、白云石化灰岩	单斜构造，构造裂隙控制	似层状、透镜状				平均品位Pb为0.57%，Zn为3.87%				王峰 等，2013
大兑冲	云南宜良，滇东北成矿区	中型	震旦系灯影组白云岩	宜良-曲靖构造带、牛首山隆起带的西南端，受NNE向逆冲断层带控制	似层状、透镜状、脉状	产状与围岩基本一致，走向为NE30°～50°，倾向为NW，倾角约为40°	方铅矿、闪锌矿，次为黄铁矿及少量黄铜矿，次生菱锌矿、异极矿、白铅矿、铅矾等	重晶石、白云石、方解石和石英	品位Pb为0.5%～3%，平均为1.01%，Zn为0.5%～4%，平均为2.08%，Ag为20.1g/t	他形-自形粒状、交代、胶状	浸染状、斑点状、团块状、纹层状、蜂窝状、网状、皮壳状、腔状	重晶石化、碳酸盐岩化、硅化和黄铁矿化	高建国和秦德先，1997

续表

矿床名称	位置（成矿区）	规模	赋矿围岩	构造位置	矿体形态	矿体产状	矿石矿物	脉石矿物	矿石品位	矿石结构	矿石构造	围岩蚀变	资料来源
富乐厂	云南罗平，滇东北成矿区	中型	二叠系茅口组灰岩、白云岩和白云质灰岩	滇东台褶带SE边缘，沿块泽河断裂褶皱带分布	脉状-网脉状、似层状、透镜状	与围岩基本一致，倾向为SE，倾角为40°左右，最大延伸NW和NE	闪锌矿、方铅矿、黄铁矿、黄铜矿、黝铜矿及少量砷黝铜矿，次生菱锌矿、异极矿、水锌矿、白铅矿、黑铅矿、铅矾、孔雀石、褐铁矿等	白云石、方解石为主，少量石膏、重晶石	新君台Ⅰ号矿体 Zn为5.05%～13.25%，Pb为0.46%～0.50%，Cd为0.087%～0.167%，Ge为0.0027%～0.0124%	粒状、交代、胶状、共结边、揉皱	块状、浸染状、条带状、细脉状、环带状、角砾状、团斑状、晶洞	白云石化、重晶石化、角砾岩化、退色	柳贺昌和林文达，1999；司荣军，2005
会泽（矿山厂和麒麟厂）	云南会泽，滇东北成矿区	超大型	下石炭统摆佐组白云岩	小江深断裂带东侧，小江深断裂带和昭通-曲靖隐伏深断裂带间的NE构造带、SN构造带及NW垭都构造带的构造复合部位	似筒状、囊状、扁柱状、透镜状、脉状、网脉状及似层状	产状与地层基本一致，走向为NE 20°～40°，倾向为SE，倾角为60°～65°	闪锌矿、方铅矿和黄铁矿为主，极少量的黄铜矿、硫锑铅矿、硫砷铅矿、深红银矿、螺硫银矿和自然锑等，次生几十种矿物	主要为方解石，其次是白云石，偶见重晶石、石膏、石英和黏土类矿物	3号矿体 Pb+Zn 平均品位为36.5%、6号矿体为34.6%、8号矿体为25.8%、10号矿体为33.5%、1号矿体为32.6%；富含Ag、Ge、Ga、Cd等	粒状、包含、交代环状、固溶体分解、揉皱、压碎、细（网）脉状、斑状、共结边、交代、填隙式等	块状、条带状、层状-似层状、浸染状、脉状	常见白云岩化和黄铁矿化，偶见方解石化、硅化和黏土化	Zhou et al.，2001；黄智龙等，2004；Li et al.，2007
金牛厂	云南会泽，滇东北成矿区	小型	寒武系筇竹寺组八道湾段中厚层状泥质粉砂岩	小江断裂带、垭都-水城断裂带和弥勒-师宗断裂带交汇的“三角区”，矿山厂-金牛厂构造带的南端	脉状、透镜状	2条矿脉近行，走向为NW 60°～80°，倾向为SW，倾角为75°～80°	方铅矿、闪锌矿和黄铁矿为主，少量黄铜矿和毒砂，次生铅矾和菱锌矿等	主要为方解石和石英	品位 Pb 为5.38%～20.55%，平均为9.03%，Zn为0.59%～3.72%，平均为2.12%，Ag为58.6～105g/t，平均为73.2g/t	包含、交代、他形粒状、填隙	角砾状、条带状、浸染状、脉状、块状等	黄铁矿化、方解石化和硅化	熊亮 等，2010
金沙厂	云南永善，滇东北成矿区	中型	震旦系灯影组白云岩	巧家-莲峰大断裂NE端南侧，金盆短轴背斜倾伏端和金沙逆冲断层交会处	扁豆状、似层状、脉状	产状与地层基本一致，背斜北东翼的矿体倾角为5°～8°；南西翼矿体倾角为10°～25°；沿断裂带脉状矿体，倾角为60°～70°	方铅矿、闪锌矿为主，少量黄铁矿、车轮矿、辰砂、辉银矿、黝铜矿等，次生白铅矿、铅矾、菱锌矿、孔雀石等	石英、重晶石、白云石、萤石、云母、黏土	平均品位Pb为1.56%～7.14%，Zn为2.16%～10.76%，Pb/Zn=0.80，Ag为98.8g/t，Cu为0.08%，Hg为0.07%，Cd为0.014%	他形-自形粒状、溶蚀、交代、压碎、填隙	脉状、块状、条带状、角砾状、浸染状、蜂窝状	硅化、重晶石化、萤石化、白云石化、退色	Bai et al.，2013
乐红	云南鲁甸，滇东北成矿区	中型	震旦系灯影组白云岩	滇东台褶带滇东北台褶束中部、乐马厂断裂与巧家-莲峰断裂之间的谓姑背斜北缘，NE、NW和SN向构造的复合部位	脉状、透镜状、似层状	I_2号矿体走向为210°～250°，倾角为70°～80°；II_2号矿体走向为310°～340°，倾向为220°～250°	闪锌矿、方铅矿、黄铁矿为主，次为黄铜矿、斑铜矿、银黝铜矿等，次生菱锌矿、褐铁矿、白铅矿、铅矾、水锌矿、异极矿、铜蓝、孔雀石等	白云石、方解石、重晶石和少量石英、碳质碎屑物等	II_2号矿体品位 Pb 为0.04%～15.57%，平均为1.20%，Zn为0.8%～30.5%，平均为10.83%，Ag为2.4～187.5g/t，平均为30.3g/t	粒状为主，其次为交代残余、溶蚀、放射状、环带状	斑块状、浸染状、角砾状、细网脉状、皮壳状、钟乳状、网格状	黄铁矿化、重晶石化、硅化、萤石化、白云石化和方解石化	周云满，2003

续表

矿床名称	位置（成矿区）	规模	赋矿围岩	构造位置	矿体形态	矿体产状	矿石矿物	脉石矿物	矿石品位	矿石结构	矿石构造	围岩蚀变	资料来源
乐马厂	云南鲁甸，滇东北成矿区	大型银矿	寒武系、泥盆系、石炭系及二叠系的碳酸盐岩、硅质岩和碎屑岩组成的构造岩或蚀变岩	小江断裂东侧NE向乐马厂断裂带中部，龙头山背斜的逆冲-推覆构造的构造碎裂角砾岩带内	层状、似层状、囊状、透镜状	与断层总体走向一致，剖面形态呈透镜状，平面上呈北东20°方向展布的长透镜状	方铅矿、闪锌矿为主，次有辉银矿、硫铜银矿、辉铜银矿、斑铜矿、银黝铜矿、黝铜矿、自然银、角银矿、软锰矿、黄铁矿，次生白铅矿、铅矾、菱锌矿、褐铁矿、孔雀石、铜蓝等	白云石、方解石、石英为主，少量玉髓和碳质	Ⅰ矿体品位Ag为50.6～625.7g/t，平均为209.79g/t，其余矿体Ag为90.78～218.06g/t	以粒状为主，次有凝胶状、交代溶蚀和充填结构等	以花斑网脉状为主，次有块状、星点状、斑状、角砾状和碎裂状等	铁-锰化、铁锰碳酸盐岩化、铅锌矿化、铜矿化、硅化以及重晶石化、大理岩化、褪色化等	周云满，1999；Deng et al.，2000
毛坪	云南彝良，滇东北成矿区	大型	上泥盆统宰格组白云岩、下石炭统摆佐组白云岩、上石炭统威宁组白云质灰岩	NE构造体系与NW构造体系交会部位，猫猫山倒转背斜倾伏端和NW倒转翼的陡倾斜地层，NE向层间压扭性断裂	脉状、透镜状、网脉状、似层状	NE-SW向延伸，走向为NE30°～75°，倾向为NW，倾角为60°～90°	闪锌矿、方铅矿和黄铁矿为主，其他矿物少见，次生白铅矿、铅矾、菱锌矿、水锌矿、异极矿、褐铁矿等	方解石、白云石为主，少量石英、云母、重晶石	Ⅰ号矿体Pb+Zn平均品位为30%±；Ⅱ号矿体局部Pb+Zn含量大于40%，Ⅲ号矿体平均品位Pb为6.86%、Zn为8.31%，平均品位Pb+Zn大于15.5%，Pb与Zn含量比为1∶2.4	晶粒为主，其次为镶嵌、超糜棱、压碎、交代、残余	块状、浸染状、条带状、脉状-细脉状、微层纹、角砾状	白云石化、方解石化、黄铁矿化、重晶石化、硅化、铁白云石化	柳贺昌和林文达，1999
茂租	云南巧家，滇东北成矿区	大型	震旦系灯影组白云岩	NS构造体系与NE构造体系交会部位，NE向茂租逆断层和臭水井断裂交会的三角带	层状、似层状为主，少量脉状、不规则状	产状与围岩基本一致	闪锌矿、方铅矿为主，少量黄铁矿和黄铜矿等，次生菱锌矿、异极矿、硅锌矿、白铅矿、铅矾等	白云石、萤石、石英为主，次为磷灰石、燧石、重晶石、方解石及少量黏土	平均品位Pb为1.94%、Zn为5.68%，Pb与Zn含量比为1∶2.5，Ag为13.3g/t，Cd为0.018%，Ge为0.0013%，Ga为0.018%，In为0.00045%	他形-半自形粒状、交代、斑状、镶嵌	块状、浸染状、斑点状、脉状、角砾状，氧化带见到皮壳状、乳滴状等	主要为硅化、萤石化和白云石化，少量重晶石化	柳贺昌和林文达，1999；Zhou et al.，2013b
松梁	云南巧家，滇东北成矿区	小型	震旦系灯影组白云岩	小江深大断裂和巧家-莲峰大断裂所夹持的“三角地带”，矿体均产于NW向断裂或NE向层间断裂	脉状、透镜状、似层状、不规则状	Ⅰ号矿体走向为NW55°～70°，倾向为NE，倾角为70°～85°	闪锌矿、方铅矿、黄铁矿为主，少量黄铜矿，次生铜蓝、菱锌矿、水锌矿、白铅矿、铅矾等	主要为白云石，其次为石英、方解石	Ⅰ号矿体品位Zn为5.94%～33.02%，平均为10.65%，Pb为0.08%～8.39%，平均为0.54%	自形-他形晶粒状、填隙、揉皱、乳浊状、包含、交代等	角砾状、块状、浸染状、条带状、斑块状、不规则脉状、蜂窝状、土状	白云石化、硅化、方解石化、重晶石化、黄铁矿化	李波，2010

续表

矿床名称	位置（成矿区）	规模	赋矿围岩	构造位置	矿体形态	矿体产状	矿石矿物	脉石矿物	矿石品位	矿石结构	矿石构造	围岩蚀变	资料来源
天生关	云南石林，滇东北成矿区	小型	下石炭统大塘组铁质白云岩	小江深断裂带东侧，牛首山古陆西缘	板状、似层状、透镜状	与含矿地层基本一致，走向为165°～175°，倾向为南西，倾角为5°～12°	闪锌矿、方铅矿、黄铁矿，次要矿物有黄铜矿、辉铜矿、孔雀石、铜蓝、辉银矿及自然银等，次生白铅矿、菱锌矿、孔雀石、褐铁矿等	主要是白云石、方解石、重晶石，偶见文石等	Ⅰ-1号矿体品位Pb为0.54%～2.14%，Zn为0.7%～9.34%，Cu为（单工程）0.50%～7.66%，Ag（单工程）为2.0～51.3g/t	自形-半自形晶粒、交代溶蚀、交代残余、他形、交代骸晶等	浸染状、稠密浸染状、脉状，网脉状、块状、角砾状等	主要有白云石化、方解石化、黄铁矿化、硅化、绿泥石化	王峰 等，2013
炎山	云南昭通，滇东北成矿区	小型	震旦系灯影组白云岩	北东向莲峰-茂租大断裂与近南北向的金阳大断裂交会处，区内早期构造以NS向及NE向为主	透镜状、似层状、脉状	矿体走向为NW20°～50°，倾向为SW，倾角为50°～80°	方铅矿、闪锌矿、黄铁矿为主，少量黄铜矿、斑铜矿、辉铜矿、硫锑铅矿、黝铜矿、含银黝铜矿；次生菱锌矿、白铅矿、铅矾、孔雀石等	白云石、方解石、重晶石、萤石、石英及黏土	平均品位Pb为4.57%，Zn为4.46%	他形-自形晶粒状，斑状变晶，斑状、碎屑	浸染状、斑点状、块状、层状、条带状、脉状、角砾状、环状、蜂窝状、空洞状、皮壳状	硅化、碳酸盐岩化、褐铁矿化、萤石化、重晶石化、黄铁矿化	唐骥等，2009
猫猫厂-榨子厂	贵州赫章，黔西北成矿区	中型	中泥盆统独山组至下二叠统茅口组灰岩、白云岩，下石炭统上司组、大埔组至上石炭统马坪组为主	黔北台隆遵义断拱与六盘水断陷嵌接部位之威宁NW向构造变形区，江子山-猫猫厂、榨子厂NW向褶断带南东段与猫猫厂-耗子硐褶断带的交切复合部位	氧化矿呈脉状、囊状、透镜状，砂矿为面状产出	产状与控矿断层一致，Ⅰ号矿体：走向为NE 32°～55°，倾向为SE，倾角为60°～75°；Ⅱ号矿体：走向为NE65°，倾向为SE，倾角为62°	白铅矿、菱锌矿、褐铁矿为主，次为铅矾、异极矿、砷铅矿及残余的方铅矿、闪锌矿、黄铁矿等	白云石为主，次为方解石、重晶石、石英及少量萤石	平均品位，Ⅰ号矿体Pb为0.77%、Zn为6.27%，Ⅱ号矿体Pb为0.83%、Zn为9.18%，Ⅲ号矿体Pb为0.63%、Zn为12.71%，Ⅳ号矿体Pb为1.23%，Zn为11.69%	常见粒状、胶结结构	土状、皮壳状、葡萄状、蜂窝状、粉末状等	褐铁矿化、铁锰碳酸盐岩化、白云石化、黄铁矿化及重晶石化等	金中国，2008
青山	贵州水城，黔西北成矿区	中型	上石炭统马坪组与下二叠统梁山组接触带，马坪组白云质灰岩	水城-威宁断裂带，构造以背斜上发育的各级规模的纵断裂或顺层断裂为主；矿区出露辉绿岩	不规则囊柱状为主，局部透镜状、脉状	矿体长轴走向为NE-SW，向SE侧伏，倾角为50°～70°	方铅矿、闪锌矿、黄铁矿为主，少量黄铜矿、毒砂和赤铁矿，次生白铅矿、铅矾、菱锌矿、异极矿、褐铁矿等	白云石、方解石、重晶石、萤石、石英等	平均品位：13#矿体Pb为9.92%、Zn为37.58%，15#矿体Pb为9.22%、Zn为35.10%，14#矿体Pb为3.76%、Zn为34.96%	半自形-自形粒状、交代残余、乳浊状、骸晶状、似文象状、共结边等	块状、脉状、角砾状、网脉状、草莓状、浸染状、条带状、星点状等	硅化、黄铁矿化、方解石化、重晶石化、萤石化、黏土化、绿泥石化等	金中国，2008；Zhou et al.，2013d

续表

矿床名称	位置（成矿区）	规模	赋矿围岩	构造位置	矿体形态	矿体产状	矿石矿物	脉石矿物	矿石品位	矿石结构	矿石构造	围岩蚀变	资料来源
杉树林	贵州水城，黔西北成矿区	中型	上石炭统黄龙组灰岩、白云质灰岩	水城-威宁断裂带，水杉背斜南东端南西翼，矿体受层间高角度断层控制	脉状、透镜状、似层状、囊状	空间上大致呈右行雁形排列，由NW向SE侧伏，矿体产状与断裂、地层产状基本一致，倾角为55°～75°	方铅矿、闪锌矿、黄铁矿为主，偶见黄铜矿和毒砂，次生白铅矿、铅矾、菱锌矿、异极矿、褐铁矿等	方解石、石英、白云石、重晶石等	4#矿体规模最大，品位Pb为0.24%～7.94%，平均为3.64%，Zn为1.09%～26.64%，平均为14.98%	自形-半自形粒状、他形粒状，交代、充填，压碎，草莓状等	块状为主，其次为浸染状、角砾状、细脉状、条带状、层纹状等	黄铁矿化、方解石化、褐铁矿化、铁锰碳酸盐岩化、硅化	金中国，2008；Zhou et al.，2014b
箐箕湾	贵州赫章，黔西北成矿区	中型	中—上泥盆统云质灰岩和中二叠统栖霞—茅口组灰岩	垭都-蟒硐铅锌成矿带南东段，直接产于垭都-蟒硐主断层破碎带	不规则脉状、透镜状	与控矿断层产状一致，走向为285°～290°，倾向为SE，倾角为50°～70°	闪锌矿、方铅矿和黄铁矿为主，其他矿物少见，次生白铅矿、铅矾、菱铁矿、菱锌矿、异极矿、水锌矿、黄钾铁矾、孔雀石等	主要为方解石和白云石，少量石英和黏土类矿物	品位Pb为0.71%～10.6%，平均为3.37%，Zn为2.09%～30.3%，平均为11.7%，Ag为6.60～70.5g/t	粒状、碎裂、充填、溶蚀、交代、共结边、细（网）脉状、斑状等	块状、条带状、浸染状、脉状、蜂窝状、皮壳状、土状等	白云石化、方解石化、黄铁矿化、铁锰碳酸盐岩化、褐铁矿化及硅化	Zhou et al.，2013e
天桥	贵州赫章，黔西北成矿区	中型	下石炭统大埔组、摆佐组、上石炭统黄龙组白云岩	垭都-蟒硐构造带的北西端上盘，天桥背斜贯穿全区、同时发育一系列近SN、NE、EW断裂构造	似层状、板状、透镜状、雁行状、囊状	产状与地层，基本一致，倾向为250°～270°，倾角为15°～30°	闪锌矿、方铅矿和黄铁矿为主，少量黄铜矿、白铁矿，次生白铅矿、铅矾、菱铁矿、菱锌矿、异极矿、水锌矿、黄钾铁矾、孔雀石等	主要为方解石和白云石，次为石英、重晶石、萤石和黏土类矿物	II_1号矿体Pb为1.23%，Zn为5.60%；III_6矿体Pb为5.51%、Zn为15.00%，III_7矿体Pb为3.60%、Zn为6.52%	粒状、碎裂、充填、溶蚀、交代、共结边、细（网）脉状、斑状等	块状、条带状、浸染状、脉状、蜂窝状、皮壳状、粉末状、土状等	白云石化、方解石化、黄铁矿化、铁锰碳酸盐岩化、褐铁矿化、重晶石化及硅化	周家喜 等，2009，2010，2012；Zhou et al.，2013a，2014a
垭都	贵州赫章，黔西北成矿区	小型	中二叠统栖霞—茅口组灰岩	垭都-蟒硐成矿带中段，铅锌矿体直接产于垭都-蟒硐断裂破裂带及其旁侧的层间挤压断裂内	似层状、脉状	Ⅰ号矿体倾向为40°、倾角为75°，Ⅱ号矿体倾向为45°～80°、倾角为15°～20°	氧化矿石，主要为次生菱锌矿、水锌矿、异极矿、白铅矿、铅矾、磷氯铅矿、褐铁矿等	黏土矿物、铁质、方解石和石英等	平均品位：Ⅰ号矿体Pb为0.02%、Zn为24.57%，Ⅱ号矿体Pb为0.03%、Zn为21.00%	碎裂、他形板粒状、他形粒状、胶状等	土状、浸染状、放射状为主，次为块状、网状、脉状、多孔状等	常见褐铁矿化、白云石化和方解石化，偶见硅化和黏土矿化	金中国，2008
羊角厂	贵州赫章，黔西北成矿区	小型	中二叠统栖霞—茅口组灰岩	垭都-蟒硐成矿带NW段，垭都-蟒硐断裂（F_1）与羊角厂-野都古断层（F_{13}）交会处	脉状、透镜状	Ⅰ号矿体倾向为195°～200°、倾角为85°～90°，Ⅱ号倾向为150°～160°、倾角为65°～75°，Ⅲ号倾向为140°、倾角为60°，Ⅳ号倾向为220°、倾角为50°	氧化矿石，主要为次生菱锌矿、水锌矿、异极矿、白铅矿、铅矾、磷氯铅矿、褐铁矿等	黏土矿物、铁质、方解石和石英等	平均品位：Ⅰ号矿体Pb为7.58%，Zn为9.67%；Ⅱ号Pb为2.03%，Zn为6.92%；Ⅲ号Pb为0.23%，Zn为7.70%；Ⅳ号Pb为1.60%，Zn为8.36%	碎裂、他形板粒状、他形粒状、胶状、假象等	土状、浸染状、放射状为主，次为块状、网状、脉状、多孔状等	常见褐铁矿化、铁锰质白云石化和方解石化，偶见硅化和黏土矿化	金中国，2008

续表

矿床名称	位置（成矿区）	规模	赋矿围岩	构造位置	矿体形态	矿体产状	矿石矿物	脉石矿物	矿石品位	矿石结构	矿石构造	围岩蚀变	资料来源
银厂坡	贵州威宁，黔西北成矿区	中型Ag矿	上石炭统黄龙组中上部的层间断层破碎带	小江深断裂带和昭通-曲靖隐伏深断裂带间的NE构造带、SN构造带及NW垭都构造带的构造复合部位	似层状、透镜状、脉状	走向为NNE，倾向为SEE，倾角为40°～48°	方铅矿、闪锌矿、黄铁矿为主，少量自然银、黄铜矿、辰砂、黝铜矿、车轮矿、银黝铜矿、螺硫银矿、硫锑铜银矿，次生白铅矿、铅矾、褐铁矿、铅矾、菱锌矿、孔雀石、铜蓝等	白云石、方解石为主，少量石英、玉髓、黏土矿物、绢云母、炭质有机质	Ⅰ号矿体Pb+Zn含量为9.1%，Ag为310g/t；Ⅱ号矿体Pb+Zn含量为7.5%，Ag为225g/t；Ⅲ号矿体Pb+Zn含量为12%，Ag为273g/t，Ⅳ号矿体Pb+Zn含量为8.3%，Ag为235g/t	他形-自形粒状、包含、共结边、交代残余、交代骸晶、乳浊状、重结晶、揉皱、双晶扭曲和压力影	碎裂状、浸染状、角砾状、块状、胶状等	褐铁矿化、白铅矿化、铅矾化、孔雀石化、铜蓝化、硅化、方解石化、白云石化	胡耀国，1999
云炉河	贵州威宁，黔西北成矿区	中型	上泥盆统望城坡组细-粗晶白云岩、泥质白云岩	黔北台隆六盘水断陷威宁NW向构造变形区北西部，NE向石门断裂与NW向罗卜夹断裂交会部位	板状、似层状、透镜状	受层间破碎滑脱带及断裂裂隙控制，倾向为SE或SW，倾角为25°～50°	闪锌矿、方铅矿、黄铁矿为主，少量黄铜矿，次生菱锌矿、白铅矿、褐铁矿、铅矾等	白云石、方解石及少量石英和黏土矿物	品位Zn为6.5%～35.92%，Pb为9.33%～10.80%，Ag为45.12～372g/t	粒状、镶嵌、他形晶粒、交代残余等	块状、蜂窝状、角砾状及少量浸染状等	白云石化、方解石化、黄铁矿化、褐铁矿化	Tang et al.，2019

主要参考文献

从柏林，1988. 攀西古裂谷的形成与演化[M]. 北京：科学出版社.

崔银亮，张云峰，郭欣，等，2011. 滇东北铅锌银矿床遥感地质与成矿预测[M]. 北京：地质出版社.

付绍洪，2004. 扬子地块西南缘铅锌成矿作用与分散元素镉镓锗富集规律[D]. 成都：成都理工大学.

高建国，秦德先，1997. 宜良大兑冲铅锌矿床地质特征与成矿作用探讨[J]. 云南地质，16（4）：368-376.

贵州省地质矿产局，1987. 贵州省区域地质志[M]. 北京：地质出版社.

贺光兴，孙启武，夏传见，等，2006. 四川省宁南县跑马铅锌矿成因浅析[J]. 地质找矿论丛，21（S1）：81-84.

侯增谦，汪云亮，张成江，等，1999. 峨眉火成岩省地幔热柱的主要元素及 Cr、Ni 地球化学特征[J]. 地质论评，45（S1）：880-884.

胡瑞忠，毛景文，华仁民，等，2015. 华南陆块陆内成矿作用[M]. 北京：科学出版社.

胡瑞忠，等，2021. 华南大规模低温成矿作用[M]. 北京：科学出版社.

胡耀国，1999. 贵州银厂坡银多金属矿床银的赋存状态、成矿物质来源与成矿机制[D]. 贵阳：中国科学院地球化学研究所.

黄智龙，陈进，韩润生，等，2004. 云南会泽超大型铅锌矿床地球化学及成因——兼论峨眉山玄武岩与铅锌成矿的关系[M]. 北京：地质出版社.

江小均，王忠强，李超，等，2018. 滇东北会泽超大型铅锌矿 Re-Os 同位素特征及喜山期成矿作用动力学背景探讨[J]. 岩矿测试，37（4）：448-461.

金中国，2008. 黔西北地区铅锌矿控矿因素、成矿规律与找矿预测[M]. 北京：冶金工业出版社.

金中国，黄智龙，2008. 黔西北铅锌矿床控矿因素及找矿模式[J]. 矿物学报，28（4）：467-472.

李波，2010. 滇东北地区会泽、松梁铅锌矿床流体地球化学与构造地球化学研究[D]. 昆明：昆明理工大学.

李发源，2003. MVT 铅锌矿床中分散元素赋存状态和富集机理研究——以四川天宝山，大梁子铅锌矿床为例[D]. 成都理工大学.

李家盛，刘洪滔，陈明伟，2011. 滇东北铅锌矿成矿条件与成矿预测[M]. 昆明：云南科技出版社.

林方成，2005. 论扬子地台西缘层状铅锌矿床热水沉积成矿作用[D]. 成都：成都理工大学.

林建英，1982. 云南程海—洱海地区二叠纪玄武岩系地质特征及其岩石化学的研究[J]. 中国地质科学院成都地质矿产研究所文集，2（1）：49-69.

蔺志永，王登红，张长青，2010. 四川宁南跑马铅锌矿床的成矿时代及其地质意义[J]. 中国地质，37（2）：488-494.

刘家铎，张成江，刘显凡，等，2004. 扬子地台西南缘成矿规律及找矿方向[M]. 北京：地质出版社.

柳贺昌，林文达，1999. 滇东北铅锌矿成矿规律研究[M]. 昆明：云南大学出版社.

陆彦，1998. 川滇南北向构造带的两开两合及成矿作用[J]. 矿物岩石，18（S1）：32-38.

罗开，周家喜，徐畅，等. 2021. 四川乌斯河大型锗铅锌矿床锗超常富集特征及其地质意义[J]. 岩石学报，37（9）：2761-2777.

马力，陈焕疆，甘克文，等，2004. 中国南方大地构造和海相油气地质[M]. 北京：地质出版社.

毛景文，周振华，丰成友，等，2012. 初论中国三叠纪大规模成矿作用及其动力学背景[J]. 中国地质，39（6）：1437-1471.

司荣军，2005. 云南省富乐分散元素多金属矿床地球化学研究[D]. 贵阳：中国科学院地球化学研究所.

四川省地质矿产局，1991. 四川省区域地质志[M]. 北京：地质出版社.

宋谢炎，侯增谦，汪云亮，等，2002. 峨眉山玄武岩的地幔热柱成因[J]. 矿物岩石，22（4）：27-32.

孙海瑞，周家喜，黄智龙，等，2016. 四川会理天宝山矿床深部新发现铜矿与铅锌矿的成因关系探讨[J]. 岩石学报，32（11）：3407-3417.

唐骥，高建国，孙凤娟，2009. 云南省昭通市昭阳区炎山小田村铅锌矿找矿前景分析[J]. 中小企业管理与科技（上旬刊），15（2）：206-207.

王宝碌，吕世琨，胡居贵，2004. 试论川滇黔菱形地块[J]. 云南地质，23（2）：140-153.

王峰，陈进，罗大锋，2013. 川滇黔接壤区铅锌矿产资源潜力与找矿规律分析[M]. 北京：科学出版社.

王华云，梁福谅，曾鼎权，1996. 贵州铅锌矿地质[M]. 贵阳：贵州科技出版社.

王奖臻，李朝阳，李泽琴，等，2001. 川滇地区密西西比河谷型铅锌矿床成矿地质背景及成因探讨[J]. 地质地球化学，29（2）：41-45.

夏文杰，杜森官，徐新煌，等，1994. 中国南方震旦纪岩相古地理与成矿作用[M]. 北京：地质出版社.

肖光武，肖渊甫，2009. 四川会东发箐铅锌矿矿床地质特征[J]. 内蒙古石油化工，35（15）：27-30.

肖龙，徐义刚，梅厚钧，等，2003. 云南宾川地区峨眉山玄武岩地球化学特征：岩石类型及随时间演化规律[J]. 地质科学，38（4）：478-494.

谢家荣，1963. 中国矿床学总论[M]. 北京：学术书刊出版社.

熊亮，朱杰勇，朱林生，等，2010. 滇东北铅锌成矿带会泽金牛厂筇竹寺组含矿层的发现及意义[J]. 矿产与地质，24（6）：507-512.

熊舜华，李建林，1984. 峨眉山区晚二叠世大陆裂谷边缘玄武岩系的特征[J]. 成都地质学院学报（3）：43-59，123-124，134-135.

晏子贵，夏传见，贺光兴，等，2006. 四川省宁南县跑马铅锌矿地质特征及找矿前景分析[J]. 地质找矿论丛，21（s1）：77-80.

叶霖，2004. 东川稀矿山式铜矿地球化学研究[D]. 贵阳：中国科学院地球化学研究所.

云南省地质矿产局，1990. 云南省区域地质志[M]. 北京：地质出版社.

曾令刚，2006. 四川甘洛则板沟铅锌矿床成因及找矿方向探讨[D]. 成都：成都理工大学.

张长青，毛景文，余金杰，等，2007. 四川甘洛赤普铅锌矿床流体包裹体特征及成矿机制初步探讨[J]. 岩石学报，23（10）：2541-2552.

张岳桥，杨农，孟晖，等，2004. 四川攀西地区晚新生代构造变形历史与隆升过程初步研究[J]. 中国地质，31（1）：23-33.

张云湘，骆耀南，杨荣喜，1988. 攀西裂谷[M]. 北京：地质出版社.

张志斌，李朝阳，涂光炽，等，2006. 川、滇、黔接壤地区铅锌矿床产出的大地构造演化背景及成矿作用[J]. 大地构造与成矿学，30（3）：343-354.

钟大赉，1998. 滇川西部古特提斯造山带[M]. 北京：科学出版社.

周朝宪，魏春生，李朝阳，1998. 扬子地块西南缘下震旦系火成岩系研究[J]. 矿物学报，18（4）：401-410.

周家喜，2011. 黔西北铅锌成矿区分散元素及锌同位素地球化学研究[D]. 贵阳：中国科学院地球化学研究所.

周家喜，黄智龙，周国富，等，2009. 贵州天桥铅锌矿床分散元素赋存状态及规律[J]. 矿物学报，4（29）：471-480.

周家喜，黄智龙，周国富，等，2010. 黔西北赫章天桥铅锌矿床成矿物质来源：S、Pb 同位素和 REE 制约[J]. 地质论评，56（4）：513-524.

周家喜，黄智龙，周国富，等，2012. 黔西北天桥铅锌矿床热液方解石 C、O 同位素和 REE 地球化学[J]. 大地构造与成矿学，36（1）：93-101.

周云满，1999. 鲁甸乐马厂银矿床地质特征与成矿作用初探[J]. 矿床地质，18（2）：121-128.

周云满，2003. 滇东北乐红铅锌矿床地质特征及找矿远景[J]. 地质地球化学，31（4）：16-21.

朱创业，张寿庭，丁益民，等，1994. 四川团宝山铅锌矿的建造控矿机理[J]. 成都理工学院学报，21（4）：26-32.

朱赖民，栾世伟，袁海华，等，1998. 论底苏铅锌矿床的“双源”沉积改造成矿模式[J]. 矿床地质，17（1）：82-90.

Ali J R，Thompson G M，Zhou M F，et al.，2005. Emeishan large igneous province，SW China[J]. Lithos，79（3-4）：475-489.

Bai J H，Huang Z L，Zhu D，et al.，2013. Isotopic Compositions of sulfur in the Jinshachang lead-zinc deposit，Yunnan，China，and its implication on the formation of sulfur-bearing minerals [J]. Acta Geologica Sinica，87（5）：1355-1369.

Chung S L，Jahn B，1995. Plume-lithosphere interaction in generation of the Emeishan flood basalts at the Permian-Triassic boundary [J]. Geology，23（10）：889-892.

Chung S L，Jahn B M，Genyao W，et al.，1998. The Emeishan flood basalt in SW China：A mantle plume initiation model and its connection with continental breakup and mass extinction at the Permian-Triassic boundary [J]. Mantle Dynamics and Plate Interactions in East Asia，27：47-58.

Deng H L，Li C Y，Tu G Z，et al.，2000. Strontium isotope geochemistry of the Lemachang independent silver ore deposit，northeastern Yunnan China[J]. Science in China Series D：Earth Sciences，43（4）：337-346.

Gao S，Yang J，Zhou L，et al.，2011. Age and growth of the Archean Kongling terrain，south China，with emphasis on 3.3 Ga granitoid gneisses [J]. American Journal of Science，311（2）：153-182.

Hu R Z，Fu S L，Huang Y，et al.，2017. The giant South China Mesozoic low-temperature metallogenic domain：Reviews and a new geodynamic model [J]. Journal of Asian Earth Sciences，137：9-34.

Huang Z L, Li W B, Chen J, et al., 2003. Carbon and oxygen isotope constraints on mantle fluidinvolvement in the mineralization of the Huize super-large Pb-Zn deposits, Yunnan Province, China [J]. Journal of Geochemical Exploration, 78: 637-642.

Jian P, Liu D, Kröner A, et al., 2009. Devonian to Permian plate tectonic cycle of the Paleo-Tethys Orogen in southwest China (Ⅱ): insights from zircon ages of ophiolites, arc/back-arc assemblages and within-plate igneous rocks and generation of the Emeishan CFB province [J]. Lithos, 113 (3-4): 767-784.

Li B, Zhou J X, Li Y S, et al., 2016. Geology and isotope geochemistry of the Yinchanggou-Qiluogou Pb-Zn deposit, Sichuan Province, Southwest China [J]. Acta Geologica Sinica, 90 (5): 1768-1779.

Li W B, Huang Z L, Yin M D, 2007. Dating of the giant Huize Zn-Pb ore field of Yunnan Province, southwest China: Constraints from the Sm-Nd system in hydrothermal calcite [J]. Resource Geology, 57 (1): 90-97.

Liu Y Y, Qi L, Gao J F, et al., 2013. Re-Os dating of galena and sphalerite from lead-zinc sulfide deposits in Yunnan Province, SW China [J]. Journal of Earth Science, 26 (3): 343-351.

Lo C H, Chung S L, Lee T Y, et al., 2002. Age of the Emeishan flood magmatism and relations to Permian-Triassic boundary events[J]. Earth and Planetary Science Letters, 198 (3-4): 449-458.

Qiu Y M, Gao S, McNaughton N J, et al., 2000. First evidence of>3.2 Ga continental crust in the Yangtze craton of south China and its implications for Archean crustal evolution and Phanerozoic tectonics [J]. Geology, 28 (1): 11-14.

Song X, Hou Z, Cao Z, et al., 2001. Geochemical characteristics and period of the Emei Igneous Province [J]. Acta Geologica Sinica, 75 (4): 498-506.

Sun W H, Zhou M F, Gao J F, et al., 2009. Detrital zircon U-Pb geochronological and Lu-Hf isotopic constraints on the Precambrian magmatic and crustal evolution of the western Yangtze Block, SW China [J]. Precambrian Research, 172 (1-2): 99-126.

Tang Y Y, Bi X W, Zhou J X, et al., 2019. Rb-Sr isotopic age, S-Pb-Sr isotopic compositions and genesis of the ca. 200Ma Yunluheba Pb-Zn deposit In NW Guizhou Province, SW China [J]. Journal of Asian Earth Sciences, 185: 104054.

Wang W, Wang F, Chen F, et al., 2010. Detrital zircon ages and Hf-Nd isotopic composition of neoproterozoic sedimentary rocks in the Yangtze block: Constraints on the deposition age and provenance [J]. Journal of Geology, 118 (1): 79-94.

Wang W, Zhou M F, Yan D P, et al., 2012. Depositional age, provenance, and tectonic setting of the Neoproterozoic Sibao Group, southeastern Yangtze Block, south China [J]. Precambrian Research, 192-195 (1): 107-124.

Wang X C, Zhang Z R, Zheng M H, et al., 2000. Metallogenic mechanism of the Tianbaoshan Pb-Zn deposit, Sichuan [J]. Chinese Journal of Geochemistry, 19 (2): 121-133.

Xu Y G, Chung S L, 2001. The Emeishan large igneous province: Evidence for mantle plume activity and melting conditions [J]. Geochimica, 30 (1): 1-9.

Xu Y K, Huang Z L, Zhu D, et al., 2014. Origin of hydrothermal deposits related to the Emeishan magmatism [J]. Ore Geology Reviews, 63: 1-8.

Yin M D, Li W B, Sun X W, 2009. Rb-Sr isotopic dating of sphalerite from the giant Huize Zn-Pb ore field, Yunnan Province, Southwestern China [J]. Chinese Journal of Geochemistry, 28 (1): 70-75.

Zhang C Q, Wu Y, Hou L, et al., 2015. Geodynamic setting of mineralization of Mississippi Valley-type deposits in world-class Sichuan-Yunnan-Guizhou Zn-Pb triangle, southwest China: Implications from age-dating studies in the past decade and the Sm-Nd age of Jinshachang deposit [J]. Journal of Asian Earth Sciences, 103: 103-114.

Zhao X F, Zhou M F, Li J W, et al., 2010. Late Paleoproterozoic to early Mesoproterozoic Dongchuan Group in Yunnan, SW China: Implications for tectonic evolution of the Yangtze Block [J]. Precambrian Research, 182: 57-69.

Zheng M H, Wang X C, 1991. Ore genesis of the Daliangzi Pb-Zn deposit in Sichuan, China [J]. Economic Geology, 86 (4): 831-846.

Zhou C X, Wei C S, Guo J Y, et al., 2001. The source of metals in the Qilinchang Zn-Pb deposit, northeastern Yunnan, China: Pb-Sr isotope constraints [J]. Economic Geology, 96 (3): 583-598.

Zhou J X, Huang Z L, Zhou M F, et al., 2013a. Constraints of C-O-S-Pb isotope compositions and Rb-Sr isotopic age on the origin of the Tianqiao carbonate-hosted Pb-Zn deposit, SW China [J]. Ore Geology Reviews, 53: 77-92.

Zhou J X, Huang Z L, Yan Z F, 2013b. The origin of the Maozu carbonate-hosted Pb-Zn deposit, southwest China: Constrained by

C-O-S-Pb isotopic compositions and Sm-Nd isotopic age [J]. Journal of Asian Earth Sciences，73：39-47.

Zhou J X，Gao J G，Chen D，et al.，2013c. Ore genesis of the Tianbaoshan carbonate-hosted Pb-Zn deposit，Southwest China：Geologic and isotopic（C-H-O-S-Pb）evidence [J]. International Geology Review，55（10）：1300-1310.

Zhou J X，Huang Z L，Gao J G，et al.，2013d. Geological and C-O-S-Pb-Sr isotopic constraints on the origin of the Qingshan carbonate-hosted Pb-Zn deposit，southwest China [J]. International Geology Review，55（7）：904-916.

Zhou J X，Huang Z L，Bao G P，2013e. Geological and sulfur-lead-strontium isotopic studies of the Shaojiwan Pb-Zn deposit，southwest China：Implications for the origin of hydrothermal fluids [J]. Journal of Geochemical Exploration，128：51-61.

Zhou J X，Huang Z L，Zhou M F，et al.，2014a. Zinc，sulfur and lead isotopic variations in carbonate-hosted Pb-Zn sulfide deposits，southwest China [J]. Ore Geology Reviews，58：41-54.

Zhou J X，Huang Z L，Lv Z C，et al.，2014b. Geology，isotope geochemistry and ore genesis of the Shanshulin carbonate-hosted Pb-Zn deposit，southwest China [J]. Ore Geology Reviews，63：209-225.

Zhou J X，Bai J H，Huang Z L，et al.，2015. Geology，isotope geochemistry and geochronology of the Jinshachang carbonate-hosted Pb-Zn deposit，southwest China [J]. Journal of Asian Earth Sciences，98：272-284.

Zhou J X，Xiang Z Z，Zhou M F，et al.，2018a. The giant Upper Yangtze Pb-Zn province in SW China：Reviews，new advances and a new genetic model [J]. Journal of Asian Earth Sciences，154：280-315.

Zhou J X，Luo K，Wang X C，et al.，2018b. Ore genesis of the Fule Pb-Zn deposit and its relationship with the Emeishan Large Igneous Province：Evidence from mineralogy，bulk C-O-S and in situ S-Pb isotopes [J]. Gondwana Research，54：161-179.

Zhou J X，Wang X C，Wilde S A，et al.，2018c. New insights into the metallogeny of MVT Zn-Pb deposits：A case study from the Nayongzhi in South China，using field data，fluid compositions，and in situ S-Pb isotopes [J]. American Mineralogist，103（1）：91-108.

Zhou M F，Yan D P，Kennedy A K，et al.，2002. SHRIMP U-Pb zircon geochronological and geochemical evidence for Neoproterozoic arc-magmatism along the western margin of the Yangtze Block，South China [J]. Earth and Planetary Science Letters，196（1-2）：51-67.

Zhu C W，Wen H J，Zhang Y X，et al.，2013. Characteristics of Cd isotopic compositions and their genetic significance in the lead-zinc deposits of SW China [J]. Science China：Earth Sciences，56（12）：2056-2065.

第二章　黔西北地区地质概况

黔西北铅锌成矿区大地构造位置处于扬子陆块西南缘，康滇地轴东侧，是川滇黔铅锌成矿域的重要组成部分之一（图 2-1），也是贵州省重要的 Pb、Zn、Ag 等生产基地（金中国，2008；周家喜，2011；Zhou et al.，2018）。

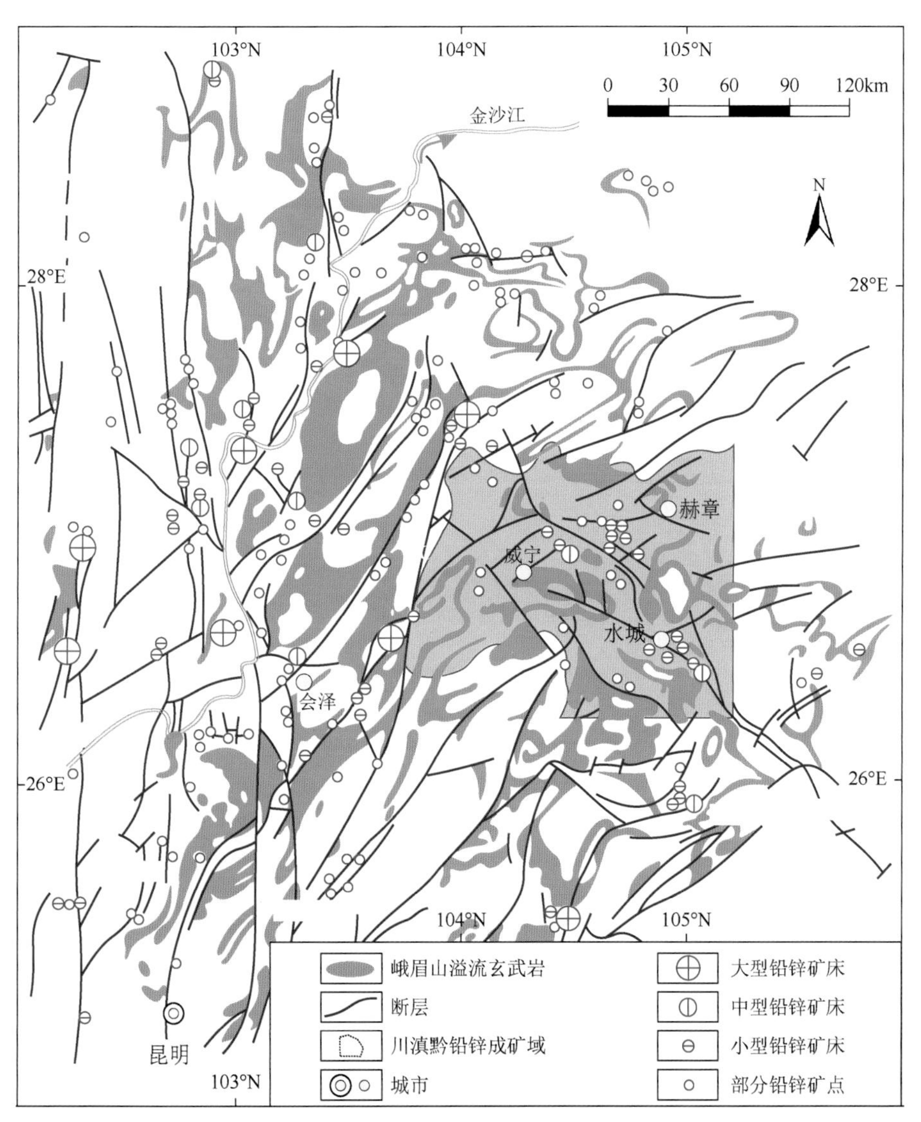

图 2-1　川滇黔铅锌成矿域地质略图（柳贺昌和林文达，1999；略修改）

注：图中阴影部分为黔西北铅锌成矿区

截至2020年底，黔西北铅锌成矿区内已发现铅锌矿床（点）130余处（金中国，2008；Zhou et al.，2018），其中特大型1处（猪拱塘，累计探明铅锌金属资源储量超过300万t）（何良伦 等，2020），大型矿床1处（纳雍枝，累计探明铅锌金属资源储量超过150万t）（王兵 等，2020）（属于五指山背斜铅锌矿集区，是否属于黔西北铅锌成矿区还有争议，本次工作不涉及）（韦晨 等，2020），中型矿床10处[①]（猫榨厂、天桥、板板桥、筲箕湾、青山、杉树林、罐子窑、银厂坡、杜家桥和那润，后两个属于五指山背斜铅锌矿集区，是否属于黔西北铅锌成矿区还有争议，本次工作不涉及）（韦晨 等，2020）。

现已探明的矿床（点）主要沿NW向威宁-水城构造带（南成矿亚带）、垭都-蟒硐构造带（北成矿亚带）和NNE向云炉河坝-银厂坡构造带（西成矿亚带）分布（图2-2）。黔西北铅锌成矿区内地层出露较齐全，构造极为发育，峨眉山玄武岩和辉绿岩广泛分布，矿床（点）星罗棋布，具有十分有利的成矿地质背景和形成大型-超大型矿床的地质条件（金中国，2008；周家喜 等，2010；Zhou et al.，2011，2013a，2013b，2014a，2014b，2018；何志威 等，2020；何良伦 等，2020）。

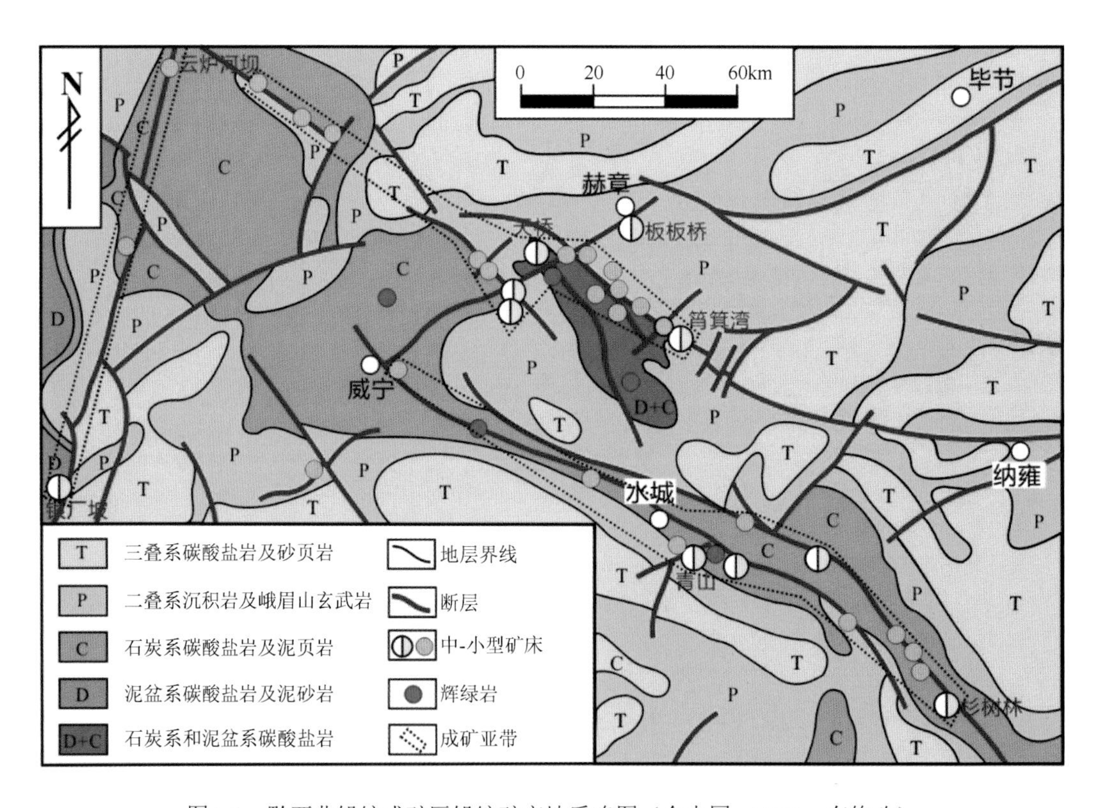

图2-2 黔西北铅锌成矿区铅锌矿产地质略图（金中国，2008，有修改）

① 柳贺昌和林文达（1999）统计为5处。

第一节　地　　层

扬子陆块具有基底和盖层双结构（金中国，2008；金中国和黄智龙，2008），其中基底（结晶基底和褶皱基底）主要为昆阳群和会理群变质沉积岩系夹火山岩建造（柳贺昌和林文达，1999；黄智龙 等，2004；王峰 等，2013），其下层为太古宇—古元古界的中深变质杂岩；中层为中元古界的变质细碎屑岩夹变质火山沉积岩；上层由新元古界浅变质碎屑岩和碳酸盐岩组成，主要出露在四川会理、会东和云南东川一带。黔西北铅锌成矿区内基底岩石未见出露，本节主要描述盖层岩石特征。详细地层描述见综合地层柱状表（表2-1）。

表 2-1　黔西北地区综合地层柱状表［据区调资料及金中国（2008）等综合］

界	系	统	组	代号	厚度/m	主要岩性特征
新生界	第四系			Q	0～40	黏土、砂、砾石
	古近系			E	20～117	灰黄色砾岩，含砾黏土岩，钙质砂岩和泥灰岩
中生界	侏罗系	中统	沙溪庙组	J_2s	0～1035	红色砂岩、页岩和泥灰岩
		下统	自流井组	J_1z	0～311	红色泥岩、页岩夹砂岩、砾岩
	三叠系	中统	关岭组	T_2g	12～775	上部灰色灰岩夹泥灰岩；下部灰绿色页岩夹砂岩、泥质白云岩
		下统	永宁镇组	T_1y	0～485	灰色薄层灰岩夹页岩、泥灰岩、白云质灰岩
			飞仙关组	T_1f	0～358	紫、黄绿色砂岩、页岩夹泥岩、凝灰岩
上古生界	二叠系	上统	龙潭组	P_3l	147～360	灰黄色砂岩、页岩和黏土岩夹煤层
			峨眉山玄武岩组	P_3em	273～609	灰、绿色玄武岩、玄武质火山碎屑岩夹凝灰质黏土岩、砂岩
		中统	茅口组	P_2m	454～698	浅灰色厚层块状灰岩夹白云质灰岩
			栖霞组	P_2q	98～228	深灰色厚层灰岩夹燧石灰岩，含沥青质灰岩（具沥青味）
		下统	梁山组	P_1l	80～187	浅灰色石英砂岩与深灰色页岩呈不等厚互层，时夹煤层
	石炭系	上统	马坪组	C_2m	189～347	浅灰色中厚层灰岩夹白云质灰岩、生物灰岩
			黄龙组	C_2h	137～314	浅灰色中厚层块状灰岩夹薄层泥质灰岩、泥灰岩
		下统	大埔组/摆佐组	C_1d/C_1b	183～296	浅灰色厚层细粒白云岩夹白云质灰岩、生物灰岩
			上司组	C_1s	60～500	灰色薄-中厚层灰岩、泥灰岩夹燧石灰岩、白云岩
			旧司组	C_1j	53～992	灰色薄-厚层砂岩、碳质页岩夹泥灰岩
	泥盆系	上统	融县组	D_3r	119～647	灰色中-厚层白云岩、白云质灰岩夹薄层灰岩、页岩
		中统	独山组	D_2d	111～380	深灰色薄层灰岩、白云质灰岩、白云岩夹砂、页岩，局部产赤铁矿
			邦寨组	D_2b	30～156	浅灰色薄层细粒石英砂岩夹粉砂岩页岩
			龙洞水组	D_2l	0～168	深灰色薄层泥质灰岩、白云质灰岩，产菱铁矿
下古生界	志留系	中、下统	韩家店群	$S_{1-2}h$	0～229	黄绿色页岩夹少量薄层砂岩、泥质砂岩
	寒武系	中下统	清虚洞组	$Є_{1-2}q$	0～35	灰色中厚层细粒白云岩夹薄层泥质白云岩
		下统	金顶山组	$Є_1j$	0～74	砂页岩、灰岩、白云岩
			明心寺组	$Є_1m$	0～109	页岩、页岩夹灰岩
			牛蹄塘组	$Є_1n$	0～257	灰绿色泥质粉砂岩夹页岩、薄层泥质灰岩
新元古界	震旦系	上统	灯影组	Z_2d	30～100	灰白色厚层白云岩，常含硅质团块、条带

黔西北铅锌成矿区内沉积盖层出露从震旦系至侏罗系，其中奥陶系和中、上志留统及下泥盆统缺失，侏罗系、古近系和第四系零星分布（图 2-2）。以石炭系、二叠系和三叠系出露全、分布广和沉积厚度大为特征（金中国，2008；Zhou et al.，2018）。峨眉山溢流玄武岩和辉绿岩遍及全区。

盖层沉积岩岩性以碳酸盐岩为主，页岩、砂岩次之。震旦系上统下部零星出露陆相冰川堆积物，中部由北向南由碳酸盐岩过渡为碎屑岩，上部为碳酸盐岩，其中含多层位膏盐层。寒武系中、下统以碎屑岩为主夹碳酸盐岩，下统夹含磷碎屑岩。中、下志留统主要为滨海-浅海相砂岩、泥岩及泥质碳酸盐岩，局部为白云岩。泥盆系为滨海-浅海相碎屑岩及碳酸盐岩。

石炭系底部为含煤碎屑沉积，向上为碳酸盐岩。二叠系以海相碳酸盐岩和峨眉山玄武岩为主，下二叠统下部为砂岩、页岩；上二叠统主要为滨海-浅海相含煤碎屑岩及碳酸盐岩和陆相含煤砂泥岩。三叠系下部为长石石英砂岩、粉砂岩夹泥岩、泥灰岩，中部以碳酸盐岩为主，上部为碎屑岩夹泥灰岩、煤层。侏罗系主要由陆相紫色砂页岩及少量泥灰岩组成。古近系和第四系为残坡积、冲积、洪积砂砾黏土层，河湖相或湖沼相沉积物中夹褐煤或泥炭层。其中，泥盆系和石炭系碳酸盐岩是铅锌矿的重要赋矿围岩（金中国，2008）。

第二节　构　　造

一、构造特征

黔西北铅锌成矿区构造应变异常复杂，NW、NNE 及 SN 向构造发育，并以逆冲断层及紧密褶皱为特征，这些构造的形成、发生、发展受康滇古陆东缘的小江深大断裂和江南古陆西缘的垭都-紫云深大断裂控制（郑传仑，1992）。从构造展布看，本区构造大体可以划分为四组（图 2-2；金中国，2008；周家喜 等，2010；Zhou et al.，2010，2011，2013a，2013b，2018），控制本区三条主要的成矿亚带（金中国，2008；金中国和黄智龙，2008；Zhou et al.，2018），构造特征简述如下。

1. 垭都-紫云深大断裂构造带（北成矿亚带）

该成矿亚带位于江南古陆西缘，地台隆起与沉降区的边缘处，是一条深切基底的断层，由一系列高角度逆冲断层组成，走向为 NW310°，倾角为 70°～85°，NW 向进入云南，SE 向直抵开远-平塘深大断裂，在贵州省境内长达 350km。该断裂始于晚奥陶世末都匀运动，具多期活动特点。沿断裂两侧沉积作用差异十分明显，对志留纪、泥盆纪、石炭纪地层的沉积，岩相古地理格局有明显的控制作用，表现为对沉积厚度和沉积韵律的控制。断裂东侧隆起的江南古陆在泥盆纪—石炭纪是向西供应物源蚀源区，断裂西侧是与之平行的深拗陷带，称为威水（威宁-六盘水）断陷。在垭都、箐箕湾、草子坪一带，其最大断距大于 1500m，是典型的同生断裂。

2. 威宁-水城断陷构造带（南成矿亚带）

威宁-水城断陷东界以垭都-紫云断裂带为界，西侧以水城深大断裂带为界。两条断裂带大致平行，相距约30km。水城断裂形成时期晚于垭都-蟒硐断裂，其规模、断距、控制地层厚度和沉积相等方面相比垭都-蟒硐断裂较小。该断裂在早石炭世开始活动，在海西期对断陷盆地内的石炭纪沉积相和沉积厚度有明显的控制作用。威宁-水城断陷形成始于早泥盆世，中泥盆世至石炭纪末期为强烈沉陷期，在早二叠世晚期至晚二叠世早期，随着裂陷作用的加剧，地壳不断拉伸变薄，地幔岩浆上涌，在盆地边缘与整个裂谷出现大规模的玄武岩喷发和侵入岩侵位。进入早、中三叠世，断陷盆地进入封闭，消亡阶段，沉积了巨厚的碎屑岩，为一套浊积岩（吕洪波 等，2003）。

3. 威宁-水城紧密褶皱构造带

威宁-水城紧密褶皱构造带由NW向的威水背斜、偏坡寨向斜、杉树林背斜和与之相伴的水城断层等组成。褶皱带长约120km，宽15～20km，在平面上，3个紧密褶皱大致呈左行排列。褶皱紧密而不对称，NE翼地层倾向为NE，倾角为30°～54°，SW翼地层陡立，甚至倒转现象普遍，倾角为60°～90°。褶皱带显示出强烈的挤压变形特征，表现在其翼部可见大量的层间劈理、层面擦痕、压溶缝合线和构造透镜体发育。褶皱带的纵断层均为高角度逆（冲）断层，断层面倾向为SW或NE，倾角为70°～80°。褶皱带内与其配套相对晚期的横断层、斜断层亦较发育。

4. 银厂坡-云炉河坝断裂构造带（西成矿亚带）

该构造带位于昭通-曲靖隐伏深断裂带东侧，是会泽矿山厂、麒麟厂构造带的NE延伸地段，也是黔西北地区重要的NNE向成矿带，走向为NE15°～30°，倾向为E，倾角为45°～60°，逆冲断层发育。NE端在云炉河交于紫云-垭都断裂带上，SW端延伸进入云南会泽的麒麟厂、矿山厂，控制着矿山厂、麒麟厂大型矿床和银厂坡、黑土河、云炉河等矿床（点）。

二、演化过程

通过前人对有关区域构造格架，各种类型的褶皱、断裂，沉积厚度，岩相变化，岩浆活动时期，成矿作用特点等的研究资料进行综合分析认为，扬子陆块西南缘构造经历了以下几个演化阶段（张云湘 等，1988；黄智龙 等，2004；刘家铎 等，2004；张志斌 等，2006；金中国，2008；王峰 等，2013；胡瑞忠 等，2021）：

（1）新太古代—古元古代早期基底形成阶段：呈SN向断续分布于泸定、冕宁、攀枝花等地的康定群等，主要为斜长片麻岩、斜长角闪岩、黑云变粒岩及混合片麻岩，局部出现麻粒岩（张云湘 等，1988），是本区的结晶基底。中元古代晚期及新元古代早期以新太古代—古元古代结晶基底为轴，在其东、西两侧各形成了一条南北向活动带。西带的盐边群、大红山群、普登群、河口群为一套以海相火山岩为主的岩石组合，东带的会理群为一套以碎屑岩为主的沉积岩。这两套地层经晋宁运动发生变质、变形，形成了中-低级变质岩，为本区的褶皱基底。

（2）晋宁运动后的早震旦世，经历大陆裂谷阶段，发育了苏雄组[火山岩年龄为（803±12）Ma]（李献华 等，2001）、开建桥组和列古六组的大陆裂谷火山岩。

（3）澄江运动发生于早、晚震旦世之间，主要表现在震旦系上、下统之间的假整合或局部不整合，并伴随着始于晋宁期的小江断裂活动。澄江运动使地层进一步固结，最后完成由洋壳向陡壳的转化，从而形成扬子古大陆，为尔后的盖层沉积奠定了基础。澄江运动后，区内遭受大规模的海侵，接受大面积的上震旦统灯影组沉积，在寒武系沉积之前，地壳上升，使灯影组遭受不同程度的剥蚀，造成下寒武统牛蹄塘组与下伏地层之间的假整合接触。

（4）加里东运动为发生在早古生代的构造运动，即中寒武世—志留纪末，以明显的升降运动为主，形成一系列隆起与坳陷，造成大部分奥陶系与志留系缺失和志留系与泥盆系的普遍假整合接触。在加里东运动中晚期发生的都匀运动对贵州西部、南部产生了较大的影响，表现为大面积的抬升形成一系列宽缓褶皱和断裂，著名的垭都-紫云深大断裂即形成于都匀运动之后，并在其后的构造运动中继承与发展并长期活动（黄智龙 等，2004；金中国，2008）。

（5）海西运动发生在泥盆纪至二叠纪期的构造活动。构造运动形成以升降为主，造成区内地层系、统、组之间多呈整合或假整合接触以及上石炭统的大量缺失。并在早二叠世晚期与晚二叠世早期，随着滇黔桂裂谷拉张的加剧，地壳不断变薄，造成大规模的基性岩浆喷发及少量基性岩体的侵位，形成大面积分布的峨眉山玄武岩（～260Ma）（Zhou et al.，2002）和呈岩床、岩珠状产出的辉绿岩（欧锦秀，1996）。同时，由于区域性升降运动的加剧与同生断层的继承性发展，在泥盆纪至二叠纪时期威水断陷盆地初步形成。

（6）印支运动发生在三叠纪，主要表现为中、上三叠统间的假整合和与上覆侏罗系的平行不整合和部分角度不整合。在印支运动早期，区内大面积抬升，海水退出，基本结束了海侵的历史，致使以后为陆相坳陷沉积，而康滇地轴、黔中古陆的隆起，区域性同生断裂的继续性活动，促进断陷盆地进一步下降，加速了盆地的巨厚沉积，这一时期是川滇黔地区大规模铅锌成矿的重要时期（黄智龙 等，2004；藺志永 等，2010；毛景文 等，2012；Zhou et al.，2018）。

（7）燕山运动是侏罗纪—白垩纪或稍晚发生的构造运动，也是区内影响最普遍、表现较强烈的一次地壳运动，造成震旦系至白垩系的全部褶皱变形，断裂构造活动导致黔西北地区地层在深大断裂两侧普遍直立或倒转。

（8）喜山运动发生在古近—新近纪，主要表现在古近系与新近系之间，呈不整合或缺失古近系上部和新近系下部的某些地层，并基本上形成现今构造格局。

第三节 岩 浆 岩

黔西北铅锌成矿区岩浆活动强烈（喷出岩、侵入岩均有广泛出露）、跨越时间长（自太古宙至新生代）、形成的岩浆系列复杂（钙碱性和碱性系列均有）。区域喷出岩最早见于太古宙（柳贺昌和林文达，1999）。而古生代至新生代岩浆活动中，最大规模的岩浆活动为海西晚期峨眉山玄武岩（图 2-1），是地幔柱活动的产物（Zhou et al.，2002）。此外，区域内还出露基性侵入岩，其岩石组合较为单一（主要为辉绿岩），规模也较小（主要呈岩墙产出），在一些铅锌矿床（如天桥、青山等）附近出露。

二叠纪峨眉山玄武岩在区内分布甚广，除东部少数地段缺失外，其余地区均有出露，分布面积约占全区面积的 10%（Zhou et al.，2002）。有 3 个喷发性质不同的火山活动阶段，岩石组合以玄武质熔岩为主，次为玄武质火山碎屑岩，夹少量凝灰质黏土岩、黏土岩、砂岩及透镜状煤层。玄武质熔岩呈灰绿-灰黑色，有斑状玄武岩、拉斑玄武岩、杏仁状玄武岩、玄武质集块岩、火山角砾岩和凝灰岩等。玄武质熔岩和玄武质火山碎屑岩中普遍含铜，其中以气孔状、杏仁状玄武岩含铜较佳，有时见数层铜矿化，局部品位较高，形成可供开采的小矿体（毛德明，2000；王砚耕和王尚彦，2003）。

黔西北地区峨眉山玄武岩是川滇黔暗色岩套的重要组成部分之一，假整合于中二叠统茅口灰岩之上，接触面随茅口灰岩岩溶侵蚀而波状起伏，与上覆上二叠统龙潭组（宣威组）煤系地层也呈假整合接触，厚度变化大，与喷发次数成正比，喷发次数多的地段，沉积厚度大，一般厚 200～400m，最大厚度在舍居乐，为 1249m。地层总体呈西厚东薄的“舌状”分布（图 2-3）。

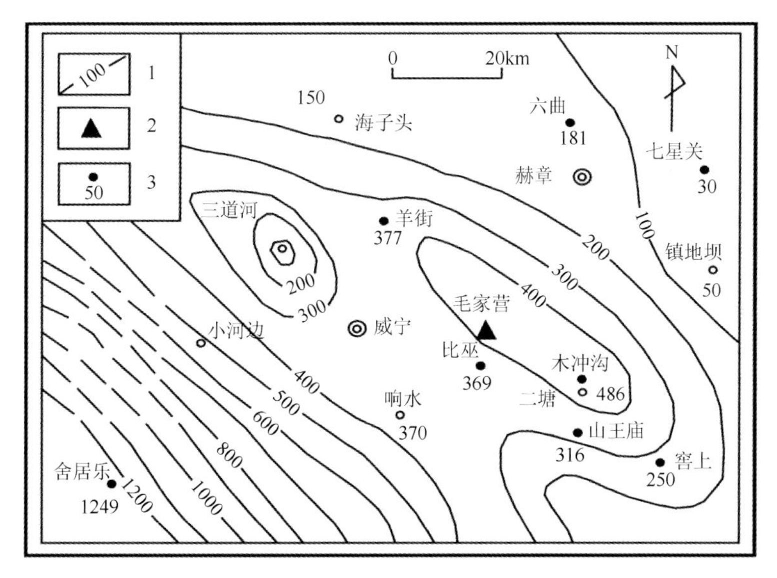

1. 玄武岩等厚线；2. 玄武集块岩；3. 实测剖面及厚度

图 2-3　黔西北地区峨眉山玄武岩组等厚线略图（m）（金中国，2008，有修改）

黔西北地区除广泛分布峨眉山玄武岩外，目前还发现辉绿岩体 70 多个，其 K-Ar 定年结果显示有 2 期，即 2.83 亿～2.35 亿年（与峨眉山玄武岩喷流期部分重合）和 1.53 亿～1.20 亿年，分别属于海西期和燕山期产物（欧景秀，1996；金中国，2008；张馨玉，2021）。

海西期辉绿岩：分布于威宁县南屯、白岩庆等地，岩体受南北和东西走向断裂构造控制，岩体产状有岩床、岩株和岩墙等。侵入岩地层为下二叠统栖霞-茅口组灰岩。岩体规模小，长数十米至数百米，厚数米至数十米。岩体岩相分带现象总体不明显。

燕山期辉绿岩：分布于水城县青山、黄家大山，威宁县草海，赫章县儿马冲、天桥、铁矿山等地。辉绿岩体侵入与NW向构造有关，产在NW向断裂带附近，其产状呈岩株或岩脉，侵入围岩为上石炭统黄龙组灰岩或下二叠统栖霞组灰岩，岩体规模很小，一般长百余米、宽数米。

第四节　矿　　产

贵州素有“江南煤海”之称，已探明大型矿床10余个，储量达20亿t以上，发现中小型矿床及矿点50余个。

铅锌矿是区内主要矿种，也是贵州省的主要矿产地，主要沿NW向构造带展布，分布点多，面广。截至2020年底，现已发现铅锌矿床（点）130余处，产出类型有三种：

（1）产于碳酸盐岩中的陡脉状、似层状硫化铅锌矿床；

（2）产于碳酸盐岩中的陡脉状、似层状氧化铅锌矿床；

（3）产于第四系坡积物或冲积层中的铅锌砂矿床。

第一类型矿床（点）具有相同的成矿地质背景、相似的成矿地质条件、相近的成矿物质和成矿流体来源、相似的控矿因素和成矿规律。

本区也是贵州省的主要铁矿资源地，铁矿石储量占贵州总量的60%以上。矿床产出类型按其成因可分为两种：沉积型铁矿和热液型菱铁矿。沉积型铁矿主要分布于赫章小河边地区，赋存于中泥盆统邦寨组地层中，形成于滨海相沉积环境，见铁矿1～2层，厚1.52～1.82m，矿石主要为赤铁矿，局部矿见鲕状绿泥石菱铁矿。

热液型菱铁矿主要分布于赫章菜园子、铁矿山和水城观音山地区，为区内主要产出类型，矿床规模达中-大型，矿体产出特点是厚度大，厚度的变化也大，长度远大于宽度。菜园子矿床厚1～46.9m，长宽比为7∶1；观音山矿床厚1～58.4m，长宽比为3∶1。菜园子和铁矿山菱铁矿产于中泥盆统独山组和龙洞水组泥质白云岩中，菜园子大型铁矿床呈脉状及似层状产出；铁矿山中型铁矿床呈似层状、透镜状产出；观音山大型铁矿床产于水杉背斜倾伏端的下石炭统大埔组白云岩中，矿体受背斜轴部的走向高角度断层控制，呈脉状产出。

区内已发现玄武岩型铜矿床（点）30余处，产于茅口组顶部的优质富锰矿10多处。此外，天桥、杉树林、银厂坡、猫榨厂等铅锌矿床中有益组分，如银、锗、镓等也具有综合利用价值，银厂坡还是中型独立银矿床。

主要参考文献

何良伦，吴大文，王军，等，2020. 贵州第一个超大型铅锌矿床-黔西北猪拱塘铅锌矿床：发现与启示[J]. 矿物学报，40（4）：523-528.

何志威，李泽琴，陈军，等，2020. 黔西北铅锌矿床成矿岩性组合与构造控矿样式[J]. 矿物学报，40（4）：367-375.

胡瑞忠，等，2021. 华南大规模低温成矿作用[M]. 北京：科学出版社.

黄智龙，陈进，韩润生，等，2004. 云南会泽超大型铅锌矿床地球化学及成因——兼论峨眉山玄武岩与铅锌成矿的关系[M]. 北京：地质出版社.

金中国，2008. 黔西北地区铅锌矿控矿因素、成矿规律与找矿预测[M]. 北京：冶金工业出版社.

金中国，黄智龙，2008. 黔西北铅锌矿床控矿因素及找矿模式[J]. 矿物学报，28（4）：467-472.

李献华，周汉文，李正祥，等，2001. 扬子块体西缘新元古代双峰式火山岩的锆石 U-Pb 年龄和岩石化学特征[J]. 地球化学，30（4）：315-322.

蔺志永，王登红，张长青，2010. 四川宁南跑马铅锌矿床的成矿时代及其地质意义[J]. 中国地质，37（2）：488-494.

刘家铎，张成江，刘显凡，等，2004. 扬子地台西南缘成矿规律及找矿方向[M]. 北京：地质出版社.

柳贺昌，林文达，1999. 滇东北铅锌矿成矿规律研究[M]. 昆明：云南大学出版社.

吕洪波，章雨旭，夏邦栋，等，2003. 南盘江盆地中三叠统复理石中的同沉积挤压构造——一类新的沉积构造的归类、命名和构造意义探讨[J]. 地质论评，49（5）：449-456，561-562.

毛德明，2000. 贵州赫章天桥铅锌矿床围岩的氧，碳同位素研究[J]. 贵州工业大学学报：自然科学版，29（2）：8-11.

毛景文，周振华，丰成友，等，2012. 初论中国三叠纪大规模成矿作用及其动力学背景[J]. 中国地质，39（6）：1437-1471.

欧锦秀，1996. 贵州水城青山铅锌矿床的成矿地质特征[J]. 桂林工学院学报，16（3）：277-282.

王兵，朱尤青，林贵生，等，2020. 纳雍枝铅锌矿床——贵州第一个大型铅锌矿床的发现和探明过程[J]. 矿物学报，40（4）：518-522.

王峰，陈进，罗大锋，2013. 川滇黔接壤区铅锌矿产资源潜力与找矿规律分析[M]. 北京：科学出版社.

王砚耕，王尚彦，2003. 峨眉山大火成岩省与玄武岩铜矿——以贵州二叠纪玄武岩分布区为例[J]. 贵州地质，20（1）：5-10，4.

韦晨，叶霖，黄智龙，等，2020. 黔西北五指山地区铅锌矿床研究新进展：成矿带归属的启示[J]. 矿物学报，40（4）：394-403.

张馨玉，2021. 黔西北凉水沟铅锌矿床辉绿岩年代学及地球化学研究[D]. 昆明：昆明理工大学.

张云湘，骆耀南，杨荣喜，1988. 攀西裂谷[M]. 北京. 地质出版社.

张志斌，李朝阳，涂光炽，等，2006. 川、滇、黔接壤地区铅锌矿床产出的大地构造演化背景及成矿作用[J]. 大地构造与成矿学，30（3）：343-354.

周家喜，2011. 黔西北铅锌成矿区分散元素及锌同位素地球化学研究[D]. 贵阳：中国科学院地球化学研究所.

周家喜，黄智龙，周国富，等，2010. 黔西北赫章天桥铅锌矿床成矿物质来源：S、Pb 同位素和 REE 制约[J]. 地质论评，56（4）：513-524.

郑传仑，1992. 黔西北铅锌矿区的控矿构造研究[J]. 矿产与地质，6（3）：193-200.

Zhou J X，Huang Z L，Zhou G F，et al.，2010. Sulfur isotopic composition of the Tianqiao Pb-Zn ore deposit，Northwest Guizhou Province，China：Implications for the source of sulfur in the ore-forming fluids [J]. Chinese Journal of Geochemistry，29（3）：301-306.

Zhou J X，Huang Z L，Zhou M F，et al.，2011. Trace elements and rare earth elements of sulfide minerals in the Tianqiao Pb-Zn ore deposit，Guizhou Province，China [J]. Acta Geologica Sinica，85（1）：189-199.

Zhou J X，Huang Z L，Zhou M F，et al.，2013a. Constraints of C-O-S-Pb isotope compositions and Rb-Sr isotopic age on the origin of the Tianqiao carbonate-hosted Pb-Zn deposit，SW China [J]. Ore Geology Reviews，53：77-92.

Zhou J X，Huang Z L，Bao G P，2013b. Geological and sulfur-lead-strontium isotopic studies of the Shaojiwan Pb-Zn deposit，southwest China：implications for the origin of hydrothermal fluids [J]. Journal of Geochemical Exploration，128：51-61.

Zhou J X，Huang Z L，Zhou M F，et al.，2014a. Zinc，sulfur and lead isotopic variations in carbonate-hosted Pb-Zn sulfide deposits，southwest China [J]. Ore Geology Reviews，58：41-54.

Zhou J X，Huang Z L，Lv Z C，et al.，2014b. Geology，isotope geochemistry and ore genesis of the Shanshulin carbonate-hosted Pb-Zn deposit，southwest China [J]. Ore Geology Reviews，63：209-225.

Zhou J X，Xiang Z Z，Zhou M F，et al.，2018. The giant Upper Yangtze Pb-Zn province in SW China：Reviews，new advances and a new genetic model [J]. Journal of Asian Earth Sciences，154：280-315.

Zhou M F，Yan D P，Kennedy A K，et al.，2002. SHRIMP U-Pb zircon geochronological and geochemical evidence for Neoproterozoic arc-magmatism along the western margin of the Yangtze Block，South China [J]. Earth and Planetary Science Letters，196（1-2）：51-67.

第三章　典型矿床地质特征

典型矿床的系统剖析，是认识成矿机制和刻画成矿作用过程的关键，也是总结区域成矿规律和构建切合实际矿床模型的基础。本章在分析黔西北地区铅锌矿床（点）分布规律的基础上，重点剖析猫榨厂、天桥、板板桥、筲箕湾、青山、杉树林、银厂坡、罐子窑和猪拱塘等典型铅锌矿床（点）地质特征，并补充调研矿床（点）地质和剖面测量成果，同时对这些典型矿床（点）的共性特征进行归纳总结。由于纳雍枝等五指山背斜地区的铅锌矿床是否归属于黔西北成矿区还有争议（韦晨 等，2020），本次工作暂不涉及。

第一节　矿床（点）分布

金中国（2008）将本区划分为NW向威宁-水城、垭都-蟒硐和NNE向银厂坡-云炉河三个铅锌构造成矿亚带；Zhou等（2018）对各构造成矿亚带代表性铅锌矿床地质特征进行综合研究。

一、NW向威宁-水城构造成矿亚带

出露地层有石炭系、二叠系和三叠系，岩性以灰岩、白云岩和白云质灰岩为主，其次为泥灰岩及砂页岩。上石炭统黄龙组、马坪组白云岩、白云质灰岩和灰岩是该亚带的主要赋矿围岩，其次为下石炭统大塘组白云岩。构造以紧密褶皱和逆冲断层发育为特征。该构造成矿带主要分布的矿床有青山、上石板、杉树林等中型铅锌矿床，双龙井、横塘等小型铅锌矿床以及银矿包等矿点（图3-1）。

二、NW向垭都-蟒硐构造成矿亚带

出露地层有志留系、泥盆系、石炭系及二叠系，志留系和泥盆系分布在该矿带核部的垭都-蟒硐（紫云）深大断裂上盘。赋矿层位主要有中泥盆统独山组，上泥盆统融县组，石炭系大塘组、黄龙组、马坪组，中二叠统栖霞组及茅口组，岩性以粗晶白云岩、白云质灰岩和灰岩为主，其次为紫红色砂页岩及泥灰岩。构造以逆冲断层及短轴背斜发育为特征。在多组断裂交会部位矿床（点）分布密集，有菜园子大型菱铁矿床、铁矿山中型菱铁矿床及垭都、蟒硐、筲箕湾、天桥、猫榨厂、五里坪、云贵桥、草子坪、羊角厂、白马厂等铅锌矿床（点），其中筲箕湾、猫榨厂、天桥矿床具中型规模，铅锌矿体主要呈脉状、透镜状产于主干断裂破碎带及其下盘的次级层间挤压带（图3-2）。菱铁矿床与铅锌矿床在空间分布上具有密切的联系，暗示二者可能具有内在的成因联系。

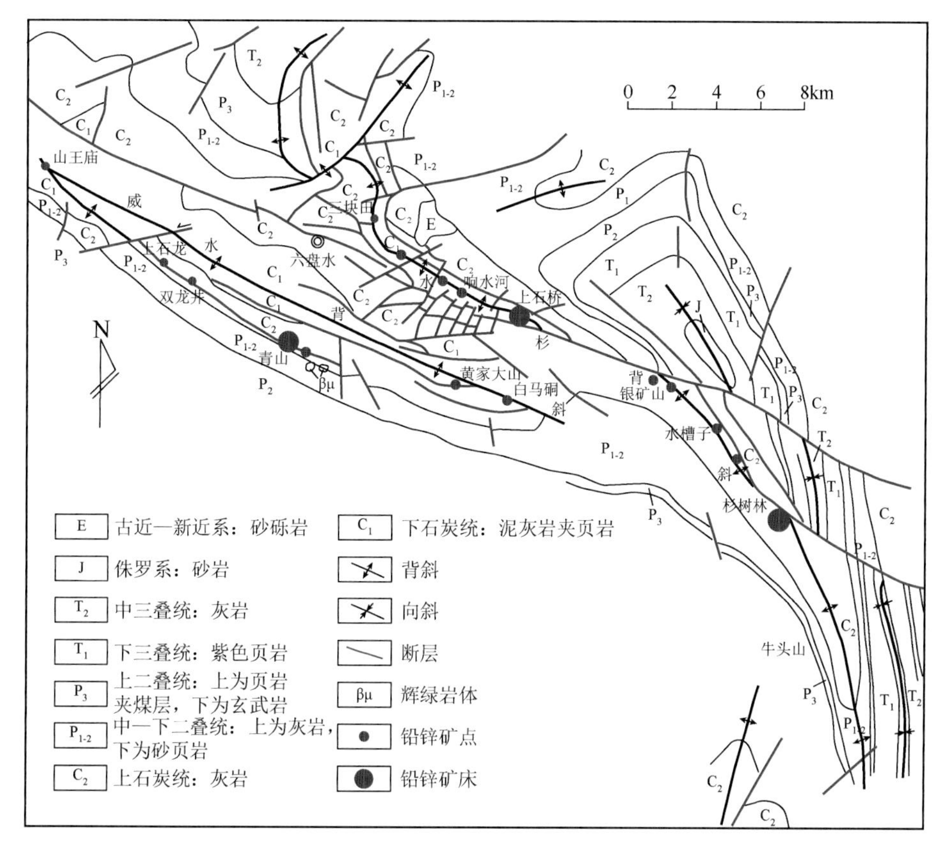

图 3-1　威宁-水城构造成矿亚带地质略图（金中国，2008，有修改）

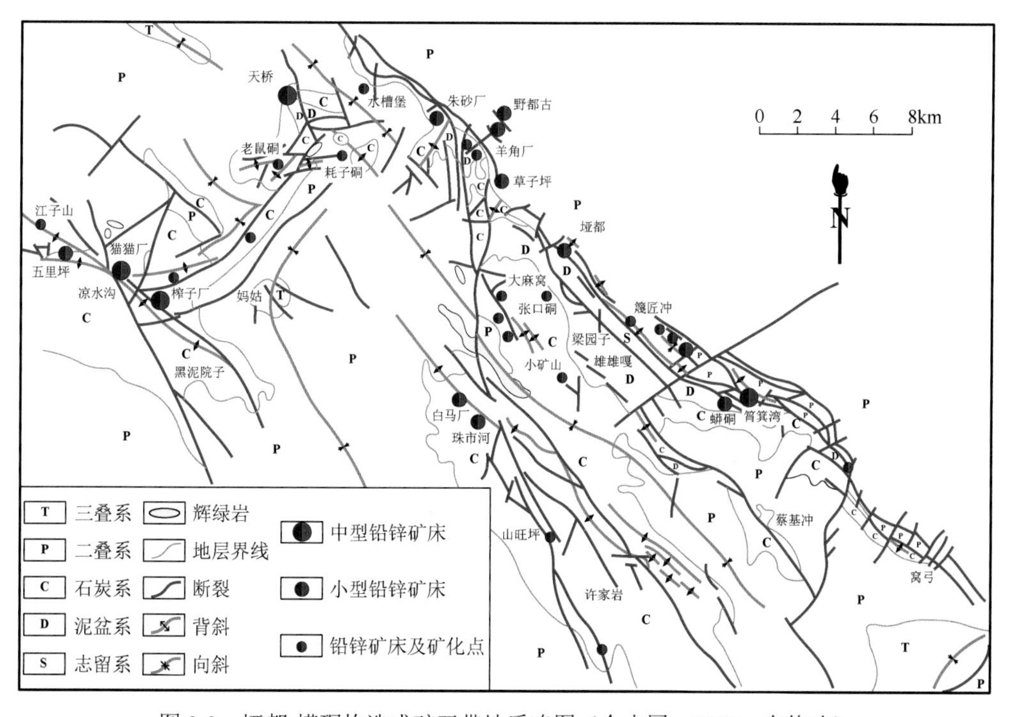

图 3-2　垭都-蟒硐构造成矿亚带地质略图（金中国，2008，有修改）

三、NNE 向银厂坡-云炉河构造成矿亚带

出露地层主要为石炭系、泥盆系及二叠系，震旦系灯影组、寒武系、三叠系零星出露。赋矿层位为石炭系大塘组、摆佐组和黄龙组，粗晶白云岩、白云质灰岩为主要赋矿围岩。NNE 向断裂构造发育。铅锌矿床（点）分布于构造发育或构造复合地段，矿体则主要产于银厂坡-云炉河断裂带内及其派生的羽状断层、层间剥离空间及多组断层交会部位。分布矿床主要有银厂坡银铅锌矿床及云炉河铅锌矿床等富银矿床。该构造成矿带南西端紧邻会泽超大型铅锌矿床，北东端与毛坪超大型铅锌矿床相近，显示出极为优越的成矿地质条件。

通过对矿床分布特征的概述，不难发现黔西北地区铅锌矿床的分布严格受构造控制，矿床（点）基本沿区域性构造带产出，具有线性分布特征。本区已发现的 130 余处矿床（点）主要集中分布在 NE 向和 NW 向构造带上，特别是两组构造交会部位、派生断层、层间构造、背斜倾斜端、向斜扬起端等构造部位往往是矿床就位空间。赋矿层位上，自上震旦统灯影组至中二叠统栖霞-茅口组均有发育，其中震旦系灯影组-寒武系清虚洞组和石炭系是区内铅锌矿床，特别是大、中型矿床的主要赋矿层位。岩性上，铅锌矿体赋存于碳酸盐岩中，特别是岩性界面之下的重结晶粗晶白云岩、硅化白云岩、白云质灰岩中。此外，矿床的分布很大程度上与有机质、蒸发膏盐岩（岩相）的分布密切相关，这将在后文进一步论述。

第二节　典型矿床地质

一、猫榨厂

1. *矿床地质*

以往猫榨厂铅锌矿上表资源量几乎全为地表的氧化残积砂矿。根据贵州有色地质矿产勘查院近年做的勘查工作，不但发现较好的原地氧化矿，且深部硫化矿的找矿前景也很乐观。本次工作综合地勘单位资料和公开发表资料（董家龙，2005；金中国，2008；安琦　等，2018；Zhou et al.，2018），着重以猫榨厂深部为主进行介绍。

矿区长约 2km，宽约 1.2km，行政区划属赫章县妈姑镇，中心地理坐标为 104°29′50″E，26°58′16″N。位于 NE 向猫猫厂-耗子硐断裂（F_1）南东端（图 3-3），并处于 NE 向的白泥寨背斜和 NW 向的江子山背斜复合部位。

猫榨厂矿区出露地层主要为石炭系（图 3-3），次为第四系（图 3-4）。

第四系：由砂质黏土、黏土夹岩石碎块及褐铁矿碎块、铅锌氧化物组成，是本区铅锌（锗）砂矿的含矿层位，厚度为 0～30m。

上石炭统黄龙组（C_2h）：可分 5 个岩性段。第 5 段为灰-浅灰色薄层灰岩，具波状层理，层理间含有黄褐色或杂色的泥质、铁质物。顶部局部地段为厚层状灰岩，底部局

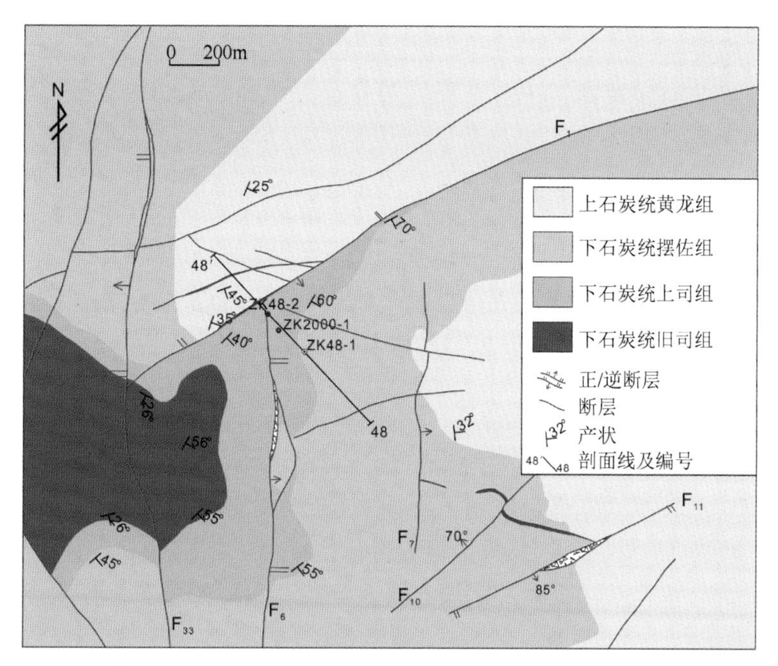

图 3-3 猫榨厂铅锌矿床地质略图（金中国，2008；Zhou et al.，2018 修改）

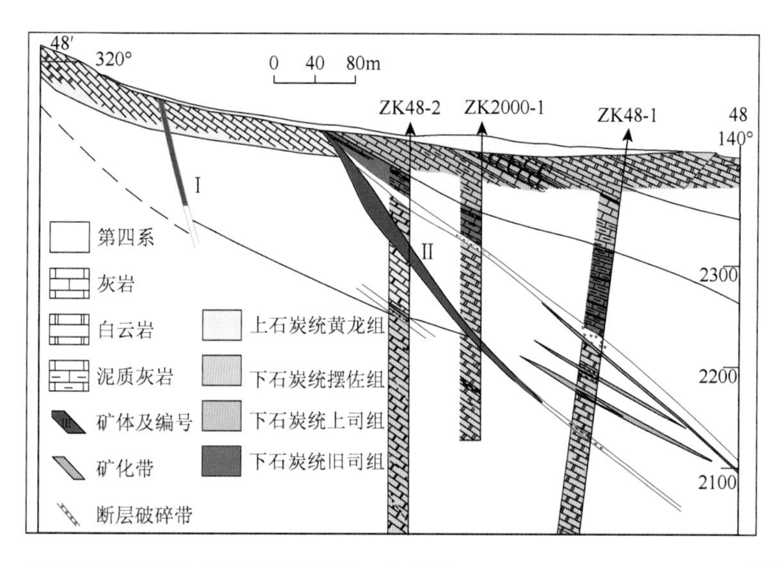

图 3-4 猫榨厂铅锌矿床典型地质剖面图（金中国，2008；Zhou et al.，2018；有修改）

部见燧石结核，厚 89m。第 4 段为灰-浅灰色致密块状灰岩，顶部渐变为薄层状灰岩，底部含燧石结核，含珊瑚和腕足类化石，厚 50m。第 3 段为浅灰色厚层致密灰岩，局部为中-粗粒结晶灰岩，风化面呈皱纹状，含腕足类化石，厚 30～92m。第 2 段为灰色薄层致密灰岩，坚硬性脆，层理清晰，含燧石结核，厚 9～20m。第 1 段为灰色-灰白色厚层细粒灰岩，风化面光滑性脆，具有规则贝壳状断口。在 F_1 断层附近常见有铁锰碳酸盐岩化和白云石化。本层底部常有白云石条带及团块出现，含珊瑚、蜓及腕足类化石，厚 90m。

下石炭统摆佐组（C_1b）：浅灰-深灰色细-粗粒厚层白云岩。沿断裂带因受热液作用常有褪色和重晶石化现象，中、下部普遍含重晶石团块，团块直径小者数厘米，大者达数米。本层在区内分布广泛，是铅锌矿赋存主要层位，厚 345m，与下伏上司组呈整合接触。

下石炭统上司组（C_1s）：灰岩，夹少量白云质灰岩、泥灰岩及页岩，厚度为 55～205m，可分为 3 个岩性段。第 3 段为浅灰-深灰色厚层致密结晶灰岩，风化面光滑，坚硬性脆，断口呈不规则的贝壳状，夹有少量不规则的白云质灰岩团块。顶部常见有一层黄褐色页岩（厚 0～8m），风化后呈杂色碎片，含珊瑚化石，厚 25～35m。第 2 段为深灰-灰色，中厚层、薄层致密状灰岩夹黑色页岩，节理发育，层理较清楚。本层顶部常有一层黑色页岩（厚 1～16m），变化大，不稳定，在较大范围内仍不能立为一独立岩层，含贵州珊瑚及腕足类化石，厚 20～100m。第 1 段为深灰-浅灰色角砾状灰岩，砾石成分不一，主要为灰岩角砾，其次见有白云岩、白云质灰岩、泥灰岩及少量页岩角砾。砾径大小悬殊，一般为 1～10cm（下部），最大者达 50cm（多在上部），具次棱角状，为泥灰质、钙质胶结，并有方解石脉及团块充填，分布稳定，厚度变化较大，厚 12～70m。与下伏旧司组呈假整合接触。

下石炭统旧司组（C_1j）：夹深灰色-黑色泥质灰岩及黑色页岩和少量薄层砂岩。沿 F_1（耗子硐-猫猫厂断裂）其灰岩常蚀变为细-中粒白云石化和褐铁矿化灰岩，下部灰岩中含燧石结核与条带，分布于猫猫厂矿段南西部，含珊瑚及腕足类化石，厚大于 300m。矿区钻孔可见厚度 150 余米（董家龙，2005；安琦 等，2018）。

需要说明的是，图 3-3 范围之外矿区附近，还发育有以下几组地层。上二叠统峨眉山玄武岩组（P_3em）：深灰，暗绿色隐晶-细晶玄武岩，拉斑玄武岩，厚度大于 50m。中二叠统茅口组（P_2m）：上部为深灰、浅灰色厚层灰岩，夹燧石灰岩及白云质灰岩，中部为灰黑色燧石灰岩夹燧石层，下部为灰、深灰色厚层灰岩夹白云质灰岩，厚 300～450m。中二叠统栖霞组（P_2q）：灰、深灰色厚层灰岩，夹燧石灰岩及白云质灰岩，下部夹碳质泥灰岩，厚 60～100m。下二叠统梁山组（P_1l）：浅灰色中厚层石英砂岩、粉砂岩夹灰岩页岩，厚 40～60m。上石炭统马坪组（C_2m）：灰色厚层灰岩夹灰紫色瘤状灰岩及紫红色、绿色页岩，厚 200～300m。黄龙组、摆佐组均为矿区铅锌矿体重要产出层位（图 3-3 和图 3-4）。

矿区褶皱构造发育相对较弱，其中江子山背斜位于矿区北西侧，轴向为 310°，NW 经江子山，SE 经大坪子，轴部为旧司组、上司组和摆佐组，两翼为黄龙组、马坪组及二叠系（图 3-3 范围之外），褶皱形态平缓开阔，两翼地层倾角为 10°～30°，局部为 50°左右，在五里坪—长坪子一带在背斜纵向断层中产有小型铅锌矿。白泥寨背斜，位于矿区猫猫厂矿段，轴向为 NE40°，长约 10km，轴部地层为旧司组、上司组、大埔组，两翼为上石炭统黄龙组、马坪组及二叠系，地层倾角为 20°～80°，背斜轴部被 F_1 断层破坏并控制矿段铅锌矿的产出（董家龙，2005；刘幼平 等，2006；曾道国 等，2007；安琦 等，2018）。矿区断裂构造主要为 NE 向 F_1 断层，次为 SN 向断裂。F_1 纵贯猫猫厂矿床（图 3-3），控制矿区内多个铅锌矿体的展布，走向为 60°，倾向为 SE，倾角为 60°～85°，属高角度逆冲断层，北西盘（黄龙组）下降，南东盘（旧司组、大埔组和黄龙组）上升，断距为 160～300m。沿断层铁锰碳酸盐岩化、白云石化、黄铁矿化、褐铁矿化发育。

猫榨厂矿区铅锌矿床主要由地表砂矿、浅部氧化矿和深部原生硫化矿石组成。浅部氧化矿和深部硫化矿体主要呈脉状沿断裂带产出，部分沿层间剥离构造带呈似层状产出，其中硫化矿体规模较大的主要有 4 个：包括早期发现的Ⅰ、Ⅱ号矿体（图 3-4），以及近年来在矿区深部发现较好的原生硫化物矿体，主要为Ⅴ、Ⅵ号矿体。

Ⅰ号矿体：位于猫猫厂矿段，产于 F_1 下盘黄龙组次级断层中，近地表为似层状、透镜状，向下逐渐以陡斜脉状和近直立柱状（刘幼平，2002），走向近 EW，倾向北，倾角为 60°～75°，局部产状有变化，略向东侧伏，控制矿体长 100m，倾向最大控制埋深 181m，平均水平厚 29.42m，平均品位 Pb 为 0.77%、Zn 为 6.27%。

Ⅱ号矿体：位于Ⅰ号矿体南西侧，产于 F_1 断层破碎带上盘大埔组白云岩中，矿体呈陡脉状，走向近 EW，倾向为 SE，倾角为 75°，矿体长 120m，倾向延深最大控制埋深 216m，平均水平厚 8.67m，平均品位 Pb 为 0.83%、Zn 为 9.18%。

Ⅲ号矿体：位于猫猫厂矿段，Ⅰ号矿体北侧，矿界之外，受 F_3 控制，呈脉状产于 F_3 断裂破碎带中，产状为 145°～165°∠80°～85°。矿体长 450m，矿体倾向延深 250m，单工程见矿水平厚 0.80～6.15m，厚度变化系数为 80%；Pb+Zn 品位为 3.26%～19.75%，品位变化系数为 74%。矿体平均水平厚 3.63m，平均品位 Pb 为 0.67%、Zn 为 13.37%。

Ⅴ号矿体：主要沿 F_1 下盘层间破碎带产出，埋深 520～550m，倾向为 SE，倾角为 23°，推断矿体走向长 100m，倾向延深 100m，厚度为 2.10m，平均品位 Pb 为 2.11%～3.91%、Zn 为 10.05%。

Ⅵ号矿体：同样沿 F_1 下盘层间破碎带产出，埋深 530～570m，位于Ⅴ号矿体之下，与之大致平行，距Ⅴ号矿体垂高 11m，推测矿体走向长 100m，倾向延深 100m，平均品位 Pb 为 2.32%、Zn 为 17.75%。

猫榨厂铅锌矿床原生矿石硫化物主要闪锌矿，黄铁矿和方铅矿次之，脉石矿物主要为碳酸盐矿物（方解石/白云石），偶见少量石英、萤石和重晶石（图 3-5）。原生矿石主要具有块状和脉状等构造（图 3-5）。硫化物矿物具有自形、半自形粒状结构和交代结构。

根据矿石组构特征、矿物共生关系等，可将猫榨厂铅锌矿床的成矿热液期划分为 2 个主要阶段，即硫化物+白云石阶段和方解石+石英+萤石+重晶石阶段。

矿区围岩蚀变现象普遍存在，但蚀变类型简单，主要见碳酸盐岩化（白云石化、方解石化和铁锰碳酸盐岩化）和黄铁矿化，局部见硅化（董家龙，2005；刘幼平 等，2006；曾道国 等，2007；安琦 等，2018）。

猫榨厂是一个老矿区，古时的采冶遗迹颇多。20 世纪 80 年代以后，民间采矿兴盛，浅部氧化矿遭到了破坏性采掘，垂深 100m 内已是千疮百孔，地表砂矿也有不同程度的贫化。Ⅰ号和Ⅱ号矿体中的富矿部分（品位在 12%以上）也已采掘一空，个别坑道已低于 2200m 标高（埋深超 200m）。而在 F_1 断层附近的深部（300m 深度以下），构造和热液活动进一步强烈（图 3-6），而Ⅴ、Ⅵ号硫化物矿体的发现，进一步支持了该矿区深部具有较大找矿远景的认识。

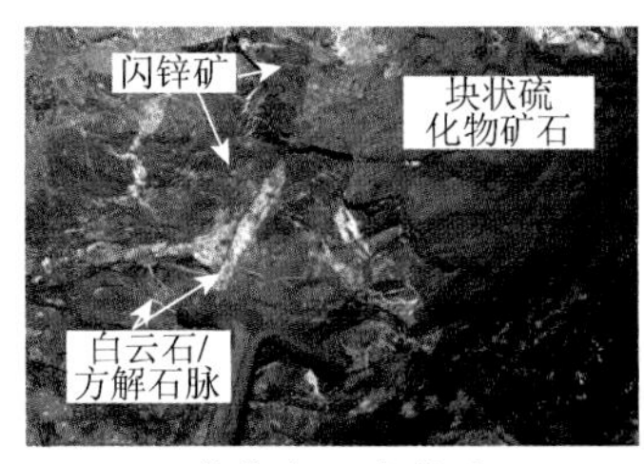

(a) 块状矿石、闪锌矿、白云石/方解石脉

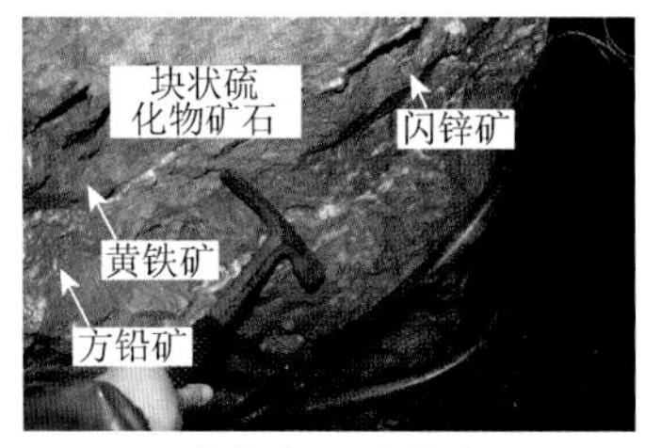

(b) 块状矿石、闪锌矿、黄铁矿和方铅矿

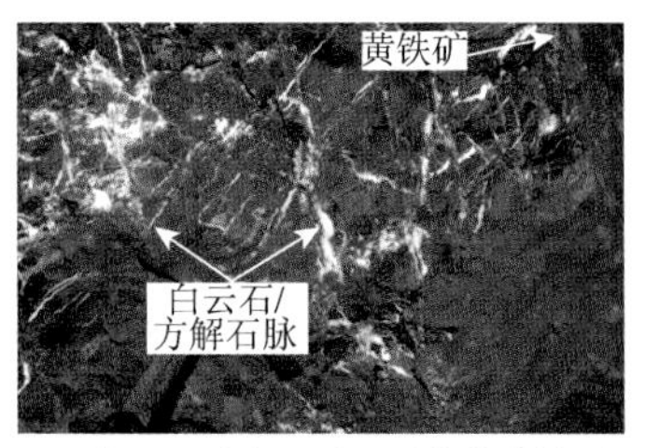

(c) 白云石/方解石脉及浸染状黄铁矿

(d) 块状矿石、闪锌矿、黄铁矿和方铅矿

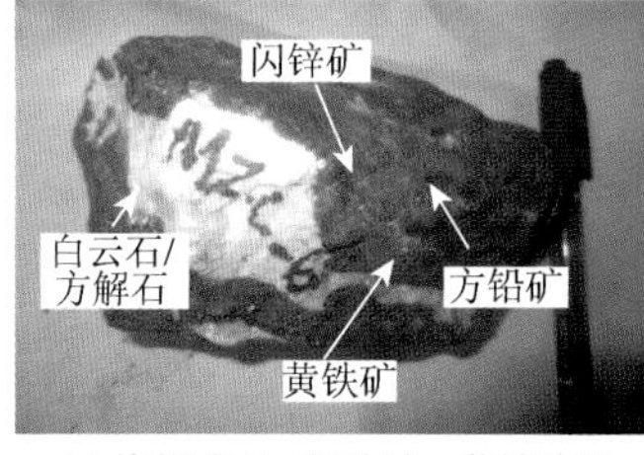

(e) 块状矿石，闪锌矿、黄铁矿和方铅矿，团块状白云石/方解石

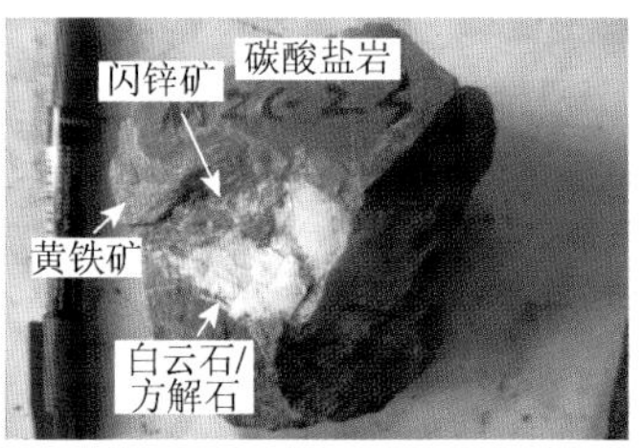

(f) 浸染状黄铁矿和闪锌矿，团块状白云石/方解石

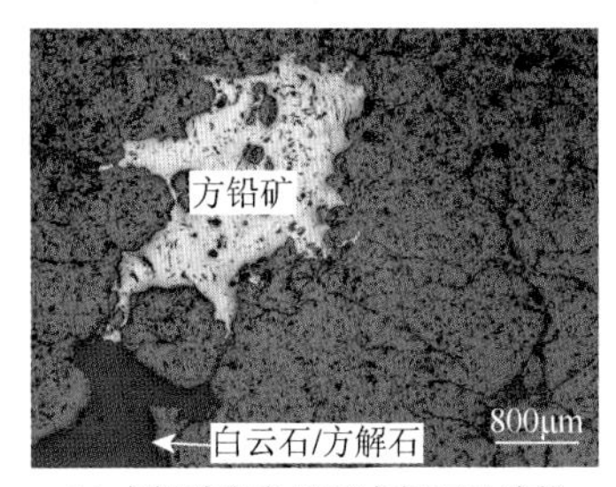

(g) 方铅矿和白云石/方解石呈脉状充填在闪锌矿间隙

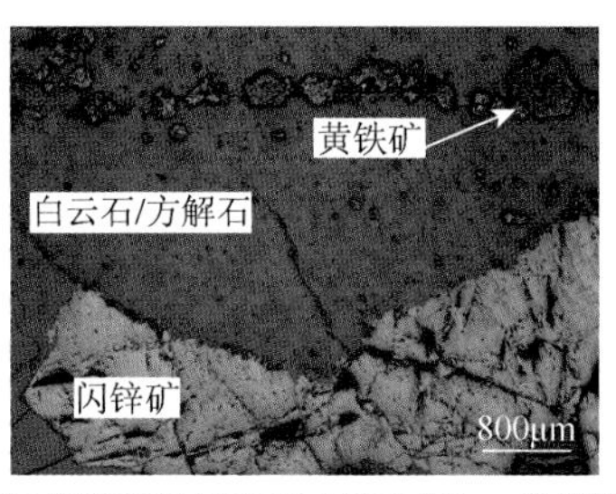

(h) 闪锌矿和白云石/方解石共生，自形粒状黄铁矿呈线状分布在白云石/方解石中

(i) 闪锌矿被白云石和方铅矿穿插充填

图 3-5　猫榨厂铅锌矿床矿石坑道、标本和显微镜下特征

2. 地质控矿规律

猫榨厂受控于 NE 向断层+褶皱构造，赋矿围岩为蚀变白云岩和灰岩，与上司组富有机质黑色岩石密切相关，呈构造（断层+褶皱）-岩性（蚀变白云岩）-蒸发岩相（膏盐岩/层）耦合关系。

二、天桥

1. 矿床地质

天桥铅锌矿位于川滇黔铅锌成矿域中东部，黔西北铅锌成矿区的中部，垭都-蟒硐构造成矿带中部，距赫章县城约 60km，黔西北 NW 向威水断陷内猫猫厂-砂石浪对冲构造体系中（图 3-7）。矿区出露地层由新至老主要有二叠系中统栖霞-茅口组（$P_2q\text{-}m$）和二叠系下统梁山组（P_1l），石炭系上统马坪组（C_2m）和黄龙组（C_2h）、下统摆佐组（C_1b）

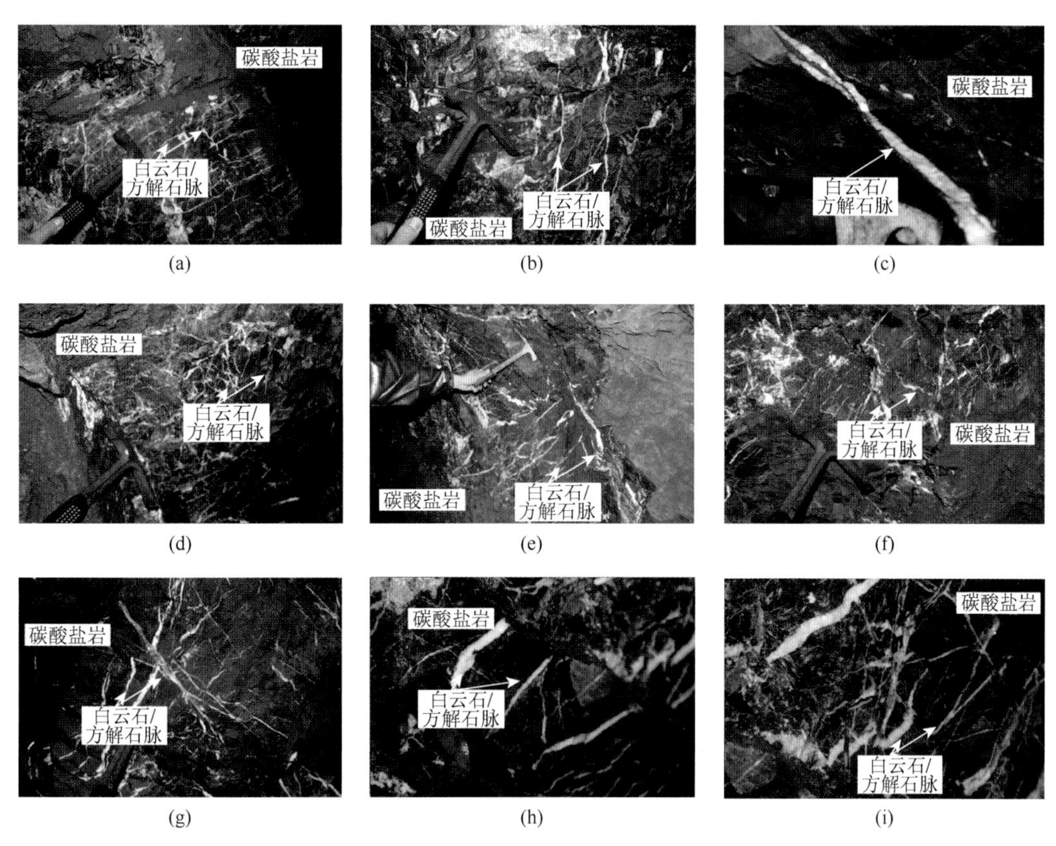

图 3-6　猫榨厂深部围岩中白云石/方解石脉发育特征

注：碳酸盐岩中的白云石/方解石呈中-细脉状、网脉状。

和大塘组（C_1d），泥盆系上统融县组（D_3r）和中统独山组（D_2d）（金中国，2008；周家喜 等，2010，2012；彭红 等，2014），除下二叠统梁山组为典型的海陆交互相碎屑岩含煤沉积岩系外，其余各时代地层均为碳酸盐岩，其中黄龙组、摆佐组、大塘组和融县组的灰质白云岩和白云岩是本矿床主要含矿围岩（图 3-7）。其工业矿体赋存于天桥背斜 NW 向鼻状倾伏端的下石炭统大塘组上部白云质灰岩、摆佐组中下部白云岩和黄龙组灰岩中（毛德明，2000；Zhou et al.，2011，2013a，2014a），并受区域性 NE 向压扭性断层 F_{37} 的控制。

天桥铅锌矿床主要矿体呈似层状、板状、透镜状产于 F_{37} 层间剥离带中，矿体与围岩界线清楚，产状与地层产状基本一致（图 3-8）。已圈定大小矿体 32 个，分南北两矿段。在南矿段的营盘上，矿带长 400m、宽 300m，有大小矿体 15 个，赋矿围岩为上泥盆统融县组、下石炭统大塘组；产在摆佐组灰岩夹泥灰岩中的Ⅱ号矿体最大，长 200m、宽 100m、厚 1.3～1.8m，平均品位 Pb 为 1.23%，Zn 为 5.69%。砂子地矿段位于其北侧，矿带长 800m、宽 500m，有 17 个矿体呈雁行状、囊状产出，赋矿围岩为大塘组白云岩和黄龙组灰岩，其中Ⅲ6、Ⅲ7 矿体最大。Ⅲ6 矿体长 250m、宽 120m、厚 1.4～19.0m，平均品位 Pb 为 5.51%，Zn 为 15.00%；Ⅲ7 矿体长 320m、宽大于 220m、厚 1.7～5.15m，最厚为 28.6m，平均品位 Pb 为 3.60%，Zn 为 6.52%，Ⅱ+Ⅲ矿体铅锌金属资源储量大于 20 万 t。

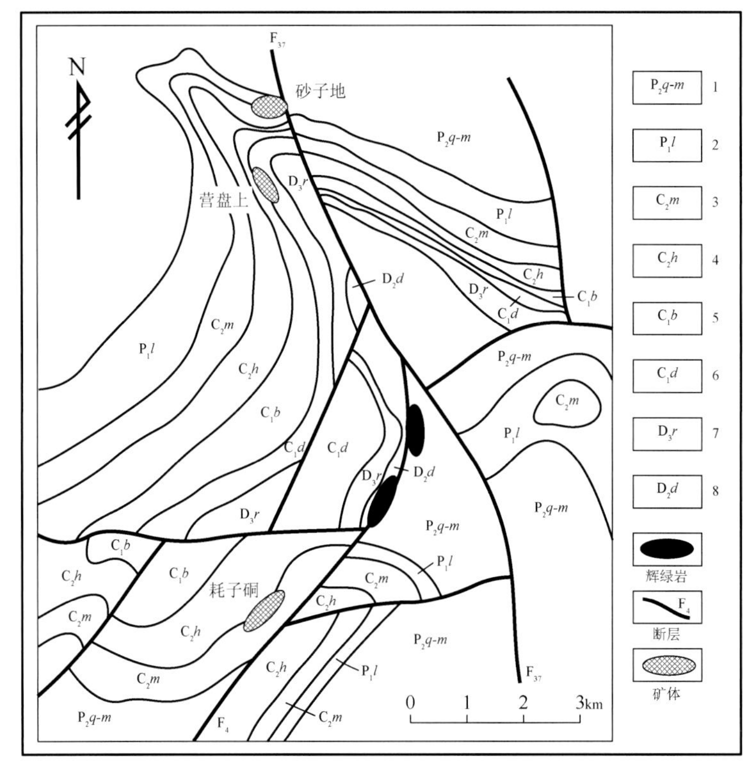

1. 栖霞-茅口组；2. 梁山组；3. 马坪组；4. 黄龙组；5. 摆佐组；6. 大塘组；7. 融县组；8. 独山组

图 3-7　天桥铅锌矿床地质略图（金中国，2008，有修改）

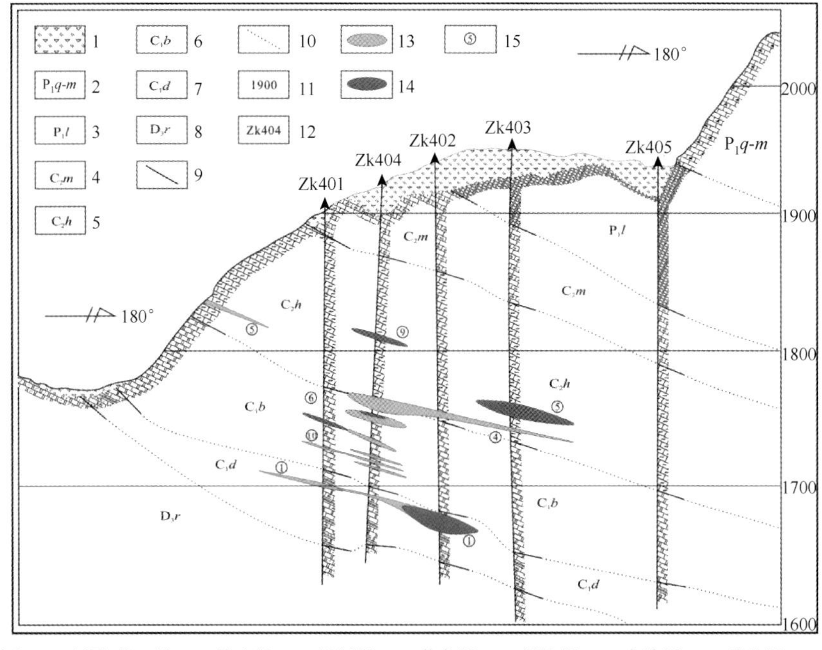

1. 第四系浮土；2. 栖霞-茅口组；3. 梁山组；4. 马坪组；5. 黄龙组；6. 摆佐组；7. 大塘组；8. 融县组；9. 地层界限；10. 推测地层界限；11. 标高；12. 钻孔及编号；13. 氧化矿；14. 原生矿；15. 矿体编号

图 3-8　天桥铅锌矿床 4-4 剖面图（金中国，2008，有修改）

根据显微观察和电子探针研究（图 3-9 和图 3-10），该矿床矿石的主要结构构造有自形结构、半自形-他形粒状结构、溶蚀结构、交代港湾状结构、共结边结构、交代弧岛结构、交代细脉状结构，氧化矿石常见粒状、胶结结构；块状、浸染状、角砾状构造，氧化矿石常见土状、皮壳状、葡萄状构造（表 3-1）。根据氧化程度，矿石自然类型可划分为原生矿和氧化矿，原生矿石主要金属矿物有方铅矿、闪锌矿、黄铁矿，少量黄铜矿和白铁矿；氧化矿主要以白铅矿、铅矾、菱铁矿、菱锌矿、异极矿、水锌矿为主，而脉石矿物有白云石、方解石、铁白云石，极少量的石英。

(a) 方解石/白云石呈团块状、脉状分布矿石中　(b) 方解石呈团块状分布于矿石中　(c) 闪锌矿和方解石共生

(d) 方解石呈脉状与块状方铅矿、闪锌矿和黄铁矿共生　(e) 闪锌矿、方铅矿、黄铁矿和方解石共生　(f) 方铅矿呈块状与黄铁矿共生

(g) 方铅矿呈脉状、黄铁矿和方解石呈自形-半自形粒状分布在闪锌矿中　(h) 方铅矿呈脉状、黄铁矿和白云石呈半自形-他形粒状分布在闪锌矿中　(i) 方铅矿的黑三角压力影

Sp. 闪锌矿；Py. 黄铁矿；Gn. 方铅矿；Cal. 方解石；Dol. 白云石

图 3-9　天桥铅锌矿床矿石宏观和组构特征

围岩蚀变较强，主要有白云石化、黄铁矿化（褐铁矿化）、铁锰碳酸盐岩化、褐铁矿化、方解石化、重晶石化及硅化等。其中，白云石化和黄铁矿化（褐铁矿化）是主要近矿围岩蚀变类型，是一种重要的找矿标志（周家喜 等，2009，2010；李珍立 等，2016；Zhou et al.，2018）。

(a) 块状矿石中的闪锌矿、方铅矿和黄铁矿

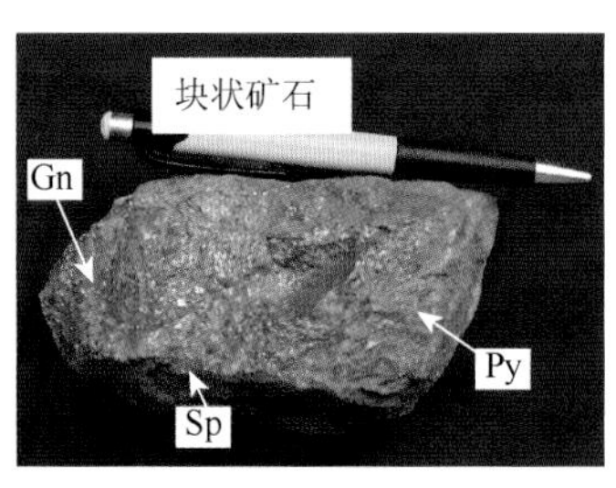

(b) 闪锌矿、黄铁矿和方铅矿组成块状矿石

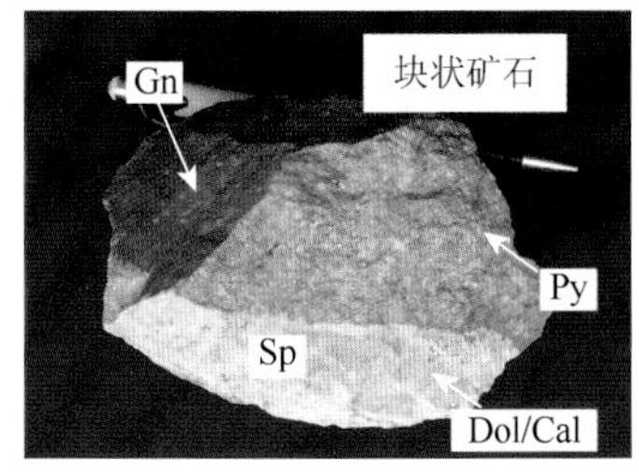

(c) 闪锌矿、黄铁矿、方铅矿和白云石/方解石组成块状矿石，矿石矿物和脉石矿物界线清晰

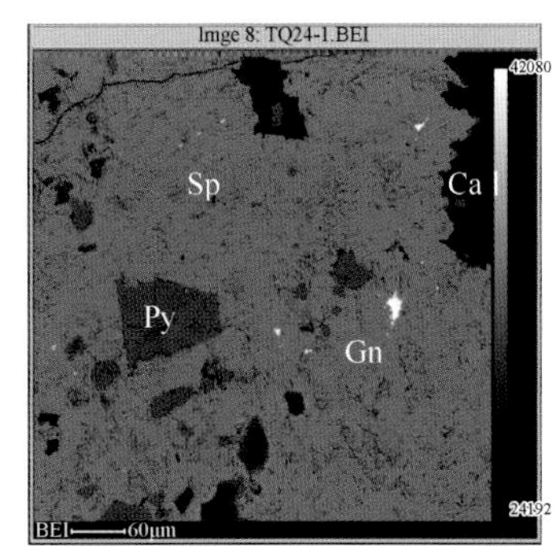

(d) 方铅矿、黄铁矿和方解石呈自形-半自形粒状分布在闪锌矿中

(e) 图(d)的锌元素分布Mapping图

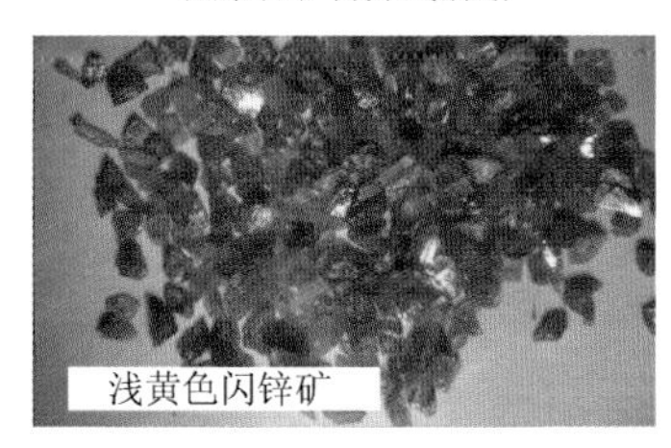

(f) 淡黄色闪锌矿

(i) 棕黄色闪锌矿

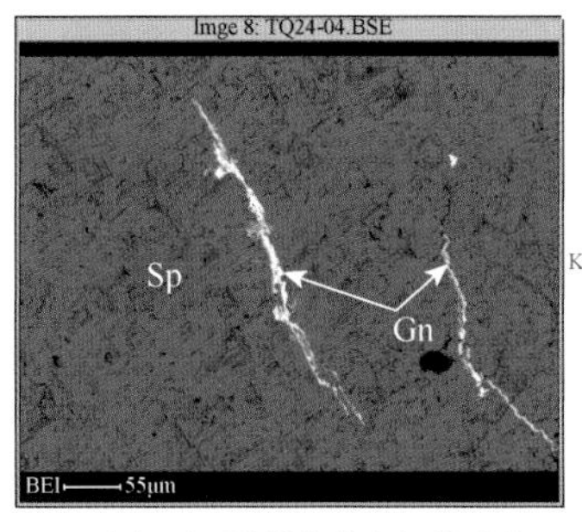

(g) 方铅矿呈脉状分布在闪锌矿中

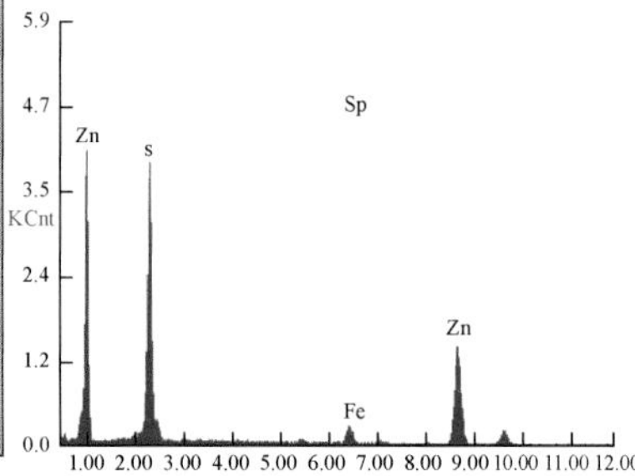

(h) 闪锌矿的能谱图

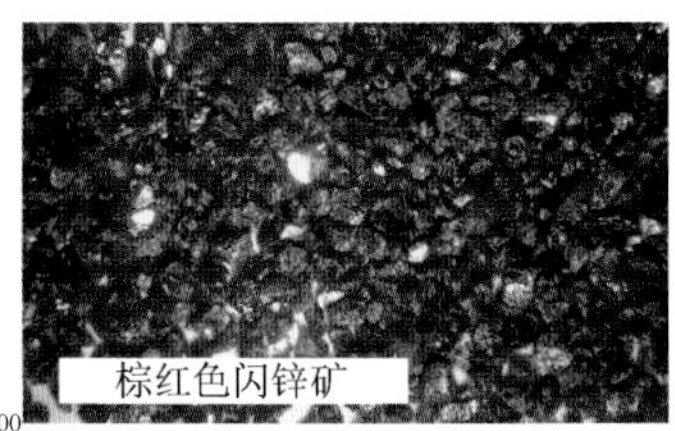

(j) 棕红色闪锌矿

Sp. 闪锌矿；Py. 黄铁矿；Gn. 方铅矿；Cal. 方解石；Dol. 白云石

图 3-10　天桥铅锌矿床矿石和矿物特征

表 3-1　典型矿床原生矿石结构构造特征

矿石结构、构造		基本特征
矿石结构	粒状结构	矿体中最为发育的矿石结构之一。黄铁矿多呈自形、半自形粒状，方铅矿和闪锌矿多呈半自形、他形粒状
	充填结构	矿体中最为发育的矿石结构之一。方铅矿和黄铁矿呈细粒、他形-半自形，与他形方解石一起充填于闪锌矿粒间空隙之中
	包含结构	黄铁矿呈自形晶被闪锌矿、方铅矿包含
	交代环状结构	方铅矿沿黄铁矿颗粒边缘交代溶蚀，形成方铅矿环带（反应边结构）包含黄铁矿；两者又被闪锌矿晶体包含
	固溶体分解结构	黄铁矿、方铅矿呈细小出溶物分布在闪锌矿中；根据出溶形式不同又可分为：沿节理出溶的叶片状结构、不规则出溶的似文象结构和乳滴状结构

续表

矿石结构、构造		基本特征
矿石结构	压碎结构	矿体中最为发育的矿石结构之一。黄铁矿被压碎，被后期闪锌矿、方铅矿和泥质胶结
	细（网）脉状结构	闪锌矿、方铅矿沿方解石和黄铁矿裂隙充填、交代形成细脉或网脉状
	斑状结构	重结晶形成的粗大黄铁矿分布在沉积形成的细小黄铁矿和方解石中
	共结边结构	闪锌矿、方铅矿均呈自形粒状，其接触界线规则
	交代结构	闪锌矿、方铅矿交代黄铁矿呈交代残余结构、骸晶结构和港湾结构；方解石从黄铁矿内部交代呈骸晶结构；方铅矿呈细脉状、尖角状交代闪锌矿、黄铁矿和方解石，呈充填交代结构
矿石构造	块状构造	矿体中最发育的矿石构造，按矿物组合可细分为 7 种亚结构。 ①闪锌矿-方铅矿块状矿石：主要由细-粗晶闪锌矿和方铅矿组成，含量在 75%左右，粒度为 0.1～15mm；其次为细晶黄铁矿，含量小于 10%，粒度为 0.02～0.5mm。 ②闪锌矿-方铅矿-黄铁矿-方解石块状矿石：主要矿石矿物为细-粗晶闪锌矿、方铅矿和黄铁矿组成，含量在 60%左右，粒度为 0.1～15mm；脉石主要为方解石，含量在 35%左右，呈团块状、团斑状和充填状产出。 ③闪锌矿块状矿石：由中-粗晶闪锌矿和少量方铅矿、黄铁矿和方解石组成，闪锌矿含量在 75%，粒度为 0.2～15mm。 ④方铅矿块状矿石：由细-粗晶方铅矿和少量闪锌矿、黄铁矿和方解石组成，方铅矿含量大于 65%，粒度为 0.2～15mm；闪锌矿和黄铁矿多为细粒，粒度为 0.01～0.2mm。 ⑤闪锌矿-方解石块状矿石：主要由中-粗晶闪锌矿和方解石组成，少量方铅矿和黄铁矿，闪锌矿含量近 40%，粒度为 0.1～15mm；方解石在 40%左右，呈团块状、团斑状和充填状产出。 ⑥方铅矿-黄铁矿-方解石块状矿石：主要由细-粗晶闪锌矿、黄铁矿和方解石组成，少量闪锌矿，方铅矿和黄铁矿含量近 60%，粒度为 0.1～10mm；方解石在 30%左右，呈团块状、团斑状和充填状产出。 ⑦黄铁矿-方解石块状矿石：主要由细-粗晶黄铁矿和方解石组成，少量闪锌矿和方铅矿，黄铁矿含量在 45%左右，粒度为 0.01～15mm；闪锌矿和方铅矿呈他形粒状；方解石在 35%左右，多呈团块状和团斑状
	条带状构造	闪锌矿、方铅矿、黄铁矿与方解石相互呈条带状产出，带宽粒度为 2～20mm
	浸染状构造	主要分布于矿体边部。根据金属矿物含量不同，又可划分为星点状、稀疏浸染和稠密浸染 3 种类型
	脉状构造	方铅矿、闪锌矿和黄铁矿呈不规则状充填于灰岩、白云岩和方解石中。按成因可分为充填脉状和充填交代脉状 2 种

根据矿石结构构造、各矿脉相互穿插关系和矿物共生组合，将天桥铅锌矿床成矿过程划分为成岩期、成矿期和表生期，其中成矿期可进一步划分为三个成矿阶段，即黄铁矿+黑色闪锌矿和方解石阶段（第一世代）；黄铁矿+棕色（棕黄色、黄棕色和黄红色）闪锌矿+方铅矿+方解石阶段（第二世代）和黄铁矿+浅黄色闪锌矿+方铅矿+方解石阶段（第三世代）。成矿期热液方解石主要呈团块状，乳白色，菱面体节理发育，与矿石硫化物紧密共生（图 3-9）。

2. *地质控矿规律*

NW 向逆冲断层+背斜构造控矿，赋矿地层上覆梁山组砂页岩，具有背斜层间虚脱部位+砂页岩还原障+蒸发岩相的耦合关系。

三、板板桥

1. 矿床地质

板板桥铅锌矿床位于上扬子陆块西部的威宁-水城迭陷断褶束与黔中早古拱断褶束相接地带，属地台内隆起区与沉降区相接的边缘地带（图 3-11）。板板桥铅锌矿区出露地层主要有下石炭统大埔组、上石炭统黄龙组、下二叠统梁山组、中二叠统栖霞-茅口组和第四系（图 3-12 和图 3-13）。大埔组主要由白云岩和灰质白云岩组成；黄龙组岩性主要为白云岩夹白云质灰岩；梁山组砂页岩和煤线发育；栖霞-茅口组以灰岩为主，白云岩次之；第四系为残坡积物（Zhou et al.，2014a；Li et al.，2015；潘萍和常河，2020）。其中，大埔组白云岩是板板桥铅锌矿床的主要赋矿围岩（图 3-11）。

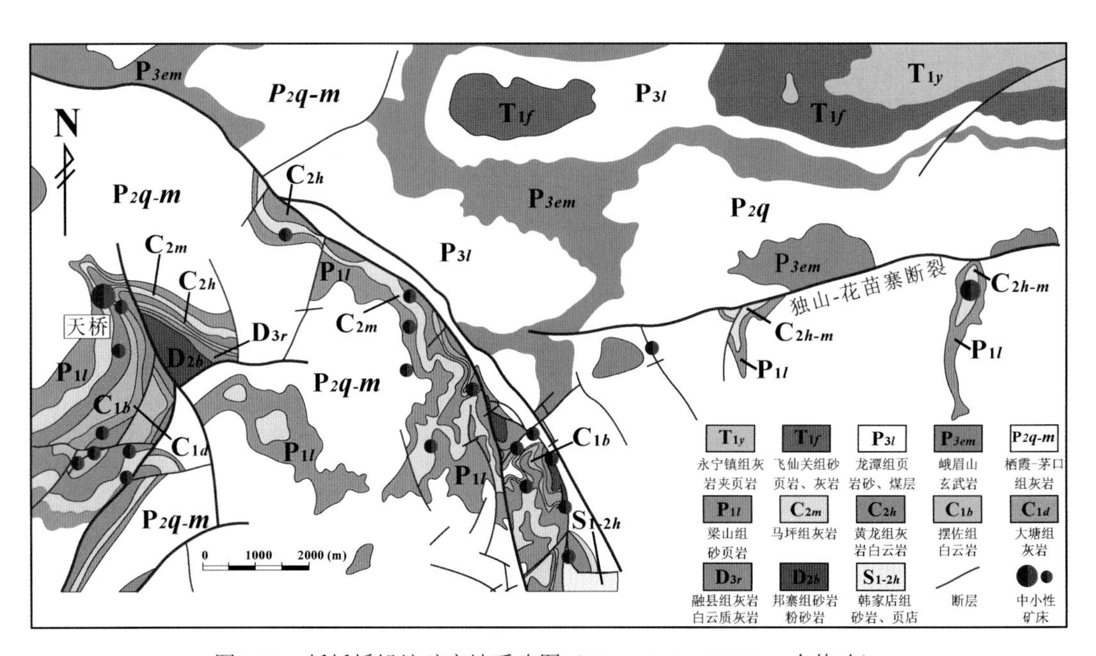

图 3-11　板板桥铅锌矿床地质略图（Zhou et al.，2014a，有修改）

板板桥铅锌矿区构造以断裂为主，褶皱次之，具多期活动特点，主要控矿断裂主要为东西向的独山-花苗寨断裂和南东北西向的银厂沟-独山断裂（图 3-12），褶皱主要为二台坡背斜，该背斜被黄河断裂、银厂沟断裂切成三段，矿体产于板板桥背斜的西端与 F_3 断层复合部位（图 3-12），显示褶皱和断层组合构造体系控矿特征。该矿床不位于金中国（2008）划分的三个构造成矿带中，属于近 EW 向构造控制。板板桥矿区内岩浆岩未见出露（图 3-13）。

板板桥铅锌矿床主要发育 3 个矿体群，矿体产于上石炭统黄龙-马坪组浅灰、灰白色厚层块状灰岩、白云质灰岩夹燧石灰岩、燧石层中（图 3-13），其中Ⅱ号矿体群最大（图 3-13）。Ⅱ号矿体群呈似层状、透镜状产于板板桥背斜轴部层间构造中（图 3-13），

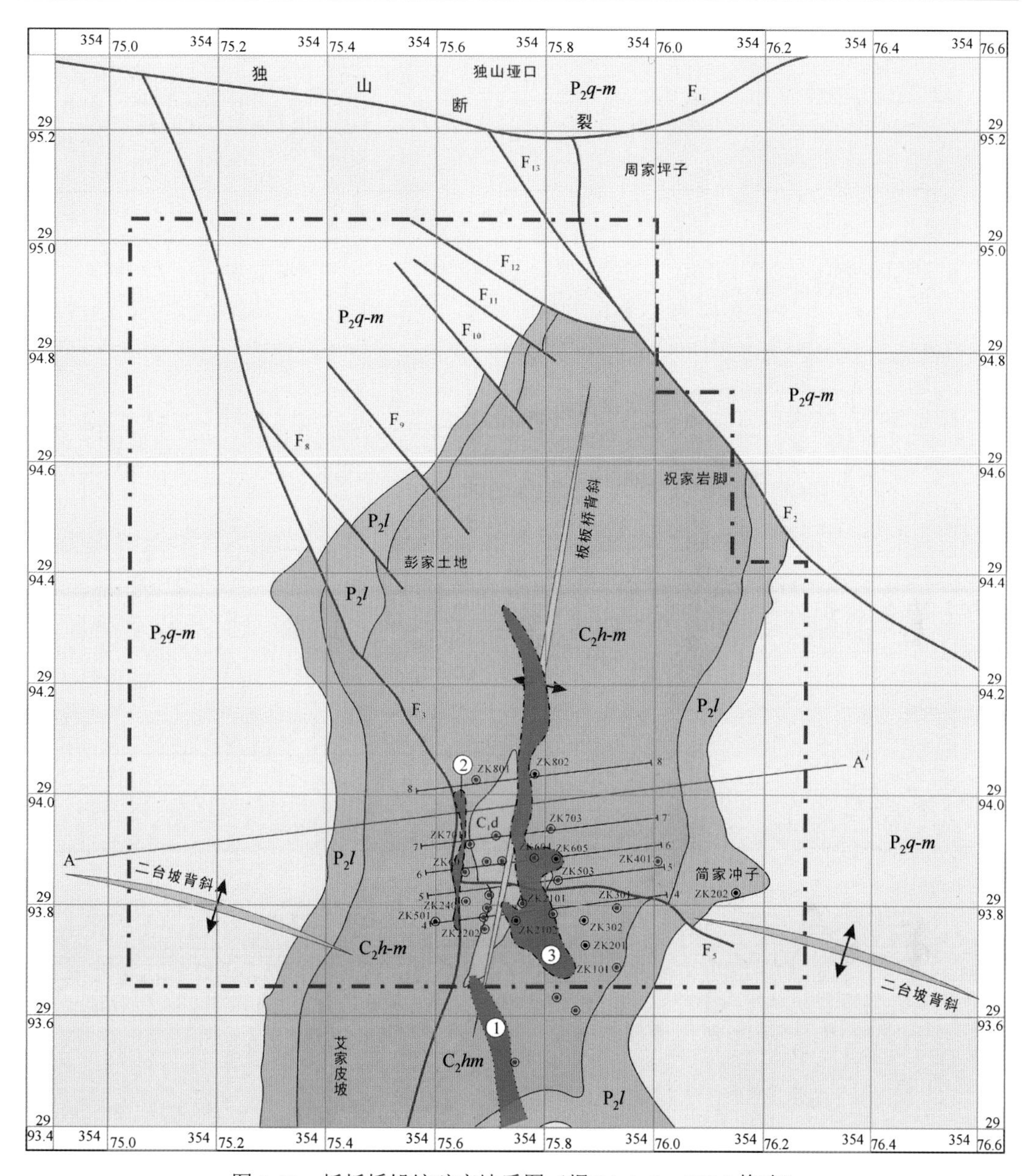

图 3-12　板板桥铅锌矿床地质图（据 Li et al.，2015 修改）

矿体走向长 20～300m，宽 0.2～15m，Pb 平均品位为 0.26%～10.32%，Zn 平均品位为 0.81%～28.8%。3 个矿体群累计探明铅锌矿石量超过 1.5×10^9kg，铅锌金属量超过 2.0×10^8kg，Pb+Zn 平均品位大于 10%（Zhou et al.，2014a；Li et al.，2015；潘萍和常河，2020）。

板板桥铅锌矿床矿石以原生硫化物矿石为主，浅表见少量氧化矿和混合矿。矿物成分简单，原生矿石硫化物主要由闪锌矿、方铅锌和黄铁矿等组成，脉石矿物主要为方解石、白云石，石英次之。矿石构造以块状构造为主，其次为浸染状、细脉状和条带状构造（图 3-14）。矿石矿物结构主要有自形-半自形结构、他形粒状结构（图 3-15），交代、

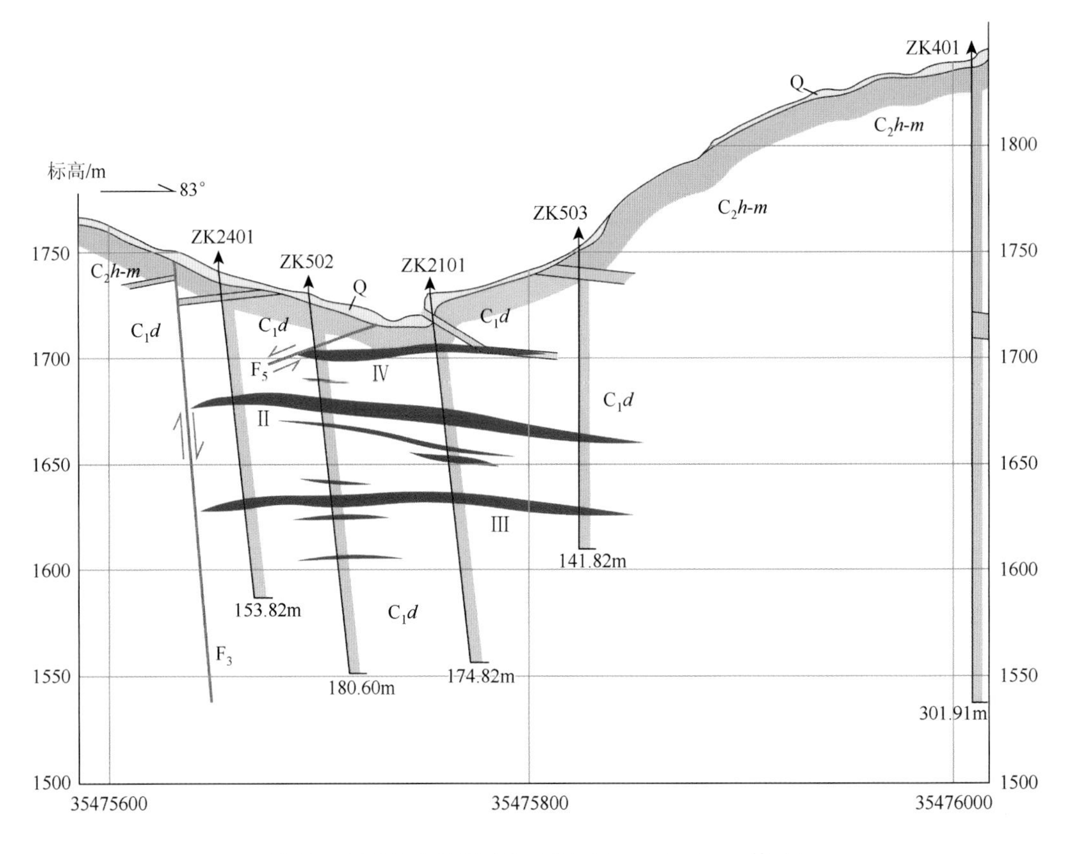

图 3-13　板板桥铅锌矿床剖面图（Li et al.，2015 修改）

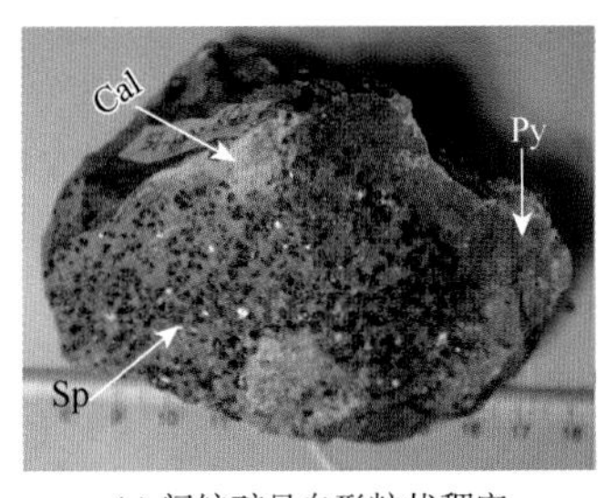

(a) 闪锌矿呈自形粒状稠密分散在围岩中

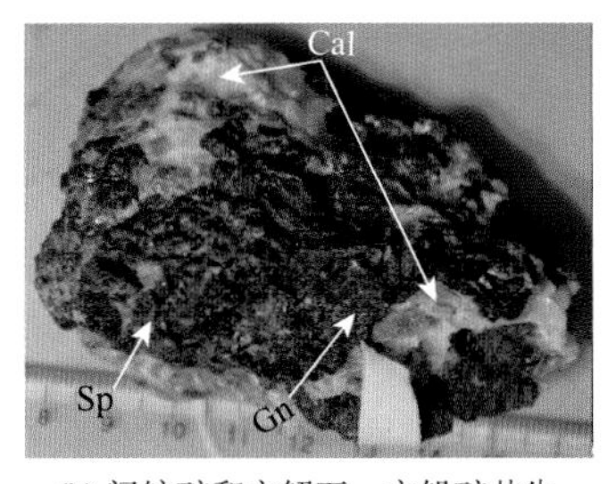

(b) 闪锌矿和方解石、方铅矿共生

(c) 方解石、方铅矿和黄铁矿呈团斑状分布在闪锌矿中

(d) 闪锌矿呈粗粒结构，方解石和黄铁矿呈团斑状分布

(e) 闪锌矿、方铅矿和方解石共生

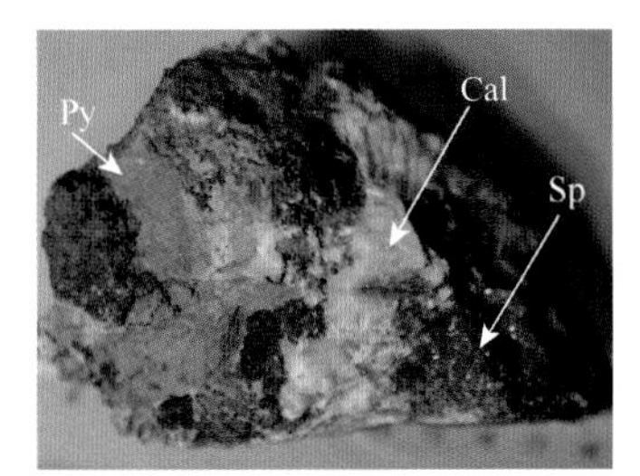

(f) 方解石呈团块状与闪锌矿和黄铁矿共生

(g) 闪锌矿呈粗粒集合体状

(h) 方解石呈团斑状分布在闪锌矿中

(i) 闪锌矿呈中-细粒集合体状

Sp. 闪锌矿；Py. 黄铁矿；Gn. 方铅矿；Cal. 方解石

图 3-14　板板桥铅锌矿床手标本组构特征

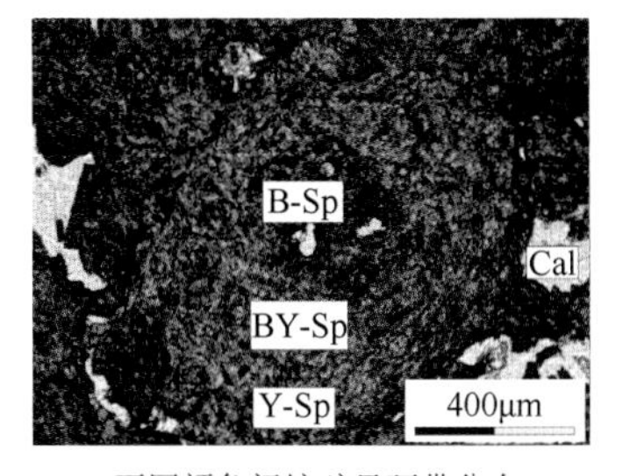

(a) 不同颜色闪锌矿呈环带分布，方解石呈粒状或脉状分布

(b) 不同颜色闪锌矿呈环带分布，方解石分布其中

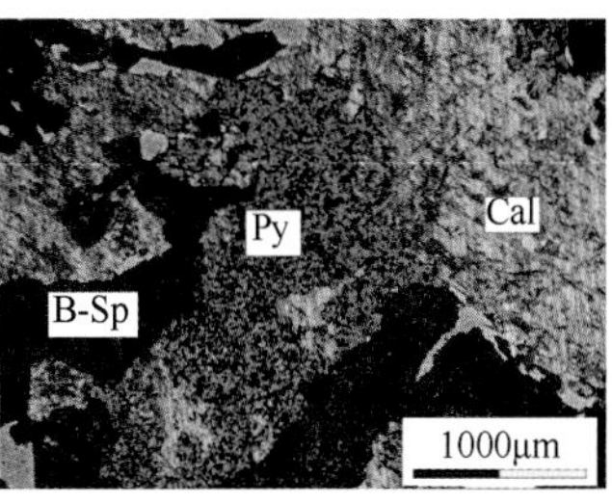

(c) 闪锌矿、黄铁矿和方解石共生

(d) 方铅矿连晶及压力影

(e) 不同颜色闪锌矿环带，方解石分布其中

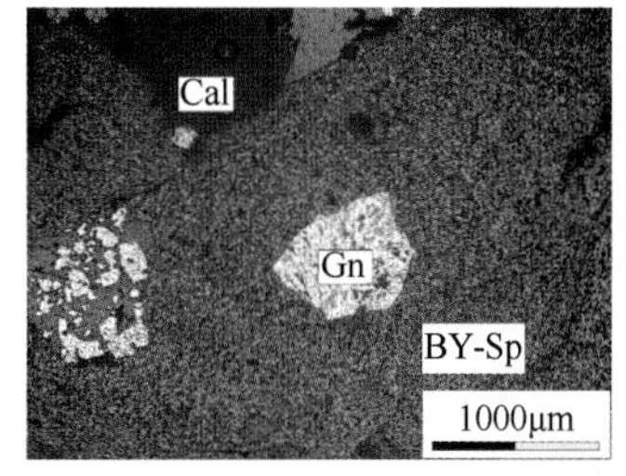

(f) 闪锌矿中包裹的早期方铅矿

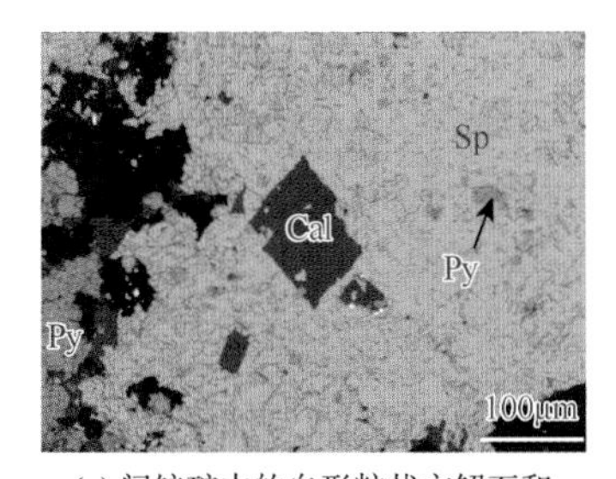

(g) 闪锌矿中的自形粒状方解石和他形黄铁矿

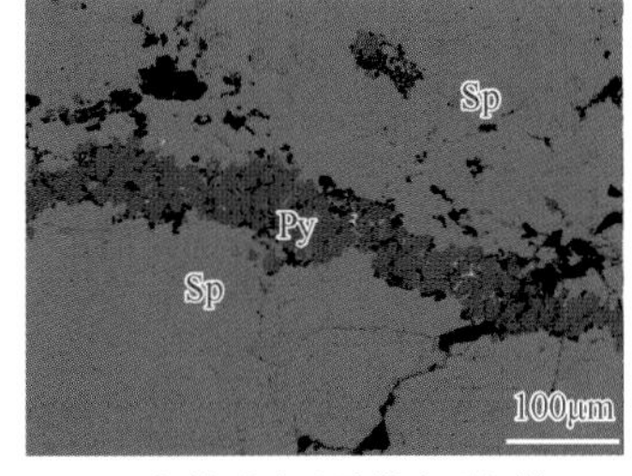

(h) 闪锌矿中呈脉状自形细粒黄铁矿集合体

(i) 闪锌矿中包裹的早期方铅矿

BY-Sp. 棕黄色闪锌矿；Y-Sp. 浅黄色闪锌矿；Py. 黄铁矿；Cal. 方解石；Gn. 方铅矿

图 3-15　板板桥铅锌矿床显微组构特征

充填结构，压碎结构和草莓状结构等（表 3-1）。板板桥铅锌矿床的围岩蚀变较为简单，主要有黄铁矿化、铁锰碳酸盐岩化、褐铁矿化、白云石化和硅化，其中黄铁矿化和铁锰碳酸盐岩化与铅锌矿化关系密切（潘萍和常河，2020）。

2. 地质控矿规律

板板桥矿床地质控矿特征与 NW 向构造带上的矿床略有不同，该矿床主要受背斜和次级构造的控制，岩性以白云岩为主，具有背斜虚脱空间+岩性+蒸发岩相的耦合关系。

四、筲箕湾

1. 矿床地质

筲箕湾铅锌矿是黔西北铅锌成矿区的重要组成部分之一，产出于垭都-蟒硐主断裂破碎带（北成矿亚带）及下盘层间剥离带中（胡晓燕 等，2013）。该矿床位于贵州省赫章县南 35km 处，距北西侧的蟒硐铅锌矿床仅 2km，具有悠久的开采历史。矿区内出露地层包括泥盆系中统龙洞水组含泥质灰岩夹泥岩，邦寨组石英砂岩、泥岩、细砂岩，独山组白云岩夹细砂岩、泥岩；泥盆系上统融县组灰岩、条带灰岩；石炭系下统旧司组砂岩、页岩、碳质页岩，上司组生物灰岩，大埔组粗晶白云岩、白云质灰岩；石炭系上统黄龙组生物灰岩、白云岩，马坪组泥晶灰岩、瘤状灰岩夹页岩；二叠系中统，栖霞组生物灰岩、下统梁山组含煤砂页岩，矿区内无岩浆岩出露。此外，该矿床赋矿层性变化较大，中泥盆统独山组中的鸡窝寨段为该矿床主要赋矿地层，其次是上泥盆统融县组、中泥盆统独山组中的鸡泡段和中二叠统栖霞-茅口组。

矿区内构造以断裂为主，褶皱次之，由一系列 NW 向断裂、褶皱所组成的垭都-蟒硐断裂带是该区主要的盖层构造（张信伦 等，2009；陈随海 等，2012）。矿区主要位于垭都-蟒硐背斜南东段南西翼，背斜轴向为 NW310°，轴面倾向为 SW，NW 端昂起，SE 端倾伏。背斜轴部地层为泥盆系，两翼为石炭系及二叠系，不对称。SW 翼地层倾角为 25°～56°，NE 翼因受垭都-蟒硐断裂破坏，仅保留二叠系地层。此外，在背斜两翼还发育着较多次级向斜及背斜等构造。而矿区的断裂以 F_1、F_2、F_3 为主体，由一系列高角度冲断层组成，形成了叠瓦状构造（图 3-16），断裂走向和褶皱构造一致。垭都-蟒硐断裂（F_1）纵贯全区（图 3-16），断裂走向为 285°～290°，倾向为 SW，倾角为 50°～70°，上盘地层为中泥盆统邦寨组砂岩和砂质页岩，独山组白云岩、白云质灰岩夹砂岩和上泥盆统融县组灰岩，下盘为中二叠统栖霞组灰岩，该断裂与成矿关系密切，控制该区的构造轮廓和铅锌矿的分布。

矿区共发现 10 个铅锌矿体。矿体产出形态有陡脉状和缓倾斜似层状两种类型（图 3-17）。其中Ⅰ、Ⅱ、Ⅳ和Ⅸ号矿体最具代表性，现分别描述如下（张信伦 等，2009；张准 等，2011；肖宪国 等，2012；胡晓燕 等，2013）。

Ⅰ号矿体：产于 F_1 破碎带中，矿体呈陡倾斜透镜状，长 120m，倾向延深 280m，平均厚度为 9.27m，为黄褐色、紫色、灰白色土状氧化矿，其中仍残留有方铅锌团块。矿石中 Pb 品位为 0.5%～35%，平均为 23.93%，Zn 品位为 0.5%～5.56%，平均为 1.10%；Ag 品位为 76.2g/t～161.7g/t，平均为 121.7g/t。

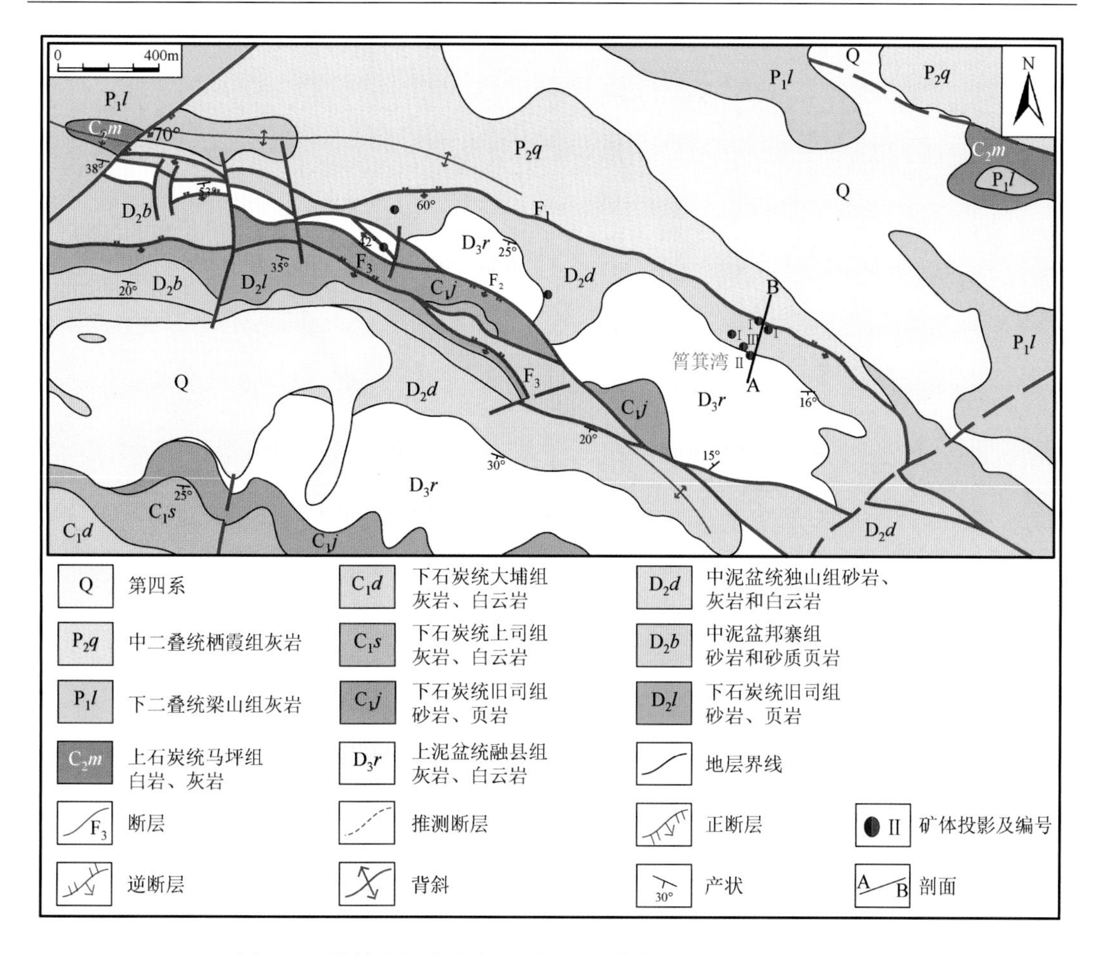

图 3-16　箐箕湾铅锌矿床地质略图（金中国，2008，有修改）

Ⅱ号矿体：产于 F_1 及其下盘层间破碎带中，呈树枝状，走向长 80m，倾向宽 60～100m，平均厚度为 8.87m，为角砾状、块状硫化矿，含较多的黄铁矿。Pb 平均品位为 3.37%，Zn 平均品位为 11.7%，以富 Zn 为特征，Ag 平均品位为 61.7g/t。

Ⅳ号矿体：位于矿区中部，产于 F_1 断层破碎带中，穿脉 LD3 平巷单工程控制，见矿厚度为 2.58m，见矿标高为 1933m。矿体沿 F_1 断层破碎带顶部（F_1 破碎带厚 4.20m）产出，倾向为 200°，倾角为 55°。矿石含 Pb 0.13%～0.86%，平均为 0.49%；含 Zn 0.67%～2.73%，平均为 1.46%，为灰色块状硫化矿，富含黄铁矿。

Ⅸ号矿体：位于矿区西部蟒硐矿段，产于 F_2 断层下盘融县组白云岩中，呈透镜状产出，矿体沿倾向宽约 30m，平均厚度为 3.28m，主要为块状碎裂结构硫化矿石，矿石平均含 Pb 1.01%；平均含 Zn 3.43%。

矿床主要由氧化矿石、混合矿石和原生硫化矿石组成：氧化矿石组成极为复杂，矿物主要由白铅矿、铅矾、菱锌矿、异极矿、水锌矿、褐铁矿、针铁矿及黏土矿物为主，偶见黄钾铁矾、孔雀石。矿石中局部残留有方铅矿、黄铁矿及黄铜矿。脉石矿物有方解石、白云石、石英及少许重晶石等。根据矿石组分不同，硫化矿石类型可分为三种。

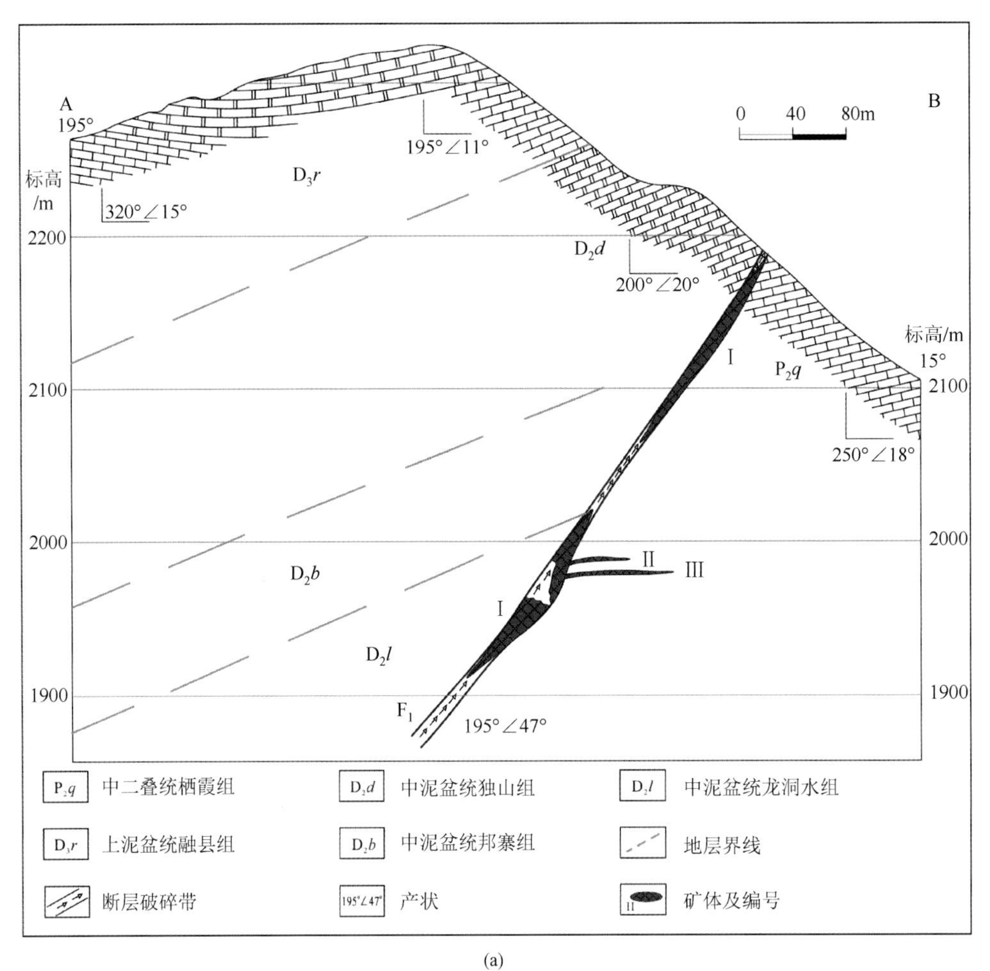

(a)

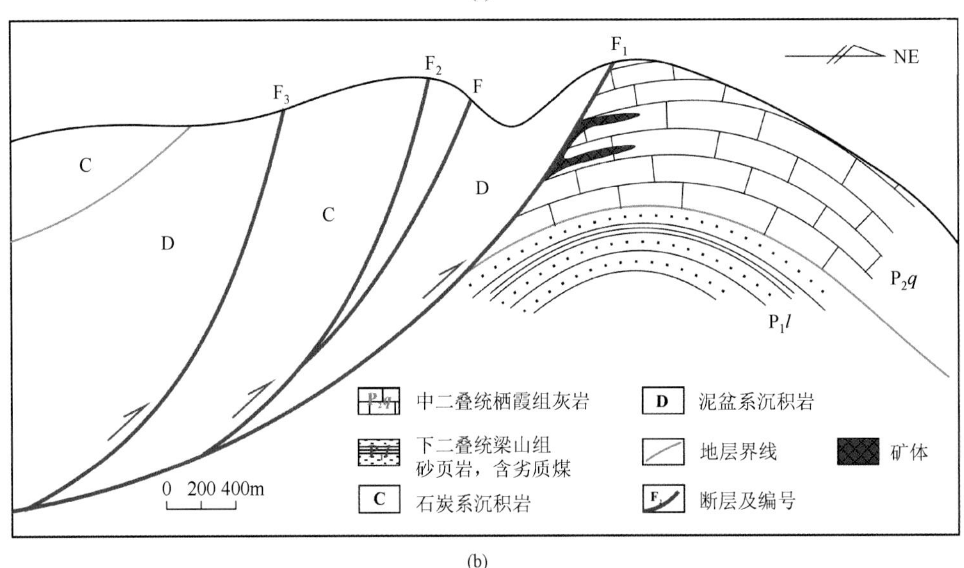

(b)

图 3-17　箐箕湾矿区矿体剖面图（a）和逆冲推覆构造示意图（b）
（金中国，2008；Zhou et al.，2013b；有修改）

（1）以黄铁矿为主的黄铁矿+闪锌矿+方铅矿型（黄铁矿型），矿石 Pb+Zn 含量一般在 10%～20%，黄铁矿含量在 50%以上。这类型在矿石量中所占比例最大（占一半以上）。

（2）以铅锌矿为主的铅锌矿+黄铁矿型（密集铅锌矿型），矿石 Pb+Zn 含量一般在 20%以上。该类型构成小而薄的富矿脉，或在黄铁矿型矿石中局部富集。

（3）以白云石为主的白云石+黄铁矿+铅锌矿型（白云石型），矿石 Pb+Zn 含量一般在 10%以下，矿石与围岩界线不太明显，矿石矿物呈浸染状、星点状或细脉状不均匀分布于岩石中，主要靠取样分析成果确定矿体边界。

另外，氧化矿以粒状、胶结结构为主，偶见纤维结构，常见土状、皮壳状、葡萄状构造。矿石构造有团块状构造、网脉状构造，闪锌矿、方铅矿沿围岩间隙（裂孔隙）充填并局限交代围岩，呈团块状、网脉状产出（图 3-18）；角砾状构造，先形成的闪锌矿、黄铁矿、方铅矿受断层影响破碎成大小不等的尖棱状、次棱角状角砾，被后期成矿的黄铁矿、石英脉胶结，形成角砾状构造（表 3-1）。硫化矿石有他形粒状结构、自形结构、半自形-他形粒状结构、溶蚀结构、共结边结构、交代细脉状结构等（图 3-19）。

(a) 以闪锌矿为主，方解石呈团斑状散布　(b) 以方铅矿为主，方解石呈团斑、团块状分布　(c) 闪锌矿和方铅矿共生

(d) 闪锌矿、方铅矿和方解石共生　(e) 闪锌矿和方解石共生　(f) 黄铁矿、闪锌矿、方铅矿和方解石共生

(g) 黄铁矿、方铅矿和方解石共生　(h) 黄铁矿 + 方解石　(i) 闪锌矿 + 方铅矿 + 方解石

Sp. 闪锌矿；Py. 黄铁矿；Cal. 方解石；Gn. 方铅矿

图 3-18　箐箕湾矿床矿石构造特征

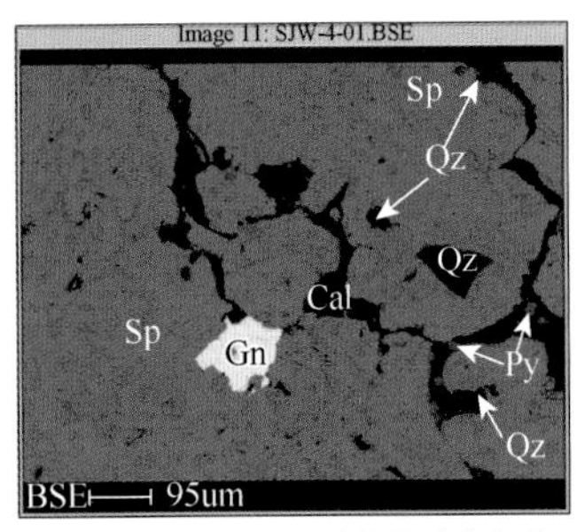

(a) 方解石、石英呈脉状充填在闪锌矿裂隙中，黄铁矿呈自形粒状分布在石英脉

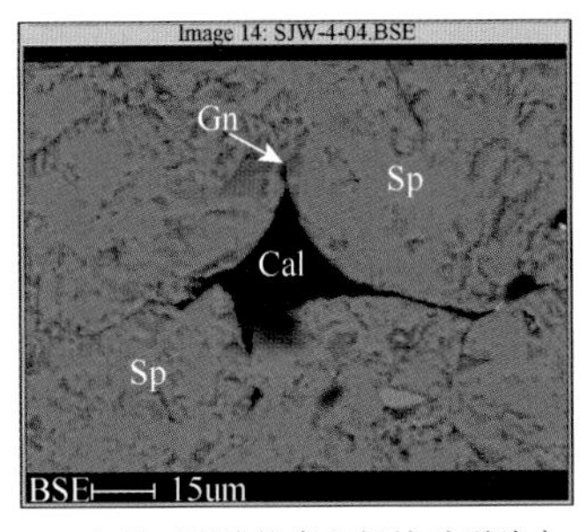

(b) 方解石呈脉状穿入闪锌矿裂隙中

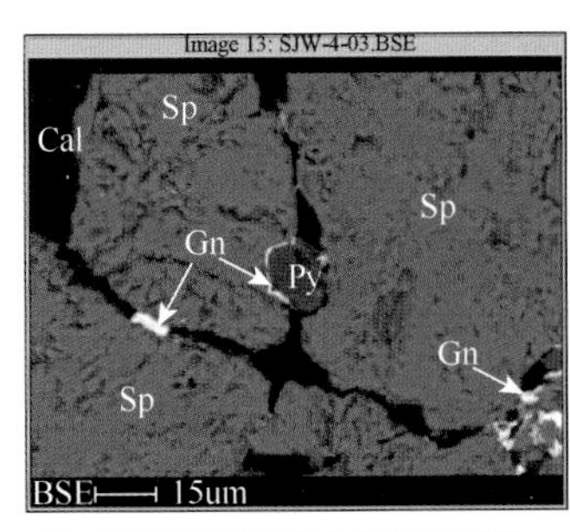

(c) 方解石呈脉状穿入闪锌矿裂隙，方铅矿呈脉状包裹黄铁矿

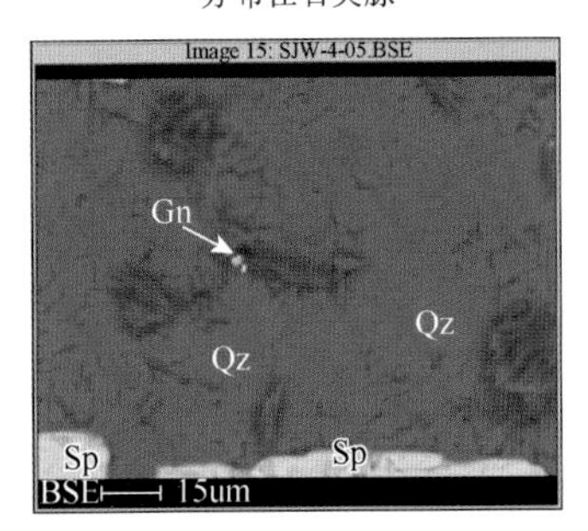

(d) 方铅矿被石英包裹

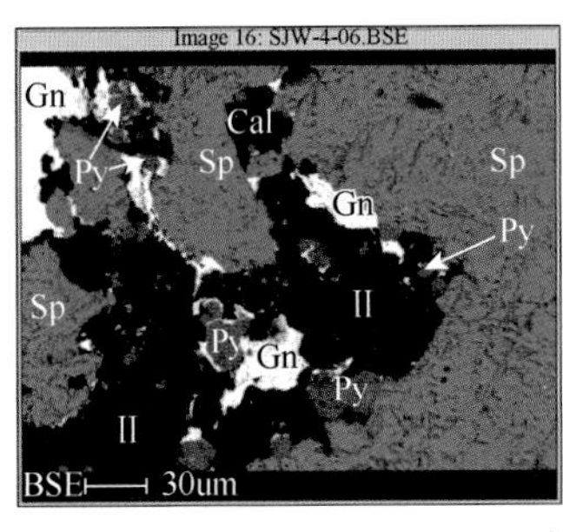

(e) 方铅矿呈脉状分布在闪锌矿裂隙中

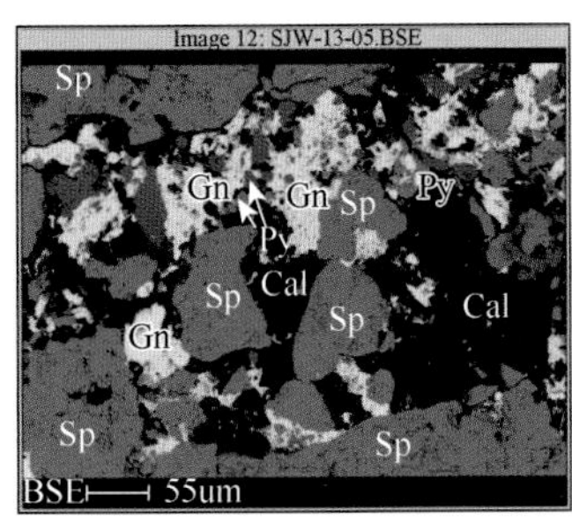

(f) 黄铁矿、闪锌矿、方铅矿和方解石共生

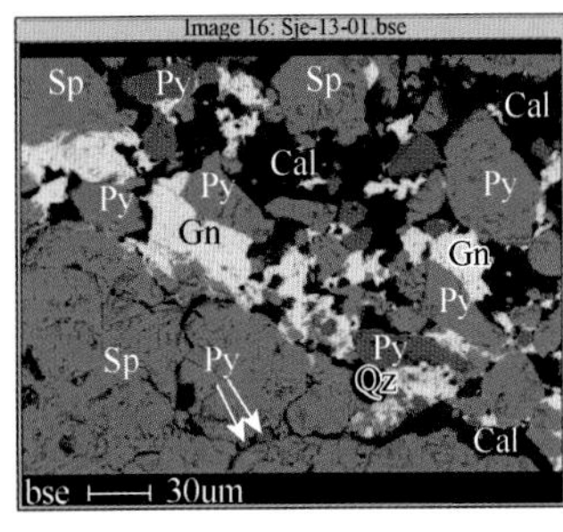

(g) 黄铁矿、闪锌矿、方铅矿和方解石共生

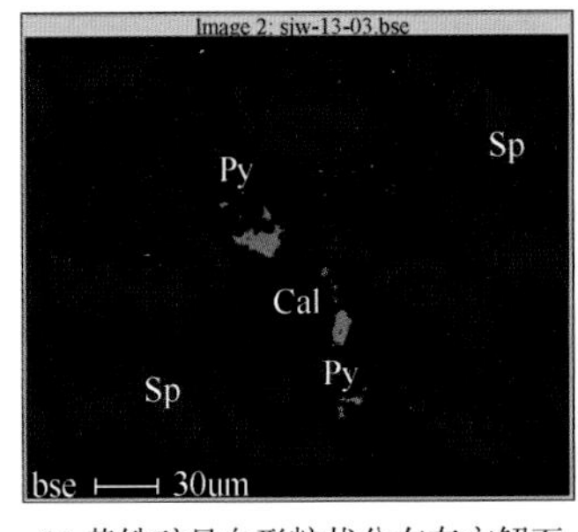

(h) 黄铁矿呈自形粒状分布在方解石脉状中，脉体穿插在闪锌矿裂隙中

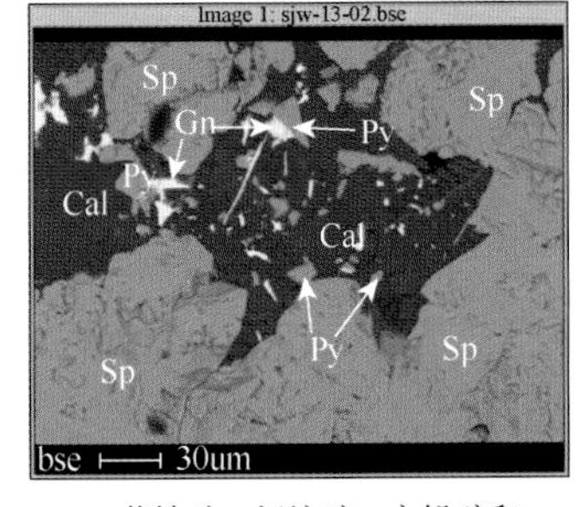

(i) 黄铁矿、闪锌矿、方铅矿和方解石共生

Sp. 闪锌矿；Py. 黄铁矿；Cal. 方解石；Gn. 方铅矿；Qz. 石英

图 3-19　筲箕湾矿床组构特征

根据矿石结构、构造及矿物的穿插、交代关系，主要矿物的生成顺序为：黄铁矿（第一世代）→闪锌矿（第一世代）→黄铁矿（第二世代）→闪锌矿（第二世代）→方铅矿→铅矾→石英。

矿区围岩蚀变主要有白云石化、方解石化、黄铁矿化、褐铁矿化、硅化以及铁锰质白云石化。

2. 地质控矿规律

矿体呈陡倾斜脉状和似层状产于主构造及其下盘的层间构造，赋矿围岩为主断层两盘泥盆-二叠系碳酸盐岩，逆冲推覆构造控矿特征明显，梁山组砂页岩显示挤压贯入成矿特征，具有 NW 向主断层及派生层间断层+碳酸盐岩+有机质还原障的耦合关系。

五、青山

1. *矿床地质*

青山铅锌矿床位于威水背斜的南西翼（张启厚　等，1999；宋丹辉　等，2021），出露的地层由老到新依次为下石炭统大塘组、摆佐组，岩性以白云岩和灰岩为主；上石炭统马坪组，主要由灰岩、白云质灰岩组成；下二叠统梁山组，岩性主要为砂页岩并含劣质煤；中二叠统茅口组、栖霞组灰岩和上二叠统峨眉山玄武岩（图 3-20）。

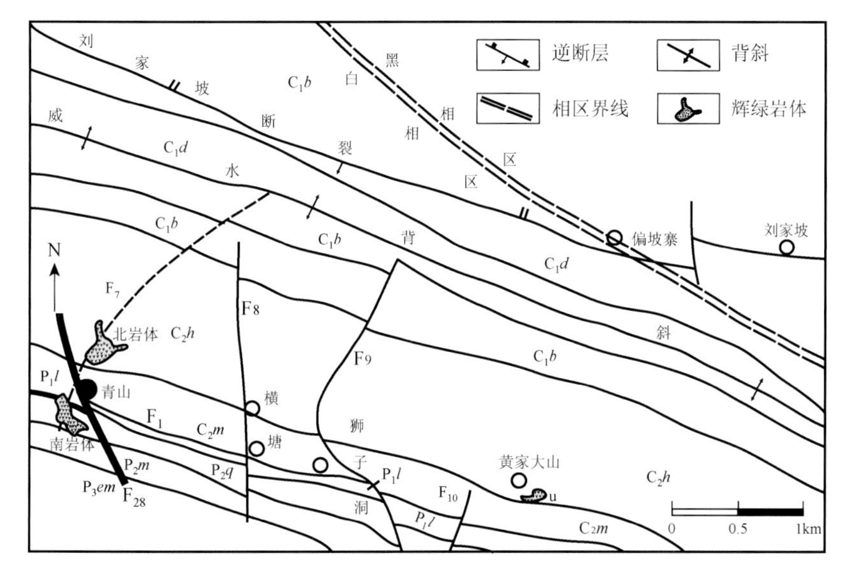

P_3em. 峨眉山玄武岩；P_2q. 栖霞组；P_2m. 茅口组；P_1l. 梁山组；C_2m. 马坪组；C_1b. 摆佐组；C_1d. 大塘组

图 3-20　青山铅锌矿区地质略图（金中国，2008；周家喜，2011；有修改）

矿区褶皱和断裂构造发育，总体走向为 NW 向。威水背斜是矿区内一条不对称、轴向为 NW 的紧密长轴褶皱，并被数条压性纵断层切割（欧锦秀，1996；陈大和曾德红，2000；宋丹辉　等，2021）。矿区断裂构造主要有 NW 向和 NE 向两组，并见少数近 SN 向断裂。NW 向断裂最为发育，倾向为 SW 向，局部反倾，为矿区主要的控矿断裂，带内发育碎裂岩、构造角砾岩，并见有方解石化和黄铁矿化，发育在裂面和部分构造角砾岩上的不同方向的擦痕和阶步显示了该组断裂具有多期构造活动的特点；WE 向断裂较为发育，在平面上大致呈等间距分布，错断 NW 向断裂并与之构成棋盘格式构造，WE 向断裂主要由一系列扭性和张扭性断层组成，带内发育构造角砾岩，具有方解石化；近 SN 向断裂在矿区中发育较少，错断 NW 向和 NE 向断裂，为矿区内最晚期发育的断裂（欧锦秀，1996；宋丹辉　等，2021）（图 3-21）。

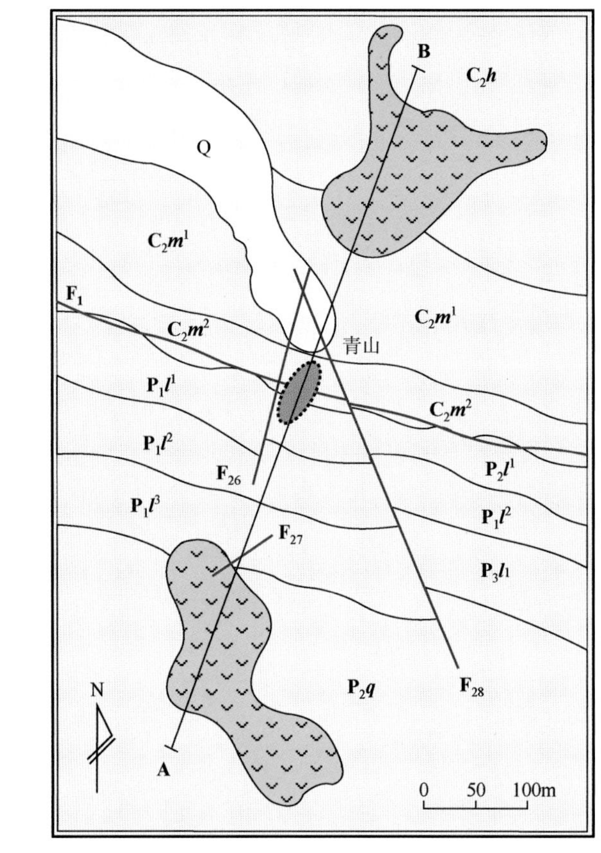

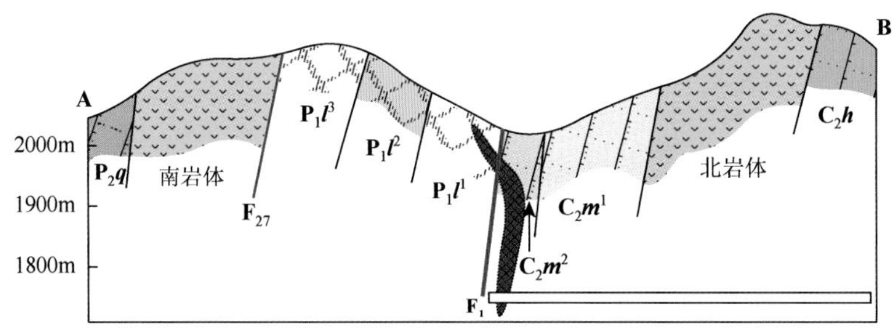

P_2q. 栖霞组；P_1l^3. 梁山组三段；P_1l^2. 梁山组二段；P_1l^1. 梁山组一段；
C_2m^2. 马坪组二段；C_2m^1. 马坪组一段

图 3-21　青山铅锌矿床地质图（金中国，2008；Zhou et al.，2013c；有修改）

矿区内仅有基性岩浆活动，主要为浅成侵入的辉绿岩，沿马坪组和梁山组地层对称分布（欧锦秀，1996；宋丹辉 等，2021；周威 等，2021）。

矿体产于上石炭统马坪组灰岩、白云岩与下二叠统梁山组砂页岩接触部位，主要容矿围岩为马坪组蚀变结晶灰岩，下伏辉绿岩体或致密灰岩，受陡倾斜的 F_1、$F_{1\text{-}1}$、F_2、F_{35} 断裂带控制（图 3-21），矿体呈似层状、脉状、囊状和透镜状产出，且膨缩现象明显，蚀变结晶灰岩膨大，矿体变厚，蚀变结晶灰岩尖灭，则矿体尖灭（欧锦秀，1996；张启厚 等，1999；金中国 等，2005；周威 等，2021）。

青山矿床在 20 世纪 90 年代初的民采中发现的矿体主要有 13#、14#、15#3 个矿体，13#矿体长 20～70m，均厚 32.10m，倾向延深 145m，呈不规则柱状，平均品位 Pb 为 9.92%，Zn 为 37.58%，储量为 18.69 万 t。15#矿体位于 13#矿体之下 20m，矿体长 42m，均厚 6.28m，延深＞15m，矿体未尖灭，平均含 Pb 为 9.22%，Zn 为 35.10%，储量为 6.14 万 t。14#矿体产于梁山组与马坪组接触部位，矿体均厚 2.6m，延深 40m，平均品位 Pb 为 3.76%，Zn 为 34.96%，储量为 0.59 万 t，呈透镜状产出（周威 等，2021；宋丹辉 等，2021）（图 3-21）。现开采矿体主要集中在青山副井，位于 1789m、1764m 和 1742m 中段，主矿体延伸方向与地层及 NW 向断裂一致，在空间分布上具有左行斜落的排列特点，矿石平均品位 Pb 为 7.72%，Zn 为 32.62%。青山铅锌矿床的铅锌金属储量大于 30 万 t，达到中型矿床规模，近年在老鹰岩矿段钻孔 1500m 处见矿，Pb+Zn 大于 30%，最高可达 61.8%，有望使该矿床达到大型规模（宋丹辉 等，2021）。

矿石类型以硫化矿为主，浅表见少量氧化矿和混合矿。矿物成分简单（图 3-22），主要由闪锌矿、方铅矿、黄铁矿和少量的白铁矿组成。脉石矿物有方解石、白云石及少量的石英和重晶石。

(a) 矿区构造与围岩关系

(b) 方解石呈团块状分布在闪锌矿和方铅矿集合体中

(c) 闪锌矿、方铅矿和自形方解石共生

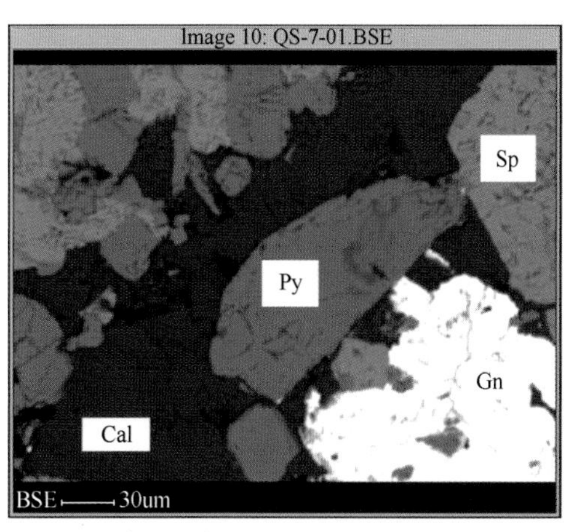

(d) 闪锌矿、黄铁矿、方铅矿和方解石共生

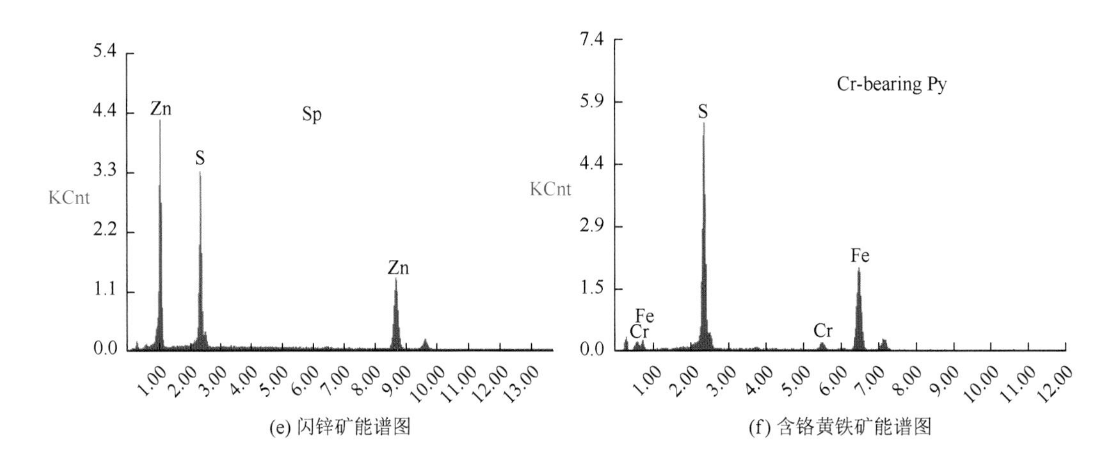

(e) 闪锌矿能谱图　　(f) 含铬黄铁矿能谱图

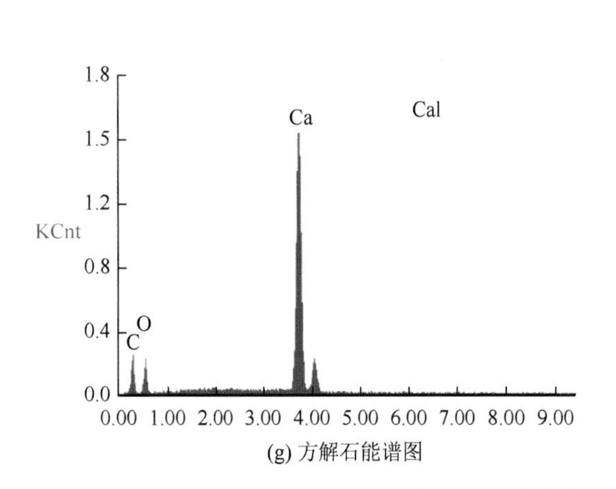

(g) 方解石能谱图

(h) 闪锌矿、方铅矿和方解石共生

Sp. 闪锌矿；Py. 黄铁矿；Cal. 方解石；Gn. 方铅矿

图 3-22　青山铅锌矿床地质及矿石组构特征

矿物组合有两种：①黄铁矿+棕色闪锌矿+方铅矿，形成时间相对较早；②棕黄色闪锌矿+方铅矿+方解石，形成时间相对晚。

矿石结构主要有自形-半自形结构、他形粒状结构，交代、充填结构，压碎结构，草莓状结构等。构造以块状构造为主，其次为浸染状、角砾状、细脉状、条带状、层纹状构造。

围岩蚀变主要有黄铁矿化、方解石化、褐铁矿化、铁锰碳酸盐岩化、重晶石化、硅化。黄铁矿化、铁锰碳酸盐岩化、重晶石化与铅锌矿化关系密切。

2. 地质控矿规律

矿体呈顺层和穿层状产于马坪组灰岩、白云岩与梁山组砂页岩接触部位，受陡倾斜派生层间断层控制，明显显示 NW 向主构造派生层间断层+砂页岩与碳酸盐岩硅钙面（岩性界面）+砂页岩（还原障）的耦合关系。

六、杉树林

1. *矿床地质*

杉树林铅锌矿床位于NW向威宁-水城构造成矿带南东部，在黔西北地区最具代表性。矿区内出露的地层简单，包括下石炭统大埔组和摆佐组，岩性为灰岩、白云质灰岩和白云岩；上石炭统黄龙组和马坪组，岩性为灰岩、白云岩和少量的黏土；下二叠统梁山组含煤页岩、中二叠统栖霞组灰岩和上二叠统峨眉山玄武岩；玄武岩之上是上二叠统龙潭组页岩和煤，中、上三叠系砂岩、页岩、泥岩和硬质泥灰岩沉积广泛，且下和上二叠统以及中、上三叠统均发育广泛的有机质（王健，2018）（图3-23）。

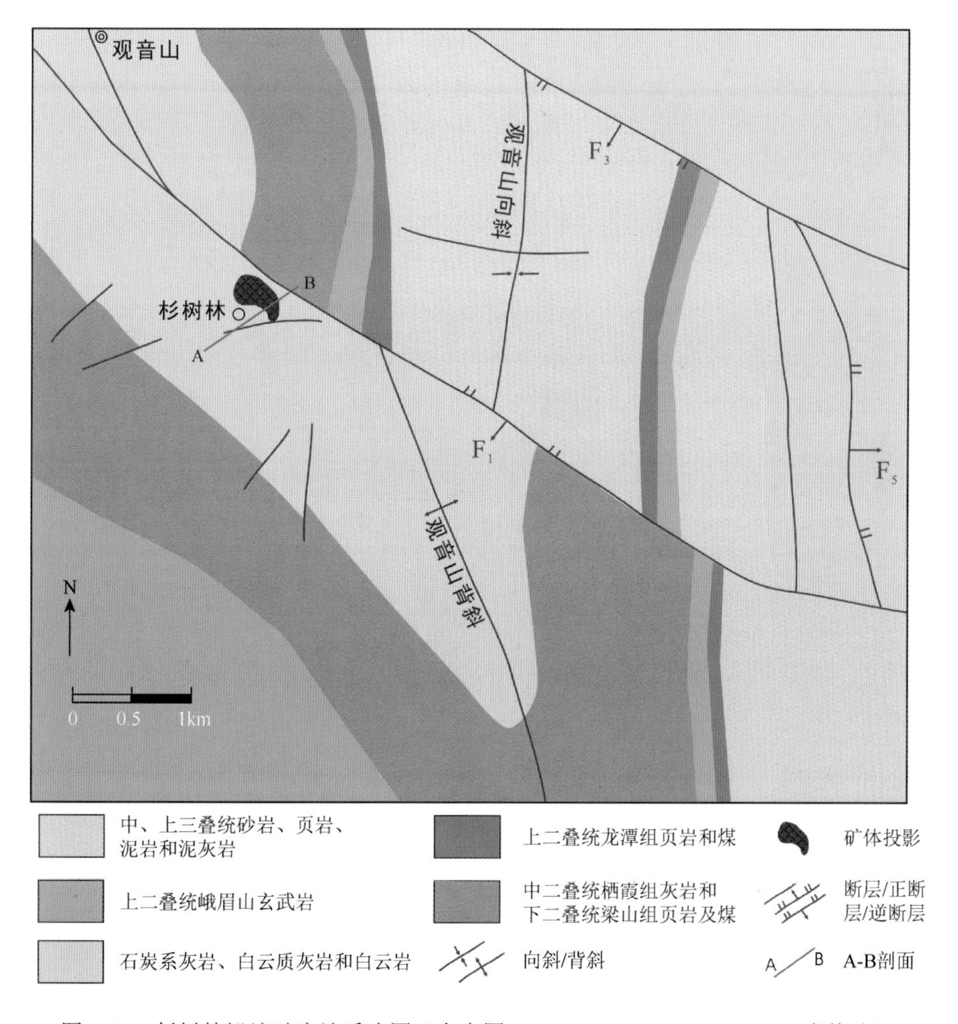

图3-23　杉树林铅锌矿床地质略图（金中国，2008；Zhou et al.，2014b；有修改）

矿床位于垭都-紫云深断裂南东段，矿区构造发育，主要有三个主断层和观音山背斜及向斜构造。NW 向威水构造带（F_1）由多个高角度逆冲断层组成，倾角为 50°～80°，其中逆断层 F_9 倾角为 55°～75°，控制杉树林矿体的产出。NW 向 F_3 和 NNW 向 F_5 为正断层。观音山背斜和向斜分布在 F_1 断层两侧褶皱两翼有纵向断层发育，其中观音山背斜长 25km，轴向为 NW30°～34°，向南东倾没，北东翼缓（倾角为 40°～50°），南西翼陡（倾角为 60°～70°），矿床产于背斜南西翼（王健，2018；杨松平 等，2018）。

矿体产于上石炭统黄龙组白云岩、白云质灰岩内，受层间高角度 F_9、F_{11}、F_{30} 等断层控制，呈脉状、透镜状、囊状产出，矿体多有尖灭再现、侧伏再现现象（钱建平，2001；董家龙，2008）（图 3-24）。已探明 22 个矿体，储量为 26.81 万 t。矿体产状可分为层状、似层状和陡倾斜脉状。矿体与围岩界线清楚（图 3-25），除 5#矿体在地表出露外，其余均为隐伏矿，其中 4#矿体规模最大，矿体长 460m，最大延深 145m，厚 0.19～17.79m，均厚 4.17m。品位 Pb 为 0.24%～7.94%，平均为 3.64%，Zn 为 1.09%～26.64%，平均为 14.98%，占矿床总储量的 85%。其他矿体规模较小，长 80～150m，厚 2～3m，平均为 1.82m，见矿标高 1870～1360m，空间上大致呈右行雁形排列，由 NW 向 SE 侧伏，矿体产状与断裂产状基本一致，倾角为 55°～75°。矿体产出处多有溶蚀和膏盐空洞（钱建平，2001；董家龙，2008；王健，2018；杨松平 等，2018）。

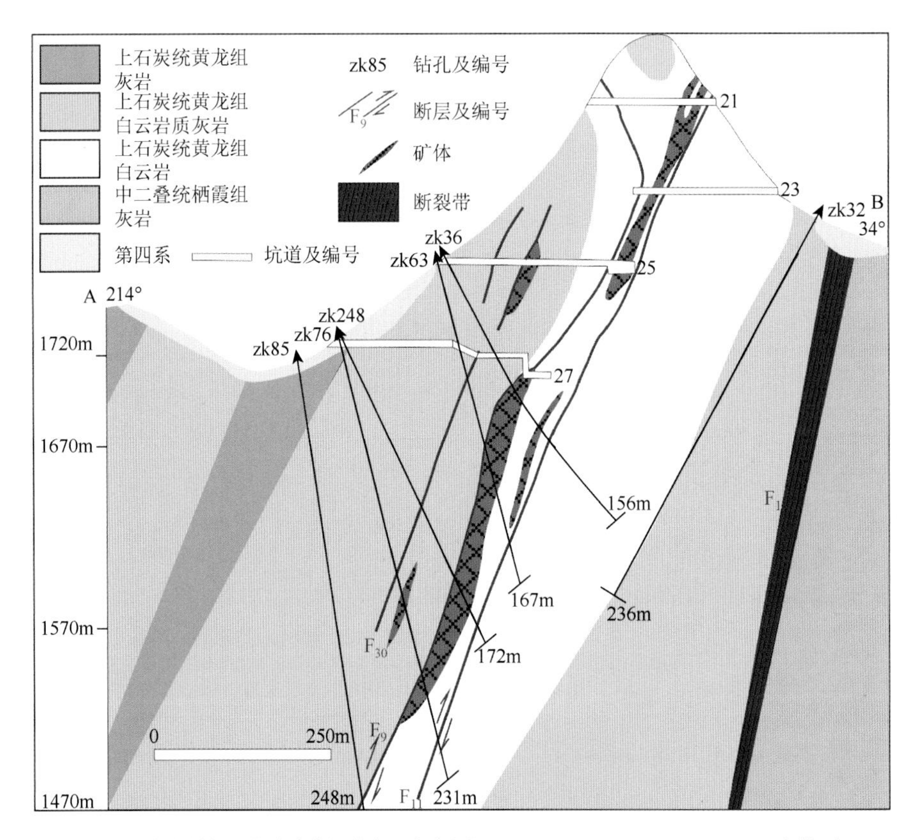

图 3-24　杉树林铅锌矿床剖面图（金中国，2008；Zhou et al.，2014b；有修改）

(a) 矿体与围岩界线清晰，矿体呈似层状

(b) 矿体呈似层状，矿石以闪锌矿为主

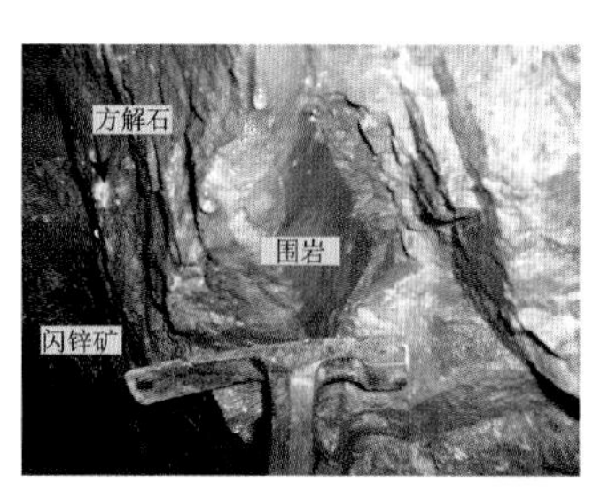

(c) 矿体与围岩界线，矿石由闪锌矿和方铅矿构成，其中方铅矿呈团斑或脉状分布

(d) 晚期方解石脉切穿早期方解石脉

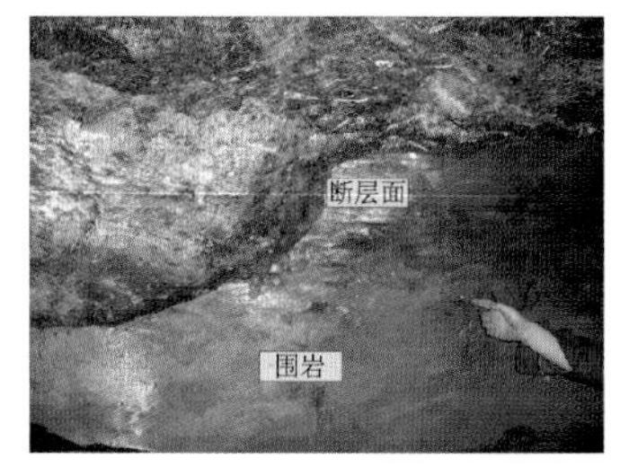

(e) 断层面及上盘矿体

(f) 后期晶洞方解石及脉状矿石

图 3-25　杉树林铅锌矿床矿体特征及其与围岩、断层的关系

矿石类型以硫化矿为主，浅表见少量氧化矿和混合矿。矿物成分简单，主要由闪锌矿、方铅锌、黄铁矿及少量的白铁矿组成。脉石矿物有方解石、石英、白云石及少量重晶石。矿物组合有两种：①黄铁矿+闪锌矿+方铅矿，形成时间相对较早；②闪锌矿+方铅矿+方解石，形成时间相对晚。闪锌矿分为棕黄色闪锌矿和棕色（或黑色）闪锌矿，多为自形、半自形粒状，少量呈他形粒状，粒度为0.5～2mm。方铅矿与闪锌矿伴生，形成晚于棕色闪锌矿，常呈细脉状穿插于闪锌矿之中，与棕黄色闪锌矿共生，矿物呈自形、半自形粒状，粒度多为0.2～1mm（杨松平　等，2018）。

矿石中有用元素为Pb、Zn、S。Pb与Zn含量比一般为1∶3～1∶7。稀散元素Cd、Ge、Ga、In及贵金属Ag均可综合利用（董家龙，2008）。矿区围岩蚀变较为简单但蚀变规模较大，矿体上、下盘围岩数米至十几米范围内均可见，主要有白云石化、方解石化、黄铁矿化，其次为硅化、黏土化和重晶石化。其中，白云石化、方解石化和黄铁矿化与铅锌矿化关系密切（王健，2018）。

矿石构造主要为块状构造，次为脉状、浸染状构造（图3-26）。矿石结构有自形、半自形粒状结构，交代残余结构，内部解理结构（图3-27）。

2. 地质控矿规律

矿体顺层产出呈陡倾斜脉状产于区域性断裂带派生层间高角度逆冲断层中，赋矿围岩以白云岩为主，白云质灰岩次之，围岩上覆地层为下二叠统梁山组砂页岩，显示NW向主构造派生逆冲层间构造+白云岩（岩性）+有机质还原障+蒸发岩相控矿规律。

(a) 块状矿石，以闪锌矿为主，方铅矿呈团块或脉状分布

(b) 块状矿石，以方铅矿为主，方铅矿呈自形集合体状

(c) 方解石呈脉状穿插分布在铅锌矿石中

(d) 方解石呈团块自形集合体状分布在铅锌矿石中

(e) 方解石呈网脉状分布在围岩中，围岩中还发育有自形黄铁矿

(f) 闪锌矿呈团块状分布在方解石或白云石中

图 3-26　杉树林铅锌矿床矿石手标本构造特征和矿物组成

(a) 方解石呈脉状穿插闪锌矿

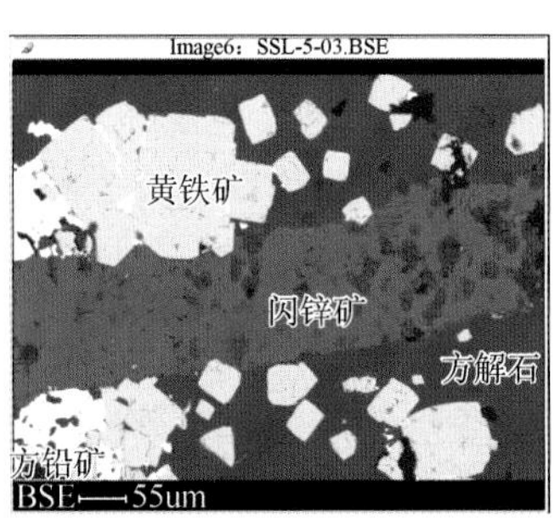

(b) 黄铁矿呈自形粒状与他形闪锌矿共生分布在方解石中

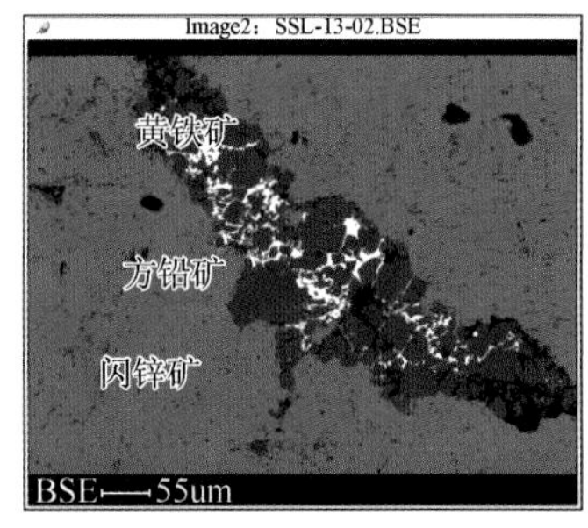

(c) 闪锌矿裂隙中充填的脉状方解石及方铅矿

(d) 方铅矿的压力影

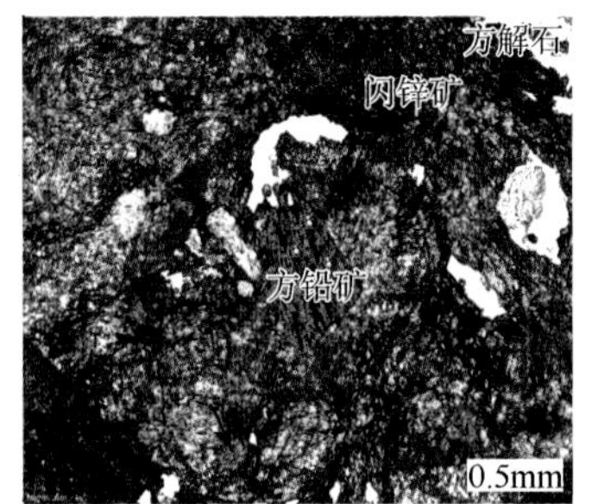

(e) 方铅矿压力影、方铅矿与方解石共生分布在不同颜色闪锌矿中

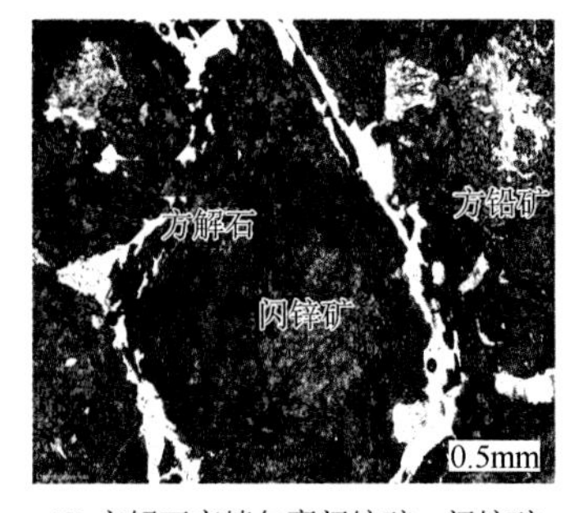

(f) 方解石充填包裹闪锌矿，闪锌矿呈不同颜色.

图 3-27　杉树林铅锌矿床矿石显微结构特征和矿物组成

七、银厂坡

1. *矿床地质*

矿区主要位于SN向隐伏（昭通—曲靖）构造的北段（矿区段称银厂坡-云炉河断裂带），即昭通-曲靖大断裂、威水褶皱带北西末端、江南古陆西缘的垭都-紫云断裂带交会地带（图3-28）。这3条断裂均为含矿断裂，分布有多个铅锌矿点，说明区内构造与铅锌矿成矿关系极其密切。区内NE向断裂构造发育，主体构造为NE向威宁银厂坡-云炉河断裂带，为云南会泽NE向铅锌矿成矿带的北部延伸部分，断裂长90km，宽6～10km，倾向为100°～150°，倾角为60°～70°，为左行高角度压扭性断层，最大错距为1743m。该断裂控制着铅锌矿的展布，铅锌矿床（点）分布于构造发育或其派生的羽状断层，层间剥离空间，多组断层交会部位（杨宁文，2015）。

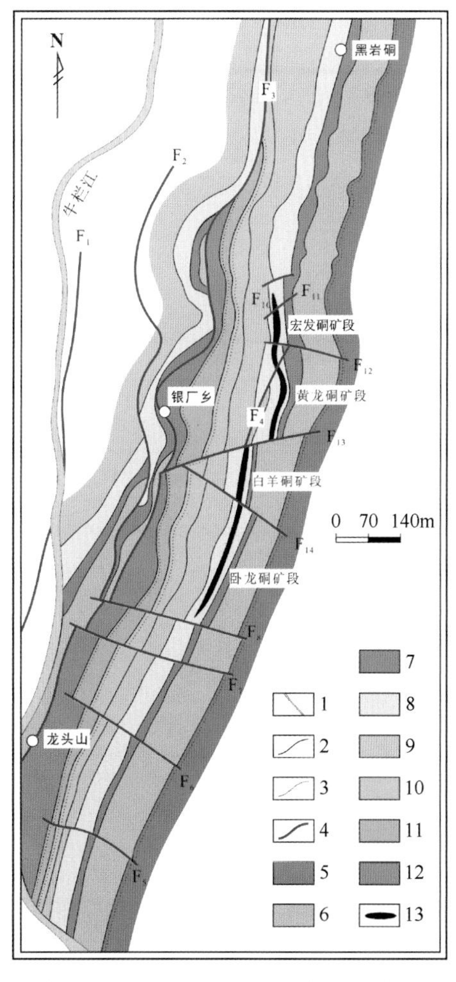

1. 河流；2. 地层界线；3. 地层不整合线；4. 断层；5. 峨眉山玄武岩；6. 栖霞-茅口组；7. 梁山组；8. 黄龙组；9. 摆佐组；10. 独山-宰格组；11. 下寒武统；12. 震旦系；13. 矿体

图3-28　银厂坡铅锌矿床地质略图（胡耀国，1999，有修改）

区内出露有石炭系、泥盆系、震旦系（图 3-28）。据了解，银厂坡矿区外围会泽铅锌矿主要产于石炭系摆佐组内，其次为石炭系马坪组；矿区内已发现的铅锌矿体主要产于石炭系大埔组和泥盆系融县组内，赋矿围岩以白云岩、白云质灰岩、灰岩为主，次有泥质白云岩、泥灰岩。矿体往往在白云岩、白云质灰岩中富、厚。故石炭系、泥盆系为区内主要的铅锌矿含矿层位（杨宁文，2015）。

银厂坡矿床已圈定矿体 5 个，多属隐伏矿体，矿体形态复杂，浅表矿体规模小而富，并成群出现。矿体主要沿层间断裂破碎带，层间挤压，虚脱部位呈陡脉状、束状、脉状、似层状产出，常形成延深远大于延长、品位高、厚度大的硫化铅锌矿体。矿体形态多样，规模不等，品位较富。与会泽铅锌矿对比具有相似性，浅表矿体规模小而多，向深部往往形成大而富的铅锌矿体。矿体主要呈透镜状、似层状，产状与围岩或层间构造基本一致。矿体长 204～395m，宽 130～336m，一般厚 1～4m，最厚可达 10m，厚度变化大，膨胀、收缩、尖灭再现明显。其中以 I #矿体规模最大，约占总储量的 71.3%，呈透镜状产出，走向为 NE25°，倾向为 115°，倾角为 45°～55°，最大控制长度为 390m，垂直延深 340m，均厚 2.59m。浅部以铅矿为主，向深部主要为氧化矿，矿石以锌矿为主，铅锌含量比为 1∶（2～10），矿石中黄铁矿含量为 10%～30%，伴有镉、锗、镓、铟、银较高，均可综合利用。矿体平均品位 Pb 为 15.16%，Zn 为 2.99%，Ag 为 181g/t。富矿部位 Pb 为 78.52%，Zn 为 12.05%，Ag 为 1260g/t，As 为 $100\times10^{-6}\sim500\times10^{-6}$。

从浅部到深部，矿石类型为氧化矿→混合矿→原生矿。矿物组合：方铅矿+闪锌矿（原生矿）；白铅矿+铅矾+黄铁矿+闪锌矿+异极矿+褐铁矿（混合矿、氧化矿）。原生矿石主要有自形结构、半自形晶粒状结构、交代结构，包含碎裂状结构（图 3-29），常见块状构造、斑状构造、星散状构造、角砾状构造（表 3-1）。氧化矿主要呈土状结构、皮壳状结构、蜂窝状结构、泥状构造。可见辉银矿沿矿石裂隙边缘交代方铅矿现象，含 Ag 高达 1590×10^{-6}。

矿区内围岩蚀变主要见白云石化、铁锰碳酸盐岩化、方解石化、黄铁矿化、重晶石化以及硅化等，其中铁锰碳酸盐岩化与铅锌成矿关系极为密切，地表可见铁锰碳酸盐岩化带与铅锌矿化带相伴。

2. 地质控矿规律

银厂坡矿床紧邻会泽矿床，二者具有相似地质背景和成矿条件，银厂坡矿体呈似层状、透镜状产于上石炭统黄龙组，而会泽矿体则产于下石炭统摆佐组，同位素地球化学（见后文）显示二者成矿物质具有演化特征，控矿构造和赋矿层位也具有演化特征。因此，银厂坡矿床具有 NNE 向构造派生层间构造+梁山组有机质还原障+蒸发岩相耦合关系，且与会泽具有流体来源、运移与演化关系。

八、罐子窑

1. 矿床地质

罐子窑矿区地理位置大致处于 N25°50′～26°15′和 E104°45′～105°15′之间，面积达

(a) 地表特征　(b) 井下特征　(c) 块状矿石

(d) 闪锌矿、黄铁矿和石英共生，方铅矿脉状充填　(e) 闪锌矿、菱锰矿、方铅矿及早期石英共生被晚期石英包裹　(f) 石英与闪锌矿、方铅矿和黄铁矿共生，方解石呈脉状穿插于闪锌矿中

(g) 早期方铅矿和黄铁矿被闪锌矿包裹后被石英包裹　(h) 他形粒状磷灰石和方铅矿分布在石英中　(i) 金红石分布在方解石中与石英和方铅矿共生

Sp. 闪锌矿；Py. 黄铁矿；Cal. 方解石；Gn. 方铅矿；Qz. 石英；Dia. 菱锰矿；Ap. 磷灰石；Rt. 金红石

图 3-29　银厂坡矿床矿石组构特征

1212km^2（图 3-30）。出露地层由老至新主要为中上泥盆统、下石炭统、上石炭统、二叠系、三叠系和白垩系。罐子窑地区构造变形复杂，卷入构造变形的最年轻地层为中三叠统，其上被上白垩统角度不整合覆盖，由此推断区内主体构造形成于燕山期，由区域滑脱作用、叠加构造作用共同控制形成和定型（张德明 等，2014；曾广乾 等，2017）。区内发育 NW 向（F_1、F_2、F_3、F_8）和 NE 向（F_4、F_5、F_6、F_7）两组断层及节理裂隙，两组断层均表现为脆性活动。NW 向一组中 F_1 和 F_3 为逆冲断层，F_2 和 F_8 为正断层，NE 向一组除 F_7 外均为逆冲断层。NE 向断面切割 NW 向断层劈理，显示 NE 向断层形成稍晚，与贵州境内中生代以来的区域变形相一致（李学刚，2012；杨坤光 等，2012），晚期 NE 向断层的含矿程度明显高于早期 NW 向断层。矿区内已发现丁头山、铅厂、凉水井、白沙、龙吟等 29 处铅锌矿点。矿体多呈扁豆体、透镜体、囊状、似层状、脉状等产于压扭性断层的层间剥离带中，矿体与围岩界线十分清楚，且矿体产状与地层产状基本一致。

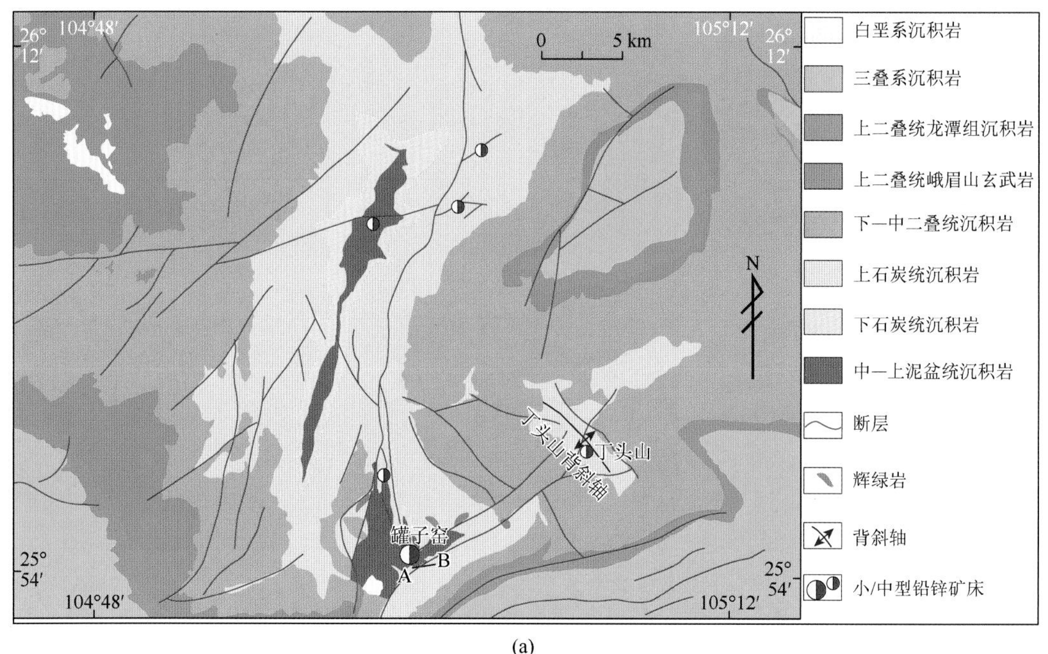

(a)

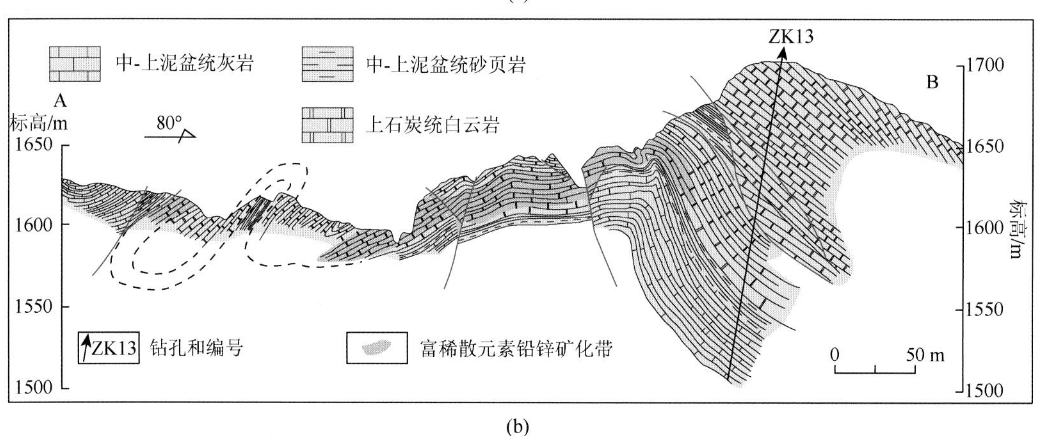

(b)

图 3-30　罐子窑矿区地质简图（a）和铅厂勘探线剖面图（b）（曾广乾 等，2017，有修改）

根据曾广乾等（2017）报道，该矿床矿石的主要结构有自形、半自形-他形晶粒、交代残余及交代溶蚀结构等，构造以块状、带状、角砾状、脉状、星点状、浸染状构造为主。矿体中金属矿石硫化矿由方铅矿、闪锌矿及少量黄铁矿组成。脉石矿物主要包括方解石和白云石，石英含量甚微。围岩蚀变现象较为普遍，以白云石化、方解石化、黄铁矿化为主，伴有硅化、重晶石化，蚀变强烈，常沿矿体四周分布，其中与成矿有关的是棕色铁质白云石化，即找矿标志。根据矿石结构构造、各矿脉相互穿插关系和矿物共生组合，将罐子窑铅锌矿床成矿期划分为三个成矿阶段。第一阶段：多金属硫化物阶段，形成白云石+方解石+黄铁矿+闪锌矿+方铅矿+黄铜矿组合，是区内铅锌矿主要成矿阶段；第二阶段：闪锌矿方铅矿石英脉阶段，矿物组合为闪锌矿+方铅矿+石英+方解石+萤石；第三阶段：菱铁矿石英脉阶段，形成菱铁矿+石英+萤石+重晶石+石髓组合。

本次工作对丁头山矿床进行了调查，该矿床产于丁头山短轴背斜翼部上石炭统白云岩中［图3-30（a）］（杨德传　等，2017）。罐子窑地区出露地层主要有泥盆系、石炭系、二叠系、三叠系和白垩系［图3-30（a）］，除上二叠统峨眉山玄武岩外，其余均为沉积岩，以灰岩和白云岩为主，砂页岩次之［图3-30（b）］。丁头山矿区出露地层主要为上石炭统南丹组（威宁组同期异相），岩性为灰岩和白云岩，上覆下、中二叠统，岩性为砂页岩、灰岩和白云岩，下伏中、上泥盆统砂页岩、灰岩和白云岩，泥盆至二叠系整个含矿建造具有砂页岩+白云岩+灰岩有利岩性组合特征（Zhou et al.，2018）；构造发育有丁头山背斜［图3-30（a）］、王家河和电水河正断层及马家岩逆断层，其中丁头山背斜和马家岩逆断层组成背斜加一个圈闭构造组合体系［图3-30（a）］（Zhou et al.，2018）。

尽管近年来丁头山铅锌矿床找矿取得重要突破，但是由于勘查不够和资料缺乏，丁头山矿床矿体的分布、规模、储量及形态等基本矿体地质特征尚不清晰。本次工作主要集中在矿石特征的研究上，丁头山铅锌矿床原生矿石的矿物组合简单（图3-31），金属矿物主要为闪锌矿，其次为方铅矿和黄铁矿，脉石矿物主要为白云石，方解石次之，石英少见。矿石的主要结构为自形、半自形-他形粒状、交代等，矿石的主要构造包括块状、浸染状、脉状和星点状（图3-31）。围岩蚀变现象较为普遍，以白云石化、方解石化、黄铁矿化为主，伴有硅化等蚀变。围岩蚀变常沿矿体四周分布，其中与成矿有关的是棕色铁质白云石化（杨德传　等，2017）。

(a) 块状矿石中的白云石脉

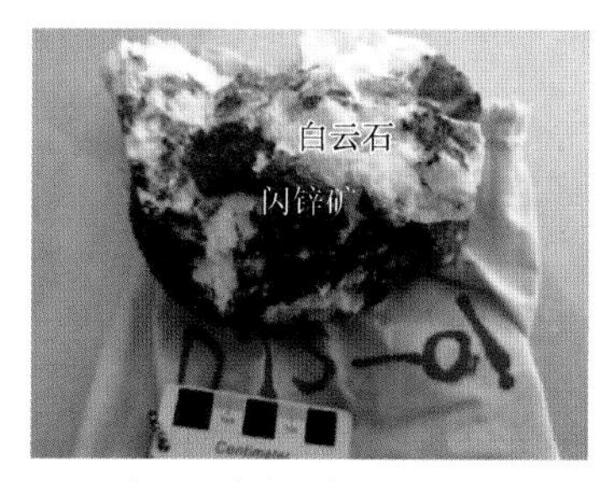

(b) 白云石充填包裹闪锌矿集合体

(c) 白云石与闪锌矿共生

(d) 白云石充填闪锌矿集合体

图3-31　丁头山铅锌矿床典型手标本特征

2. 地质控矿规律

赋矿围岩具有砂页岩+白云岩+灰岩有利岩性组合特征，控矿构造为背斜加一个圈闭构造组合体系，矿床受构造组合和岩性组合的双重控制。

九、猪拱塘

1. 矿床地质

猪拱塘铅锌矿床位于贵州省西北部，赫章县城西南方向大约 15km 处，是近年来新发现的特大型铅锌矿床，累计探明铅锌储量超过 300 万 t（何良伦 等，2019；Wei et al.，2021）。矿区范围内出露地层较齐全，包括志留系韩家店组砂岩、粉砂质泥岩；泥盆系望城坡组白云岩、尧梭组白云质灰岩；石炭系祥摆组粉砂岩、旧司组-上司组白云岩夹泥岩、摆佐组泥质白云岩、黄龙组白云质灰岩及马坪组灰岩；二叠系梁山组砂岩夹钙质页岩、栖霞组含生物微晶灰岩、茅口组生物灰岩、峨眉山玄武岩、龙潭组砂岩夹页岩。

矿区位于垭都-硐断裂带北西段，构造活动强烈，主要以断裂构造为主，而褶皱构造规模相对较小，其成因主要与北西向主要断层作用有关的派生褶皱有关（陈俊 等，2016），详述如下。

陶家湾背斜：位于水潮堡东偏南地区。轴向约为 38°，往 NE 在旧屋基断层（F_7）附近被次级小断层破坏，朝 SW 延出矿区，长度大于 1.2km。核部主要是二叠系梁山组，两翼为栖霞组。NW 翼岩层产状为 280°～320°，倾角为 10°～35°；SE 翼岩层产状为 110°～165°，倾角为 25°～55°。属 NE-SW 向开阔背斜。

发窝寨向斜：位于发窝寨西侧，走向为近 SN 向，朝北止于 F_9、F_{10} 断层。长度为 1.0km，主要由龙潭组、茅口组等地层组成，西翼岩层产状为 110°～130°，倾角为 8°～15°；东翼岩层产状为 240°～260°，倾角为 10°～16°。

矿区断裂构造以 NW 向猪拱塘（F_1）、朱砂厂（F_2）、水槽堡（F_3）断裂及陈家寨（F_4）和钻天坡（F_5）断裂为主，NE 向及近 EW 向断层次之（图 3-32）。NW 向断裂为区内主要控矿构造及容矿构造，而 NE 向与 EW 向断裂多切割或错断 NW 向断裂，为成矿后期构造。逆冲断层 F_1、F_2、F_3 走向和倾向上呈波状起伏或略有相交，剖面上形成一叠瓦状构造，整体显示出由 SW 向 NE 方向逆冲的前展式叠瓦状构造（何良伦 等，2019；吴大文 等，2019），详述如下。

猪拱塘断裂（F_1）：为垭都-蟒硐断裂带 NW 段最前缘构造，走向和倾向上呈波状起伏，在地表多形成高角度逆冲断层，深部渐缓。断层断距大于 400m，断层破碎带宽 0.5～25m，主要由断层角砾岩、碎裂岩及灰岩透镜体组成，带内挤压构造片理发育，表明其具有较长的活动历史，为逆冲断层。浅部具白云石化、方解石化，深部具白云石化、硅化、铅锌矿化，该断层直接控制了Ⅰ号矿体的产出，为区内主要控矿断裂。

朱砂厂断裂（F_2）：为垭都-蟒硐断裂带的主体组成部分，大致与猪拱塘逆冲断层平行，走向为 NW，倾向为 SW，倾角为 40°～75°，断面倾角陡缓起伏。该断层由 SE 向 NW，断距逐渐变小，最大断距大于 2km，断层破碎带宽 1～60m，以断层角砾、断层泥、碎裂

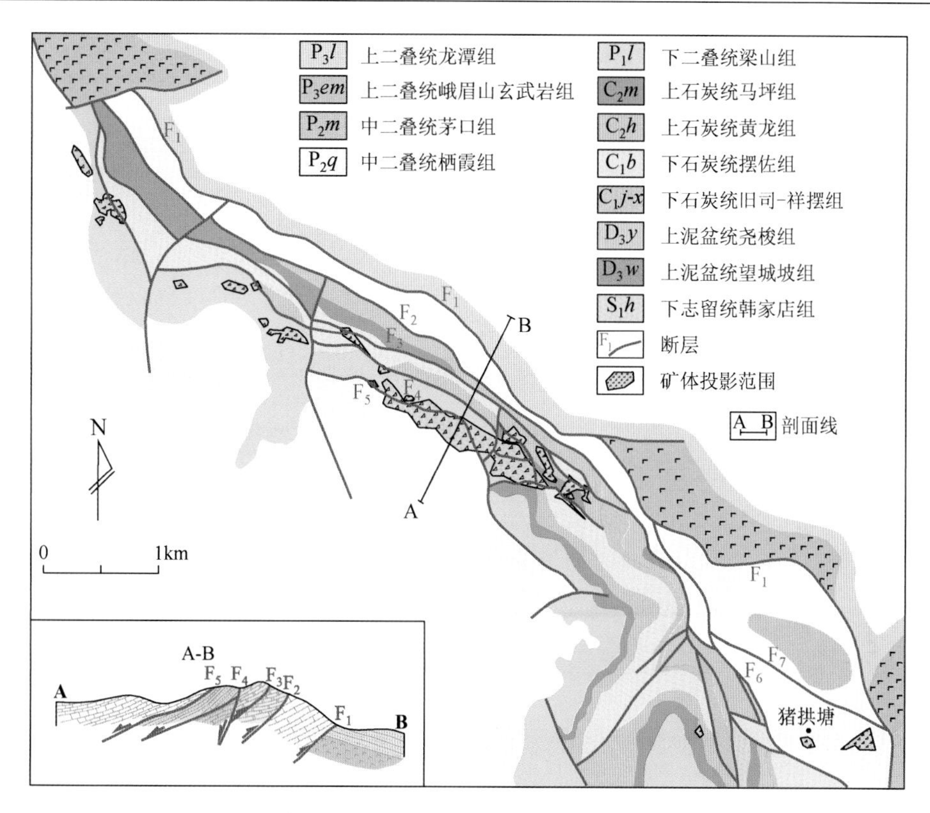

图 3-32　猪拱塘铅锌矿床地质略图（何良伦 等，2020，有修改）

岩及灰岩透镜体组成，力学性质为压扭性，运动方式主要为左行走滑。中部矿化蚀变强烈，具明显褐铁矿化、方解石化、硅化、白云石化，其深部与 F_{20} 断层形成构造透镜体式的断夹块，该断层直接控制了Ⅱ号矿体的产出，同样为区内主要控矿构造之一。

水槽堡断裂（F_3）：呈 NW 向展布，SE 端于王家包交会于朱砂厂断层（F_2），NW 端延伸出矿区，最大断距为 250m，断层破碎带宽 1～15m，白云石化、方解石化以及硅化蚀变强烈，该断层与猪拱塘（F_1）、朱砂厂断裂（F_2）在区域上构成垭都-蟒硐断裂 NW 段前缘叠瓦扇构造。

陈家寨断裂（F_4）：表现为成矿后活动的断裂，多表现为正断层，爬头寨 PD1 坑道中见Ⅳ-2 矿体被 F_4 错断，SW 盘上降，视断距为 30～80m，对矿体的错动不大。

猪拱塘铅锌矿床发育一系列铅锌矿体，主要赋存于 F_1、F_2 断裂破碎带及其次级断裂破碎带内，呈透镜状、似层状或脉状沿断层破碎带和层间碎裂带产出，矿体产出类型主要为赋存于 NW 向断层破碎带中的“断裂型”脉状和筒柱状铅锌矿体，其次为赋存于 NW 向断层旁侧的层间破碎带中的透镜状铅锌矿体。铅锌矿体规模受断裂破碎带陡缓起伏控制明显，其走向和倾向上均呈舒缓波状展布，产状与断层破碎带大致吻合，局部见膨缩、分枝复合现象（何良伦 等，2019；蔡国盛 等，2020）。根据矿体的空间展布特点，以控容矿断裂作为矿体对比连接的地质依据，圈定铅锌矿体 69 个，各矿体均应属于同一成因类型、同一成矿物源、同一成矿时段的产物。下面主要将控制程度较高的Ⅰ-1 矿体做重点介绍，其他矿体特征见表 3-2。

表 3-2 猪拱塘铅锌矿床矿体特征一览表（据何良伦等，2019）

矿体编号	产出部位	矿体特征	控矿构造
Ⅰ	受 F_1 断层破碎带控制，容矿岩石为泥灰岩、灰岩，走向为 NW，倾向为 SW，倾角为 20°～50°，铅锌矿体 5 个	以Ⅰ-1 矿体为代表，矿体呈似层状、透镜状产出，产状与断层产状基本一致，长约 1640m，宽 120～530m	F_1
Ⅱ	受 F2 断层破碎带控制，容矿岩石为泥灰岩、灰岩、白云岩，走向为 NW，倾向为 SW，倾角为 20°～44°，铅锌矿体有 10 个	以Ⅱ-2、Ⅱ-3 矿体为代表，矿体呈似层状、透镜状、脉状产出	F_2
Ⅲ	受隐伏断层 F_{20} 破碎带控制，容矿岩石为泥灰岩、灰岩，走向近 NW，倾向为 SW，倾角为 30°～42°，铅锌矿体有 7 个	以Ⅲ-1、Ⅲ-6 矿体为代表，矿体呈脉状、透镜状产出，长 170～381m，宽 137～530m	F_{20}
Ⅳ	受隐伏断层 F_{30} 破碎带控制，容矿岩石为泥灰岩、灰岩、白云岩，走向为 NW，倾向为 SW，倾角为 25°～42°，铅锌矿体有 6 个	以Ⅳ-2、Ⅳ-4 矿体为代表，矿体呈脉状、透镜状产出，长 174～430m，宽 160～263m，局部出现矿体膨大	F_{30}
Ⅴ	受 F_1 与 F_2 之间次级断层控制，容矿岩石为泥灰岩、灰岩，铅锌矿体有 15 个	以Ⅴ-10 矿体为代表，矿体呈脉状，长 224m，宽 253m	
Ⅵ	受 F_1 下盘次级断层控制，容矿岩石为泥灰岩、灰岩，铅锌矿体有 10 个	以Ⅵ-3、Ⅵ-4 矿体为代表，呈似层状、透镜状	
Ⅶ	受 F_4 断层及次级断层控制，容矿岩石为泥灰岩、灰岩，铅锌矿体有 15 个	以Ⅶ-1 矿体为代表，呈似层状产出、透镜状顺层产出	F_4
Ⅷ	受 F_6 断层破碎带控制，容矿岩石为泥灰岩、灰岩，铅锌矿体有 1 个	矿体呈透镜状顺层产出，矿体产状与断层产状基本一致	F_6

Ⅰ-1 矿体：是区内的主要矿体，受 NW 向 F_1 断裂控制，并沿 NW 向 F_1 断裂展布。通过详细的工程控制，Ⅰ-1 矿体埋深 650～880m，走向长约 1640m，倾向延深宽 120～530m，走向为 300°，倾向为 SW，倾角为 31°～52°，随断层面产状的变化而变化。NW 段及 SE 段出现矿体膨大，往两端及中部收缩，由深部至浅部逐渐变薄直至尖灭。矿体厚度为 0.95～67.01m，平均为 11.01m，厚度变化系数为 124%。Pb 品位为 0.12%～10.14%，平均品位为 2.81%，品位变化系数为 99%；Zn 品位为 0.09%～37.01%，平均品位为 8.71%，品位变化系数为 98%。

矿床矿石矿物种类繁多，主要有方铅矿、闪锌矿、黄铁矿，次为黝铜矿、赤铁矿、褐铁矿、细硫砷铅矿。脉石矿物主要有白云石、方解石，次为石英、高岭石、重晶石。猪拱塘铅锌矿的矿石结构构造较丰富，矿石组构类型主要有自形-半自形-他形粒状结构、交代残余结构、包含结构、压碎结构，其次为柱状结构、乳滴状结构、胶状结构。矿石构造主要为块状构造、浸染状构造、脉状构造以及条带状构造，其次是角砾状构造、土状构造、皮壳状构造、蜂窝状构造。闪锌矿、方铅矿、黄铁矿常沿白云石晶间缝隙或孔洞充填，交代形成致密块状或浸染状矿石，浸染状矿石多分布在矿体边部，致密块状矿石多分布在矿体中部，脉状、角砾状、胶状构造也较常见，其中，黄铁矿常呈粗晶状、碎裂状密集分布在脉石间，部分呈晶粒状分布于脉石中与闪锌矿、方铅矿充填成粒状集合体（何良伦 等，2019）。

根据矿石结构、构造及矿物的穿插、交代关系，猪拱塘铅锌矿矿化可划分为三个阶段（Wei et al.，2021）：成岩期、热液期和表生氧化期，其中热液期可进一步划分为三个阶段：成矿早期（石英+黄铁矿+闪锌矿），主成矿期（闪锌矿+方铅矿+黄铁矿）和成矿晚期（方解石+热液白云石+方铅矿）。

矿区内围岩蚀变总体微弱，围岩以性脆，孔隙发育，化学性质活泼的碳酸盐岩为特点。矿体围岩裂隙发育而较为破碎，当含矿热液沿断裂贯入时，形成围岩蚀变。矿体围岩蚀变类型简单，以白云石化为主，其次有方解石化、黄铁矿化、硅化、重晶石化和褐铁矿化，铅锌矿体周围的灰岩多蚀变成白云岩或强烈白云石化结晶灰岩（何良伦 等，2019）。

2. 地质控矿规律

猪拱塘铅锌矿床具有显著的断裂控矿特征，层间薄弱带是矿体有利的储存空间，二叠系、泥盆系不纯的碳酸盐岩构成有利的充填环境和圈闭条件，广泛发育的白云石化和黄铁矿化是有利的找矿标志。

十、其他矿床

研究区除上述一些较为典型的特大型和中型铅锌矿床外，还发育有若干中小型矿床或矿床点，限于篇幅，不再全部解释，部分矿床（点）简况见表3-3。

表3-3　研究区其他铅锌矿床（点）特征一览表

矿床（点）名称	赋矿层位	控矿构造	矿体形态、围岩及围岩蚀变	矿石特征
赫章连发厂铅锌矿点	C_1d	珠市河背斜南东段近核部及层间破碎带控矿	矿体呈透镜状产于层间破碎带中。矿化断续长1000m，厚0.50～3.05m。围岩为白云岩；围岩蚀变有白云石化、方解石化、硅化	矿石自然类型为氧化矿石。金属矿物有白铅矿、菱锌矿、水锌矿、方铅矿、闪锌矿、黄铁矿、褐铁矿；脉石矿物为白云石、方解石。矿石具有土状、脉状、块状等构造。矿石中含Pb为1.58%～2.43%，Zn为1.40%～6.84%
赫章山旺坪铅锌矿床	C_1d	珠市河背斜南西翼及层间破碎带控矿	矿体呈似层状产于层间破碎带。矿体长276～900m，延深10～100m，厚0.95～1.92m。围岩为破碎白云岩；围岩蚀变主要为白云石化、褐铁矿化、角砾岩化、方解石化	矿石自然类型为氧化矿石。金属矿物有白铅矿、菱锌矿、水锌矿、方铅矿、闪锌矿、黄铁矿、褐铁矿；脉石矿物为白云石、方解石。矿石具有土状、脉状、块状等构造。矿石中含Pb为1.37%～2.68%，Zn为2.29%～6.38%
赫章白腊厂铅锌矿床	C_1s C_1d	珠市河背斜中段南西翼近轴部及走向断层、层间破碎带控矿	矿体呈透镜状沿层间及陡倾斜断层破碎带产出。矿体长325～600m，延深20～325m，厚0.24～2.84m。围岩为白云质灰岩、灰岩；围岩蚀变有白云石化、褐铁矿化、角砾岩化、方解石化	矿石自然类型为氧化矿石。原生矿的金属矿物有铁菱锌矿、菱锌矿、异极矿、水锌矿、白铅矿、铅矾；脉石矿物有白云石、方解石。砂矿的矿石矿物为含铅锌褐铁矿、铁菱锌矿、黄钾铁矾、铅矾、异极矿等。矿石具土状、块状和多孔状构造。矿石中含Pb为1.05%～1.76%，Zn为1.9%～10.01%
赫章野都古铅锌矿床	P_2q P_2m	垭都-蟒硐断层北东盘-北东向为断层控制	矿体呈脉状产于断层破碎带中。矿化带长500m，矿体长190m，延深180m，厚1.15～15.0m。围岩为灰岩；围岩蚀变有白云石化、方解石化、铁锰碳酸盐岩化	矿石自然类型为氧化砂矿和原生氧化矿两种。金属矿物有菱锌矿、水锌矿、白铅矿、方铅矿、闪锌矿，脉石矿物有白云石、方解石。矿石具有皮壳状、土状，浸染状构造。矿石中含Pb为1.76%，Zn为6.85%

续表

矿床（点）名称	赋矿层位	控矿构造	矿体形态、围岩及围岩蚀变	矿石特征
威宁江子山铅锌矿床	C_1d	最高峰背斜北西段南西翼近轴部及北西向逆断层南西盘地层中层间碎带控矿	矿体呈脉状沿层间断层破碎带产出。矿体长100～200m，延深50～100m，厚1.45～3.50m。围岩为白云石化灰岩；围岩蚀变有白云石化、褐铁矿化	矿石自然类型为氧化砂矿和原生氧化矿两种。金属矿物主要为菱锌矿、白铅矿、方铅矿、闪锌矿；脉石矿物为白云石、方解石。矿石具有土状、皮壳状、多孔状、星点状、条带状、角砾状构造。矿石中含Pb为0.17%～0.8%，Zn为1.10%～1.40%
威宁羊槽口子铅锌矿点	C_1d	最高峰背斜南西翼近核部及层间破碎带控矿	矿体呈透镜状产于层间破碎带中。矿体长22～26m，延深5～7.5m，厚0.42～1.10m；地表氧化砂矿分布面积为0.013km^2，厚1.22m。围岩为灰岩；围岩蚀变有白云石化、方解石化	矿石自然类型为氧化砂矿和原生氧化矿两种。金属矿物有白铅矿、菱锌矿、铅矾、方铅矿、闪锌矿；脉石矿物有白云石、方解石。矿石具有土状、多孔状、薄膜状和网脉状构造
赫章榨子厂铅锌矿床	C_1d	江子山背斜南东倾末端与黑泥院子背斜交会处及北西向断层控制	矿体呈透镜状产于断层破碎带。矿体长678m，延深222m，水平厚12.58m。围岩为白云岩；围岩蚀变有白云石化、铁锰碳酸盐岩化及褐铁矿化	矿石类型为氧化砂矿和原生氧化矿石两种。金属矿物有白铅矿、菱锌矿、水锌矿、异极矿、方铅矿、闪锌矿、褐铁矿；脉石矿物有白云石、方解石、重晶石、石英。矿石具有土状、星点状、浸染状构造。矿石中含Pb为0.55%～2.55%，Zn为1.21%～20.96%，Ag为3.3%～28.40×10^{-6}
赫章小矿山铅锌矿点	C_1d/C_1b	蟒硐断层南西盘的次级断层旁侧的层间破碎带控矿	矿体呈似层状、透镜状产于层间破碎带中。矿体长9～130m，延深12～60m，厚1.20m。围岩为白云岩；围岩蚀变有白云石化、方解石化、黄铁矿化	矿石自然类型为氧化矿石。金属矿物有菱锌矿、水锌矿、白铅矿、方铅矿、黄铁矿；脉石矿物有白云石、方解石、石英。矿石具有土状、星点状、浸染状、脉状构造。矿石中含Pb为0.5%～2.73%，Zn为0.5%～10.76%
赫章中厂坪子铅锌矿点	C_1d/C_1b	白泥寒背斜之南翼近核部及耗子硐断层控制	地表的氧化砂矿多分布于基岩之上的缓坡和低洼地带，呈似层状产出，倾角为5°～10°，矿体面积为0.087km^2，长700m，宽20～50m，厚0.30～6.90m。原生氧化矿多产于耗子硐断裂及次级断裂构造带中，但矿体的形态、规模、厚度不详。围岩蚀变主要为铁锰碳酸盐岩化、方解石化、白云石化	矿石类型为氧化砂矿和原生氧化矿两种。金属矿物有白铅矿、铅矾、水锌矿、异极矿、菱锌矿、孔雀石、方铅矿、闪锌矿、褐铁矿、针铁矿、赤铁矿；脉石矿物有方解石、白云石、重晶石和石英。矿石具有土状、多孔状、皮壳状、浸染状、星点状构造。矿石中含Pb为1%～2%，Zn为5%
赫章马宝地铅锌矿点	C_1d/C_1b	最高峰背斜之北东翼及北西向断层旁侧的层间破碎带	矿体呈似层状产于层间破碎带。矿体长165m，延深50m，厚0.5～2.1m。围岩为破碎白云岩；围岩蚀变主要见方解石化、白云石化	矿石自然类型为硫化矿石。金属矿物为方铅矿、闪锌矿；脉石矿物有方解石、白云石及少量石英。矿石具有脉状、浸染状、角砾状构造。矿石中含Pb为0.59%～3.27%，Zn为0.55%～4.03%
赫章白泥厂铅锌矿点	P_2q	蟒硐断裂南西盘的次级北西向断裂构造控矿	矿体呈透镜状产于北西向次级断层破碎带中。矿体长70～150m，延深1～2m，厚1.28～1.40m。围岩为白云石化灰岩；围岩蚀变有白云石化、方解石化、黄铁矿化	矿石自然类型为氧化矿石。金属矿物有菱锌矿、水锌矿、白铅矿、方铅矿、闪锌矿、黄铁矿；脉石矿物有白云石、方解石、石英。矿石具有土状、多孔状、角砾状、浸染状构造。矿石中含Pb为0.22%～2.80%，Zn为0.22%～3.20%
赫章张口硐铅锌矿点	C_1d/C_1b	张口硐背斜北西段近轴部及层间破碎带中	原生氧化矿体呈透镜状产于层间破碎带，长80m，厚2.62m；砂矿体分布在地表低凹地带，长130～260m，宽30～115m，厚1～7m。围岩白云岩；围岩蚀变有重晶石化、白云石化、黄铁矿化	矿石类型为氧化砂矿和原生氧化矿两种。金属矿物有菱锌矿、白铅矿、方铅矿、闪锌矿、异极矿、铅矾、黄铁矿；脉石矿物有白云石、重晶石。矿石具有土状、皮壳状、浸染状、细脉状构造。矿石中含Pb为0.15%～1.70%，Zn为4.20%～5.0%
赫章耗子硐铅锌矿点	C_1d/C_1b	耗子硐背斜的南西端近轴部及耗子硐断层控矿	矿体呈似层状产于层间破碎带中。矿体长20～80m，延深50～95m，厚0.91～3.0m。围岩为破碎白云岩；围岩蚀变有白云石化、方解石化、硅化	矿石自然类型为硫化矿石。金属矿物有方铅矿、闪锌矿，偶见白铅矿、铅矾；脉石矿物有白云石、方解石、石英。矿石具有浸染状、角砾状、条带状构造。矿石中含Pb为0.75%～3.32%，Zn为1.93%～7.86%

续表

矿床（点）名称	赋矿层位	控矿构造	矿体形态、围岩及围岩蚀变	矿石特征
赫章飞来石铅锌矿床	P_2m	垭都-蟒硐断层北东盘之次级断层控矿	矿体呈脉状产于陡倾斜断层破碎带中。矿体长440m，延深80m，厚2.3～20m。围岩为灰岩；围岩蚀变有白云石化、方解石化、铁锰碳酸盐岩化	矿石自然类型为硫化矿石。金属矿物有菱锌砂、水锌矿、白铅矿、方铅矿、闪锌矿；脉石矿物有方解石、萤石、重晶石。矿石具有浸染状、星散状构造。矿石中含Pb为0.99%～3.50%，Zn为3.23%～13.30%
赫章蟒硐铅锌矿床	D_2d P_2q	垭都-蟒硐背斜与断层控矿	矿体呈似层状产于层间破碎带。矿体长100～600m，延深30～40m，厚2.40～3.55m。围岩为白云岩（独山组）、灰岩及白云质灰岩（栖霞组）；围岩蚀变有铁锰碳酸盐岩化、白云石化、重晶石化、硅化、黄铁矿化	矿石自然类型为硫化矿石。金属矿物有闪锌矿、方铅矿、黄铁矿；脉石矿物有白云石、石英、重晶石，偶见方解石。矿石具有块状、角砾状、浸染状、脉状构造。矿石中含Pb为1.96%～5.09%，Zn为2.51%～14.96%
赫章长地铅锌矿（化）点	P_2q	垭都-蟒硐与北东向断层交会处控矿	矿体呈脉状产于北西向羽状断裂中。矿体断续长70～300m，厚0～14m。围岩为灰岩；围岩蚀变主要为白云石化	矿石自然类型为氧化矿石。金属矿物有菱锌矿、水锌矿、方铅矿、闪锌矿；脉石矿物有白云石、方解石。矿石具有脉状、块状、土状构造。矿石中含Pb为0.1%～0.3%，Zn为0.1%～0.4%
赫章白矿山铅锌矿点	D_3r	垭都-蟒硐断层西侧的北东向兴发断层控制	矿体呈脉状产于北东向兴发断层破碎带中。矿体长200m，延深80m，厚1.46m。围岩为白云岩；围岩蚀变主要为白云石化，次为硅化、褐铁矿化	矿石自然类型为硫化矿石。金属矿物见方铅矿、闪锌矿；脉石矿物有白云石、石英、方解石。矿石具有浸染状、脉状、角砾状构造。矿石中含Pb为3.48%，Zn为2.46%
赫章垭都铅锌矿床	P_2q P_2m	垭都-蟒硐逆断层旁侧的次级褶皱与断裂控矿	矿体主要呈透镜状产于层间破碎带中。矿体长302～1170m，厚3.86～10.50m。围岩为灰岩；围岩蚀变有白云石化、硅化、方解石化、褐铁矿化	矿石自然类型主要为氧化矿石，次为硫化矿石。金属矿物有异极矿、铅矾、菱锌矿、闪锌矿、方铅矿；脉石矿物有白云石、石英，方解石。矿石具有皮壳状、多孔状、浸染状、脉状构造。矿石中含Pb 0.93%～4.42%，Zn 1.38%～6.19%
赫章万宝硐铅锌矿点	C_1d/ C_1b	垭都-蟒硐断层与张口硐断层交会处及断裂旁侧的次级背斜轴部控矿	矿体呈似层状产于层间滑脱带中。矿体长40m，延深20～30m。围岩为白云岩；围岩蚀变见白云石化、方解石化、重晶石化	矿石自然类型为硫化矿石。金属矿物有方铅矿、闪锌矿；脉石矿物有白云石、方解石，重晶石。矿石中含Pb为0.4%～1.91%，Zn为1.92%～8.4%
赫章老君硐铅锌矿点	P_2q	垭都-蟒硐断层与羊角厂背斜控制矿	矿体呈似层状产于层间破碎带中。矿体长20～50m，厚0.5～1.05m。围岩为灰岩；围岩蚀变有白云石化、方解石化、重晶石化	矿石自然类型为氧化矿石。金属矿物有菱锌矿、白铅矿、褐铁矿；脉石矿物有白云石、方解石，重晶石。矿石具有皮壳状、土状，浸染状构造。矿石中含Pb为0.34%～0.84%，Zn为14.71%～19.00%
赫章草子坪铅锌矿床	C_1d/ C_1b C_2h	垭都-蟒硐断层与张口硐断层交会控矿	矿体呈似层状产于层间破碎带。矿体长50～170m，延深9.31～50m，厚4.50～5.41m。围岩为白云岩；围岩蚀变有白云石化、重晶石化、黄铁矿化、石膏化	矿石自然类型为硫化矿石。金属矿物有方铅矿、闪锌矿、白铅矿、菱锌矿、铅矾；脉石矿物有白云石重晶石，偶见方解石，石英。矿石具有浸染状、角砾状、星点状构造。矿石中含Pb为0.26%～3.66%，Zn为0.1%～24.96%
赫章羊角厂锌矿点	P_2m	垭都-蟒硐断层与羊角厂背斜控矿	矿体呈似层状产于层间破碎带中。矿体长600m，延深80m，厚1.10～2.86m。围岩为灰岩；围岩蚀变有重晶石化、方解石化、铁锰碳酸盐岩化	矿石自然类型为氧化矿石。金属矿物有菱锌矿、水锌矿、白铅矿，脉石矿物有方解石、重晶石，偶见白云石、石英。矿石具有皮壳状、土状、浸染状，细脉状构造。矿石中含Pb为0.90%，Zn为12.30%～15.60%
赫章洗线沟铅锌矿点	C_1d/ C_1b	垭都-蟒硐断裂带与羊角厂背斜控矿	矿体呈透镜状产于断层破碎带中。矿体长113m，延深24～90m，厚1.20～2.05m。围岩为泥晶灰岩；围岩蚀变有白云石化、方解石化、黄铁矿化	矿石自然类型为硫化矿石。金属矿物有方铅矿、闪锌矿、黄铁矿；脉石矿物有白云石、重晶石。矿石具有脉状、浸染状构造。矿石中含Pb为2.01%～4.04%，Zn为0.63%～13.42%

续表

矿床（点）名称	赋矿层位	控矿构造	矿体形态、围岩及围岩蚀变	矿石特征
赫章水槽堡铅锌矿点	C_2h	垭都-蟒硐断裂带旁侧的层间破碎带控矿	矿体呈透镜状产于层间破碎带中，矿体断续长300m。围岩为白云岩；围岩蚀变有白云石化、方解石化、黄铁矿化	矿石自然类型为硫化矿石。金属矿物有方铅矿、闪锌矿、菱锌矿、水锌矿；脉石矿物有白云石、方解石。矿石具有细脉状构造。矿石中含 Pb 为 0.40%，Zn 为 5.60%
赫章扒头寨铅锌矿点	C_2h	垭都-蟒硐断裂带旁侧的次级断层控矿	矿体呈似层状产于层间破碎带中，长30～40m，厚 1～2m。围岩为白云岩；围岩蚀变有白云石化、方解石化、硅化	矿石自然类型为硫化矿石。金属矿物有方铅矿、闪锌矿，偶见白铅矿、菱锌矿；脉石矿物有白云石、石英。矿石具有浸染状构造。矿石中含 Pb 为 0.77%～0.86%，Zn 为 2.13%～2.63%
赫章马圈岩铅锌矿点	C_2m	垭都-蟒硐断裂带旁侧的层间破碎带控矿	矿体呈似层状产于层间破碎带中。围岩为灰岩、白云岩；围岩蚀变有白云石化、方解石化	矿石自然类型为硫化矿石。金属矿物有方铅矿、闪锌矿、黄铁矿；脉石矿物有白云石、方解石。矿石具有脉状构造
赫章银硐湾铅锌矿点	P_1m	银厂沟背斜及北西向断层控矿	矿体呈透镜状产于层间破碎带。矿体长 5～50m，厚 0.20～0.50m。围岩为灰岩；围岩蚀变有方解石化、硅化	矿石自然类型为氧化矿石。金属矿物有方铅矿、闪锌矿、白铅矿、菱锌矿；脉石矿物有方解石，石英。矿石具有浸染状、脉状构造。矿石中含 Pb 为 0.49%，Zn 为 12.64%

主要参考文献

安琦，周家喜，徐磊，等，2018. 黔西北猫榨厂铅锌矿床原位 Pb 同位素地球化学[J]. 矿物学报，38（6）：585-592.

蔡国盛，衮民汕，杜蘭，等，2020. 黔西北垭都-蟒硐铅锌成矿带铅锌产出特征与控矿因素[J]. 矿物学报，40（4）：376-384.

陈大，曾德红，2000. 青山-横塘矿区铅锌矿床控矿断裂特征及找矿评价[J]. 贵州地质，17（1）：46-51.

陈俊，王均，薛洪富，等，2016. 贵州省猪拱塘铅锌矿地质特征及找矿方向[J]. 世界有色金属，458（21）：138-140.

陈随海，程赫明，文德潇，2012. 贵州筲箕湾铅锌矿床硫化物中 Tl-Cd-Ga 富集机制及地质意义[J]. 矿物学报，32（3）：425-431.

董家龙，2005. 黔西北猫猫厂-榨子厂铅锌矿区地质特征及找矿方向[J]. 矿产与地质，19（1）：29-33.

董家龙，2008. 黔西北地区铅锌矿矿床成矿规律与找矿研究[D]. 昆明：昆明理工大学.

何良伦，吴大文，赵锋，等，2019. 贵州赫章猪拱塘超大型铅锌矿床地质特征与找矿模型及找矿方向[J]. 贵州地质，36（2）：101-109.

何良伦，吴大文，王军，等，2020. 贵州第一个超大型铅锌矿床——黔西北猪拱塘铅锌矿床：发现与启示[J]. 矿物学报，40（4）：523-528.

胡晓燕，蔡国盛，苏文超，等，2013. 黔西北筲箕湾铅锌矿床闪锌矿中的成矿流体特征[J]. 矿物学报，33（3）：302-307.

胡耀国，1999. 贵州银厂坡银多金属矿床银的赋存状态、成矿物质来源与成矿机制[D]. 贵阳：中国科学院地球化学研究所.

金中国，2008. 黔西北地区铅锌矿控矿因素、成矿规律与找矿预测[M]. 北京：冶金工业出版社.

金中国，戴塔根，张应文，2005. 贵州水城铅锌-矿带成矿条件及控矿因素与成因[J]. 矿产与地质，19（5）：491-494.

李学刚，2012. 黔西南中生代构造变形特征及其叠加方式[D]. 武汉：中国地质大学.

李珍立，叶霖，黄智龙，等，2016. 贵州天桥铅锌矿床闪锌矿微量元素组成初探[J]. 矿物学报，36（2）：183-188.

刘幼平，2002. 黔西北地区铅锌矿成矿规律及找矿模式初探[J]. 贵州地质，19（3）：169-174.

刘幼平，张伦尉，杭家华，2006. 黔西北猫猫厂-榨子厂铅锌矿床深部找矿潜力分析[J]. 矿物岩石地球化学通报，19（2）：163-168.

毛德明，2000. 贵州赫章天桥铅锌矿床围岩的氧，碳同位素研究[J]. 贵州工业大学学报：自然科学版，29（2）：8-11.

欧锦秀，1996. 贵州水城青山铅锌矿床的成矿地质特征[J]. 桂林工学院学报，16（3）：277-282.

潘萍，常河，2020. 贵州板板桥铅锌矿床硫化物稀散元素富集特征与地质意义[J]. 矿物学报，40（4）：404-411.

彭红，蔡冰堰，陶平，等，2014. 贵州天桥铅锌矿床地球化学特征及其地质意义[J]. 贵州地质，31（4）：256-260，272.

钱建平，2001. 黔西北威宁-水城铅锌矿带动力成矿作用研究[J]. 地质地球化学，29（3）：134-139.

宋丹辉，韩润生，王峰，等，2021. 黔西北青山铅锌矿床构造控矿机理及其对深部找矿的启示[J]. 中国地质：1-29.

王健，2018. 中上扬子地台西南缘大型铅锌矿床定位规律研究[D]. 武汉：中国地质大学.

韦晨，叶霖，黄智龙，等，2020. 黔西北五指山地区铅锌矿床研究新进展：成矿带归属的启示[J]. 矿物学报，40（4）：394-403.

吴大文，何良伦，蔡京辰，等，2019. 贵州赫章县猪拱塘铅锌矿床主矿体地质特征及找矿标志[J]. 贵州地质，36（4）：299-306.

肖宪国，黄智龙，周家喜，等，2012. 黔西北筲箕湾铅锌矿床成矿物质来源：Pb 同位素证据[J]. 矿物学报，32（2）：294-299.

杨德传，汪磊，李再勇，2017. 激电中梯测量在晴隆丁头山铅锌矿找矿中的应用[J]. 中国地质调查，4（6）：89-98.

杨坤光，李学刚，戴传固，等，2012. 断层调整与控制作用下的叠加构造变形：以贵州地区燕山期构造为例[J]. 地质科技情报，31（5）：50-56.

杨宁文，2015. 贵州省威宁县银厂坡-云炉河铅锌银矿区找矿前景探讨[J]. 西部探矿工程，27（2）：143-145，149.

杨松平，包广萍，兰安平，等，2018. 黔西北杉树林铅锌矿床微量和稀土元素地球化学特征及其地质意义[J]. 矿物学报，38（6）：600-609.

曾道国，张应文，刘开坤，2007. 对黔西北猫猫厂-榨子厂铅锌矿区地质特征及找矿方向的几点不同认识[J]. 矿产与地质，21（4）：410-414.

曾广乾，何良伦，张德明，等，2017. 黔西罐子窑铅锌矿床 Pb 同位素研究及地质意义[J]. 大地构造与成矿学，41（2）：305-314.

张德明，何良伦，曾广乾，等，2014. 黔西罐子窑地区叠加变形及其对铅锌矿床的控制作用[J]. 贵州地质，31（4）：241-251.

张启厚，顾尚义，毛健全，1999. 贵州水城青山铅锌矿床地球化学研究[J]. 地质地球化学，27（1）：15-20.

张信伦，杨晓飞，曾道国，2009. 黔西北筲箕湾铅锌矿床地质特征及找矿标志[J]. 矿产与地质，23（3）：219-224.

张准，黄智龙，周家喜，等，2011. 黔西北筲箕湾铅锌矿床硫同位素地球化学研究[J]. 矿物学报，31（3）：496-501.

周家喜，2011. 黔西北铅锌成矿区分散元素及锌同位素地球化学研究[D]. 贵阳：中国科学院地球化学研究所.

周家喜，黄智龙，周国富，等，2009. 贵州天桥铅锌矿床分散元素赋存状态及规律[J]. 矿物学报，4（29）：471-480.

周家喜，黄智龙，周国富，等，2010. 黔西北赫章天桥铅锌矿床成矿物质来源：S、Pb 同位素和 REE 制约[J]. 地质论评，56（4）：513-524.

周家喜，黄智龙，周国富，等，2012. 黔西北天桥铅锌矿床热液方解石 C、O 同位素和 REE 地球化学[J]. 大地构造与成矿学，36（1）：93-101.

周威，陈进，韩润生，等，2021. 黔西北青山铅锌矿床赋矿灰岩的地球化学分带规律及其指示意义[J]. 矿产与地质，35（2）：222-236.

Li B，Zhou J X，Huang Z L，et al.，2015. Geological，rare earth elemental and isotopic constraints on the origin of the Banbanqiao Zn-Pb deposit，southwest China [J]. Journal of Asian Earth Sciences，111：100-112.

Wei C，Huang Z L，Ye L，et al.，2021. Genesis of carbonate-hosted Zn-Pb deposits in the Late Indosinian thrust and fold systems：An example of the newly discovered giant Zhugongtang deposit，south China [J]. Journal of Asian Earth Sciences，220：104914.

Zhou J X，Huang Z L，Zhou M F，et al.，2011. Trace elements and rare earth elements of sulfide minerals in the Tianqiao Pb-Zn ore deposit，Guizhou Province，China [J]. Acta Geologica Sinica，85（1）：189-199.

Zhou J X，Huang Z L，Zhou M F，et al.，2013a. Constraints of C-O-S-Pb isotope compositions and Rb-Sr isotopic age on the origin of the Tianqiao carbonate-hosted Pb-Zn deposit，SW China [J]. Ore Geology Reviews，53：77-92.

Zhou J X，Huang Z L，Bao G P，2013b. Geological and sulfur-lead-strontium isotopic studies of the Shaojiwan Pb-Zn deposit，southwest China：implications for the origin of hydrothermal fluids [J]. Journal of Geochemical Exploration，128：51-61.

Zhou J X，Huang Z L，Gao J G，et al.，2013c. Geological and C-O-S-Pb-Sr isotopic constraints on the origin of the Qingshan carbonate-hosted Pb-Zn deposit，Southwest China [J]. International Geology Review，55（7）：904-916.

Zhou J X，Huang Z L，Zhou M F，et al.，2014a. Zinc，sulfur and lead isotopic variations in carbonate-hosted Pb-Zn sulfide deposits，southwest China [J]. Ore Geology Reviews，58：41-54.

Zhou J X，Huang Z L，Lv Z C，et al.，2014b. Geology，isotope geochemistry and ore genesis of the Shanshulin carbonate-hosted Pb-Zn deposit，southwest China [J]. Ore Geology Reviews，63：209-225.

Zhou J X，Xiang Z Z，Zhou M F，et al.，2018. The giant Upper Yangtze Pb-Zn province in SW China：Reviews，new advances and a new genetic model [J]. Journal of Asian Earth Sciences，154：280-315.

第四章　元素地球化学

元素地球化学是揭示矿床成因和成矿过程的有效手段之一。本章以天桥、板板桥、筲箕湾和杉树林等典型铅锌矿床为例，以矿石硫化物和脉石碳酸盐矿物为研究对象，通过系统深入的微量元素和稀土元素地球化学特征分析，以期揭示黔西北地区铅锌矿床的形成过程，为理解矿床成因提供丰富的地球化学信息。

第一节　微量元素地球化学

一、天桥

本次工作对天桥铅锌矿床22件硫化物单矿物（黄铁矿、方铅矿和闪锌矿）进行了微量元素分析，结果列于表4-1，相对地壳丰度的富集程度如图4-1所示。

表4-1　天桥铅锌矿床硫化物微量元素含量（$\times 10^{-6}$）

编号	对象	Li	Be	Sc	V	Cr	Co	Ni	Cu	Zn	Ga	Ge	As
TQ-60	黄铁矿	0.349	—	0.129	0.746	0.836	0.233	1.44	75.9	9811	0.766	2.45	478
TQ-19	黄铁矿	0.476	0.004	0.126	1.05	0.543	0.036	1.37	57.5	3793	1.5	1.42	36.2
TQ-3	方铅矿	—	—	—	—	—	—	—	16.9	4798	0.108	2.11	56.6
TQ-25	方铅矿	—	—	—	—	—	—	—	3.81	1902	0.944	0.296	5.03
TQ-65	方铅矿	—	—	—	—	—	—	—	76.5	5333	0.18	3.04	589
TQ-54	方铅矿	—	—	—	—	—	—	—	9.53	594	0.009	—	32.4
TQ-52	方铅矿	—	—	—	—	—	—	—	28.2	4776	0.166	3.85	145
TQ-13	方铅矿	—	—	—	—	—	—	—	1.49	157	0.015	—	6.05
TQ-24	方铅矿	—	—	—	—	—	—	—	38.8	19850	5.55	23.2	39.6
TQ-25	闪锌矿	0.069	—	0.056	0.787	—	0.011	3.62	501	523236	227	0.802	16.2
TQ-16	闪锌矿	0.188	—	0.062	8.73	—	0.019	3.12	375	537175	55.9	1.37	30.1
TQ-54	闪锌矿	0.222	—	0.053	1.77	0.031	0.019	1.8	381	539810	13.6	0.768	39.5
TQ-10	闪锌矿	0.208	—	0.065	2.79	1.11	0.051	1.06	69.8	467811	28.5	0.493	14.5
TQ-24-1	闪锌矿	0.23	—	0.09	1.1	0.767	0.016	0.668	223	548431	163	0.269	9.69
TQ-24-2	闪锌矿	0.243	—	0.121	1.81	2.08	0.02	2.09	347	563255	203	0.129	25.8
TQ-24-3	闪锌矿	0.216	—	0.075	1.43	0.283	0.053	5.48	330	438671	86.8	0.107	65.2
TQ-19	闪锌矿	0.337	—	0.062	1.52	0.146	0.03	0.786	179	533488	50.6	0.293	11.9

续表

编号	对象	Li	Be	Sc	V	Cr	Co	Ni	Cu	Zn	Ga	Ge	As
TQ-3	闪锌矿	0.321	—	0.041	2.16	—	0.069	1.55	189	480597	6.3	0.188	34.8
TQ-13	闪锌矿	0.334	—	0.052	0.782	0.034	0.046	2.7	78	467086	34.5	0.127	12.4
TQ-60	闪锌矿	0.316	—	0.053	0.507	—	0.023	1.61	407	576839	13	0.215	18.7
TQ-26	闪锌矿	0.455	—	0.078	2.11	1.23	0.112	2.98	444	478288	28.7	0.19	58.4
TQ-18	闪锌矿	0.472	—	0.056	1.12	1.09	0.026	1.82	280	485291	80.8	0.37	76.5

编号	对象	Se	Rb	Sr	Y	Zr	Nb	Mo	Cd	In	Sn	Sb	Cs
TQ-60	黄铁矿	0.48	0.625	1.13	2.19	0.21	3.58	4.27	11.9	0.179	32.8	11.3	0.042
TQ-19	黄铁矿	0.24	0.486	3.35	1.01	0.448	1.79	0.766	6.6	0.384	28.8	9.2	0.083
TQ-3	方铅矿	—	0.147	0.221	0.02	—	0.062	0.573	14.9	0.029	9.94	740	0.02
TQ-25	方铅矿	—	0.078	—	0.028	—	0.051	0.248	9.71	0.028	12.2	1399	0.012
TQ-65	方铅矿	—	0.06	0.29	0.02	—	0.017	1.69	13.9	0.186	9.44	1655	0.015
TQ-54	方铅矿	—	—	0.028	0.014	—	0.011	0.152	5.94	0.023	0.879	1049	0.009
TQ-52	方铅矿	—	0.014	0.182	0.005	—	0.012	0.437	12.2	0.213	—	1304	0.01
TQ-13	方铅矿	—	—	—	0.005	—	0.012	0.138	3.62	0.015	13.2	275	0.01
TQ-24	方铅矿	—	0.044	1.01	0.054	0.003	0.004	0.139	40.6	0.224	20.5	552	0.014
TQ-25	闪锌矿	1.79	0.269	1.74	0.178	0.21	0.302	1.08	938	2.11	77.2	59.3	0.049
TQ-16	闪锌矿	2.09	0.326	1.55	0.129	0.138	0.259	0.28	824	1.14	156	11.1	0.119
TQ-54	闪锌矿	1.98	0.221	1.49	0.064	0.069	0.132	0.342	840	3.44	35.7	19.2	0.045
TQ-10	闪锌矿	2.12	0.335	3.18	0.196	0.228	0.271	0.294	793	0.516	95.7	3.71	0.057
TQ-24-1	闪锌矿	1.94	0.302	1.64	2.04	0.323	3.55	0.266	817	4.89	83.4	12.4	0.032
TQ-24-2	闪锌矿	2.07	0.377	2.7	0.664	0.463	1.22	0.167	851	4.09	131	25.2	0.046
TQ-24-3	闪锌矿	1.53	0.532	2.35	0.6	0.768	1.09	80.9	623	3.74	247	47.8	0.066
TQ-19	闪锌矿	2.04	0.35	1.76	0.615	0.221	1.16	0.419	670	23.8	51.7	6.06	0.042
TQ-3	闪锌矿	1.99	0.355	2.26	0.479	0.303	0.959	0.239	623	0.944	16.2	12.1	0.046
TQ-13	闪锌矿	1.78	0.269	1.89	0.481	0.147	0.833	0.181	767	0.303	50.9	4.3	0.054
TQ-60	闪锌矿	2.27	0.25	1.38	0.192	0.103	0.366	0.28	791	2.07	24.8	10.9	0.036
TQ-26	闪锌矿	1.77	1.58	1.81	0.313	2.31	0.654	0.153	780	3.15	57.7	19.5	0.128
TQ-18	闪锌矿	1.92	0.358	2.38	0.303	0.295	0.495	0.219	712	1.28	131	34.5	1.06

编号	对象	Ba	Hf	Ta	W	Re	Tl	Pb	Bi	Th	U
TQ-60	黄铁矿	0.683	0.073	0.171	12.8	0.007	0.463	5042	0.171	0.392	0.587
TQ-19	黄铁矿	0.787	0.055	0.08	8.72	0.002	0.293	426	0.241	0.183	0.262
TQ-3	方铅矿	—	0.039	0.01	7.03	0.001	6.9	666036	12.1	0.01	0.029
TQ-25	方铅矿	—	0.032	—	5.26	0.001	5.91	534005	10.2	0.008	0.016
TQ-65	方铅矿	—	0.029	—	3.05	0.004	4.09	368901	6.86	0.009	0.017
TQ-54	方铅矿	—	0.028	—	4.21	0.002	6.72	582331	12.1	0.005	0.009
TQ-52	方铅矿	—	0.031	—	4.44	0.005	7.85	698937	14.3	0.005	0.026

续表

编号	对象	Ba	Hf	Ta	W	Re	Tl	Pb	Bi	Th	U
TQ-13	方铅矿	—	0.036	0.005	5.02	0.003	7.78	685449	14.4	0.005	0.01
TQ-24	方铅矿	—	0.027	—	4.37	0.005	4.9	449376	8.54	0.01	0.014
TQ-25	闪锌矿	0.308	0.062	0.015	7.85	0.003	0.322	17398	0.516	0.045	0.051
TQ-16	闪锌矿	0.481	0.059	0.012	8.56	0.003	0.509	13365	0.241	0.031	0.046
TQ-54	闪锌矿	0.215	0.047	0.006	6.61	0.002	0.193	6996	0.15	0.015	0.023
TQ-10	闪锌矿	0.022	0.06	0.014	8.86	0.006	1.87	7722	0.137	0.035	0.043
TQ-24-1	闪锌矿	0.075	0.062	0.167	7.4	0.002	0.37	7013	0.142	0.351	0.541
TQ-24-2	闪锌矿	0.265	0.054	0.058	6.12	0.002	0.326	13316	0.24	0.154	0.32
TQ-24-3	闪锌矿	0.129	0.058	0.052	5.95	0.006	0.565	36875	1.86	0.158	0.179
TQ-19	闪锌矿	0.497	0.054	0.049	7.48	0.002	0.154	1885	0.052	0.119	0.168
TQ-3	闪锌矿	0.715	0.052	0.043	7.32	0.001	0.328	13765	0.238	0.108	0.209
TQ-13	闪锌矿	0.17	0.04	0.038	6.95	0.003	0.344	6685	0.121	0.086	0.128
TQ-60	闪锌矿	0.371	0.043	0.015	7.05	0.003	0.144	3398	0.069	0.038	0.053
TQ-26	闪锌矿	2.35	0.106	0.033	7.13	0.001	0.284	14591	0.252	0.221	0.114
TQ-18	闪锌矿	0.972	0.066	0.023	9.78	0.005	3.91	8158	0.137	0.058	0.082

注：-表示低于检测限，后同。

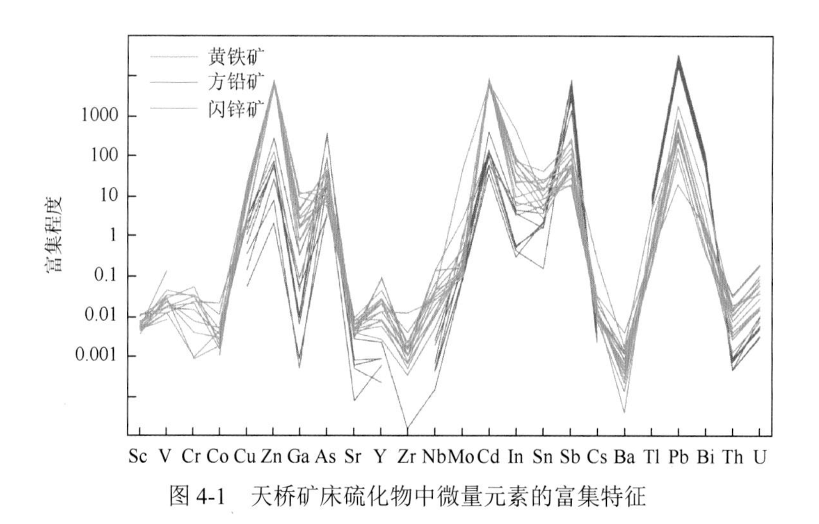

图 4-1　天桥矿床硫化物中微量元素的富集特征

由表 4-1 可见如下含量特征。

（1）黄铁矿：Li 含量为 $0.349\times10^{-6}\sim0.476\times10^{-6}$，Sc 含量为 $0.126\times10^{-6}\sim0.129\times10^{-6}$，V 含量为 $0.746\times10^{-6}\sim1.05\times10^{-6}$，Cr 含量为 $0.543\times10^{-6}\sim0.836\times10^{-6}$，Co 含量为 $0.036\times10^{-6}\sim0.233\times10^{-6}$，Ni 含量为 $1.37\times10^{-6}\sim1.44\times10^{-6}$，Cu 含量为 $57.5\times10^{-6}\sim75.9\times10^{-6}$，Zn 含量为 $3793\times10^{-6}\sim9811\times10^{-6}$，Ga 含量为 $0.766\times10^{-6}\sim1.5\times10^{-6}$，Ge 含量为 $1.42\times10^{-6}\sim2.45\times10^{-6}$，As 含量为 $36.2\times10^{-6}\sim478\times10^{-6}$，Se 含量为 $0.24\times10^{-6}\sim0.48\times10^{-6}$，Rb 含量为 $0.486\times10^{-6}\sim0.625\times10^{-6}$，Sr 含量为 $1.13\times10^{-6}\sim3.35\times10^{-6}$，Y 含

量为 1.01×10^{-6}～2.19×10^{-6}，Zr 含量为 0.21×10^{-6}～0.448×10^{-6}，Nb 含量为 1.79×10^{-6}～3.58×10^{-6}，Mo 含量为 0.766×10^{-6}～4.27×10^{-6}，Cd 含量为 6.6×10^{-6}～11.9×10^{-6}，In 含量为 0.179×10^{-6}～0.384×10^{-6}，Sn 含量为 28.8×10^{-6}～32.8×10^{-6}，Sb 含量为 9.2×10^{-6}～11.3×10^{-6}，Cs 含量为 0.042×10^{-6}～0.083×10^{-6}，Ba 含量为 0.683×10^{-6}～0.787×10^{-6}，Hf 含量为 0.055×10^{-6}～0.073×10^{-6}，Ta 含量为 0.08×10^{-6}～0.171×10^{-6}，W 含量为 8.72×10^{-6}～12.8×10^{-6}，Re 含量为 0.002×10^{-6}～0.007×10^{-6}，Tl 含量为 0.293×10^{-6}～0.463×10^{-6}，Pb 含量为 426×10^{-6}～5042×10^{-6}，Bi 含量为 0.171×10^{-6}～0.241×10^{-6}，Th 含量为 0.183×10^{-6}～0.392×10^{-6}，U 含量为 0.262×10^{-6}～0.587×10^{-6}。可见，黄铁矿中 Cu、Zn、As、Sn 和 Pb 的含量相对其他微量元素含量较高。

（2）方铅矿：Cu 含量为 1.49×10^{-6}～76.5×10^{-6}，Zn 含量为 157×10^{-6}～19850×10^{-6}，Ga 含量为 0.009×10^{-6}～5.55×10^{-6}，Ge 含量为 0.296×10^{-6}～23.2×10^{-6}，As 含量为 5.03×10^{-6}～589×10^{-6}，Rb 含量为 0.014×10^{-6}～0.147×10^{-6}，Sr 含量为 0.028×10^{-6}～1.01×10^{-6}，Y 含量为 0.005×10^{-6}～0.054×10^{-6}，Nb 含量为 0.004×10^{-6}～0.062×10^{-6}，Mo 含量为 0.138×10^{-6}～1.69×10^{-6}，Cd 含量为 3.62×10^{-6}～40.6×10^{-6}，In 含量为 0.015×10^{-6}～0.224×10^{-6}，Sn 含量为 0.879×10^{-6}～20.5×10^{-6}，Sb 含量为 275×10^{-6}～1655×10^{-6}，Cs 含量为 0.009×10^{-6}～0.02×10^{-6}，Hf 含量为 0.027×10^{-6}～0.039×10^{-6}，Ta 含量为 0.005×10^{-6}～0.01×10^{-6}，W 含量为 3.05×10^{-6}～7.03×10^{-6}，Re 含量为 0.001×10^{-6}～0.005×10^{-6}，Tl 含量为 4.09×10^{-6}～7.85×10^{-6}，Pb 含量为 368901×10^{-6}～698937×10^{-6}，Bi 含量为 6.86×10^{-6}～14.4×10^{-6}，Th 含量为 0.005×10^{-6}～0.01×10^{-6}，U 含量为 0.009×10^{-6}～0.029×10^{-6}。可见，方铅矿中 Cu、Zn、Ge、As、Cd、Sn、Sb 和 Pb 的含量相对其他微量元素含量较高。

（3）闪锌矿：Li 含量为 0.069×10^{-6}～0.472×10^{-6}，Sc 含量为 0.041×10^{-6}～0.121×10^{-6}，V 含量为 0.507×10^{-6}～8.73×10^{-6}，Cr 含量为 0.031×10^{-6}～2.08×10^{-6}，Co 含量为 0.011×10^{-6}～0.112×10^{-6}，Ni 含量为 0.668×10^{-6}～5.48×10^{-6}，Cu 含量为 69.8×10^{-6}～501×10^{-6}，Zn 含量为 438671×10^{-6}～576839×10^{-6}，Ga 含量为 6.3×10^{-6}～227×10^{-6}，Ge 含量为 0.107×10^{-6}～1.37×10^{-6}，As 含量为 9.69×10^{-6}～76.5×10^{-6}，Se 含量为 1.53×10^{-6}～2.27×10^{-6}，Rb 含量为 0.221×10^{-6}～1.58×10^{-6}，Sr 含量为 1.38×10^{-6}～3.18×10^{-6}，Y 含量为 0.064×10^{-6}～2.04×10^{-6}，Zr 含量为 0.069×10^{-6}～2.31×10^{-6}，Nb 含量为 0.132×10^{-6}～3.55×10^{-6}，Mo 含量为 0.153×10^{-6}～80.9×10^{-6}，Cd 含量为 623×10^{-6}～938×10^{-6}，In 含量为 0.303×10^{-6}～23.8×10^{-6}，Sn 含量为 16.2×10^{-6}～247×10^{-6}，Sb 含量为 3.71×10^{-6}～59.3×10^{-6}，Cs 含量为 0.032×10^{-6}～1.06×10^{-6}，Ba 含量为 0.022×10^{-6}～2.35×10^{-6}，Hf 含量为 0.04×10^{-6}～0.106×10^{-6}，Ta 含量为 0.006×10^{-6}～0.167×10^{-6}，W 含量为 5.95×10^{-6}～9.78×10^{-6}，Re 含量为 0.001×10^{-6}～0.006×10^{-6}，Tl 含量为 0.144×10^{-6}～3.91×10^{-6}，Pb 含量为 1885×10^{-6}～36875×10^{-6}，Bi 含量为 0.052×10^{-6}～1.86×10^{-6}，Th 含量为 0.015×10^{-6}～0.351×10^{-6}，U 含量为 0.023×10^{-6}～0.541×10^{-6}。可见，闪锌矿中 Cu、Zn、Ga、As、Mo、Cd、In、Sn、Sb 和 Pb 的含量相对其他微量元素含量较高。

在相对地壳丰度的富集图上（图 4-1），硫化物中 As、Cd 和 Sb 相对富集，其中 Cd、In 在闪锌矿中比方铅矿和黄铁矿中富集，Sb 则更富集在方铅矿中。

二、板板桥

本次工作对板板桥铅锌矿床 12 件硫化物单矿物（黄铁矿、方铅矿和闪锌矿）进行了微量元素分析，硫化物微量结果列于表 4-2，相对地壳丰度的富集程度如图 4-2 所示。由表 4-2 可见如下含量特征。

表 4-2 板板桥铅锌矿床硫化物微量元素含量（$\times 10^{-6}$）

编号	对象	Li	Be	Sc	V	Cr	Co	Ni	Cu	Zn	Ga	As	Se
BBQ0902	黄铁矿	0.001	0.001	0.646	46.5	17	3.19	21	25.6	5.55	3.27	368	0.127
BBQ0906	黄铁矿	0.268	0.013	0.913	8.2	4.62	17.7	118	34.8	1159	0.97	41.1	0.015
BBQ0910	方铅矿	0.471	0.019	0.244	145	15.7	0.067	0.001	7.89	76.3	0.100	12.9	0.100
BBQ0904	闪锌矿	0.665	0.009	0.279	84.3	9.0	0.064	0.001	215	667215	0.562	35.8	1.11
BBQ0908	闪锌矿	0.083	0.001	0.400	57.6	8.53	0.251	0.378	220	667931	1.86	20	0.974
BBQ0909	闪锌矿	0.001	0.002	0.213	247	20.9	0.362	0.755	279	667511	3.66	131	0.896
BBQ0915	闪锌矿	0.001	0.001	0.254	278	23.3	0.12	0.001	113	667532	1.63	33.7	1.12
BBQ0917	闪锌矿	0.001	0.002	0.195	309	29.4	0.124	0.001	260	669581	0.798	103	1.13
BBQ0918	闪锌矿	0.001	0.008	0.273	4.28	6.4	0.757	2.24	1269	670073	12.1	119	1.20
BBQ0920	闪锌矿	0.001	0.001	0.247	1.74	12.7	3.92	0.001	184	669236	0.659	2.03	1.10
BBQ0921	闪锌矿	0.001	0.001	0.302	38.6	6.84	0.407	0.001	516	673720	4.27	66.6	1.21
BBQ0924	闪锌矿	0.001	0.017	0.262	13.6	30.9	0.325	2.39	560	677686	3.13	73.6	1.20

编号	对象	Rb	Sr	Y	Zr	Nb	Mo	Cd	In	Sn	Sb	Cs
BBQ0902	黄铁矿	1.2	12.5	12.8	3.67	0.133	0.164	0.023	0.009	1.38	1.79	0.07
BBQ0906	黄铁矿	2.03	1.78	0.743	4.31	0.053	0.54	7.78	0.055	1.13	10.8	0.182
BBQ0910	方铅矿	0.454	5.55	0.051	0.190	0.041	0.114	13.9	0.015	2.83	128	0.014
BBQ0904	闪锌矿	1.17	1.07	0.049	2.34	0.012	0.03	2369	0.088	1.16	59.6	0.572
BBQ0908	闪锌矿	1.61	10.2	0.506	0.355	0.009	0.065	1395	0.101	2.28	18.1	0.269
BBQ0909	闪锌矿	1.56	64.6	1.11	0.333	0.024	0.051	1881	1.39	12.6	59.8	1.99
BBQ0915	闪锌矿	1.12	23.8	0.094	0.162	0.021	0.06	1741	0.109	4.72	2.52	0.76
BBQ0917	闪锌矿	0.979	0.001	0.023	0.102	0.004	0.078	1467	0.095	1.96	23.4	0.089
BBQ0918	闪锌矿	0.964	2.19	0.131	0.222	0.017	0.054	1835	1.79	28.3	168	0.036
BBQ0920	闪锌矿	0.826	0.151	0.02	0.084	0.005	0.042	2211	0.086	1.92	2.6	0.002
BBQ0921	闪锌矿	1.09	7.6	0.123	0.253	0.006	0.024	2440	0.85	10.1	106	0.403
BBQ0924	闪锌矿	0.947	32.4	0.241	0.092	0.007	0.019	2906	0.633	6.8	223	0.301

编号	对象	Ba	Hf	Ta	W	Re	Tl	Pb	Bi	Th	U	Fe
BBQ0902	黄铁矿	644	0.092	0.011	0.073	0.004	0.005	7.73	0.407	0.747	0.971	513522
BBQ0906	黄铁矿	25.7	0.08	0.004	0.026	0.005	0.016	307	1.55	0.632	0.027	490489

续表

编号	对象	Ba	Hf	Ta	W	Re	Tl	Pb	Bi	Th	U	Fe
BBQ0910	方铅矿	9.0	0.001	0.001	0.006	0.016	5.94	282389	11.6	0.017	0.030	340
BBQ0904	闪锌矿	145	0.001	0.001	0.023	0.001	2.82	163	0.014	0.005	0.001	4680
BBQ0908	闪锌矿	140	0.01	0.001	0.025	0.011	0.734	677	0.001	0.228	0.008	2108
BBQ0909	闪锌矿	783	0.027	0.001	0.006	0.007	25.3	933	0.043	0.096	0.008	3142
BBQ0915	闪锌矿	1140	0.011	0.001	0.013	0.001	3.12	498	0.030	0.016	0.001	4842
BBQ0917	闪锌矿	14.3	0.008	0.001	0.007	0.004	0.474	474	0.021	0.018	0.039	3390
BBQ0918	闪锌矿	1082	0.001	0.001	0.008	0.012	0.227	29.9	0.043	0.051	0.001	1757
BBQ0920	闪锌矿	2.48	0.006	0.001	0.007	0.008	0.017	75.4	0.004	0.006	0.001	1772
BBQ0921	闪锌矿	366	0.011	0.001	0.008	0.011	2.31	181	0.011	0.021	0.006	2156
BBQ0924	闪锌矿	1110	0.004	0.001	0.013	0.008	2.38	165	0.011	0.011	0.013	1886

（1）黄铁矿：Li 含量为 0.001×10^{-6}～0.268×10^{-6}，Be 含量为 0.001×10^{-6}～0.013×10^{-6}，Sc 含量为 0.646×10^{-6}～0.913×10^{-6}，V 含量为 8.2×10^{-6}～46.5×10^{-6}，Cr 含量为 4.62×10^{-6}～17×10^{-6}，Co 含量为 3.19×10^{-6}～17.7×10^{-6}，Ni 含量为 21×10^{-6}～118×10^{-6}，Cu 含量为 25.6×10^{-6}～34.8×10^{-6}，Zn 含量为 5.55×10^{-6}～1159×10^{-6}，Ga 含量为 0.97×10^{-6}～3.27×10^{-6}，As 含量为 41.1×10^{-6}～368×10^{-6}，Se 含量为 0.015×10^{-6}～0.127×10^{-6}，Rb 含量为 1.2×10^{-6}～2.03×10^{-6}，Sr 含量为 1.78×10^{-6}～12.5×10^{-6}，Y 含量为 0.743×10^{-6}～12.8×10^{-6}，Zr 含量为 3.67×10^{-6}～4.31×10^{-6}，Nb 含量为 0.053×10^{-6}～0.133×10^{-6}，Mo 含量为 0.164×10^{-6}～0.54×10^{-6}，Cd 含量为 0.023×10^{-6}～7.78×10^{-6}，In 含量为 0.009×10^{-6}～0.055×10^{-6}，Sn 含量为 1.13×10^{-6}～1.38×10^{-6}，Sb 含量为 1.79×10^{-6}～10.8×10^{-6}，Cs 含量为 0.07×10^{-6}～0.182×10^{-6}，Ba 含量为 25.7×10^{-6}～644×10^{-6}，Hf 含量为 0.08×10^{-6}～0.092×10^{-6}，Ta 含量为 0.004×10^{-6}～0.011×10^{-6}，W 含量为 0.026×10^{-6}～0.073×10^{-6}，Re 含量为 0.004×10^{-6}～0.005×10^{-6}，Tl 含量为 0.005×10^{-6}～0.016×10^{-6}，Pb 含量为 7.73×10^{-6}～307×10^{-6}，Bi 含量为 0.407×10^{-6}～1.55×10^{-6}，Th 含量为 0.632×10^{-6}～0.747×10^{-6}，U 含量为 0.027×10^{-6}～0.971×10^{-6}，Fe 含量为 490489×10^{-6}～513522×10^{-6}。可见，黄铁矿中 V、Cr、Co、Ni、Cu、Zn、As、Ba、Pb 和 Fe 的含量相对其他微量元素含量较高。

（2）方铅矿：Li 含量为 0.471×10^{-6}，Be 含量为 0.019×10^{-6}，Sc 含量为 0.244×10^{-6}，V 含量为 145×10^{-6}，Cr 含量为 15.7×10^{-6}，Co 含量为 0.067×10^{-6}，Ni 含量为 0.001×10^{-6}，Cu 含量为 7.89×10^{-6}，Zn 含量为 76.3×10^{-6}，Ga 含量为 0.100×10^{-6}，As 含量为 12.9×10^{-6}，Se 含量为 0.100×10^{-6}，Rb 含量为 0.454×10^{-6}，Sr 含量为 5.55×10^{-6}，Y 含量为 0.051×10^{-6}，Zr 含量为 0.19×10^{-6}，Nb 含量为 0.041×10^{-6}，Mo 含量为 0.114×10^{-6}，Cd 含量为 13.9×10^{-6}，In 含量为 0.015×10^{-6}，Sn 含量为 2.83×10^{-6}，Sb 含量为 128×10^{-6}，Cs 含量为 0.014×10^{-6}，Ba 含量为 9.0×10^{-6}，Hf 含量为 0.001×10^{-6}，Ta 含量为 0.001×10^{-6}，W 含量为 0.006×10^{-6}，Re 含量为 0.016×10^{-6}，Tl 含量为 5.94×10^{-6}，Pb 含量为 282389×10^{-6}，Bi 含量为 11.6×10^{-6}，Th 含量为 0.017×10^{-6}，U 含量为 0.030×10^{-6}，Fe 含量为 340×10^{-6}。可见，方铅矿中 V、

Cr、Cu、Zn、As、Sr、Cd、Sb、Ba、Tl、Pb、Bi 和 Fe 的含量相对其他微量元素含量较高。

（3）闪锌矿：Li 含量为 $0.001\times10^{-6}\sim0.665\times10^{-6}$，Be 含量为 $0.001\times10^{-6}\sim0.017\times10^{-6}$，Sc 含量为 $0.195\times10^{-6}\sim0.400\times10^{-6}$，V 含量为 $1.74\times10^{-6}\sim309\times10^{-6}$，Cr 含量为 $6.4\times10^{-6}\sim30.9\times10^{-6}$，Co 含量为 $0.064\times10^{-6}\sim3.92\times10^{-6}$，Ni 含量为 $0.001\times10^{-6}\sim2.39\times10^{-6}$，Cu 含量为 $113\times10^{-6}\sim1269\times10^{-6}$，Zn 含量为 $667215\times10^{-6}\sim677686\times10^{-6}$，Ga 含量为 $0.562\times10^{-6}\sim12.1\times10^{-6}$，As 含量为 $2.03\times10^{-6}\sim131\times10^{-6}$，Se 含量为 $0.896\times10^{-6}\sim1.21\times10^{-6}$，Rb 含量为 $0.826\times10^{-6}\sim1.61\times10^{-6}$，Sr 含量为 $0.001\times10^{-6}\sim64.6\times10^{-6}$，Y 含量为 $0.02\times10^{-6}\sim1.11\times10^{-6}$，Zr 含量为 $0.084\times10^{-6}\sim2.34\times10^{-6}$，Nb 含量为 $0.004\times10^{-6}\sim0.024\times10^{-6}$，Mo 含量为 $0.019\times10^{-6}\sim0.078\times10^{-6}$，Cd 含量为 $1395\times10^{-6}\sim2906\times10^{-6}$，In 含量为 $0.086\times10^{-6}\sim1.79\times10^{-6}$，Sn 含量为 $1.16\times10^{-6}\sim28.3\times10^{-6}$。Sb 含量为 $2.52\times10^{-6}\sim223\times10^{-6}$，Cs 含量为 $0.002\times10^{-6}\sim1.99\times10^{-6}$，Ba 含量为 $2.48\times10^{-6}\sim1140\times10^{-6}$，Hf 含量为 $0.001\times10^{-6}\sim0.027\times10^{-6}$，W 含量为 $0.006\times10^{-6}\sim0.025\times10^{-6}$，Re 含量为 $0.001\times10^{-6}\sim0.012\times10^{-6}$，Tl 含量为 $0.017\times10^{-6}\sim25.3\times10^{-6}$，Pb 含量为 $29.9\times10^{-6}\sim933\times10^{-6}$，Bi 含量为 $0.001\times10^{-6}\sim0.043\times10^{-6}$，Th 含量为 $0.005\times10^{-6}\sim0.228\times10^{-6}$，U 含量为 $0.001\times10^{-6}\sim0.039\times10^{-6}$，Fe 含量为 $1757\times10^{-6}\sim4842\times10^{-6}$。可见，闪锌矿中 V、Cr、Cu、Zn、As、Sr、Cd、Sn、Sb、Ba、Tl、Pb 和 Fe 的含量相对其他微量元素含量较高。

在相对地壳丰度的富集图上（图 4-2），As、Sb 和 Bi 在黄铁矿中相对富集；V、As、Cd、Sb 和 Bi 在方铅矿中相对富集；As、Cd 和 Sb 在闪锌矿中相对富集。

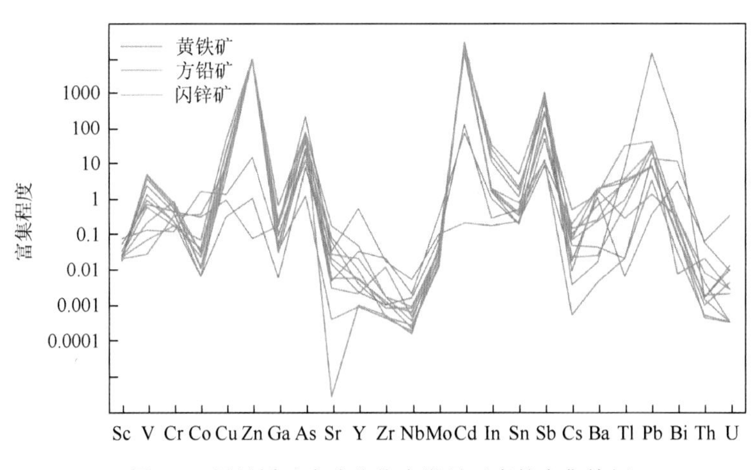

图 4-2 板板桥矿床硫化物中微量元素的富集特征

三、筲箕湾

本次工作对筲箕湾铅锌矿床 11 件硫化物单矿物（黄铁矿、方铅矿和闪锌矿）进行了微量元素分析，结果列于表 4-3，相对地壳丰度的富集程度如图 4-3 所示。由表 4-3 可见如下含量特征。

表 4-3　笪箕湾铅锌矿床硫化物微量元素含量（$\times 10^{-6}$）

编号	对象	Li	Be	Sc	V	Cr	Co	Ni	Cu	Zn	Ga	As
SJW9-1	黄铁矿	0.001	0.019	0.545	231	28.5	0.189	0.073	33	4994	0.723	1188
SJW14	黄铁矿	0.001	0.025	0.38	3.8	7.85	0.217	0.001	75	2877	0.713	1096
SJW15-1	黄铁矿	0.001	0.001	0.436	34.9	14.5	0.246	0.001	45.4	447	0.601	647
SJW12	方铅矿	0.001	0.047	0.516	171	18.8	0.175	0.001	24.5	6476	0.161	2285
SJW1	闪锌矿	0.001	0.003	0.336	19.2	7.56	0.179	0.001	469	697496	1.78	156
SJW6	闪锌矿	0.001	0.01	0.22	1.34	53.1	0.144	0.164	551	679138	1.59	317
SJW7	闪锌矿	0.126	0.001	0.267	98.6	15.8	0.321	0.822	239	631280	1.92	440
SJW9-2	闪锌矿	0.001	0.001	0.362	2.93	5.09	0.158	0.001	207	592928	3.84	611
SJW11	闪锌矿	0.001	0.003	0.491	127	13.6	0.305	1.75	234	590870	3.31	252
SJW15-2	闪锌矿	0.001	0.014	0.44	126	23.3	0.255	0.352	310	506908	1.93	354
SJW16	闪锌矿	0.037	0.003	0.274	77.6	11.7	0.107	0.001	325	566614	0.989	182

编号	对象	Se	Rb	Sr	Y	Zr	Nb	Mo	Cd	In	Sn	Sb
SJW9-1	黄铁矿	0.013	0.693	3.93	0.252	1.45	0.204	0.817	6.62	0.035	1.65	169
SJW14	黄铁矿	0.014	0.488	5.56	0.2	1.46	0.014	0.294	3.31	0.064	0.921	316
SJW15-1	黄铁矿	0.003	0.279	2.54	0.235	0.932	0.066	1.10	0.863	0.012	1.37	211
SJW12	方铅矿	0.041	0.789	2.51	0.374	1.17	0.049	0.083	13.7	0.195	2.14	2284
SJW1	闪锌矿	1.14	1.16	5.67	0.261	0.566	0.012	0.139	1199	0.875	5.47	75.5
SJW6	闪锌矿	1.12	0.916	7.23	0.333	0.242	0.01	0.082	1495	2.48	5.49	220
SJW7	闪锌矿	1.09	1.8	8.23	0.286	2.31	0.042	0.573	1265	0.578	4.82	40.1
SJW9-2	闪锌矿	0.954	0.861	6.17	0.2	0.539	0.013	0.088	1130	1.06	6.6	132
SJW11	闪锌矿	0.925	1.26	6.19	0.203	1.03	0.021	0.371	758	2.89	16.1	36.6
SJW15-2	闪锌矿	0.912	1.14	11	0.323	1.02	0.015	0.152	1194	1.36	9.45	174
SJW16	闪锌矿	0.952	0.712	4.42	0.262	0.345	0.014	0.11	1268	0.407	2.9	106

编号	对象	Cs	Ba	Hf	Ta	W	Re	Tl	Pb	Bi	Fe
SJW9-1	黄铁矿	0.034	5.27	0.008	0.003	0.157	0.027	5.15	7729	0.376	345460
SJW14	黄铁矿	0.061	11.1	0.04	0.001	0.156	0.019	2.65	3812	0.138	417210
SJW15-1	黄铁矿	0.039	6.9	0.026	0.004	0.131	0.012	1.25	12030	0.384	389265
SJW12	方铅矿	0.050	59.1	0.015	0.001	0.013	0.004	20.5	626624	19	3800
SJW1	闪锌矿	0.143	2.68	0.019	0	0.008	0.012	4.94	3901	0.126	27968
SJW6	闪锌矿	0.315	5.76	0.01	0.002	0.011	0.015	3.67	5429	0.165	45604
SJW7	闪锌矿	0.207	2.1	0.033	0.003	0.02	0.062	6.61	5165	0.161	36640
SJW9-2	闪锌矿	0.072	3.33	0.004	0.001	0.017	0.007	5.33	9432	0.213	41769
SJW11	闪锌矿	0.054	2.52	0.022	0.001	0.013	0.035	1.32	3067	0.095	18888
SJW15-2	闪锌矿	0.088	5.47	0.023	0.001	0.009	0.017	2.77	2180	0.351	22772
SJW16	闪锌矿	0.112	2.95	0.015	0.001	0.014	0.013	1.91	6173	0.184	24841

（1）黄铁矿：Be 含量为 $0.001\times10^{-6}\sim0.025\times10^{-6}$，Sc 含量为 $0.38\times10^{-6}\sim0.545\times10^{-6}$，V 含量为 $3.8\times10^{-6}\sim231\times10^{-6}$，Cr 含量为 $7.85\times10^{-6}\sim28.5\times10^{-6}$，Co 含量为 $0.189\times10^{-6}\sim0.246\times10^{-6}$，Ni 含量为 $0.001\times10^{-6}\sim0.073\times10^{-6}$，Cu 含量为 $33\times10^{-6}\sim75\times10^{-6}$，Zn 含量为 $447\times10^{-6}\sim4994\times10^{-6}$，Ga 含量为 $0.601\times10^{-6}\sim0.723\times10^{-6}$，As 含量为 $647\times10^{-6}\sim1188\times10^{-6}$，Se 含量为 $0.003\times10^{-6}\sim0.014\times10^{-6}$，Rb 含量为 $0.279\times10^{-6}\sim0.693\times10^{-6}$，Sr 含量为 $2.54\times10^{-6}\sim5.56\times10^{-6}$，Y 含量为 $0.2\times10^{-6}\sim0.252\times10^{-6}$，Zr 含量为 $0.932\times10^{-6}\sim1.46\times10^{-6}$，Nb 含量为 $0.014\times10^{-6}\sim0.204\times10^{-6}$，Mo 含量为 $0.294\times10^{-6}\sim1.10\times10^{-6}$，Cd 含量为 $0.863\times10^{-6}\sim6.62\times10^{-6}$，In 含量为 $0.012\times10^{-6}\sim0.064\times10^{-6}$，Sn 含量为 $0.921\times10^{-6}\sim1.65\times10^{-6}$，Sb 含量为 $169\times10^{-6}\sim316\times10^{-6}$，Cs 含量为 $0.034\times10^{-6}\sim0.061\times10^{-6}$，Ba 含量为 $5.27\times10^{-6}\sim11.1\times10^{-6}$，Hf 含量为 $0.008\times10^{-6}\sim0.04\times10^{-6}$，Ta 含量为 $0.001\times10^{-6}\sim0.004\times10^{-6}$，W 含量为 $0.131\times10^{-6}\sim0.157\times10^{-6}$，Re 含量为 $0.012\sim0.027\times10^{-6}$，Tl 含量为 $1.25\times10^{-6}\sim5.15\times10^{-6}$，Pb 含量为 $3812\times10^{-6}\sim12030\times10^{-6}$，Bi 含量为 $0.138\times10^{-6}\sim0.384\times10^{-6}$，Fe 含量为 $345460\times10^{-6}\sim417210\times10^{-6}$。可见，黄铁矿中 Cu、Zn、As、Cd、Sb、Tl、Pb 和 Fe 的含量相对其他微量元素含量较高。

（2）方铅矿：Li 含量为 0.001×10^{-6}，Be 含量为 0.047×10^{-6}，Sc 含量为 0.516×10^{-6}，V 含量为 171×10^{-6}，Cr 含量为 18.8×10^{-6}，Co 含量为 0.175×10^{-6}，Ni 含量为 0.001×10^{-6}，Cu 含量为 24.5×10^{-6}，Zn 含量为 6476×10^{-6}，Ga 含量为 0.161×10^{-6}，As 含量为 2285×10^{-6}，Se 含量为 0.041×10^{-6}，Rb 含量为 0.789×10^{-6}，Sr 含量为 2.51×10^{-6}，Y 含量为 0.374×10^{-6}，Zr 含量为 1.17×10^{-6}，Nb 含量为 0.049×10^{-6}，Mo 含量为 0.083×10^{-6}，Cd 含量为 13.7×10^{-6}，In 含量为 0.195×10^{-6}，Sn 含量为 2.14×10^{-6}，Sb 含量为 2284×10^{-6}，Cs 含量为 0.050×10^{-6}，Ba 含量为 59.1×10^{-6}，Hf 含量为 0.015×10^{-6}，Ta 含量为 0.001×10^{-6}，W 含量为 0.013×10^{-6}，Re 含量为 0.004×10^{-6}，Tl 含量为 20.5×10^{-6}，Pb 含量为 626624×10^{-6}，Bi 含量为 19×10^{-6}，Fe 含量为 3800×10^{-6}。可见，方铅矿中 V、As、Cd、Sb、Tl、Pb、Bi 和 Fe 含量相对较高。

（3）闪锌矿：Li 含量为 $0.001\times10^{-6}\sim0.126\times10^{-6}$，Be 含量为 $0.001\times10^{-6}\sim0.014\times10^{-6}$，Sc 含量为 $0.22\times10^{-6}\sim0.491\times10^{-6}$，V 含量为 $1.34\times10^{-6}\sim127\times10^{-6}$，Cr 含量为 $5.09\times10^{-6}\sim53.1\times10^{-6}$，Co 含量为 $0.107\times10^{-6}\sim0.321\times10^{-6}$，Ni 含量为 $0.001\times10^{-6}\sim1.75\times10^{-6}$，Cu 含量为 $207\times10^{-6}\sim551\times10^{-6}$，Zn 含量为 $506908\times10^{-6}\sim697496\times10^{-6}$，Ga 含量为 $0.989\times10^{-6}\sim3.84\times10^{-6}$，As 含量为 $156\times10^{-6}\sim611\times10^{-6}$，Se 含量为 $0.912\times10^{-6}\sim1.14\times10^{-6}$，Rb 含量为 $0.712\times10^{-6}\sim1.80\times10^{-6}$，Sr 含量为 $4.42\times10^{-6}\sim11.0\times10^{-6}$，Y 含量为 $0.2\times10^{-6}\sim0.333\times10^{-6}$，Zr 含量为 $0.242\times10^{-6}\sim2.31\times10^{-6}$，Nb 含量为 $0.01\times10^{-6}\sim0.042\times10^{-6}$，Mo 含量为 $0.082\times10^{-6}\sim0.573\times10^{-6}$，Cd 含量为 $758\times10^{-6}\sim1495\times10^{-6}$，In 含量为 $0.407\times10^{-6}\sim2.89\times10^{-6}$，Sn 含量为 $2.9\times10^{-6}\sim16.1\times10^{-6}$，Sb 含量为 $36.6\times10^{-6}\sim220\times10^{-6}$，Cs 含量为 $0.054\times10^{-6}\sim0.315\times10^{-6}$。Ba 含量为 $2.1\times10^{-6}\sim5.76\times10^{-6}$，Hf 含量为 $0.004\times10^{-6}\sim0.033\times10^{-6}$，Ta 含量为 $0\sim0.003\times10^{-6}$，W 含量为 $0.008\times10^{-6}\sim0.020\times10^{-6}$，Re 含量为 $0.007\times10^{-6}\sim0.062\times10^{-6}$，Tl 含量为 $1.32\times10^{-6}\sim6.61\times10^{-6}$，Pb 含量为 $2180\times10^{-6}\sim9432\times10^{-6}$，Bi 含量为 $0.095\times10^{-6}\sim0.351\times10^{-6}$，Fe 含量为 18888×

10^{-6}～45604×10^{-6}。可见，闪锌矿中 V、Cr、Cu、Zn、Cd、Sb、Pb 和 Fe 含量相对较高。

在相对地壳丰度的富集图上（图 4-3），硫化物中 V、As、Cd、In、Sb 和 Tl 相对富集，其他微量元素均相对亏损或没有明显富集。此外，Cd、In 在闪锌矿中比黄铁矿和方铅矿中相对富集，而 Sb、Tl 和 Bi 在方铅矿中比闪锌矿和黄铁矿中相对富集。

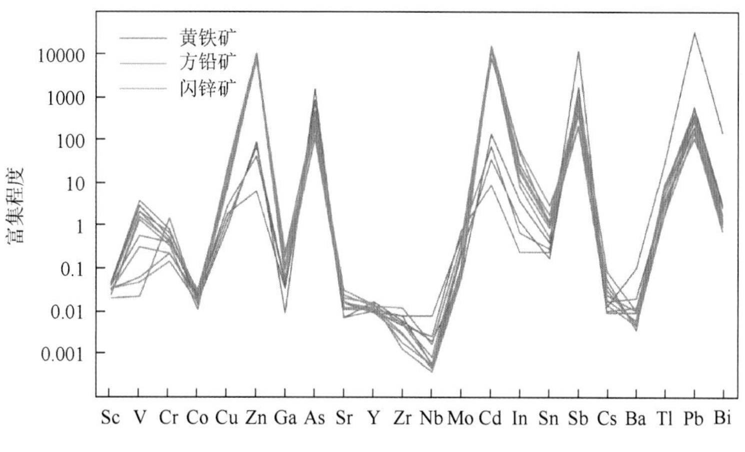

图 4-3　筲箕湾矿床硫化物中微量元素的富集特征

四、杉树林

本次工作对杉树林铅锌矿床 11 件硫化物单矿物（闪锌矿和方铅矿）进行了微量元素分析，结果列于表 4-4，相对地壳丰度的富集程度如图 4-4 所示。由表 4-4 可见如下含量特征。

表 4-4　杉树林铅锌矿床硫化物微量元素含量（$\times10^{-6}$）

样品	SSL1	SSL6	SSL11	SSL12	SSL13	SSL14	SSL17	SSL17	SSL6	SSL10	SSL12
	闪锌矿	闪锌矿	闪锌矿	闪锌矿	闪锌矿	闪锌矿	闪锌矿	方铅矿	方铅矿	方铅矿	方铅矿
Sc	0.292	0.202	0.292	0.27	0.224	0.304	0.247	0.247	0.268	0.264	0.267
V	68.9	63.9	5.06	377	286	288	234	252	0.514	0.468	279
Cr	7.76	5.84	3.75	57.6	26.3	26	20.9	27.6	6.16	4.45	23
Co	0.353	0.125	0.139	0.091	0.117	0.173	0.132	0.055	0.057	0.054	0.044
Cu	161	186	205	198	179	223	276	5.51	5.12	4.68	4.03
Zn	585648	577364	601834	543878	591040	623431	646639	2254	2681	3222	1061
Ga	0.498	3.78	4.04	4.62	4.64	7.39	5.43	0.138	0.023	0.056	0.161
As	94.1	6.35	6.36	28.1	23.3	21.3	17.6	21.4	1.15	0.407	24.1
Sr	10.3	3.69	1.79	2.22	3.51	5.14	6.36	4.58	0.699	4.24	0.732
Y	0.055	0.094	0.068	0.073	0.066	0.069	0.019	0.08	0.03	0.102	0.034
Zr	0.175	0.105	0.33	0.156	0.101	0.223	0.104	0.093	0.054	0.375	0.027

续表

样品	SSL1	SSL6	SSL11	SSL12	SSL13	SSL14	SSL17	SSL17	SSL6	SSL10	SSL12
	闪锌矿	闪锌矿	闪锌矿	闪锌矿	闪锌矿	闪锌矿	闪锌矿	方铅矿	方铅矿	方铅矿	方铅矿
Nb	0.018	0.007	0.004	0.033	0.024	0.021	0.014	0.064	0.001	0.003	0.057
Mo	0.128	0.053	0.149	0.068	0.085	0.115	0.067	0.042	0.094	0.095	0.071
Cd	920	814	879	1077	1183	1050	1565	6.64	6.64	4.47	4.24
In	0.032	0.115	0.084	0.089	0.082	0.138	0.111	0.004	0.006	0.002	0.007
Sn	0.993	7.21	5.23	4.85	5.09	6.95	4.96	0.517	0.301	0.818	1.49
Sb	7.21	24.3	19.2	22.7	23.7	27.8	67.9	79.8	104	152	420
Cs	1.01	0.304	0.144	0.247	0.257	0.165	0.177	0.016	0.003	0.015	0.004
Ba	3.65	71.7	9.45	12.4	10.3	56.8	63	40.4	37.2	196	53.3
Tl	1.60	0.368	0.393	0.482	0.524	0.199	0.265	4.9	7.33	6.50	7.56
Pb	7504	921	2023	643	812	2488	1481	554344	612011	538046	571399
Bi	0.213	0.035	0.085	0.035	0.062	0.101	0.053	11.5	17.4	15.1	18.5
Th	0.009	0.004	0.008	0.015	0.004	0.005	0.004	0.026	0.031	0.039	0.032
U	0.149	0.187	0.216	0.128	0.089	0.245	0.078	0.124	0.055	0.267	0.034
Se	0.967	0.953	1.02	1.07	1.11	1.09	1.14	0.028	0.021	0.022	0.024
Re	0.03	0.004	0.004	0.011	0.013	0.011	0.016	0.008	0.008	0.035	0.027
Fe	21456	12512	19608	18498	20833	13662	10248	3966	1674	1477	676

（1）方铅矿：Sc 含量为 0.247×10^{-6}～0.268×10^{-6}，V 含量为 0.468×10^{-6}～279×10^{-6}，Cr 含量为 4.45×10^{-6}～27.6×10^{-6}，Co 含量为 0.044×10^{-6}～0.057×10^{-6}，Cu 含量为 4.03×10^{-6}～5.51×10^{-6}，Zn 含量为 1061×10^{-6}～3222×10^{-6}，Ga 含量为 0.023×10^{-6}～0.161×10^{-6}，As 含量为 0.407×10^{-6}～24.1×10^{-6}，Sr 含量为 0.699×10^{-6}～4.58×10^{-6}，Y 含量为 0.03×10^{-6}～0.102×10^{-6}，Zr 含量为 0.027×10^{-6}～0.375×10^{-6}，Nb 含量为 0.001×10^{-6}～0.064×10^{-6}，Mo 含量为 0.042×10^{-6}～0.095×10^{-6}，Cd 含量为 4.24×10^{-6}～6.64×10^{-6}，In 含量为 0.002×10^{-6}～0.007×10^{-6}，Sn 含量为 0.301×10^{-6}～1.49×10^{-6}，Sb 含量为 79.8×10^{-6}～420×10^{-6}，Cs 含量为 0.003×10^{-6}～0.016×10^{-6}，Ba 含量为 37.2×10^{-6}～196×10^{-6}，Tl 含量为 4.9×10^{-6}～7.56×10^{-6}，Pb 含量为 538046×10^{-6}～612011×10^{-6}，Bi 含量为 11.5×10^{-6}～18.5×10^{-6}，Th 含量为 0.026×10^{-6}～0.039×10^{-6}，U 含量为 0.034×10^{-6}～0.267×10^{-6}，Se 含量为 0.021×10^{-6}～0.028×10^{-6}，Re 含量为 0.008×10^{-6}～0.035×10^{-6}，Fe 含量为 676×10^{-6}～3966×10^{-6}。可见，方铅矿中 V、Cr、Zn、As、Cd、Sb、Ba、Tl 和 Fe 的含量相对其他微量元素含量较高。

（2）闪锌矿：Sc 含量为 0.202×10^{-6}～0.304×10^{-6}，V 含量为 5.06×10^{-6}～377×10^{-6}，Cr 含量为 3.75×10^{-6}～57.6×10^{-6}，Co 含量为 0.091×10^{-6}～0.353×10^{-6}，Cu 含量为 161×10^{-6}～276×10^{-6}，Ga 含量为 0.498×10^{-6}～7.39×10^{-6}，As 含量为 6.35×10^{-6}～94.1×10^{-6}，Sr 含量为 1.79×10^{-6}～10.3×10^{-6}，Y 含量为 0.019×10^{-6}～0.094×10^{-6}，Zr 含量为 0.101×10^{-6}～0.330×10^{-6}，Nb 含量为 0.004×10^{-6}～0.033×10^{-6}，Mo 含量为 0.053×10^{-6}～0.149×10^{-6}，Cd 含量为 814×10^{-6}～1565×10^{-6}，In 含量为 0.032×10^{-6}～

0.138×10^{-6}，Sn 含量为 $0.993\times10^{-6}\sim7.21\times10^{-6}$，Sb 含量为 $7.21\times10^{-6}\sim67.9\times10^{-6}$，Cs 含量为 $0.144\times10^{-6}\sim1.01\times10^{-6}$，Ba 含量为 $3.65\times10^{-6}\sim71.7\times10^{-6}$，Tl 含量为 $0.199\times10^{-6}\sim1.6\times10^{-6}$，Pb 含量为 $643\times10^{-6}\sim7504\times10^{-6}$，Bi 含量为 $0.035\times10^{-6}\sim0.213\times10^{-6}$，Th 含量为 $0.004\times10^{-6}\sim0.015\times10^{-6}$，U 含量为 $0.078\times10^{-6}\sim0.245\times10^{-6}$，Se 含量为 $0.953\times10^{-6}\sim1.14\times10^{-6}$，Re 含量为 $0.004\times10^{-6}\sim0.03\times10^{-6}$，Fe 含量为 $10248\times10^{-6}\sim21456\times10^{-6}$。可见，闪锌矿中 V、Cr、Cu、As、Cd、Sb、Pb 和 Fe 含量相对其他微量元素含量较高。

在相对地壳丰度的富集图上（图 4-4），闪锌矿和方铅矿中 Cu、As、Cd、Sb、Tl 和 Bi 相对富集，其他微量元素均相对亏损或没有明显富集。此外，Cu 和 Cd 在闪锌矿中比方铅矿中富集，而 Sb、Tl 和 Bi 则相反，更富集在方铅矿中。

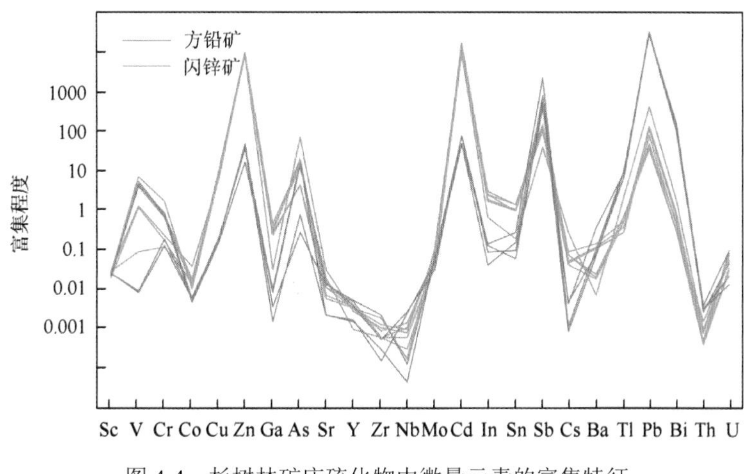

图 4-4　杉树林矿床硫化物中微量元素的富集特征

五、地质意义

通过对上述四个矿床不同类型硫化物微量元素组成特征进行统计和分析，不难发现各矿床不同类型硫化物中微量元素的富集或亏损特征。例如，各矿床中均呈现闪锌矿相对黄铁矿和方铅矿富集 Cd、Tl 等，而方铅矿则相对闪锌矿和方铅矿富集 Sb、Tl 和 Bi 等。这表明，四个矿床不同类型硫化物中微量元素具有相似的富集规律，这与矿床本身具有相似的成因是一致的。为了便于比较不同矿床同种硫化物之间的微量元素组成特征，对各矿床同种硫化物微量元素含量进行了对比统计（图 4-5～图 4-7）。在各矿床黄铁矿微量元素组成特征图解中（图 4-5），可见各微量元素大体上具有相似的变化规律，进一步表明这些矿床在成矿物质来源、成矿环境和成矿过程等方面具有相似性。需要指出的是，天桥矿床黄铁矿中 Sc、V、Cr、Co 等含量低于板板桥和筲箕湾矿床黄铁矿，而板板桥矿床黄铁矿中 Tl 含量相对天桥和筲箕湾矿床黄铁矿最低，Ba 含量相对最高。因此，不同矿床黄铁矿中微量元素组成的差异，可能代表了成矿流体演化或元素共生分异等，后文将进一步探讨。

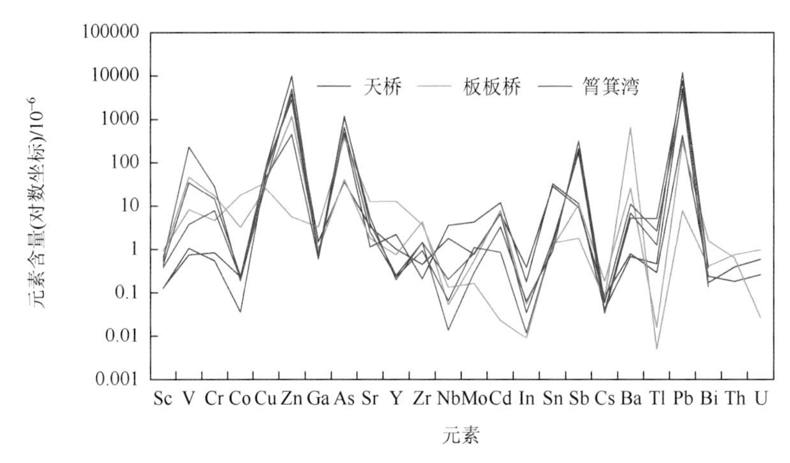

图 4-5　不同矿床黄铁矿中微量元素组成特征

在各矿床方铅矿微量元素组成特征图解中（图 4-6），可见各微量元素变化规律总体上颇为相似，同样表明这些矿床在成矿物质来源、成矿环境和成矿过程等方面具有相似性。相比不同矿床黄铁矿的微量元素组成特征（图 4-5），各矿床方铅矿的微量元素组成特征没有明显的特殊。

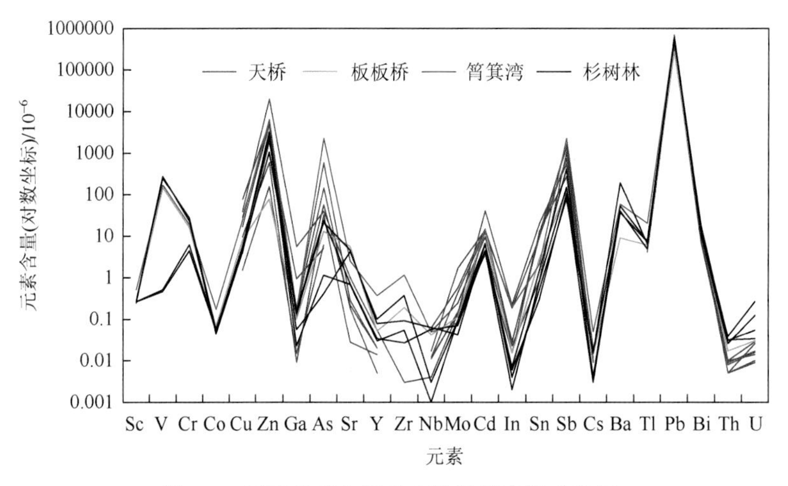

图 4-6　不同矿床方铅矿中微量元素组成特征

在各矿床闪锌矿微量元素组成特征图解中（图 4-7），可见各微量元素总体上变化基本一致，再次印证这些矿床在成因上的相似性。与不同矿床黄铁矿的微量元素组成特征（图 4-5）相似，板板桥矿床闪锌矿中 Ba 含量明显高于天桥、箐箕湾和杉树林闪锌矿中 Ba 含量，且呈现同一构造带上东部的板板桥闪锌矿 Ba 含量大于西部的天桥闪锌矿 Ba 含量，南部的杉树林闪锌矿 Ba 含量大于北部的箐箕湾闪锌矿 Ba 含量。这可能代表了区域上成矿流体演化特征，后文将进一步探讨。

通常，闪锌矿中的微量元素含量及其比值，如 Cd 含量等和 Ga/In、Zn/Cd 等，具有一定的指示意义。为了便于讨论，对本次工作的四个矿床闪锌矿相关元素含量及比值统计列于表 4-5 中。统计资料显示，不同类型铅锌矿床具有不同的 Ga/In，沉积改造型铅锌矿床闪锌矿 Ga/In＞1，而岩浆热液型铅锌矿床闪锌矿 Ga/In＜1。本次工作的四个矿床闪锌矿 Ga/In 均大于或等于 1，暗示这些矿床形成可能与岩浆热液作用无关。

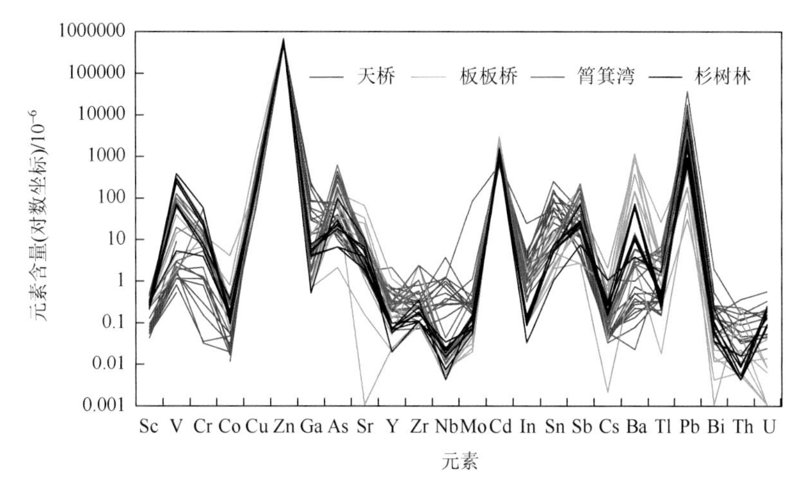

图 4-7　不同矿床方铅矿中微量元素组成特征

在闪锌矿的 lnGa-lnIn 图解（图 4-8）中，本次工作的四个矿床绝大部分闪锌矿样品均位于沉积-改造型铅锌矿床内，进一步表明研究区铅锌矿床与岩浆热液作用没有直接的成因联系。

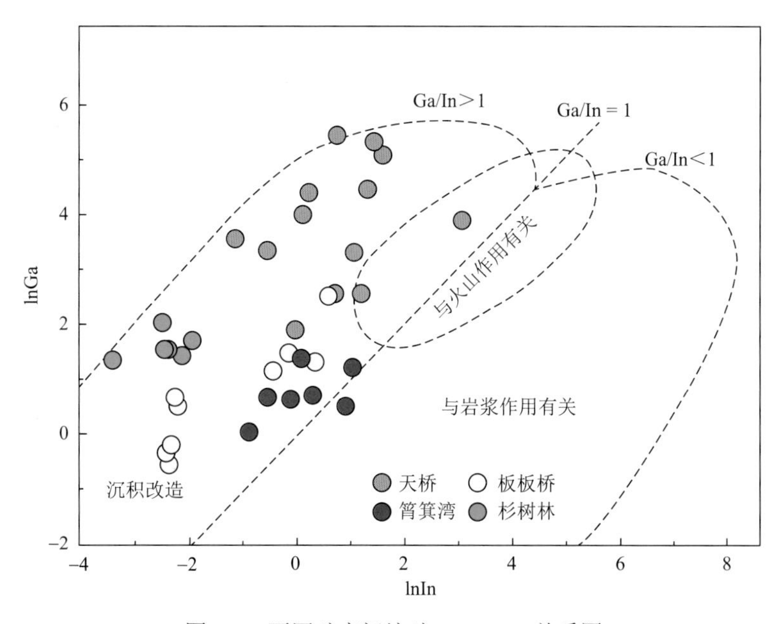

图 4-8　不同矿床闪锌矿 lnGa-lnIn 关系图

闪锌矿的 Zn/Cd 可以用作定性评价成矿温度，例如，Zn/Cd＞500，指示中高温（大于 250℃或大于 300℃），Zn/Cd＜500，指示中低温（小于 250℃或小于 200℃）。本次研究的四个矿床中，板板桥矿床全部闪锌矿样品 Zn/Cd＜500，箐箕湾矿床大部分闪锌矿样品 Zn/Cd＜500，表明其形成温度较低，为中低温，而天桥和杉树林矿床大部分闪锌矿样品 Zn/Cd＞500，暗示其形成温度较高，为中高温。这与流体包裹体测温和硫同位素平衡分馏方程计算获得的成矿温度大体相当。结合四个矿床的空间分布，不难发现，同一构造带上的天桥矿床形成温度较板板桥和筲箕湾矿床高，暗示区域成矿流体演化特征，后文将进一步讨论。

表 4-5　四个矿床闪锌矿相关元素含量及比值统计表

样品编号	lnGa	lnIn	Ga/In	Zn/Cd	样品编号	lnGa	lnIn	Ga/In	Zn/Cd
BBQ0904	−0.6	−2.4	6	282	SSL11	1.4	−2.5	48	685
BBQ0908	0.6	−2.3	18	443	SSL12	1.5	−2.4	52	505
BBQ0909	1.3	0.3	3	286	SSL13	1.5	−2.5	57	500
BBQ0915	0.5	−2.2	15	349	SSL14	2.0	−2	54	594
BBQ0917	−0.2	−2.4	8	450	SSL17	1.7	−2.2	49	413
BBQ0918	2.5	0.6	7	403	TQ-10	3.3	−0.7	55	590
BBQ0920	−0.4	−2.5	8	307	TQ-24	4.5	1.3	23	704
BBQ0921	1.5	−0.2	5	301	TQ-3	1.8	−0.1	7	771
BBQ0924	1.1	−0.5	5	254	TQ-13	3.5	−1.2	114	609
SJW1	0.6	−0.1	2	582	TQ-26	3.4	1.1	9	613
SJW6	0.5	0.9	1	454	TQ-16	4.0	0.1	49	652
SJW7	0.7	−0.5	3	499	TQ-54	2.6	1.2	4	643
SJW9-2	1.3	0.1	4	525	TQ-24	5.3	1.4	50	662
SJW11	1.2	1.1	1	780	TQ-19	3.9	3.2	2	796
SJW15-2	0.7	0.3	1	425	TQ-18	4.4	0.2	63	682
SJW16	−0.01	−0.9	2	447	TQ-25	5.4	0.7	108	558
SSL1	−0.7	−3.4	16	637	TQ-24	5.1	1.6	33	671
SSL6	1.3	−2.2	33	709	TQ-60	2.6	0.7	6	729

第二节　稀土元素地球化学

一、天桥

天桥铅锌矿床硫化物稀土元素含量及相关参数列于表 4-6，相对球粒陨石的富集程度如图 4-9 所示，由表 4-6 和图 4-9 可见有如下含量特征。

表 4-6　天桥铅锌矿床硫化物稀土元素含量和相关参数

编号	TQ-60	TQ-19	TQ-3	TQ-25	TQ-65	TQ-54	TQ-52	TQ-13	TQ-24	TQ-25	TQ-16
对象	黄铁矿	黄铁矿	方铅矿	方铅矿	方铅矿	方铅矿	方铅矿	方铅矿	方铅矿	闪锌矿	闪锌矿
La/($\times10^{-6}$)	0.051	0.152	0.064	0.076	0.078	0.046	0.062	0.015	0.099	0.041	0.019
Ce/($\times10^{-6}$)	0.146	0.465	0.069	0.020	0.020	0.005	0.005	0.005	0.170	0.074	0.032
Pr/($\times10^{-6}$)	0.027	0.059	0.010	—	0.003	—	—	—	0.020	0.010	0.003
Nd/($\times10^{-6}$)	0.184	0.283	0.064	0.024	0.020	0.023	0.016	0.026	0.146	0.057	0.022
Sm/($\times10^{-6}$)	0.116	0.087	0.029	0.064	0.064	0.041	0.057	0.026	0.085	0.027	0.025
Eu/($\times10^{-6}$)	0.005	0.006	—	—	—	—	—	—	0.014	0.003	0.006
Gd/($\times10^{-6}$)	0.126	0.072	—	—	—	—	—	—	0.034	0.017	0.008
Tb/($\times10^{-6}$)	0.030	0.017	—	—	—	—	—	—	0.007	0.004	0.002
Dy/($\times10^{-6}$)	0.216	0.097	0.005	0.004	0.006	—	0.005	0.005	0.024	0.023	0.016

续表

编号	TQ-60	TQ-19	TQ-3	TQ-25	TQ-65	TQ-54	TQ-52	TQ-13	TQ-24	TQ-25	TQ-16
对象	黄铁矿	黄铁矿	方铅矿	方铅矿	方铅矿	方铅矿	方铅矿	方铅矿	方铅矿	闪锌矿	闪锌矿
Ho/($\times10^{-6}$)	0.041	0.017	—	—	0.003	—	—	—	0.003	0.004	0.008
Er/($\times10^{-6}$)	0.147	0.069	—	0.004	0.006	—	—	0.005	0.007	0.015	0.011
Tm/($\times10^{-6}$)	0.041	0.018	—	—	—	—	—	—	—	0.003	0.003
Yb/($\times10^{-6}$)	0.353	0.158	0.005	0.008	0.006	0.005	0.005	0.005	0.007	0.028	0.026
Lu/($\times10^{-6}$)	0.061	0.027	—	—	—	—	—	—	—	0.006	0.004
∑REE/($\times10^{-6}$)	1.54	1.53	0.246	0.200	0.206	0.120	0.150	0.087	0.616	0.312	0.185
∑LREE/($\times10^{-6}$)	0.529	1.05	0.236	0.184	0.185	0.115	0.140	0.072	0.534	0.212	0.107
∑HREE/($\times10^{-6}$)	1.02	0.475	0.010	0.016	0.021	0.005	0.010	0.015	0.082	0.100	0.078
∑LREE/∑HREE	0.521	2.21	23.6	11.5	8.81	23.0	14.0	4.80	6.51	2.12	1.37
δEu	0.126	0.225	—	—	—	—	—	—	0.672	0.400	1.03
δCe	0.937	1.18	0.592	—	0.179	—	—	—	0.871	0.855	0.922
La/Sm_N	0.277	1.10	1.39	0.747	0.767	0.706	0.684	0.363	0.733	0.955	0.478
Gd/Yb_N	0.288	0.368	—	—	—	—	—	—	3.92	0.490	0.248
La/Yb_N	0.097	0.649	8.63	6.40	8.76	6.20	8.36	2.02	9.54	0.987	0.493
La/Pr_N	0.743	1.01	2.52	—	10.2	—	—	—	1.95	1.61	2.49

编号	TQ-54	TQ-10	TQ-24-1	TQ-24-2	TQ-24-3	TQ-19	TQ-3	TQ-13	TQ-60	TQ-26	TQ-18
对象	闪锌矿	闪锌矿	闪锌矿	闪锌矿	闪锌矿	闪锌矿	闪锌矿	闪锌矿	闪锌矿	闪锌矿	闪锌矿
La/($\times10^{-6}$)	0.011	0.025	0.068	0.080	0.128	0.058	0.133	0.021	0.016	0.540	0.033
Ce/($\times10^{-6}$)	0.022	0.064	0.217	0.163	0.258	0.147	0.242	0.055	0.032	0.984	0.125
Pr/($\times10^{-6}$)	0.003	0.012	0.032	0.024	0.032	0.020	0.023	0.012	0.005	0.112	0.016
Nd/($\times10^{-6}$)	0.021	0.066	0.189	0.112	0.133	0.108	0.125	0.082	0.030	0.424	0.077
Sm/($\times10^{-6}$)	0.012	0.038	0.123	0.050	0.042	0.042	0.038	0.037	0.015	0.036	0.036
Eu/($\times10^{-6}$)	0.002	0.007	0.007	0.005	0.005	0.005	0.006	0.005	0.002	0.008	0.006
Gd/($\times10^{-6}$)	0.004	0.018	0.120	0.042	0.033	0.035	0.030	0.029	0.013	0.036	0.025
Tb/($\times10^{-6}$)	0.002	0.003	0.031	0.011	0.009	0.010	0.008	0.008	0.003	0.004	0.004
Dy/($\times10^{-6}$)	0.010	0.026	0.198	0.070	0.066	0.069	0.045	0.051	0.018	0.034	0.029
Ho/($\times10^{-6}$)	0.004	0.005	0.041	0.016	0.011	0.014	0.009	0.009	0.004	0.008	0.007
Er/($\times10^{-6}$)	0.006	0.016	0.140	0.049	0.040	0.041	0.034	0.026	0.013	0.023	0.021
Tm/($\times10^{-6}$)	0.002	0.004	0.040	0.012	0.012	0.011	0.009	0.008	0.003	0.006	0.005
Yb/($\times10^{-6}$)	0.010	0.024	0.329	0.106	0.105	0.111	0.081	0.076	0.030	0.051	0.052
Lu/($\times10^{-6}$)	0.002	0.006	0.056	0.019	0.018	0.016	0.015	0.011	0.005	0.007	0.009
∑REE/($\times10^{-6}$)	0.111	0.314	1.59	0.759	0.892	0.687	0.798	0.430	0.189	2.27	0.445
∑LREE/($\times10^{-6}$)	0.071	0.212	0.636	0.434	0.598	0.380	0.567	0.212	0.100	2.10	0.293
∑HREE/($\times10^{-6}$)	0.040	0.102	0.955	0.325	0.294	0.307	0.231	0.218	0.089	0.169	0.152
∑LREE/∑HREE	1.78	2.08	0.666	1.34	2.03	1.24	2.45	0.972	1.12	12.4	1.93
δEu	0.707	0.720	0.174	0.325	0.397	0.388	0.525	0.451	0.428	0.673	0.581
δCe	0.906	0.885	1.12	0.887	0.946	1.04	0.970	0.820	0.855	0.916	1.30
La/Sm_N	0.577	0.414	0.348	1.01	1.92	0.869	2.20	0.357	0.671	9.44	0.577
Gd/Yb_N	0.323	0.605	0.294	0.320	0.254	0.254	0.299	0.308	0.350	0.570	0.388
La/Yb_N	0.742	0.702	0.139	0.509	0.822	0.352	1.11	0.186	0.360	7.14	0.428
La/Pr_N	1.44	0.820	0.836	1.31	1.57	1.14	2.28	0.689	1.26	1.90	0.812

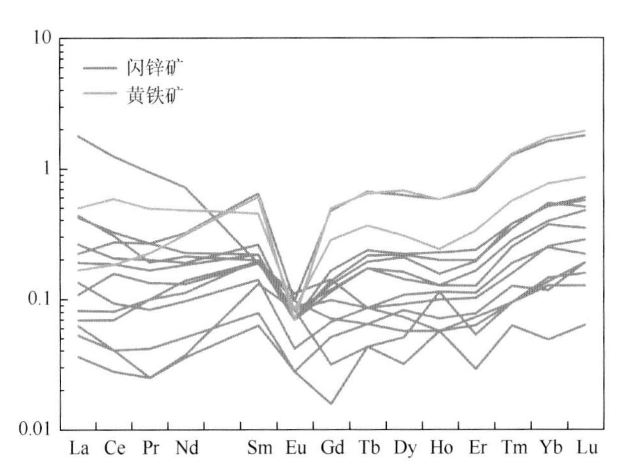

图 4-9　天桥铅锌矿床硫化物球粒陨石标准化稀土配分模式图（数据据表 4-6）

（1）全部样品的总稀土元素含量极低，变化范围窄，ΣREE 变化范围为 0.087×10^{-6}～2.27×10^{-6}，ΣLREE 变化范围为 0.071×10^{-6}～2.10×10^{-6}，ΣHREE 变化范围为 0.005×10^{-6}～1.02×10^{-6}，ΣLREE/ΣHREE 变化范围为 0.521～23.6，轻重稀土分馏不明显。Eu 负异常明显，δEu 变化范围为 0.126～1.03；Ce 异常不明显，δCe 变化范围为 0.179～1.30。

（2）硫化物中 ΣLREE/ΣHREE 波动较大，La/Yb_N 变化范围为 0.097～9.54、La/Pr_N 变化范围为 0.689～10.2，La/Sm_N 变化范围为 0.277～9.44，Gd/Yb_N 变化范围为 0.248～3.92，表明 LREE 和 HREE 之间的分馏较小，且 LREE 和 HREE 内部分馏也较小。从图 4-9 中可以看出，该矿床硫化物矿石的稀土元素球粒陨石标准化配分模式为平稳型。

表 4-7 为天桥铅锌矿床热液方解石稀土元素含量分析结果和相关参数统计，图 4-10 为该矿床热液方解石稀土配分模式图，有如下特征。

表 4-7　天桥铅锌矿床方解石稀土元素含量和相关参数

编号	TQ-08-01	TQ-48	TQ-13	TQ-10	TQ-08-03	TQ-08-02
对象	方解石	方解石	方解石	方解石	方解石	方解石
La/($\times10^{-6}$)	0.501	4.58	0.615	0.591	0.815	2.33
Ce/($\times10^{-6}$)	2.19	13.9	2.42	1.66	2.45	7.04
Pr/($\times10^{-6}$)	0.525	2.31	0.51	0.317	0.517	1.25
Nd/($\times10^{-6}$)	3.26	12.9	3.07	1.85	3.02	7.31
Sm/($\times10^{-6}$)	1.46	4.67	1.34	0.763	1.26	2.6
Eu/($\times10^{-6}$)	0.132	0.806	0.129	0.084	0.112	0.323
Gd/($\times10^{-6}$)	1.11	4.29	1.17	0.639	1.05	2.02
Tb/($\times10^{-6}$)	0.150	0.592	0.169	0.077	0.125	0.26
Dy/($\times10^{-6}$)	0.640	2.9	0.791	0.393	0.516	1.13
Ho/($\times10^{-6}$)	0.101	0.524	0.161	0.071	0.073	0.203
Er/($\times10^{-6}$)	0.188	1.11	0.420	0.180	0.137	0.474
Tm/($\times10^{-6}$)	0.017	0.099	0.053	0.022	0.008	0.047

续表

编号	TQ-08-01	TQ-48	TQ-13	TQ-10	TQ-08-03	TQ-08-02
对象	方解石	方解石	方解石	方解石	方解石	方解石
Yb/($\times10^{-6}$)	0.077	0.4	0.308	0.129	0.034	0.285
Lu/($\times10^{-6}$)	0.009	0.042	0.039	0.020	0.003	0.044
∑REE/($\times10^{-6}$)	10.4	49.1	11.2	6.80	10.1	25.3
∑LREE/($\times10^{-6}$)	8.1	39.2	8.1	5.3	8.2	20.9
∑HREE/($\times10^{-6}$)	2.30	9.96	3.11	1.53	1.94	4.47
∑LREE/∑HREE	3.50	3.90	2.60	3.40	4.20	4.67
δEu	0.32	0.55	0.32	0.37	0.30	0.43
δCe	0.92	1.02	0.97	0.91	0.88	0.98
La/Sm_N	0.22	0.62	0.29	0.49	0.41	0.56
Gd/Yb_N	11.63	8.66	3.06	4.00	24.97	5.73
La/Yb_N	4.40	7.72	1.35	3.09	16.26	5.51
La/Pr_N	0.38	0.78	0.48	0.73	0.62	0.73

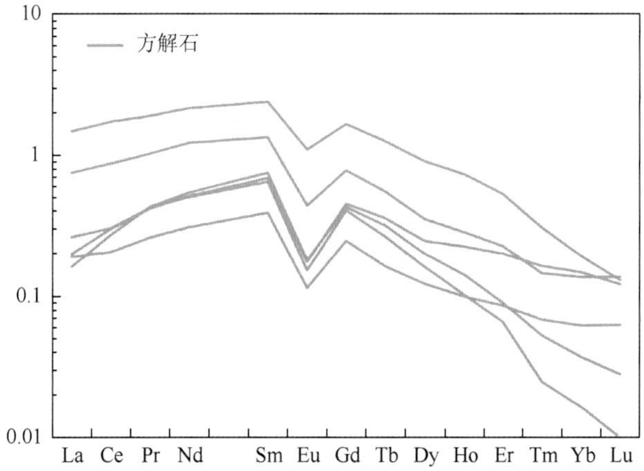

图 4-10　天桥铅锌矿床热液方解石球粒陨石标准化稀土配分模式图（数据据表 4-7）

（1）全部样品的 ΣREE 变化范围为 6.80×10^{-6}～49.1×10^{-6}，ΣLREE 变化范围为 5.3×10^{-6}～39.2×10^{-6}，ΣHREE 变化范围为 1.53×10^{-6}～9.96×10^{-6}，ΣLREE/ΣHREE 变化范围为 2.60～4.67，显示轻稀土富集。Eu 负异常明显，δEu 变化范围为 0.30～0.55；Ce 异常不明显，δCe 变化范围为 0.88～1.02。

（2）热液方解石中 ΣLREE/ΣHREE 相对稳定，其 $La_N<Ce_N<Pr_N\approx Nd_N<Sm_N$，$La/Yb_N$ 变化范围为 1.35～16.26、La/Pr_N 变化范围为 0.38～0.78，La/Sm_N 变化范围为 0.22～0.62，Gd/Yb_N 变化范围为 3.06～24.97，表明 LREE 和 HREE 之间的分馏较小，而 LREE 和 HREE 内部分馏较大。

（3）从图 4-10 中可以看出，该矿床脉石矿物热液方解石的稀土元素球粒陨石标准化配分模式为轻稀土富集型，更偏向中稀土富集型，即呈现为“M”形，具有稀土四分组效应，该特征与会泽铅锌矿团块状方解石稀土配分模式一致，而不同于会泽脉石团斑状及脉状方解石（黄智龙 等，2004）。

二、板板桥

板板桥铅锌矿床硫化物稀土元素含量及相关参数列于表 4-8，相对球粒陨石的富集程度如图 4-11 所示，由表 4-8 和图 4-11 可见有如下含量特征。

表 4-8　板板桥铅锌矿床硫化物稀土元素含量和相关参数

编号	BBQ0902	BBQ0906	BBQ0904	BBQ0908	BBQ0909	BBQ0915	BBQ0917	BBQ0918	BBQ0920	BBQ0921	BBQ0924	BBQ0910
对象	黄铁矿	黄铁矿	闪锌矿	闪锌矿	闪锌矿	闪锌矿	闪锌矿	闪锌矿	闪锌矿	闪锌矿	闪锌矿	方铅矿
La/($\times10^{-6}$)	3.26	1.12	0.069	0.208	0.353	0.082	0.049	0.291	0.003	0.189	0.255	0.202
Ce/($\times10^{-6}$)	13.7	2.07	0.06	0.489	0.888	0.079	0.05	0.427	0.011	0.163	0.142	0.149
Pr/($\times10^{-6}$)	1.58	0.263	0.012	0.052	0.152	0.006	0.011	0.052	0.032	0.018	0.017	0.018
Nd/($\times10^{-6}$)	7.49	0.884	0.085	0.226	0.922	0.149	0.125	0.224	0.123	0.139	0.107	0.088
Sm/($\times10^{-6}$)	1.54	0.292	0.143	0.129	0.338	0.096	0.061	0.076	0.061	0.1	0.036	0.021
Eu/($\times10^{-6}$)	0.328	0.127	0.032	0.059	0.074	0.025	0.009	0.054	0.016	0.029	0.022	0.002
Gd/($\times10^{-6}$)	1.61	0.142	0.018	0.077	0.17	0.009	0.003	0.044	0.011	0.013	0.023	0.017
Tb/($\times10^{-6}$)	0.402	0.04	0.002	0.018	0.044	0.001	0.002	0.002	0.003	0.003	0.003	0.002
Dy/($\times10^{-6}$)	2.58	0.166	0.006	0.106	0.208	0.006	0.008	0.03	0.011	0.029	0.026	0.007
Ho/($\times10^{-6}$)	0.466	0.028	0.002	0.014	0.043	0.003	0.003	0.004	0.005	0.004	0.004	0.002
Er/($\times10^{-6}$)	1.64	0.109	0.007	0.049	0.076	0.007	0.006	0.009	0.007	0.017	0.011	0.005
Tm/($\times10^{-6}$)	0.225	0.019	0.001	0.008	0.018	0.003	0.003	0.005	0.001	0.002	0.004	0.001
Yb/($\times10^{-6}$)	1.32	0.072	0.004	0.059	0.087	0.017	0.013	0.016	0.005	0.019	0.021	0.005
Lu/($\times10^{-6}$)	0.217	0.012	0.001	0.01	0.013	0.003	0.002	0.002	0.001	0.002	0.002	0.001
∑REE/($\times10^{-6}$)	36.4	5.34	0.442	1.50	3.39	0.486	0.345	1.24	0.290	0.727	0.673	0.520
∑LREE /($\times10^{-6}$)	27.9	4.76	0.401	1.16	2.73	0.437	0.305	1.12	0.246	0.638	0.579	0.480
∑HREE /($\times10^{-6}$)	8.46	0.588	0.041	0.341	0.659	0.049	0.040	0.112	0.044	0.089	0.094	0.040
∑LREE/∑HREE	3.30	8.09	9.78	3.41	4.14	8.92	7.63	10.0	5.59	7.17	6.16	12.0
δEu	0.632	1.69	1.08	1.67	0.843	1.29	0.755	2.63	1.23	1.40	2.19	0.314
δCe	1.45	0.888	0.463	1.10	0.922	0.623	0.499	0.774	0.100	0.533	0.365	0.462
La/Sm_N	1.33	2.41	0.304	1.01	0.657	0.537	0.505	2.41	0.031	1.19	4.46	6.05
Gd/Yb_N	0.984	1.59	3.63	1.05	1.58	0.427	0.186	2.22	1.78	0.552	0.884	2.74
La/Yb_N	1.67	10.5	11.6	2.38	2.74	3.25	2.54	12.3	0.405	6.71	8.19	27.2
La/Pr_N	0.812	1.68	2.26	1.57	0.914	5.38	1.75	2.20	0.037	4.13	5.90	4.42

（1）全部样品的总稀土元素含量较低，但变化范围较宽，ΣREE 变化范围为 0.29×10^{-6}～36.4×10^{-6}，ΣLREE 变化范围为 0.246×10^{-6}～27.9×10^{-6}，ΣHREE 变化范围为 0.04×10^{-6}～8.46×10^{-6}，ΣLREE/ΣHREE 变化范围为 3.30～12.0，显示轻稀土富集。Eu 负异常明显，δEu 变化范围为 0.31～2.63；Ce 异常不明显，δCe 变化范围为 0.10～1.45。

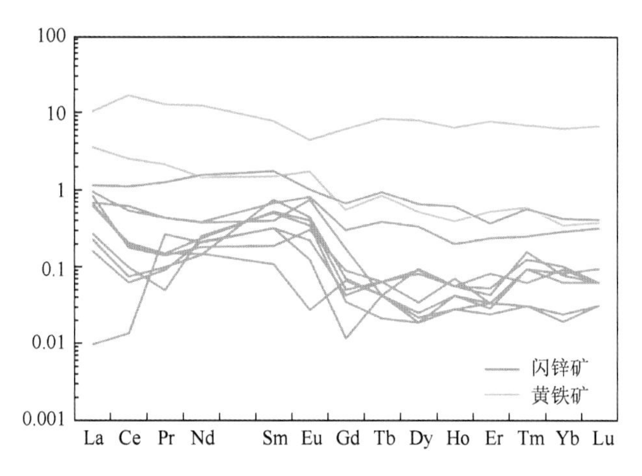

图 4-11　板板桥铅锌矿床硫化物球粒陨石标准化稀土配分模式图（数据据表 4-8）

（2）硫化物中 ΣLREE/ΣHREE 波动较大，La/Yb_N 变化范围为 0.40～27.2、La/Pr_N 变化范围为 0.04～5.90，La/Sm_N 变化范围为 0.03～6.05，Gd/Yb_N 变化范围为 0.19～3.63，LREE 和 HREE 之间的分馏较大，而 LREE 和 HREE 内部分馏较小。

（3）从图 4-10 中可以看出，黄铁矿中的稀土总量高于闪锌矿中的稀土总量，该矿床硫化物矿石的稀土元素球粒陨石标准化配分模式为轻稀土富集型，且轻重稀土内部分馏较小，即呈现为“Z”形。

表 4-9 为板板桥铅锌矿床围岩与热液方解石的稀土元素含量分析结果和相关参数统计，有如下特征。

表 4-9　板板桥铅锌矿床围岩和热液方解石稀土元素含量和相关参数

编号	B903	B904	B905	B908	B912	B913	B923	B925	B920	B02	B10
对象	页岩	白云岩	白云岩	白云岩	白云岩	白云岩	白云岩	白云岩	白云岩	方解石	方解石
La/($\times10^{-6}$)	0.424	10.1	0.384	3.41	0.711	0.954	14.7	21.0	0.132	4.12	2.31
Ce/($\times10^{-6}$)	0.773	14.9	0.457	4.90	0.774	0.954	25.9	36.2	0.206	10.1	6.54
Pr/($\times10^{-6}$)	0.093	2.16	0.079	0.689	0.124	0.147	2.56	3.55	0.023	2.01	1.05
Nd/($\times10^{-6}$)	0.445	8.09	0.346	3.14	0.471	0.601	7.54	9.95	0.103	10.9	6.21
Sm/($\times10^{-6}$)	0.102	1.58	0.065	0.784	0.111	0.145	1.14	1.37	0.029	4.07	1.98
Eu/($\times10^{-6}$)	0.124	0.357	0.017	0.172	0.028	0.030	0.208	0.210	0.008	0.601	0.132
Gd/($\times10^{-6}$)	0.180	1.888	0.088	1.05	0.167	0.216	2.20	2.54	0.043	4.01	1.85
Tb/($\times10^{-6}$)	0.027	0.263	0.018	0.147	0.026	0.034	0.307	0.437	0.007	0.492	0.201
Dy/($\times10^{-6}$)	0.163	1.49	0.105	0.828	0.159	0.196	2.801	2.95	0.054	2.61	1.03
Ho/($\times10^{-6}$)	0.039	0.340	0.026	0.188	0.034	0.048	0.753	0.788	0.010	0.504	0.114
Er/($\times10^{-6}$)	0.126	1.02	0.073	0.442	0.097	0.143	2.40	2.57	0.048	1.01	0.373
Tm/($\times10^{-6}$)	0.018	0.159	0.011	0.063	0.013	0.022	0.401	0.458	0.006	0.087	0.027
Yb/($\times10^{-6}$)	0.100	1.07	0.076	0.340	0.075	0.110	3.36	3.61	0.046	0.501	0.185
Lu/($\times10^{-6}$)	0.017	0.165	0.014	0.052	0.011	0.021	0.509	0.579	0.007	0.033	0.031
∑REE/($\times10^{-6}$)	2.63	43.6	1.76	16.2	2.80	3.62	64.8	86.2	0.722	41.0	22.0

续表

编号	B903	B904	B905	B908	B912	B913	B923	B925	B920	B02	B10
对象	页岩	白云岩	白云岩	白云岩	白云岩	白云岩	白云岩	白云岩	白云岩	方解石	方解石
$\sum$LREE/($\times10^{-6}$)	1.96	37.2	1.35	13.1	2.22	2.83	52.0	72.3	0.501	31.8	18.2
$\sum$HREE/($\times10^{-6}$)	0.670	6.40	0.411	3.11	0.582	0.790	12.7	13.9	0.221	9.25	3.81
$\sum$LREE/$\sum$HREE	2.93	5.82	3.28	4.21	3.81	3.58	4.09	5.19	2.27	3.44	4.78
δEu	2.77	0.631	0.687	0.579	0.628	0.517	0.394	0.340	0.692	0.450	0.208
δCe	0.898	0.733	0.600	0.729	0.579	0.551	0.937	0.925	0.830	0.840	1.01
La/Sm_N	2.61	4.02	3.72	2.74	4.03	4.14	8.11	9.64	2.86	0.637	0.734
Gd/Yb_N	1.45	1.42	0.934	2.50	1.80	1.58	0.529	0.567	0.754	6.46	8.07
La/Yb_N	2.86	6.36	3.41	6.76	6.39	5.85	2.95	3.92	1.93	5.54	8.42
La/Pr_N	1.79	1.84	1.91	1.95	2.26	2.55	2.26	2.33	2.26	0.807	0.866

（1）全部样品的总稀土元素含量较低，但变化范围较宽，ΣREE 变化范围为 0.722×10^{-6}～86.2×10^{-6}，ΣLREE 变化范围为 0.501×10^{-6}～72.3×10^{-6}，ΣHREE 变化范围为 0.221×10^{-6}～13.9×10^{-6}，ΣLREE/ΣHREE 变化范围为 2.27～5.82，显示轻稀土富集。碳酸盐矿物 Eu 负异常明显，δEu 变化范围为 0.21～0.69，页岩的 Eu 正异常明显，δEu=2.77；Ce 异常不明显，δCe 变化范围为 0.55～1.01。

（2）热液方解石中 ΣLREE/ΣHREE 相对稳定，其 $La_N>Ce_N>Pr_N>Nd_N>Sm_N$，La/Yb_N 变化范围为 1.93～8.42、La/Pr_N 变化范围为 0.81～2.55，La/Sm_N 变化范围为 0.64～9.64，Gd/Yb_N 变化范围为 0.53～8.07，表明 LREE 和 HREE 之间的分馏较小，LREE 和 HREE 内部分馏也较小。

（3）从图 4-12 中可以看出，该矿床脉石矿物热液方解石的稀土元素球粒陨石标准化配分模式为轻稀土富集型。

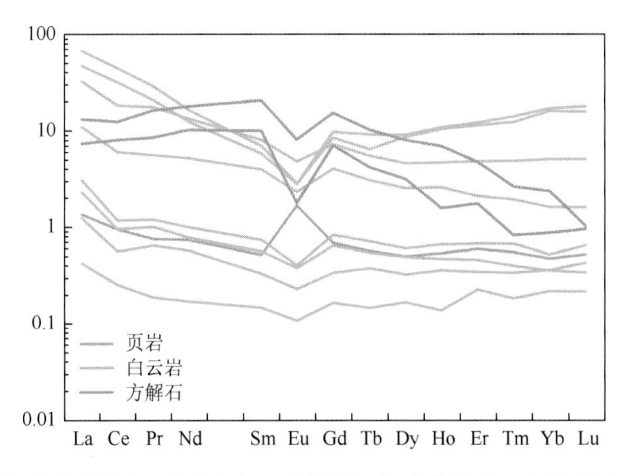

图 4-12 板板桥铅锌矿床围岩及热液方解石球粒陨石标准化稀土配分模式图（数据据表 4-9）

三、筲箕湾

表 4-10 为筲箕湾铅锌矿床硫化物稀土元素含量分析结果和相关参数统计，有如下特征。

表 4-10　筲箕湾铅锌矿床硫化物稀土元素含量和相关参数

编号	SJW9-1	SJW14	SJW15-1	SJW12	SJW1	SJW6	SJW7	SJW9-2	SJW11	SJW15-2	SJW16
对象	黄铁矿	黄铁矿	黄铁矿	方铅矿	闪锌矿	闪锌矿	闪锌矿	闪锌矿	闪锌矿	闪锌矿	闪锌矿
La/($\times10^{-6}$)	0.167	0.275	0.264	2.20	0.177	0.243	0.085	0.145	0.090	0.154	0.124
Ce/($\times10^{-6}$)	0.066	0.056	0.081	0.336	0.187	0.136	0.080	0.070	0.107	0.116	0.071
Pr/($\times10^{-6}$)	0.006	0.010	0.025	0.029	0.023	0.028	0.017	0.012	0.011	0.009	0.011
Nd/($\times10^{-6}$)	0.081	0.061	0.047	0.038	0.105	0.235	0.122	0.098	0.073	0.204	0.082
Sm/($\times10^{-6}$)	0.039	0.049	0.062	0.173	0.049	0.037	0.062	0.087	0.023	0.074	0.037
Eu/($\times10^{-6}$)	0.001	0.011	0.002	0.026	0.030	0.049	0.014	0.040	0.033	0.010	0.022
Gd/($\times10^{-6}$)	0.025	0.055	0.026	0.068	0.029	0.068	0.060	0.026	0.060	0.043	0.042
Tb/($\times10^{-6}$)	0.011	0.004	0.009	0.013	0.004	0.005	0.009	0.005	0.002	0.004	0.005
Dy/($\times10^{-6}$)	0.119	0.045	0.038	0.086	0.037	0.041	0.048	0.041	0.016	0.079	0.023
Ho/($\times10^{-6}$)	0.004	0.006	0.004	0.009	0.005	0.008	0.006	0.007	0.004	0.014	0.014
Er/($\times10^{-6}$)	0.013	0.022	0.023	0.035	0.049	0.032	0.026	0.021	0.033	0.036	0.047
Tm/($\times10^{-6}$)	0.001	0.001	0.005	0.004	0.003	0.002	0.003	0.010	0.004	0.011	0.007
Yb/($\times10^{-6}$)	0.006	0.012	0.032	0.015	0.027	0.024	0.014	0.009	0.030	0.053	0.039
Lu/($\times10^{-6}$)	0.001	0.003	0.003	0.005	0.004	0.001	0.003	0.003	0.006	0.008	0.002
∑REE/($\times10^{-6}$)	0.540	0.610	0.621	3.04	0.729	0.909	0.549	0.574	0.492	0.815	0.526
∑LREE/($\times10^{-6}$)	0.360	0.462	0.481	2.80	0.571	0.728	0.380	0.452	0.337	0.567	0.347
∑HREE/($\times10^{-6}$)	0.180	0.148	0.140	0.235	0.158	0.181	0.169	0.122	0.155	0.248	0.179
∑LREE/∑HREE	2.00	3.12	3.44	11.9	3.61	4.02	2.25	3.70	2.17	2.29	1.94
δEu	0.092	0.646	0.130	0.615	2.25	2.95	0.693	1.99	2.57	0.499	1.70
δCe	0.278	0.143	0.190	0.113	0.609	0.332	0.479	0.306	0.696	0.503	0.359
La/Sm_N	2.69	3.53	2.68	8.00	2.27	4.13	0.862	1.05	2.46	1.31	2.11
Gd/Yb_N	3.36	3.70	0.656	3.66	0.867	2.29	3.46	2.33	1.61	0.655	0.869
La/Yb_N	18.8	15.5	5.56	98.9	4.42	6.83	4.09	10.9	2.02	1.96	2.14
La/Pr_N	11.0	10.8	4.16	29.9	3.03	3.42	1.97	4.76	3.22	6.73	4.44

（1）全部样品的总稀土元素含量极低，变化范围较窄，ΣREE 变化范围为 0.492×10^{-6}～3.04×10^{-6}，ΣLREE 变化范围为 0.337×10^{-6}～2.80×10^{-6}，ΣHREE 变化范围为 0.122×10^{-6}～0.248×10^{-6}，ΣLREE/ΣHREE 变化范围为 1.94～11.9，显示轻稀土富集。黄铁矿 Eu 负异常明显，δEu 变化范围为 0.092～0.646，方铅矿 Eu 异常不明显，δEu=0.615，闪锌矿既有 Eu 负异常也有正异常，δEu 变化范围为 0.499～2.95；Ce 负异常不明显，δCe 变化范围为 0.113～0.696。

（2）热液方解石中 ΣLREE/ΣHREE 相对稳定，La/Yb_N 变化范围为 1.96～98.9、La/Pr_N 变化范围为 1.97～29.9，La/Sm_N 变化范围为 0.86～8.0，Gd/Yb_N 变化范围为 0.65～3.70，表明 LREE 和 HREE 之间的分馏较小，而 LREE 和 HREE 内部分馏较大。

（3）从图 4-13 中可以看出，该矿床硫化物矿石的稀土元素球粒陨石标准化配分模式为轻稀土富集型，呈现为“L”形。

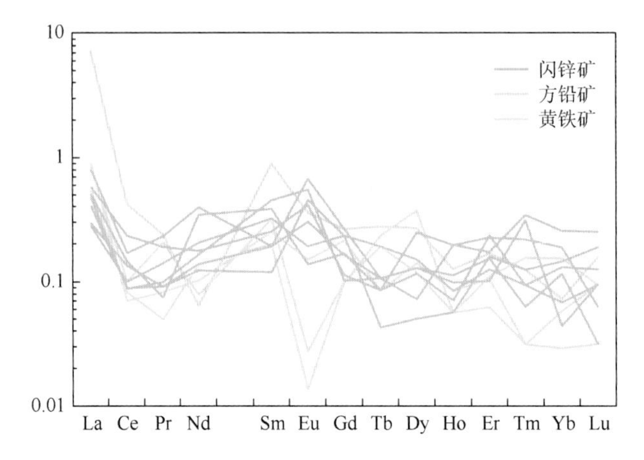

图 4-13　筲箕湾铅锌矿床硫化物球粒陨石标准化稀土配分模式图（数据据表 4-10）

四、杉树林

表 4-11 为杉树林铅锌矿床硫化物稀土元素含量分析结果和相关参数统计，有如下特征。

表 4-11　杉树林铅锌矿床硫化物稀土元素含量和相关参数

编号	SSL1	SSL6	SSL11	SSL12	SSL13	SSL14	SSL17	SSL17	SSL6	SSL10	SSL12
样品	闪锌矿	闪锌矿	闪锌矿	闪锌矿	闪锌矿	闪锌矿	闪锌矿	方铅矿	方铅矿	方铅矿	方铅矿
La/($\times10^{-6}$)	0.041	0.045	0.078	0.052	0.070	0.293	0.245	0.271	0.118	0.267	0.359
Ce/($\times10^{-6}$)	0.048	0.014	0.017	0.011	0.039	0.062	0.074	0.042	0.026	0.037	0.039
Pr/($\times10^{-6}$)	0.010	0.005	0.008	0.004	0.007	0.029	0.018	0.013	0.003	0.013	0.003
Nd/($\times10^{-6}$)	0.055	0.085	0.074	0.160	0.127	0.205	0.098	0.074	0.019	0.049	0.041
Sm/($\times10^{-6}$)	0.022	0.051	0.014	0.055	0.052	0.052	0.059	0.065	0.057	0.059	0.050
Eu/($\times10^{-6}$)	0.010	0.022	0.008	0.021	0.019	0.008	0.014	0.027	0.018	0.025	0.019
Gd/($\times10^{-6}$)	0.013	0.024	0.017	0.021	0.013	0.004	0.005	0.030	0.013	0.016	0.013
Tb/($\times10^{-6}$)	0.002	0.002	0.005	0.003	0.002	0.004	0.002	0.003	0.003	0.006	0.003
Dy/($\times10^{-6}$)	0.018	0.014	0.010	0.021	0.019	0.019	0.008	0.005	0.011	0.004	0.008
Ho/($\times10^{-6}$)	0.002	0.004	0.003	0.004	0.002	0.008	0.002	0.003	0.001	0.003	0.003
Er/($\times10^{-6}$)	0.004	0.011	0.003	0.006	0.002	0.013	0.003	0.003	0.006	0.004	0.004
Tm/($\times10^{-6}$)	0.002	0.003	0.002	0.001	0.002	0.002	0.001	0.003	0.003	0.003	0.002
Yb/($\times10^{-6}$)	0.007	0.003	0.004	0.005	0.006	0.005	0.004	0.019	0.010	0.019	0.006
Lu/($\times10^{-6}$)	0.001	0.002	0.002	0.004	0.001	0.002	0.002	0.001	0.003	0.005	0.010
∑REE/($\times10^{-6}$)	0.235	0.285	0.245	0.368	0.361	0.706	0.535	0.559	0.291	0.510	0.560
∑LREE/($\times10^{-6}$)	0.186	0.222	0.199	0.303	0.314	0.649	0.508	0.492	0.241	0.450	0.511
∑HREE/($\times10^{-6}$)	0.049	0.063	0.046	0.065	0.047	0.057	0.027	0.067	0.050	0.060	0.049

续表

编号	SSL1	SSL6	SSL11	SSL12	SSL13	SSL14	SSL17	SSL17	SSL6	SSL10	SSL12
样品	闪锌矿	闪锌矿	闪锌矿	闪锌矿	闪锌矿	闪锌矿	闪锌矿	方铅矿	方铅矿	方铅矿	方铅矿
∑LREE/∑HREE	3.80	3.52	4.33	4.66	6.68	11.39	18.8	7.34	4.82	7.50	10.4
δEu	1.67	1.69	1.58	1.57	1.63	0.772	1.18	1.64	1.43	1.87	1.69
δCe	0.555	0.186	0.133	0.136	0.341	0.130	0.195	0.106	0.159	0.095	0.082
La/Sm_N	1.17	0.555	3.50	0.595	0.847	3.54	2.61	2.62	1.30	2.85	4.52
Gd/Yb_N	1.50	6.46	3.43	3.39	1.75	0.646	1.01	1.27	1.05	0.680	1.75
La/Yb_N	3.95	10.1	13.1	7.01	7.87	39.5	41.3	9.62	7.96	9.47	40.3
La/Pr_N	1.61	3.54	3.84	5.12	3.94	3.98	5.36	8.20	15.5	8.08	47.1

（1）全部样品的总稀土元素含量极低，变化范围较窄，ΣREE 变化范围为 0.235×10^{-6}～0.706×10^{-6}，ΣLREE 变化范围为 0.186×10^{-6}～0.649×10^{-6}，ΣHREE 变化范围为 0.027×10^{-6}～0.067×10^{-6}，ΣLREE/ΣHREE 变化范围为 3.52～18.8，显示轻稀土富集。Eu 异常不明显，δEu 变化范围为 0.772～1.87；Ce 负异常明显，δCe 变化范围为 0.082～0.555。

（2）热液方解石中 ΣLREE/ΣHREE 相对稳定，其 $La_N>Ce_N<Pr_N<Nd_N\approx Sm_N$，$La/Yb_N$ 变化范围为 3.95～41.3、La/Pr_N 变化范围为 1.61～47.1，La/Sm_N 变化范围为 0.56～4.52，Gd/Yb_N 变化范围为 0.65～6.46，表明 LREE 和 HREE 之间的分馏较小，而 LREE 和 HREE 内部分馏较大。

（3）从图 4-14 中可以看出，该矿床硫化物的稀土元素球粒陨石标准化配分模式为轻稀土富集型，更偏向中稀土富集型，即呈现为“W”形。

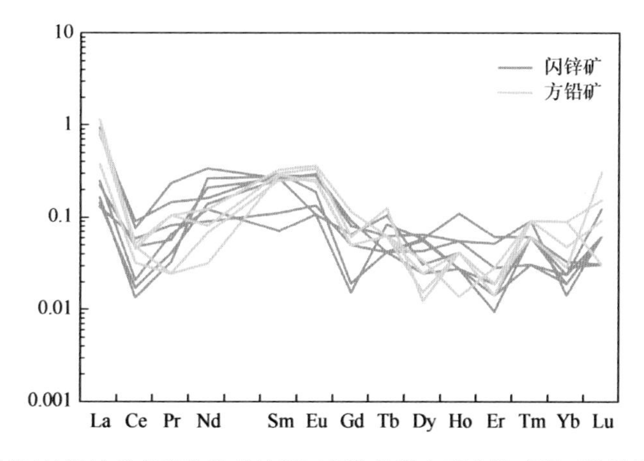

图 4-14 杉树林铅锌矿床硫化物球粒陨石标准化稀土配分模式图（数据据表 4-11）

五、地质意义

由于硫化物中稀土总量低于 3×10^{-6}，矿石中的稀土元素主要集中在碳酸盐矿物中，尤其是方解石中。因此，热液方解石稀土元素地球化学特征可代表成矿流体的稀土元素地球化学特征，其变化规律记录了矿床成矿流体的来源及演化等方面的重要信息。本次工作所研究的四个矿床中，只有天桥矿床的方解石样品相对最多，以其为例探讨稀土元素地球化学特征的指示意义。

方解石是天桥矿床原生矿石中最为主要的脉石矿物，其形成贯穿整个成矿过程（周家喜 等，2009，2010）。成矿期方解石主要呈团块状，与闪锌矿、黄铁矿和方铅矿紧密共生（陈觅 等，2011；周家喜 等，2012）。天桥矿床矿石矿物主要有黄铁矿、闪锌矿和方铅矿，极少量黄铜矿，而脉石矿物主要为方解石，极少量石英。

REE 在一定的地质和地球化学过程中具有相似的地球化学行为和特征。通常 REE^{3+} 与 Ce^{4+}和 Eu^{2+}具有不同的性质，在一些地球化学过程中会出现 Ce^{4+}和 Eu^{2+}与 REE^{3+}的分离，出现或正或负的 Ce 和 Eu 异常。

从稀土元素球粒陨石标准化配分模式看（图 4-10），天桥矿床成矿期方解石的稀土元素球粒陨石标准化配分模式十分相近，具有明显的 Eu 负异常和轻稀土富集特征，并与矿石硫化物稀土元素球粒陨石标准化配分模式具有相似的特征（图 4-9），表明在矿石矿物及脉石矿物沉淀过程中，成矿流体中稀土元素的组成及成矿的物理化学条件没有发生明显的变化。矿物学研究表明，天桥铅锌矿床的矿物组合十分简单，主要为黄铁矿、闪锌矿、方铅矿和方解石，表明成矿流体中存在大量的高活动性 S^{2-}，这表明了成矿流体的还原环境。

前人研究表明该矿床的形成与水/岩反应关系密切，通常水/岩反应过程中，在相对还原条件下，会出现正 Eu 异常、低 ΣREE 含量和高的 LREE/HREE，而相对氧化条件下则相反，这称为 REE 地球化学演化的氧化-还原模式。从表 4-7 可见，成矿期方解石 ΣREE 相对较高（$>6\times10^{-6}$），Eu 负异常明显，而硫化物具有低的 ΣREE（$<3\times10^{-6}$），及同样负的 Eu 异常。根据 REE 的氧化-还原模式，天桥矿床成矿期方解石的 Eu 应该富集而不应该亏损，这与实测结果不吻合。前已述及，天桥矿床矿石硫化物主要是闪锌矿、黄铁矿和方铅矿，并具有明显的 Eu 亏损，这说明该矿床的成矿流体本身亏损 Eu 或成矿流体是来自亏损 Eu 的源区。

由图 4-15 可见，研究区各类潜在源区岩石，尤其是各时代地层碳酸盐岩具有明显的 Eu 负异常特征，暗示成矿流体很可能是通过与围岩碳酸盐岩的水/岩相互作用继承了围岩的稀土和 Eu 负异常特征。

因此，围岩碳酸盐岩通过水/岩相互作用参与了本区矿床的形成，并提供了部分成矿物质，尤其是稀土和矿化剂 CO_2。碳酸盐岩/矿物参与成矿已是不争的事实，笔者通过系统研究，提出碳酸盐岩/矿物在整个碳酸盐岩容矿热液矿床成矿过程扮演重要角色（Zhou et al.，2018），具体表现为：

（1）成矿前，碳酸盐岩与成矿流体之间发生水/岩相互作用，形成大规模白云岩（石）化，为碳酸盐岩容矿热液矿床的形成准备了岩性（白云岩）、物质（稀土和矿化剂 CO_2 等）和空间（赋矿部位）等必要条件；

（2）成矿期，热液碳酸盐矿物溶解-重结晶（CO_2 去气）的循环过程，对金属矿物大量沉淀导致的成矿环境（如 pH 等）改变起到了碳酸盐缓冲作用，促进形成大量雪花状（方解石/白云石斑点）的碳酸盐岩容矿热液矿床特征矿石；

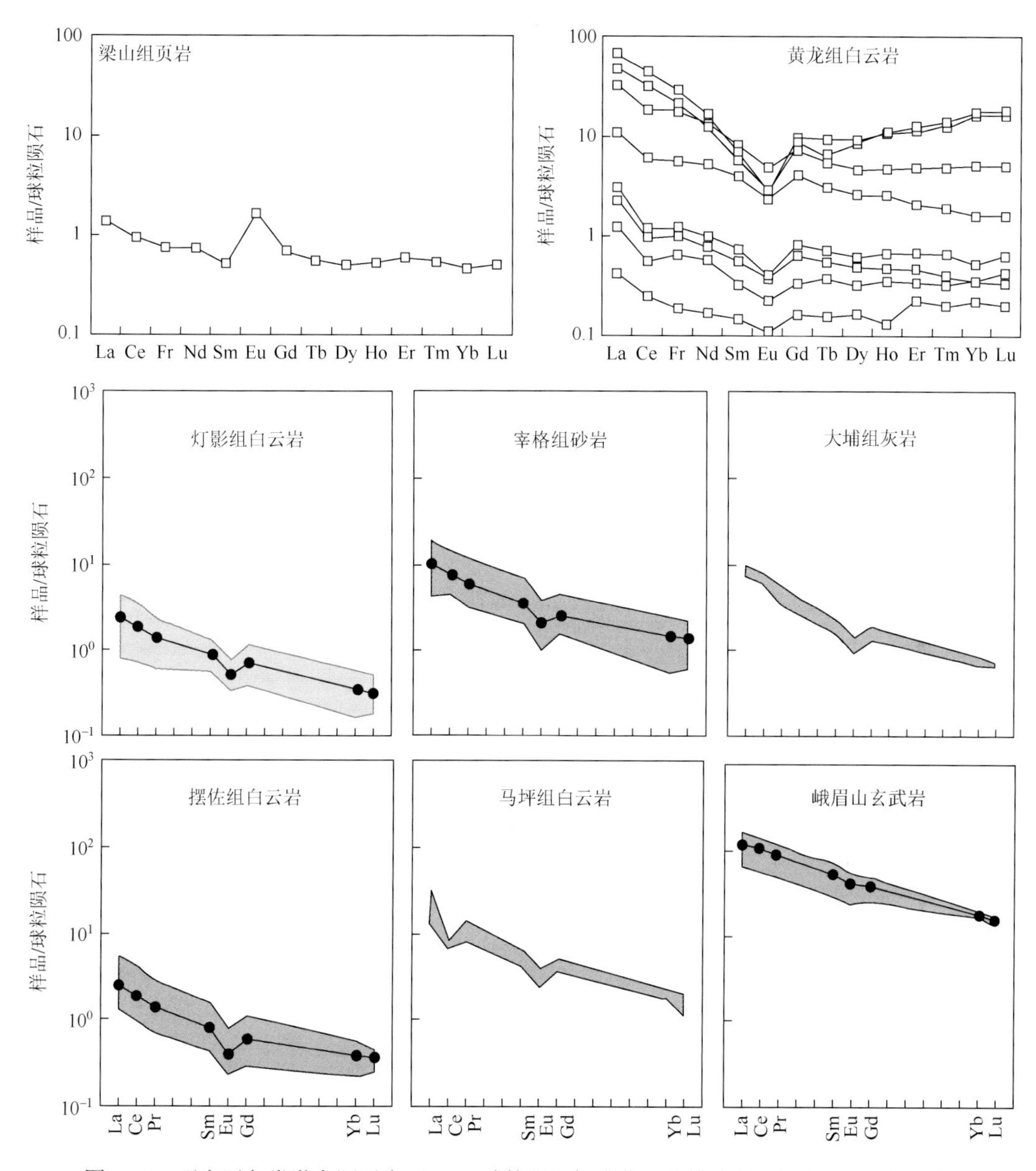

图 4-15　研究区各类潜在源区岩石 REE 球粒陨石标准化配分模式图（杨松平等，2018）

（3）成矿后，碳酸盐矿物充填、胶结矿化场所，利于矿石保存，同时成为碳酸盐岩容矿热液矿床重要的找矿标志矿物。

主要参考文献

陈觅，刘俊安，赵生贵，等，2011. 贵州天桥铅锌矿床 REE 地球化学特征[J]. 矿物学报，3（31）：360-365.

黄智龙，陈进，韩润生，等，2004. 云南会泽超大型铅锌矿床地球化学及成因——兼论峨眉山玄武岩与铅锌成矿的关系[M]. 北京：地质出版社.

杨松平，包广萍，兰安平，等，2018. 黔西北杉树林铅锌矿床微量和稀土元素地球化学特征及其地质意义[J]. 矿物学报，38（6）：600-609.

周家喜，黄智龙，周国富，等，2009. 贵州天桥铅锌矿床分散元素赋存状态及规律[J]. 矿物学报，4（29）：471-480.

周家喜，黄智龙，周国富，等，2010. 黔西北赫章天桥铅锌矿床成矿物质来源：S、Pb 同位素和 REE 制约[J]. 地质论评，56（4）：513-524.

周家喜，黄智龙，周国富，等，2012. 黔西北天桥铅锌矿床热液方解石 C、O 同位素和 REE 地球化学[J]. 大地构造与成矿学，36（1）：93-101.

Zhou J X，Wang X C，Wilde S A，et al.，2018. New insights into the metallogeny of MVT Zn-Pb deposits：A case study from the Nayongzhi in South China，using field data，fluid compositions，and in situ S-Pb isotopes [J]. American Mineralogist，103（1）：91-108.

第五章　同位素地球化学

成矿流体和成矿物质来源是矿床成因机制研究的关键，对建立切合实际的矿床成因模式、指导找矿具有重要意义。同位素地球化学是示踪成矿物质和成矿流体来源的有效方法之一（Hoefs，1980；朱炳泉 等，1998；郑永飞和陈江峰，2000；尹观和倪师军，2009；胡瑞忠 等，2015，2021），而少量、单一的同位素数据可能会得出与地质事实不符的结合，有时不同的同位素数据得出的结论可能还会相互矛盾（Dejonghe et al.，1989；黄智龙 等，2004；Zhou et al.，2013a，2014a，2018a，2018b）。本章系统介绍黔西北地区典型铅锌矿床C-O-S-Pb-Sr同位素地球化学特征及其地质意义。

第一节　C-O同位素组成特征

一、天桥

前人和本次工作对天桥铅锌矿床围岩（灰岩）、蚀变白云岩、方解石等碳酸盐岩（矿物）进行了较为系统的C-O同位素组成分析（王华云，1993，1996；毛德明，2000；Zhou et al.，2013a；本次工作），结果列入表5-1中。可见，灰岩的$\delta^{13}C_{PDB}$和$\delta^{18}O_{SMOW}$变化范围分别介于–0.8～–1.8‰和23.1‰～23.6‰，蚀变白云岩的$\delta^{13}C_{PDB}$和$\delta^{18}O_{SMOW}$变化范围分别介于–3.0‰～–0.7‰和18.6‰～20.8‰，方解石的$\delta^{13}C_{PDB}$变化范围为–5.3‰～–3.4‰，$\delta^{18}O_{SMOW}$变化范围为14.9‰～19.6‰。总体上看，从远矿围岩到蚀变围岩再到方解石，其C-O同位素组成虽有部分重叠但呈逐渐降低趋势（图5-1）。

表5-1　天桥铅锌矿床围岩-灰岩、蚀变白云岩、方解石及对应流体C-O同位素组成（‰）

编号	对象	$\delta^{13}C_{PDB}$	$\delta^{18}O_{SMOW}$	$\delta^{13}C_{fluid}$	$\delta^{18}O_{fluid}$	文献
TQ-10	方解石	–4.6	18.4	–4.2	9.4	Zhou et al.，2013a；本次工作
TQ-13	方解石	–4.2	19.6	–3.8	10.6	
TQ-48	方解石	–4.9	18.2	–4.5	9.2	
TQ-50	方解石	–4.0	16.5	–3.6	7.5	
TQ-57	方解石	–5.3	18.6	–4.9	9.6	
TQ-70	方解石	–5.1	18.3	–4.7	9.3	
TQ-08-01	方解石	–3.4	14.9	–3.0	5.9	
TQ-08-02	方解石	–4.9	18.6	–4.5	9.6	
TQ-08-03	方解石	–4.4	16.5	–4.0	7.5	

续表

编号	对象	$\delta^{13}C_{PDB}$	$\delta^{18}O_{SMOW}$	$\delta^{13}C_{fluid}$	$\delta^{18}O_{fluid}$	文献
Tian-2	方解石	−4.4	19.6	−4.0	10.6	王华云，1993，1996；毛德明，2000
HTQ-1	蚀变白云岩	−3.0	20.7			
Tian-1	蚀变白云岩	−1.2	20.8			
Tian-3	蚀变白云岩	−1.9	20.2			
Tian-4	蚀变白云岩	−0.7	18.6			
Tian-5	蚀变白云岩	−2.3	20.6			
Tian-6	蚀变白云岩	−2.5	20.4			
HTQ-2	围岩-灰岩	−0.8	23.1			
5 件平均	围岩-灰岩	−1.8	23.6			

注：$1000\ln\alpha_{(CO_2\text{-}Calcite)} \approx \delta^{13}C_{CO_2} - \delta^{13}C_{Calcite} = -2.4612+7.663\times10^3/(T+273.15)-2.988\times10^6/(T+273.15)^2$（Bottinga，1968；$T$=200℃）；$1000\ln\alpha_{(Calcite\text{-}H_2O)} \approx \delta^{18}O_{Calcite} - \delta^{18}O_{H_2O} = 2.78\times10^6/(T+273.15)^2-3.39$（O'Neil et al.，1969，$T$=200℃）。

$\delta^{13}C_{PDB}$表示样品中的碳同位素组成以 PDB（Pee Dee Belemnite）为标准；$\delta^{18}O_{SMOW}$表示样品中的氧同位素组成以 SMOW（standard mean ocean water）为标准，后同。

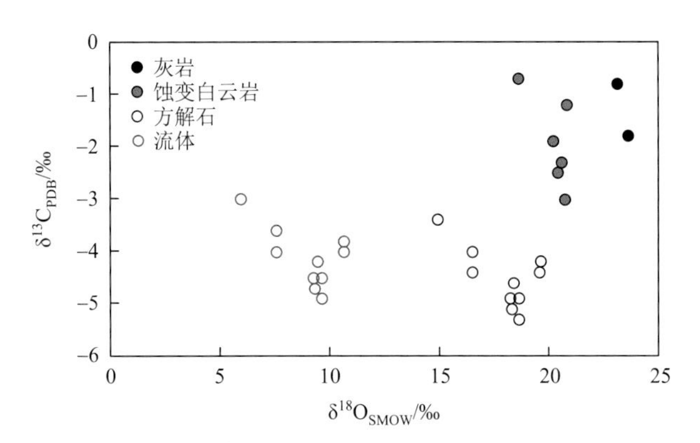

图 5-1 天桥铅锌矿床 C-O 同位素图解（数据来自表 5-1）

根据流体包裹体测温和硫同位素平衡分馏方程计算结果，包括天桥铅锌矿床在内的整个黔西北铅锌成矿区铅锌矿床成矿温度集中在 150～250℃（Zhou et al.，2013a；朱路艳 等，2016；Liu et al.，2017），峰值约为 200℃。根据碳和氧同位素平衡分馏方程（表 5-1），按成矿温度 200℃计算获得成矿流体的 $\delta^{13}C_{fluid}$ 和 $\delta^{18}O_{fluid}$，分别介于−4.9‰～−3.0‰和 5.9‰～10.6‰，明显与蚀变白云岩和围岩（灰岩）的 $\delta^{13}C_{PDB}$ 和 $\delta^{18}O_{SMOW}$ 不同（图 5-1）。

二、板板桥

本次工作以板板桥铅锌矿床方解石为研究对象，进行了较为系统的 C-O 同位素组成分析（Li et al.，2015；本次工作），结果列入表 5-2 中。可见，方解石的 $\delta^{13}C_{PDB}$ 变化范围为−2.8‰～−0.7‰，$\delta^{18}O_{SMOW}$ 变化范围为 14.1‰～17.0‰（图 5-2）。结合碳和氧同位素平衡分馏方程（表 5-2），按成矿温度 200℃计算获得成矿流体的 $\delta^{13}C_{fluid}$ 和 $\delta^{18}O_{fluid}$，分别为−2.4‰～−0.3‰和 5.1‰～8.0‰。

表 5-2 板板桥铅锌矿床方解石及对应流体 C-O 同位素组成（‰）

编号	对象	$\delta^{13}C_{PDB}$	$\delta^{18}O_{SMOW}$	$\delta^{13}C_{fluid}$	$\delta^{18}O_{fluid}$	文献
B06	方解石	−1.2	16.3	−0.8	7.3	Li et al.，2015；本次工作
B08	方解石	−2.8	17.0	−2.4	8.0	
B09	方解石	−1.2	16.3	−0.8	7.3	
B10	方解石	−0.8	14.4	−0.4	5.4	
B15	方解石	−0.8	15.3	−0.4	6.3	
B17	方解石	−1.0	15.6	−0.6	6.6	
B18	方解石	−0.7	16.3	−0.3	7.3	
B21	方解石	−0.7	14.1	−0.3	5.1	
B924	方解石	−0.8	14.4	−0.4	5.4	

注：$1000\ln\alpha_{(CO_2\text{-Calcite})}\approx\delta^{13}C_{CO_2}-\delta^{13}C_{Calcite}=-2.4612+7.663\times10^3/(T+273.15)-2.988\times10^6/(T+273.15)^2$（Bottinga，1968；$T$=200℃）；$1000\ln\alpha_{(Calcite\text{-}H_2O)}\approx\delta^{18}O_{Calcite}-\delta^{18}O_{H_2O}=2.78\times10^6/(T+273.15)^2-3.39$（O'Neil et al.，1969，$T$=200℃）。

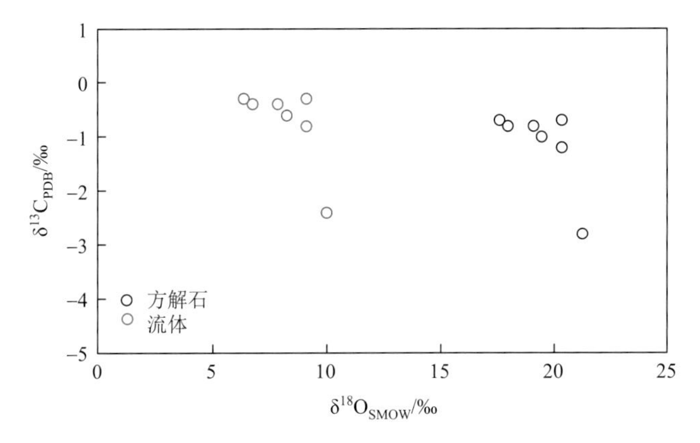

图 5-2 板板桥铅锌矿床 C-O 同位素图解（数据来自表 5-2）

三、筲箕湾

本次工作对筲箕湾铅锌矿床主要脉石碳酸盐矿物——方解石进行了 C-O 同位素组成分析（Dou and Zhou，2013；本次工作），结果列入表 5-3 中。可见，方解石的 $\delta^{13}C_{PDB}$ 和 $\delta^{18}O_{SMOW}$ 变化范围分别介于−3.1‰～−2.5‰和 18.9‰～19.3‰（图 5-3）。结合碳和氧同位素平衡分馏方程（表 5-3），按成矿温度 200℃计算获得成矿流体的 $\delta^{13}C_{fluid}$ 和 $\delta^{18}O_{fluid}$，分别介于−2.7‰～−2.1‰和 9.9‰～10.3‰。

表 5-3 筲箕湾铅锌矿床方解石及对应流体 C-O 同位素组成（‰）

编号	对象	$\delta^{13}C_{PDB}$	$\delta^{18}O_{SMOW}$	$\delta^{13}C_{fluid}$	$\delta^{18}O_{fluid}$	文献
SJW-16	方解石	−2.8	19.3	−2.4	10.3	Dou and Zhou，2013；本次工作
SJW-20	方解石	−2.5	19.1	−2.1	10.1	
SJW-22	方解石	−3.1	18.9	−2.7	9.9	
SJW-28	方解石	−2.6	19.2	−2.2	10.2	

注：$1000\ln\alpha_{(CO_2\text{-Calcite})}\approx\delta^{13}C_{CO_2}-\delta^{13}C_{Calcite}=-2.4612+7.663\times10^3/(T+273.15)-2.988\times10^6/(T+273.15)^2$（Bottinga，1968；$T$=200℃）；$1000\ln\alpha_{(Calcite\text{-}H_2O)}\approx\delta^{18}O_{Calcite}-\delta^{18}O_{H_2O}=2.78\times10^6/(T+273.15)^2-3.39$（O'Neil et al.，1969，$T$=200℃）。

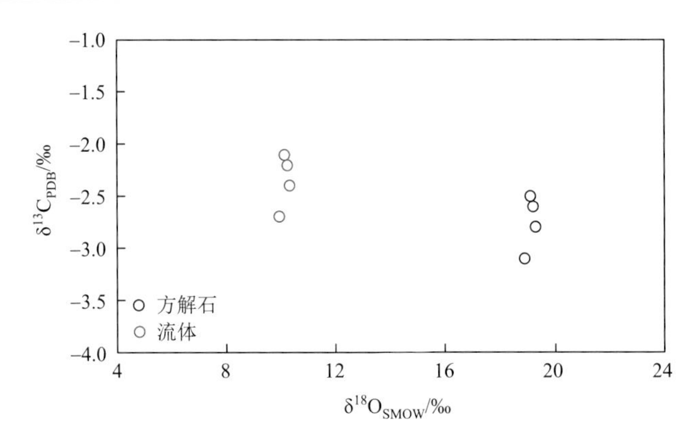

图 5-3　筲箕湾铅锌矿床 C-O 同位素图解（数据来自表 5-3）

四、青山

前人和本次工作对青山铅锌矿床围岩（灰岩）和方解石等碳酸盐岩（矿物）进行了较为系统的 C-O 同位素组成分析（毛健全 等，1998；张启厚 等，1999；Zhou et al.，2013b；本次工作），结果列入表 5-4 中。

表 5-4　青山铅锌矿床灰岩、方解石及对应流体 C-O 同位素组成（‰）

编号	对象	$\delta^{13}C_{PDB}$	$\delta^{18}O_{SMOW}$	$\delta^{13}C_{fluid}$	$\delta^{18}O_{fluid}$	文献
QS-09-01	方解石	−3.6	19.2	−3.2	10.2	Zhou et al.，2013b；本次工作
QS-09-02	方解石	−3.4	18.9	−3.0	9.9	
QS-09-03	方解石	−4.3	19.0	−3.9	10.0	
QS-09-06	方解石	−3.9	19.4	−3.5	10.4	
QS-09-12	方解石	−5.0	19.6	−4.6	10.6	
Qs-w-04	灰岩	2.3	22.9			毛健全 等，1998
Qs-w-05	灰岩	1.1	24.1			
QS-02	灰岩	1.8	24.3			
QS-03	灰岩	1.0	24.7			
HT-01	灰岩	0.6	24.4			张启厚 等，1999
HT-10	灰岩	0.9	23.8			
Qs-02	灰岩	1.7	23.4			
Qs-03	灰岩	1.0	23.9			
Qs-01	灰岩	2.3	23.3			
Qs-04	灰岩	1.1	22.1			

注：$1000\ln\alpha_{(CO_2\text{-Calcite})} \approx \delta^{13}C_{CO_2} - \delta^{13}C_{Calcite} = -2.4612 + 7.663\times10^3/(T+273.15) - 2.988\times10^6/(T+273.15)^2$（Bottinga，1968；$T$=200℃）；$1000\ln\alpha_{(Calcite\text{-}H_2O)} \approx \delta^{18}O_{Calcite} - \delta^{18}O_{H_2O} = 2.78\times10^6/(T+273.15)^2 - 3.39$（O'Neil et al.，1969，$T$=200℃）。

可见，灰岩的 $\delta^{13}C_{PDB}$ 和 $\delta^{18}O_{SMOW}$ 变化范围分别介于 0.6‰～2.3‰和 22.1‰～24.7‰，方解石的 $\delta^{13}C_{PDB}$ 变化范围为–5.0‰～–3.4‰，$\delta^{18}O_{SMOW}$ 变化范围为 18.9‰～19.6‰。从围岩到热液方解石，其 C-O 同位素组成明显呈逐渐降低趋势（图 5-4）。结合碳和氧同位素平衡分馏方程（表 5-4），按成矿温度 200℃计算获得成矿流体的 $\delta^{13}C_{fluid}$ 和 $\delta^{18}O_{fluid}$，分别介于–4.6‰～–3‰和 9.9‰～10.6‰，明显与围岩（灰岩）的 $\delta^{13}C_{PDB}$ 和 $\delta^{18}O_{SMOW}$ 不同（图 5-4）。

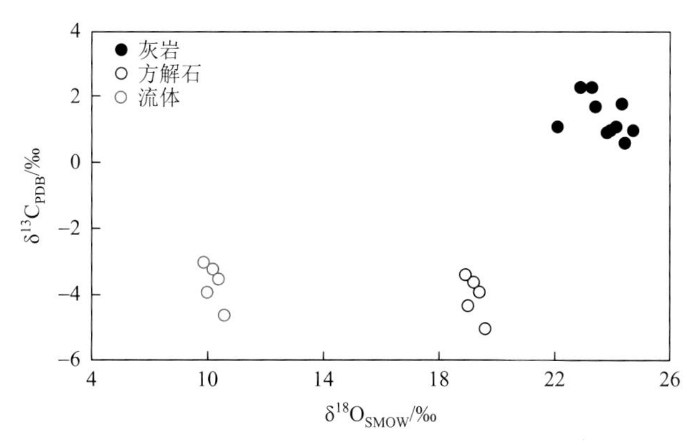

图 5-4 青山铅锌矿床 C-O 同位素图解（数据来自表 5-4）

五、杉树林

前人和本次工作对杉树林铅锌矿床围岩（灰岩、白云岩）和方解石等碳酸盐岩（矿物）进行了较为系统的 C-O 同位素组成分析（毛健全 等，1998；Zhou et al.，2014b；本次工作），结果列入表 5-5 中。

表 5-5 杉树林铅锌矿床灰岩、白云岩、方解石及对应流体 C-O 同位素组成（‰）

编号	对象	$\delta^{13}C_{PDB}$	$\delta^{18}O_{SMOW}$	$\delta^{13}C_{fluid}$	$\delta^{18}O_{fluid}$	文献
SSL2	方解石	−1.6	19.2	−1.2	10.2	Zhou et al.，2014b；本次工作
SSL5	方解石	−1.4	18.8	−1.0	9.8	
SSL8	方解石	−1.7	19.0	−1.3	10.0	
SSL12-@4	方解石	−1.6	19.5	−1.2	10.5	
SSL14-@3	方解石	−1.9	19.8	−1.5	10.8	
SSL17-@4	方解石	−2.2	20.3	−1.8	11.3	
SSL13-@3	方解石	−3.1	20.2	−2.7	11.2	
S-0	灰岩	2.4	25.5			毛健全 等，1998
Sh-S-51	白云岩	3.9	26.8			
SI-9	白云岩	2.5	25.6			
SSL7	白云岩	2.3	26.5			

注：$1000\ln\alpha_{(CO_2\text{-}Calcite)} \approx \delta^{13}C_{CO_2} - \delta^{13}C_{Calcite} = -2.4612 + 7.663\times10^3/(T+273.15) - 2.988\times10^6/(T+273.15)^2$（Bottinga，1968；$T$=200℃）；$1000\ln\alpha_{(Calcite\text{-}H_2O)} \approx \delta^{18}O_{Calcite} - \delta^{18}O_{H_2O} = 2.78\times10^6/(T+273.15)^2 - 3.39$（O'Neil et al.，1969，$T$=200℃）。

可见，围岩白云岩（灰岩）的 $\delta^{13}C_{PDB}$ 和 $\delta^{18}O_{SMOW}$ 变化范围分别介于 2.3‰～3.9‰和 25.5‰～26.8‰，方解石的 $\delta^{13}C_{PDB}$ 变化范围为–3.1‰～–1.4‰，$\delta^{18}O_{SMOW}$ 变化范围为 18.8‰～20.3‰。从围岩到热液方解石，其 C-O 同位素组成明显呈逐渐降低趋势（图 5-5）。结合碳和氧同位素平衡分馏方程（表 5-5），按成矿温度 200℃计算获得成矿流体的 $\delta^{13}C_{fluid}$ 和 $\delta^{18}O_{fluid}$，分别介于–2.7‰～–1.0‰和 9.8‰～11.3‰，明显低于与围岩（白云岩、灰岩）的 $\delta^{13}C_{PDB}$ 和 $\delta^{18}O_{SMOW}$（图 5-5）。

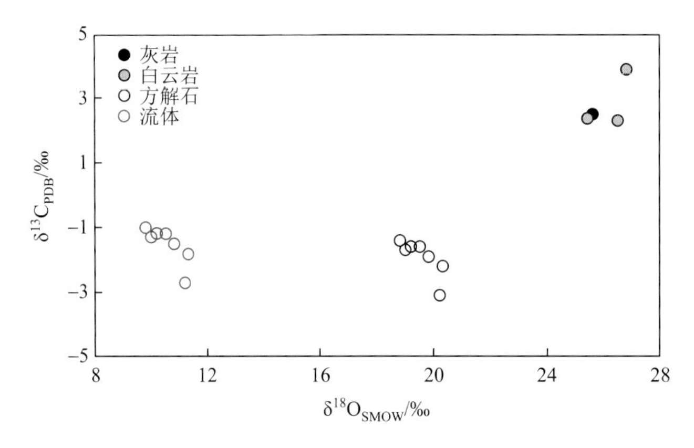

图 5-5　杉树林铅锌矿床 C-O 同位素图解（数据来自表 5-5）

六、银厂坡

前人对银厂坡铅锌矿床围岩（白云岩）、蚀变白云岩和方解石等碳酸盐岩（矿物）进行了较为系统的 C-O 同位素组成分析（陈士杰，1986；胡耀国，1999），结果列入表 5-6 中。

表 5-6　银厂坡铅锌矿床白云岩、蚀变白云岩、方解石及对应流体 C-O 同位素组成（‰）

编号	对象	$\delta^{13}C_{PDB}$	$\delta^{18}O_{SMOW}$	$\delta^{13}C_{fluid}$	$\delta^{18}O_{fluid}$	文献
YCP3-17	方解石	−3.2	17.5	−2.8	8.5	
YCP5-8-C	方解石	−2.2	13.2	−1.8	4.2	
YCP6	方解石	−1.5	11.3	−1.1	2.3	
YCP6-A	方解石	−1.5	16.0	−1.1	7.0	
YCP6-1	方解石	−2.2	13.0	−1.8	4.0	
YCP6-3	方解石	−2.6	17.5	−2.2	8.4	胡耀国，1999
YCP3-1K	方解石	−0.3	17.0	0.1	7.9	
YCP3-5K	方解石	−2.3	18.5	−1.9	9.5	
YCP4-7	蚀变白云岩	−0.6	20.9			
YCP2-A	白云岩	0.8	21.0			
YCP2-B	白云岩	0.8	21.0			

续表

编号	对象	$\delta^{13}C_{PDB}$	$\delta^{18}O_{SMOW}$	$\delta^{13}C_{fluid}$	$\delta^{18}O_{fluid}$	文献
HE11	蚀变白云岩	0.9	19.3			
HE12	蚀变白云岩	−1.1	20.1			
HE02	白云岩	0.1	22.6			
HE17	白云岩	0.9	21.0			陈士杰，1986
HE01	白云岩	−1.2	22.6			
HE16	白云岩	−0.4	22.5			
HE18	白云岩	−1.5	21.3			

注：$1000\ \ln\alpha_{(CO_2\text{-Calcite})} \approx \delta^{13}C_{CO_2} - \delta^{13}C_{Calcite} = -2.4612 + 7.663\times10^3/(T+273.15) - 2.988\times10^6/(T+273.15)^2$（Bottinga，1968；$T$=200℃）；$1000\ \ln\alpha_{(Calcite\text{-}H_2O)} \approx \delta^{18}O_{Calcite} - \delta^{18}O_{H_2O} = 2.78\times10^6/(T+273.15)^2 - 3.39$（O'Neil et al.，1969，$T$=200℃）。

可见，白云岩的 $\delta^{13}C_{PDB}$ 和 $\delta^{18}O_{SMOW}$ 变化范围分别介于−1.5‰～0.9‰和 21.0‰～22.6‰，近况蚀变白云岩的 $\delta^{13}C_{PDB}$ 变化范围为−1.1‰～0.9‰，$\delta^{18}O_{SMOW}$ 变化范围为19.3‰～20.9‰，方解石的 $\delta^{13}C_{PDB}$ 变化范围为−3.2‰～−0.3‰，$\delta^{18}O_{SMOW}$ 变化范围为11.3‰～18.5‰。从远矿围岩到近矿蚀变白云岩，再到热液方解石，其 C-O 同位素组成虽有部分重叠但呈逐渐降低趋势（图 5-6）。结合碳和氧同位素平衡分馏方程（表 5-6），按成矿温度 200℃计算获得成矿流体的 $\delta^{13}C_{fluid}$ 和 $\delta^{18}O_{fluid}$，分别介于−2.8‰～0.1‰和 2.3‰～9.5‰，明显与围岩（白云岩）的 $\delta^{13}C_{PDB}$ 和 $\delta^{18}O_{SMOW}$ 不同（图 5-6）。

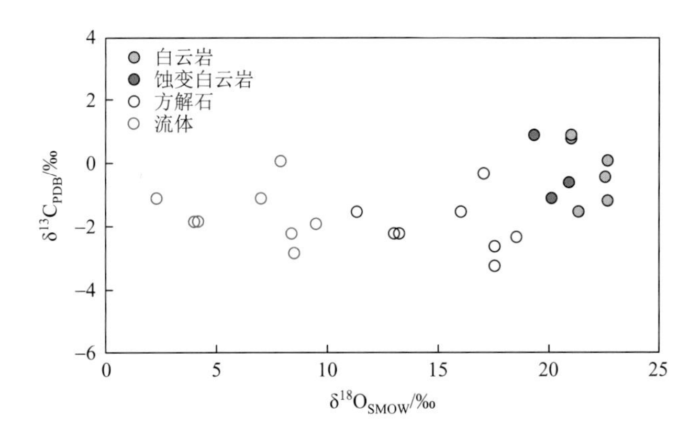

图 5-6　银厂坡铅锌矿床 C-O 同位素图解（数据来自表 5-6）

七、猪拱塘

前人和本次工作主要针对猪拱塘铅锌矿床不同世代热液方解石等碳酸盐矿物进行了较为系统的 C-O 同位素组成分析（Wei et al.，2021；本次工作），结果列入表 5-7 中。

表 5-7　猪拱塘铅锌矿床方解石及对应流体 C-O 同位素组成（‰）

编号	对象	$\delta^{13}C_{PDB}$	$\delta^{18}O_{SMOW}$	$\delta^{13}C_{fluid}$	$\delta^{18}O_{fluid}$	文献
ZGT-KB-1	方解石-Ⅰ	−1.65	17.1	−1.25	8.58	
ZK10405-1	方解石-Ⅰ	−3.95	20.64	−3.55	12.12	
ZK10405-2	方解石-Ⅰ	−4.13	19.48	−3.73	10.96	
ZK10405-6	方解石-Ⅰ	−4.19	19.02	−3.79	10.50	
ZK10405-12	方解石-Ⅰ	−4.38	19.17	−3.98	10.65	
ZK10405-14	方解石-Ⅰ	−4.20	19.36	−3.80	10.84	
ZK10405-15	方解石-Ⅰ	−3.82	19.19	−3.42	10.67	
ZK10405-16	方解石-Ⅰ	−4.63	18.83	−4.23	10.31	
ZK10405-19	方解石-Ⅰ	−6.07	19.75	−5.67	11.24	
ZK10405-26	方解石-Ⅰ	−4.27	19.52	−3.87	11.00	
ZK10405-28	方解石-Ⅰ	−4.73	18.91	−4.33	10.39	
ZK10405-30	方解石-Ⅰ	−4.44	17.43	−4.04	8.92	
ZK10405-31	方解石-Ⅰ	−3.77	19.02	−3.37	10.50	
ZK10405-35	方解石-Ⅰ	−3.63	18.88	−3.23	10.36	
ZK10405-41-2	方解石-Ⅰ	−3.88	18.81	−3.48	10.29	
ZK10405-42	方解石-Ⅰ	−3.89	17.94	−3.49	9.42	Wei et al.，2021；本次工作
ZK10405-43	方解石-Ⅰ	−4.06	19.59	−3.66	11.07	
ZK10405-45	方解石-Ⅰ	−7.53	21.88	−7.13	13.36	
ZGT-1	方解石-Ⅱ	1.73	14.99	2.13	4.54	
ZK10405-11	方解石-Ⅱ	−3.87	15.82	−3.47	5.37	
ZK10405-13	方解石-Ⅱ	−3.62	17.94	−3.22	7.49	
ZK10405-18	方解石-Ⅱ	−3.00	16.07	−2.60	5.62	
ZK10405-22	方解石-Ⅱ	−4.28	18.16	−3.88	7.70	
ZK10405-23	方解石-Ⅱ	−4.43	18.39	−4.03	7.94	
ZK10405-32	方解石-Ⅱ	−3.44	17.98	−3.04	7.53	
ZK10405-33	方解石-Ⅱ	−3.28	16.24	−2.88	5.79	
ZK10405-36	方解石-Ⅱ	−4.83	16.45	−4.43	6.00	
ZK10405-37	方解石-Ⅱ	−3.93	18.4	−3.53	7.95	
ZK10405-40	方解石-Ⅱ	−2.98	14.77	−2.58	4.32	
ZK10405-41-1	方解石-Ⅱ	−4.21	17.92	−3.81	7.46	
ZK10405-46	方解石-Ⅱ	−1.94	13.85	−1.54	3.40	

注：$1000\ln\alpha_{(CO_2\text{-}Calcite)} \approx \delta^{13}C_{CO_2} - \delta^{13}C_{Calcite} = -2.4612 + 7.663\times10^3/(T+273.15) - 2.988\times10^6/(T+273.15)^2$（Bottinga，1968；$T$=210℃，175℃）；$1000\ln\alpha_{(Calcite\text{-}H_2O)} \approx \delta^{18}O_{Calcite} - \delta^{18}O_{H_2O} = 2.78\times10^6/(T+273.15)^2 - 3.39$（O'Neil et al.，1969，$T$=210℃，175℃）。

Ⅰ期方解石的 $\delta^{13}C_{PDB}$ 和 $\delta^{18}O_{SMOW}$ 变化范围分别介于−7.53‰～−1.65‰和 17.10‰～21.88‰（图 5-7），Ⅱ期方解石的 $\delta^{13}C_{PDB}$ 和 $\delta^{18}O_{SMOW}$ 变化范围分别介于−4.83‰～−1.73‰和 13.85‰～18.40‰。可见，从Ⅰ期方解石到Ⅱ期方解石，其 C-O 同位素组成总体呈逐

渐降低的趋势（图 5-7）。结合碳和氧同位素平衡分馏方程（表 5-7），按成矿温度 210℃和 175℃分别计算获得Ⅱ期成矿流体的 $\delta^{13}C_{fluid}$ 和 $\delta^{18}O_{fluid}$ 为–7.13‰～–1.25‰和 8.58‰～13.36‰，Ⅱ期成矿流体的 $\delta^{13}C_{fluid}$ 和 $\delta^{18}O_{fluid}$ 则介于–4.43‰～2.13‰和 3.40‰～7.95‰（Wei et al.，2021）。

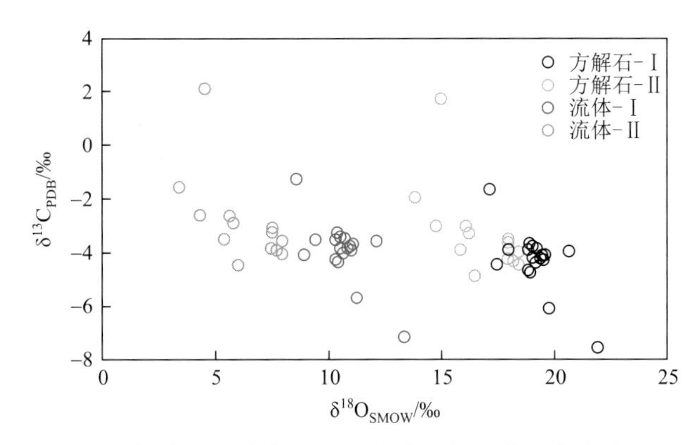

图 5-7 猪拱塘铅锌矿床 C-O 同位素图解（数据来自表 5-7）

八、地质意义

将前人及本次工作数据，按照对应成矿流体温度计算获得成矿流体的 $\delta^{13}C_{PDB}$ 和 $\delta^{18}O_{SMOW}$，连同碳酸盐矿物、蚀变围岩和围岩的 $\delta^{13}C_{PDB}$ 和 $\delta^{18}O_{SMOW}$，进行投图（图 5-8），不难发现全部数据并没有呈现近水平分布，暗示本区矿床并非完全由围岩碳酸盐岩溶解作用提供的 CO_2，而是很有可能经历了比较复杂的过程。其中，围岩的 $\delta^{13}C_{PDB}$ 和 $\delta^{18}O_{SMOW}$ 完全落入海相碳酸盐岩范围内（图 5-9 和图 5-10），表明这些矿床围岩（灰岩或白云岩）的沉积成因，与其地质特征吻合。

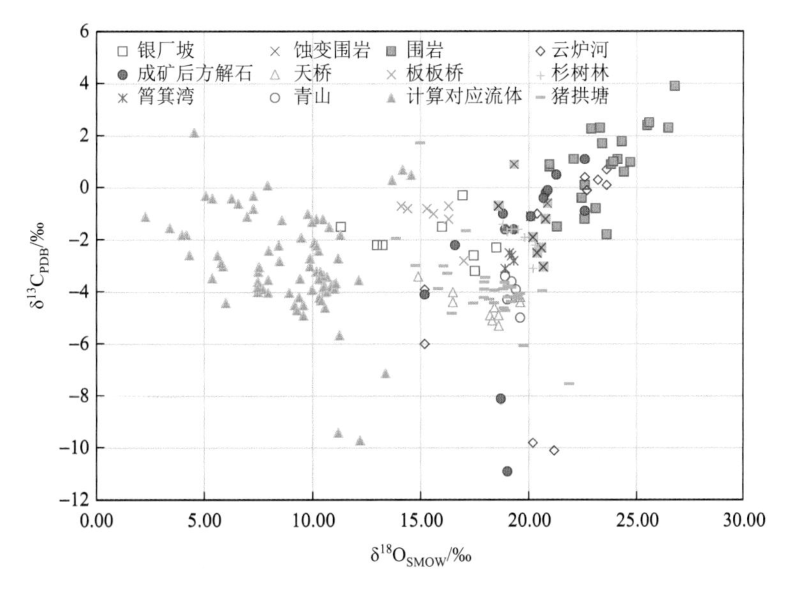

图 5-8 研究区典型铅锌矿床碳酸盐矿物及对应流体、蚀变围岩和围岩 C-O 同位素图解

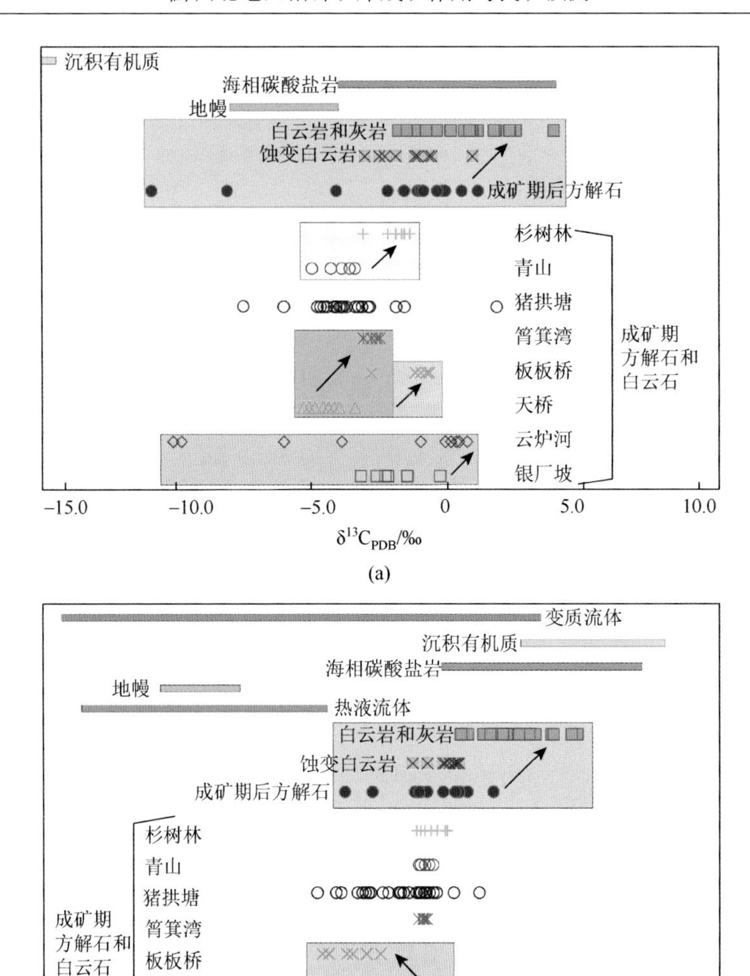

图 5-9　黔西北地区典型铅锌矿床 C-O 同位素对比（Zhou et al.，2018c）

不同矿床的热液方解石，其 C-O 同位素组成范围较宽，但均处于地幔多相体系与海相碳酸盐岩间，且具有靠近海相碳酸盐岩其 C 同位素组成有先降低再升高的趋势。前人研究发现如果 CO_2 形成于海相碳酸盐岩的溶解作用，其 C 同位素组成与海相碳酸盐岩相似，但其 O 同位素组成较海相碳酸盐岩亏损（图 5-10）。此外，如果 CO_2 形成于沉积物中有机质的脱羟基作用，其 C 同位素组成较有机质升高，O 同位素组成较有机质降低（图 5-10）。

黔西北代表性矿床热液方解石 C-O 同位素组成明显高于沉积物有机质，有机质脱羟基作用很难形成如此大的 C-O 同位素分馏。因此，有机质脱羟基作用应该不是成矿流体中 CO_2 形成的主要机制。地幔多相体系的沉积岩混染或高温效应会使从其中形成的矿物

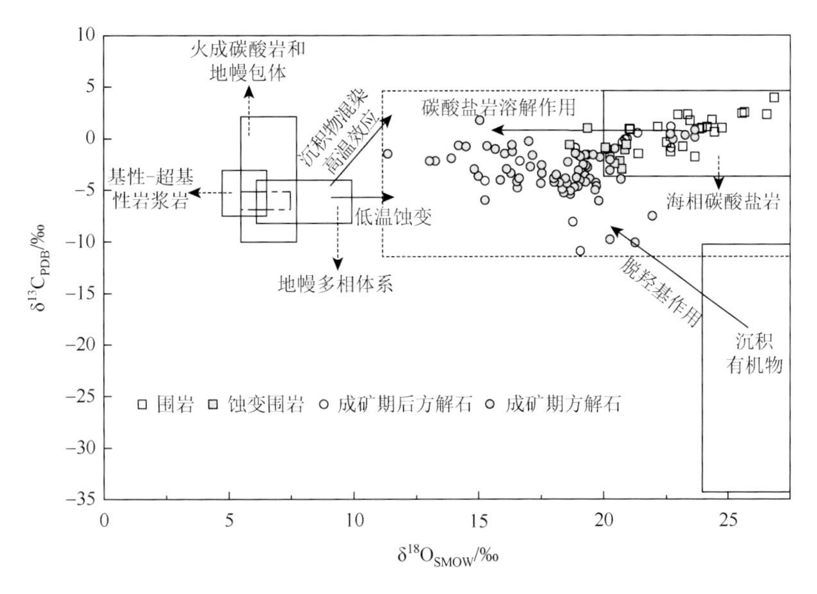

图 5-10　黔西北地区典型铅锌矿床 C-O 同位素图解

具有比其更高的 $\delta^{13}C$ 和 $\delta^{18}O$（图 5-9），而本区代表性矿床中热液方解石的 C 同位素组成与地幔多相体系相近，但 O 同位素组成明显高于地幔多相体系。因此，沉积岩混染或高温效应也不应是成矿流体中 CO_2 形成的主要因素。海相碳酸盐岩的溶解作用通过热液流体与围岩间的水/岩反应作用完成，在水/岩反应过程发生同位素交换。黔西北代表性矿床中蚀变围岩的 C-O 同位素组成靠近围岩，说明热液流体确实与围岩发生 O 同位素交换作用，结果导致蚀变围岩较围岩亏 ^{18}O，暗示成矿流体具有亏 ^{18}O 特征。这似乎又排除了海相碳酸盐岩的溶解作用是成矿流体中 CO_2 形成的主要因素。

因此，笔者认为早期亏 ^{18}O 的成矿流体，其 CO_2 可能主要由地幔多相体系经沉积岩混染或高温效应提供，随着成矿流体与围岩间水/岩反应的进行，成矿流体中的 CO_2 则主要由海相碳酸盐岩经溶解作用形成，而热液方解石 C 同位素靠近海相碳酸盐岩具有先降低再升高趋势的原因可能是沉积有机质脱羟基作用所形成的 CO_2 在热液方解石沉淀过程中加入的结果。此外，银厂坡和天桥铅锌矿床中的热液方解石较筲箕湾和青山矿床中的热液方解石具有更宽泛的 C-O 同位素组成，说明银厂坡和天桥矿床的形成经历了更复杂的地质过程。筲箕湾和青山矿床中的热液方解石较天桥矿床中的热液方解石具有略高的 C-O 同位素组成，且集中分布，暗示筲箕湾和青山矿床成矿流体中的 CO_2 主要由海相碳酸盐岩经溶解作用提供（Zhou et al.，2018c）。

第二节　S 同位素组成特征

一、猫榨厂

前人和本次工作针对猫榨厂铅锌矿床不同类型富硫矿物（重晶石、黄铁矿）进行了 S 同位素组成分析（金中国，2008；Zhou et al.，2018c；本次工作），结果列入表 5-8 中。可见，

重晶石样品的 $\delta^{34}S$ 为 11.8‰，黄铁矿样品的 $\delta^{34}S$ 变化范围介于 3.0‰～15.1‰（图 5-11）。其中，黄铁矿样品的 $\delta^{34}S$ 分为两组，分别为 3.0‰～4.0‰（均值为 3.5‰，n=2）和 10.5‰～15.1‰（均值为 13.6‰，n=8）。

表 5-8　猫榨厂铅锌矿床 S 同位素组成（‰）

编号	对象	$\delta^{34}S_{CDT}$	文献
ZZC-A	黄铁矿	14.0	金中国，2008
ZZC-B	重晶石	11.8	
MZC-11-1	黄铁矿	15.0	Zhou et al.，2018c；本次工作；NanoSIMS 原位分析
MZC-11-2	黄铁矿	15.1	
MZC-11-3	黄铁矿	14.9	
MZC-11-4	黄铁矿	15.1	
MZC-11-5	黄铁矿	4.0	
MZC-11-6	黄铁矿	3.0	
MZC-5-1	黄铁矿	10.7	
MZC-5-2	黄铁矿	10.5	
MZC-5-3	黄铁矿	13.1	

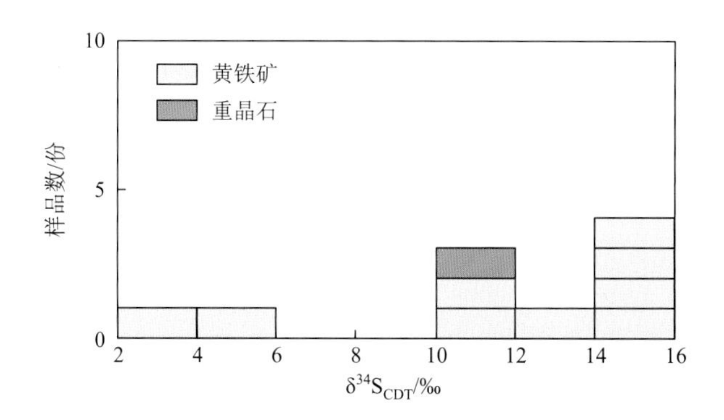

图 5-11　猫榨场铅锌矿床 $\delta^{34}S$ 分布直方图（数据来自表 5-8）

二、天桥

前人和本次工作主要针对天桥铅锌矿床不同类别硫化物（闪锌矿、方铅矿、黄铁矿）进行了较为系统的 S 同位素组成分析（顾尚义，2007；金中国，2008；Zhou et al.，2010，2013a，2013c，2014a；Liu et al.，2017；本次工作），结果列入表 5-9 中。84 件硫化物的 $\delta^{34}S_{CDT}$ 介于 8.3‰～15.9‰，均值为 12.4‰；其中 6 件黄铁矿的 $\delta^{34}S_{CDT}$ 介于 12.8‰～14.4‰，均值为 13.4‰，53 件闪锌矿的 $\delta^{34}S_{CDT}$ 介于 10.9‰～15.9‰，均值为 13.0‰，25 件方铅矿的 $\delta^{34}S_{CDT}$ 介于 8.3‰～12.8‰，均值为 10.9‰。总体上从黄铁矿→闪锌矿→方铅矿，其 S 同位素组成呈逐渐降低趋势（图 5-12），暗示了不同硫化物间硫同位素分馏达到了热力学平衡。

表 5-9 天桥铅锌矿床 S 同位素组成（‰）

编号	对象	$\delta^{34}S_{CDT}$	文献	编号	对象	$\delta^{34}S_{CDT}$	文献
TQ-3-1	方铅矿	9.8	Zhou et al.，2010，2013a，2013c，2014a；本次工作	TQ-53-1	闪锌矿	13.8	Zhou et al.，2010，2013a，2013c，2014a；本次工作
TQ-3-2	闪锌矿	14.0		TQ-53-2	闪锌矿	13.6	
TQ6	闪锌矿	13.9		TQ-54-3	方铅矿	8.4	
TQ8-2	闪锌矿	12.5		TQ-54-2	闪锌矿	12.2	
TQ-10	闪锌矿	13.7		TQ-54-1	闪锌矿	12.0	
TQ-13-1	方铅矿	9.3		TQ-55	闪锌矿	12.6	
TQ-13-2	闪锌矿	11.7		TQ-56-1	闪锌矿	12.2	
TQ-16-2	闪锌矿	13.7		TQ-56-2	闪锌矿	11.5	
TQ-16-1	闪锌矿	12.3		TQ-58	闪锌矿	13.9	
TQ-18-1	黄铁矿	13.7		TQ-60-1	黄铁矿	13.2	
TQ-18-2	闪锌矿	13.1		TQ-60-2	闪锌矿	12.4	
TQ-19	黄铁矿	14.4		TQ-60-3	闪锌矿	12.3	
TQ20-1	闪锌矿	12.0		TQ62	闪锌矿	12.4	
TQ20-2	闪锌矿	11.7		TQ62r	闪锌矿	12.3	
TQ-23	黄铁矿	12.8		TQ64	闪锌矿	12.1	
TQ-24-1	黄铁矿	12.9		TQ-65	方铅矿	8.7	
TQ-24-2	方铅矿	8.9		TQ110	闪锌矿	11.2	
TQ-24-3	闪锌矿	12.3		TQ105	闪锌矿	12.3	
TQ-24-4	闪锌矿	11.9		TQ081	闪锌矿	14.8	
TQ-24-5	闪锌矿	10.9		TQ083	闪锌矿	12.5	
TQ-25-1	方铅矿	8.5		TQ084	闪锌矿	12.6	
TQ-25-2	闪锌矿	12.1		TQ085-1	闪锌矿	12.5	
TQ-26	闪锌矿	12.2		TQ085-2	闪锌矿	12.4	
TQ-52	方铅矿	8.4		TQ086	闪锌矿	12.3	
HTQ-T1S1	闪锌矿	11.5	顾尚义，2007	TQ-21	闪锌矿	15.4	Liu et al.，2017
HTQ-T1S2	方铅矿	11.1		TQ-21	方铅矿	12.8	
HTQ-T2S1	方铅矿	12.6		TQ-X1	闪锌矿	11.2	
HTQ-T2S2	闪锌矿	14.2		TQ-X1	方铅矿	8.3	
HTQ-T3S1	闪锌矿	12.4		TQ-8	闪锌矿	15.8	
HTQ-T3S2	方铅矿	10.7		TQ-8	方铅矿	12.8	
HTQ-T5S	方铅矿	11.0		TQ-22	闪锌矿	15.5	
HTQ-T6S1	闪锌矿	11.6		TQ-22	方铅矿	12.8	
HTQ-T6S2	方铅矿	11.4		TQ-51	闪锌矿	14.3	
HTQ-T4S1	闪锌矿	11.5		TQ-51	方铅矿	11.9	
HTQ-T4S2	方铅矿	11.9		TQ-61	闪锌矿	14.6	
HTQ-T7S	黄铁矿	13.4		TQ-61	方铅矿	11.7	
Tian-1	闪锌矿	12.9	金中国，2008	TQ-81	闪锌矿	15.5	
Tian-2	方铅矿	9.4		TQ-81	方铅矿	12.7	
TQ-14	闪锌矿	15.5	Liu et al.，2017	TQ-82	闪锌矿	15.9	
TQ-14	方铅矿	12.8		TQ-82	方铅矿	12.8	
TQ-2	闪锌矿	14.8		TQ-121	闪锌矿	15.4	
TQ-2	方铅矿	11.6		TQ-121	方铅矿	12.4	

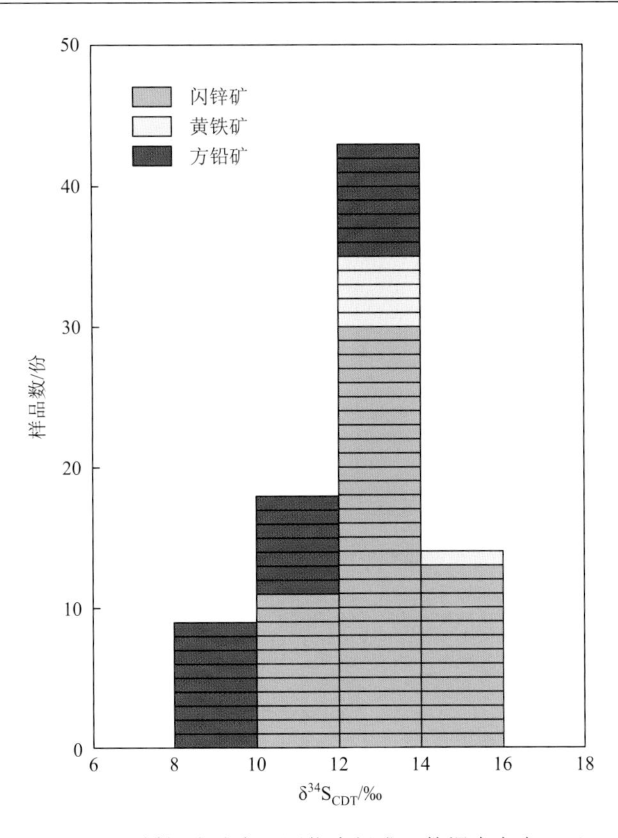

图 5-12　天桥铅锌矿床 S 同位素组成（数据来自表 5-9）

三、板板桥

前人和本次工作针对板板桥铅锌矿床不同类型硫化物（方铅矿、黄铁矿）进行了较为系统的 S 同位素组成分析（Zhou et al.，2014a；Li et al.，2015；本次工作），结果列入表 5-10 中，统计如图 5-13 所示。

表 5-10　板板桥铅锌矿床 S 同位素组成（‰）

编号	对象	$\delta^{34}S_{CDT}$	文献
B02	黄铁矿	8.8	Zhou et al.，2014a；Li et al.，2015；本次工作
B02	闪锌矿	5.7	
B04	闪锌矿	6.2	
B04	方铅矿	3.2	
B06	黄铁矿	9.8	
B08	闪锌矿	8.4	
B08	方铅矿	4.5	
B09	黄铁矿	9.6	
B09	闪锌矿	6.4	

续表

编号	对象	$\delta^{34}S_{CDT}$	文献
B10	闪锌矿	6.0	Zhou et al.，2014a；Li et al.，2015；本次工作
B10	方铅矿	3.5	
B15	方铅矿	3.9	
B17	闪锌矿	6.1	
B17	方铅矿	3.6	
B18	黄铁矿	9.2	
B18	方铅矿	6.6	
B20	方铅矿	4.8	
B21	闪锌矿	9.0	
B21	方铅矿	4.8	
B924	闪锌矿	7.1	

20 件硫化物的 $\delta^{34}S_{CDT}$ 介于 3.2‰～9.8‰，均值为 6.4‰，显示硫化物具有富重硫特征（图 5-13），其中黄铁矿 $\delta^{34}S_{CDT}$ 范围为 8.8‰～9.8‰，均值为 9.4‰（n=4）；闪锌矿 $\delta^{34}S_{CDT}$ 范围为 3.9‰～9.0‰，均值为 6.5‰（n=10）；方铅矿 $\delta^{34}S_{CDT}$ 范围为 3.2‰～4.8‰，均值为 4.1‰（n=6）。此外，在同一手标本中，黄铁矿的 $\delta^{34}S_{CDT}$ 比与其共生的闪锌矿的 $\delta^{34}S_{CDT}$ 高（如样品 B02、B09 和 B18），暗示板板桥铅锌矿床共生矿物间的 S 同位素分馏达到了热力学平衡。

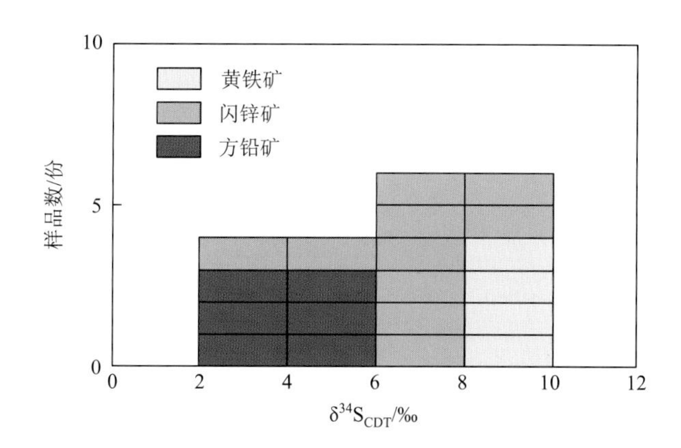

图 5-13　板板桥铅锌矿床 S 同位素组成（数据来自表 5-10）

四、箐箕湾

前人和本次工作主要针对箐箕湾铅锌矿床不同类型硫化物（方铅矿、黄铁矿）进行了较为系统的 S 同位素组成分析（张准　等，2011；Zhou et al.，2013d；本次工作），结果列入表 5-11 中。

表 5-11　箐箕湾铅锌矿床 S 同位素组成（‰）

编号	对象	$\delta^{34}S_{CDT}$	文献
SJW-9-1	黄铁矿	11.4	张准 等，2011；Zhou et al.，2013d；本次工作
SJW-15-1	黄铁矿	11.3	
SJW-14	黄铁矿	11.6	
SJW-1	闪锌矿	11.1	
SJW-11	闪锌矿	9.8	
SJW-7	闪锌矿	10.1	
SJW-6	闪锌矿	11.1	
SJW-9-2	闪锌矿	10.3	
SJW-15-2	闪锌矿	9.8	
SJW-16	闪锌矿	10.1	
SJW-12	方铅矿	8.4	

11 件硫化物的 $\delta^{34}S_{CDT}$ 介于 8.4‰～11.6‰，均值为 10.5‰，显示硫化物具有富重硫特征，其中黄铁矿 $\delta^{34}S_{CDT}$ 范围为 11.3‰～11.6‰，均值为 11.4‰（n=3）；闪锌矿 $\delta^{34}S_{CDT}$ 范围为 9.8‰～11.1‰，均值为 10.4‰（n=7）；方铅矿 $\delta^{34}S_{CDT}$ 为 8.4‰（n=1）。可见，黄铁矿比方铅矿总体更富集重 S 同位素（图 5-14），暗示箐箕湾铅锌矿床共生矿物间的 S 同位素分馏达到了热力学平衡。

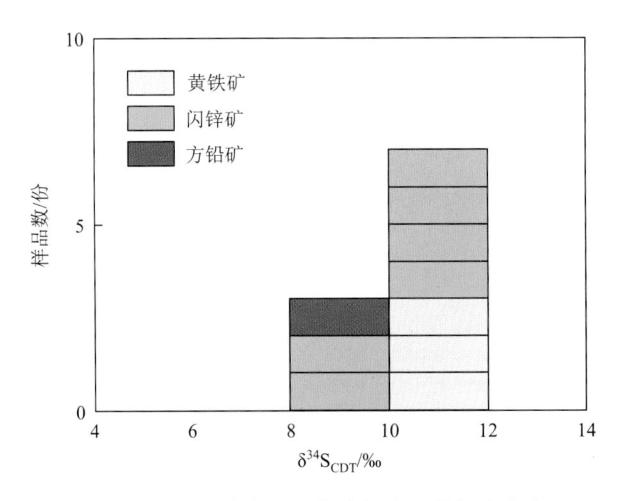

图 5-14　箐箕湾铅锌矿床 S 同位素组成（数据来自表 5-11）

五、青山

前人和本次工作主要针对箐箕湾铅锌矿床不同类型硫化物（黄铁矿、方铅矿、闪锌矿和重晶石）进行了较为系统的 S 同位素组成分析（张启厚 等，1998；付绍洪，2004；顾尚义，2007；金中国，2008；Zhou et al.，2013e；Liu et al.，2017；本次工作），结果列入表 5-12 中。

表 5-12　青山铅锌矿床 S 同位素组成（‰）

编号	对象	$\delta^{34}S_{CDT}$	文献	编号	对象	$\delta^{34}S_{CDT}$	文献
QSC-4S	黄铁矿	18.3	张启厚 等，1998；顾尚义，2007	QS-09-01	黄铁矿	17.2	Zhou et al.，2013e；本次工作
1800A4-S2	闪锌矿	17.6		QS-09-02	闪锌矿	16.5	
1816B4-S1	闪锌矿	18.5		QS-09-03	闪锌矿	17.5	
QSC-3S1	闪锌矿	18.4		QS-09-06	闪锌矿	18.2	
1816B4-S2	方铅矿	17.2		QS-09-12	方铅矿	15.5	
1800A4-S1	方铅矿	15.9		QS-4	闪锌矿	15.3	Liu et al.，2017
QSC-3S2	方铅矿	15.8		QS-4	方铅矿	12.8	
QS03	黄铁矿	16.9	付绍洪，2004	QS-6	闪锌矿	16.8	
QS04-1	闪锌矿	18.5		QS-6	方铅矿	13.9	
QS04-2	方铅矿	14.0		QS-12	闪锌矿	16.1	
QS02	方铅矿	13.7		QS-12	方铅矿	13.5	
Q-1	重晶石	28.3	顾尚义，2007；金中国，2008	QS-21	闪锌矿	17.3	
Q-2-1	闪锌矿	15.9		QS-21	方铅矿	14.6	
Q-2-2	方铅矿	11.4		QS-31	闪锌矿	15.7	
Q-6	闪锌矿	15.7		QS-31	方铅矿	12.9	
QS01SP	闪锌矿	17.5	张启厚 等，1998	QS-51	闪锌矿	17.4	
QS01	闪锌矿	16.8		QS-51	方铅矿	14.3	
GQ3-Py	黄铁矿	10.7		QS-52	闪锌矿	17.1	
F9-Py	黄铁矿	12.6		QS-52	方铅矿	14.7	
GQ11-Cc	黄铁矿	13.6		QS-62	闪锌矿	16.9	
Q-Py	黄铁矿	14.0		QS-62	方铅矿	14.1	
Q-Sph	闪锌矿	19.6		QS-112	闪锌矿	17.3	
Q-Gal	方铅矿	16.8		QS-112	方铅矿	14.9	
S-11	重晶石	23.1		QS-312	闪锌矿	16.4	
GQ0-52-2	重晶石	27.5		QS-312	方铅矿	13.8	

50 件硫化物的 $\delta^{34}S_{CDT}$ 介于 10.7‰～19.6‰，均值为 15.7‰，显示硫化物具有富重硫特征，同时具有明显的塔式分布特征，峰值为 14‰～18‰（图 5-15）。

其中，黄铁矿 $\delta^{34}S_{CDT}$ 范围为 10.7‰～18.3‰，均值为 14.8‰（n=7）；闪锌矿 $\delta^{34}S_{CDT}$ 范围为 15.3‰～19.6‰，均值为 17.1‰（n=22）；方铅矿 $\delta^{34}S_{CDT}$ 范围为 11.4‰～17.2‰，均值为 14.4‰（n=18）；重晶石 $\delta^{34}S_{CDT}$ 范围为 23.1‰～28.3‰，均值为 26.3‰（n=3）。

可见，同种硫化物间 S 同位素组成较为相近，不同硫化物间 S 同位素分馏相对较大。而在同一手标本中（如 QS-09-01、QS-09-02 和 QS-09-12），硫化物间具有 $\delta^{34}S_{黄铁矿}$＞$\delta^{34}S_{闪锌矿}$＞$\delta^{34}S_{方铅矿}$特征（表 5-12），暗示青山铅锌矿床局部 S 同位素分馏达到了热力学平衡（图 5-15）。

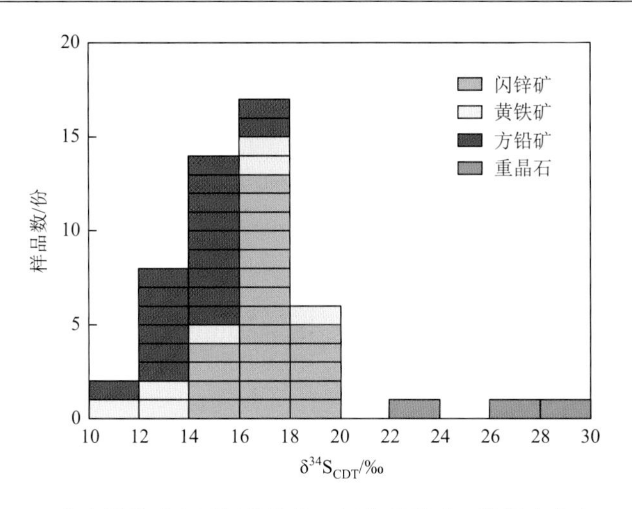

图 5-15　青山铅锌矿床不同硫化物 S 同位素组成（数据来自表 5-12）

六、杉树林

前人和本次工作主要针对杉树林铅锌矿床不同类型硫化物（黄铁矿、方铅矿、闪锌矿）进行了较为系统的 S 同位素组成分析（陈士杰，1986；付绍洪，2004；Zhou et al.，2014b；Liu et al.，2017；本次工作），结果列入表 5-13 中。

表 5-13　杉树林铅锌矿床 S 同位素组成（‰）

编号	对象	$\delta^{34}S_{CDT}$	文献	编号	对象	$\delta^{34}S_{CDT}$	文献
SS14-@2	闪锌矿	18.7	付绍洪，2004	SS07	黄铁矿	17.6	付绍洪，2004
SS01	闪锌矿	17.2		SS14-1-@2	方铅矿	14.2	
SS03	闪锌矿	17.5		SS14-@2	方铅矿	14.1	
SS14-1-@1	闪锌矿	18.4		SS13-@2	方铅矿	13.9	
SS16	闪锌矿	18.6		SS13-@1	闪锌矿	18.7	
78-79	方铅矿	13.4	陈士杰，1986	SSL-1	闪锌矿	19.1	Liu et al.，2017
78-64	方铅矿	13.4		SSL-1	方铅矿	15.3	
S11	方铅矿	13.6		SSL-4	闪锌矿	19.0	
A1159-S-4	方铅矿	13.7		SSL-4	方铅矿	15.8	
78-59	闪锌矿	16.3		SSL-5	闪锌矿	18.1	
78-80	闪锌矿	16.1		SSL-5	方铅矿	15.1	
S3	闪锌矿	17.0		SSL-7	闪锌矿	19.1	
S12	闪锌矿	18.3		SSL-7	方铅矿	15.7	
78-66	闪锌矿	15.9		SSL-141	闪锌矿	20.3	
SSL17-@3	方铅矿	15.8	Zhou et al.，2014b；本次工作	SSL-141	方铅矿	17.4	
SSL12-@3	方铅矿	15.7		SSL-149	闪锌矿	17.2	
SSL6-@2	方铅矿	17.1		SSL-149	方铅矿	14.0	

续表

编号	对象	$\delta^{34}S_{CDT}$	文献	编号	对象	$\delta^{34}S_{CDT}$	文献
SSL10	方铅矿	15.6	Zhou et al.，2014b；本次工作	SSL-153	闪锌矿	17.6	Liu et al.，2017
SSL6-@1	闪锌矿	19.6		SSL-153	方铅矿	15.0	
SSL17-@1	闪锌矿	19.3		SSL-164	闪锌矿	18.2	
SSL14-@2	闪锌矿	19.0		SSL-164	方铅矿	15.1	
SSL13-@2	闪锌矿	18.9		SSL-1411	闪锌矿	17.5	
SSL1-@2	闪锌矿	20.3		SSL-1411	方铅矿	13.4	
SSL12-@1	闪锌矿	19.1		SSL-1610	闪锌矿	18.2	
SSL11	闪锌矿	19.2		SSL-1610	方铅矿	15.0	

50 件硫化物的 $\delta^{34}S_{CDT}$ 介于 13.4‰～20.3‰，均值 16.9‰，显示硫化物具有富重硫特征，同时具有明显的塔式分布特征，峰值为 14‰～20‰（图 5-16）。其中 1 个黄铁矿 $\delta^{34}S_{CDT}$ 为 17.6‰；闪锌矿 $\delta^{34}S_{CDT}$ 范围为 15.9‰～20.3‰，均值为 18.3‰（n=28）；方铅矿 $\delta^{34}S_{CDT}$ 范围为 13.4‰～17.4‰，均值为 14.9‰（n=21）（图 5-16）。

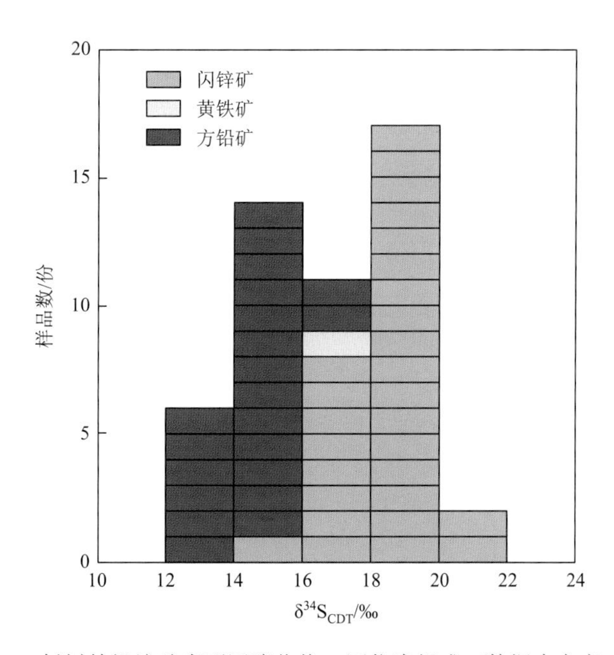

图 5-16 杉树林铅锌矿床不同硫化物 S 同位素组成（数据来自表 5-13）

七、银厂坡

前人针对银厂坡铅锌矿床不同类型硫化物（黄铁矿、方铅矿、闪锌矿）进行了较为系统的 S 同位素组成分析（胡耀国，1999；柳贺昌和林文达，1999），结果列入表 5-14 中。24 件硫化物的 $\delta^{34}S_{CDT}$ 介于 7.6‰～14.2‰，均值为 11.1‰，显示硫化物具有富重硫特征，同时具有明显的塔式分布特征，峰值为 10‰～12‰（图 5-17）。其中黄铁矿 $\delta^{34}S_{CDT}$

范围为 7.6‰～13.0‰，均值为 10.6‰（n=6）；闪锌矿 $\delta^{34}S_{CDT}$ 范围为 11.2‰～14.2‰，均值为 12.7‰（n=7）；方铅矿 $\delta^{34}S_{CDT}$ 范围为 9.6‰～11.5‰，均值为 10.5‰（n=11）。可见，硫化物间总体具有 $\delta^{34}S_{黄铁矿}>\delta^{34}S_{闪锌矿}>\delta^{34}S_{方铅矿}$特征（表 5-14），暗示银厂坡铅锌矿床硫化物间 S 同位素分馏达到了热力学平衡（图 5-17）。

表 5-14　银厂坡铅锌矿床 S 同位素组成（‰）

编号	对象	$\delta^{34}S_{CDT}$	文献
YC-C	黄铁矿	8.5	
YC-A	黄铁矿	7.6	
YC-B	黄铁矿	10.3	
YC-5	闪锌矿	13.3	
YC-1	闪锌矿	12.7	
YC-4	闪锌矿	11.2	
YC-7	闪锌矿	12.4	
YC-6	闪锌矿	12.9	
YC-2	闪锌矿	11.9	胡耀国，1999
YC-3	闪锌矿	14.2	
YC6-21	方铅矿	11.0	
YC6-19-1	方铅矿	10.0	
YC6-25	方铅矿	10.1	
YC6-A	方铅矿	10.8	
YC6-22	方铅矿	11.5	
YC3-3	方铅矿	9.6	
YCW-4	方铅矿	10.7	
82-2	黄铁矿	12.2	
82-4	黄铁矿	12.0	
82-1	方铅矿	10.5	
82-3	方铅矿	10.2	柳贺昌和林文达，1999
83-3	方铅矿	10.9	
83-2	方铅矿	9.9	
58	黄铁矿	13.0	

八、猪拱塘

前人和本次工作主要针对猪拱塘铅锌矿床不同赋矿地层中的硫化物（黄铁矿、方铅矿、闪锌矿）进行了原位 S 同位素组成分析（Wei et al.，2021；本次工作），结果列入表 5-15 中。

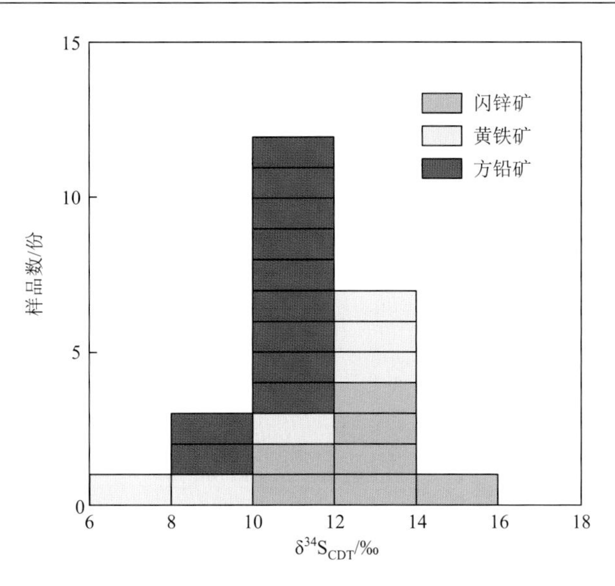

图 5-17　银厂坡铅锌矿床不同硫化物 S 同位素组成（数据来自表 5-14）

表 5-15　猪拱塘铅锌矿床 S 同位素组成（‰）

编号	赋矿层位	测点号	矿物	$\delta^{34}S_{CDT}$	文献
ZGT-KB-1	泥盆系	spot 1	闪锌矿-Ⅰ	22.9	Wei et al.，2021；本次工作
	泥盆系	spot 2	闪锌矿-Ⅰ	23.1	
	泥盆系	spot 3	方铅矿-Ⅰ	23.3	
	泥盆系	spot 4	黄铁矿-Ⅰ	23.8	
	泥盆系	spot 5	闪锌矿-Ⅰ	23.4	
	泥盆系	spot 6	闪锌矿-Ⅰ	22.6	
	泥盆系	spot 7	黄铁矿-Ⅰ	23.3	
	泥盆系	spot 8	方铅矿-Ⅱ	18.5	
ZGT-F-1	泥盆系	spot 1	闪锌矿-Ⅱ	21.4	
	泥盆系	spot 2	方铅矿-Ⅱ	19.1	
	泥盆系	spot 3	闪锌矿-Ⅱ	19.2	
	泥盆系	spot 4	闪锌矿-Ⅱ	19.1	
ZGT-1	二叠系	spot 1	闪锌矿-Ⅱ	13.9	
	二叠系	spot 2	闪锌矿-Ⅰ	14.2	
	二叠系	spot 3	闪锌矿-Ⅱ	14.0	
	二叠系	spot 4	闪锌矿-Ⅰ	14.2	
	二叠系	spot 5	闪锌矿-Ⅱ	14.1	
	二叠系	spot 6	闪锌矿-Ⅰ	14.1	
	二叠系	spot 7	闪锌矿-Ⅰ	14.0	
	二叠系	spot 8	闪锌矿-Ⅰ	14.2	
ZK10405-8	二叠系	spot 1	黄铁矿-Ⅱ	12.9	
	二叠系	spot 2	方铅矿-Ⅱ	13.5	
	二叠系	spot 3	黄铁矿-Ⅱ	13.3	

续表

编号	赋矿层位	测点号	矿物	$\delta^{34}S_{CDT}$	文献
ZK10405-16	二叠系	spot 4	方铅矿-Ⅱ	12.2	Wei et al.，2021；本次工作
	二叠系	spot 5	闪锌矿-Ⅰ	14.1	
	二叠系	spot 6	闪锌矿-Ⅱ	13.3	
	二叠系	spot 7	方铅矿-Ⅱ	13.3	
	二叠系	spot 8	闪锌矿-Ⅱ	13.4	
ZK10405-43	二叠系	spot 1	闪锌矿-Ⅱ	13.4	
	二叠系	spot 2	闪锌矿-Ⅱ	13.9	
	二叠系	spot 3	闪锌矿-Ⅰ	14.5	
	二叠系	spot 4	黄铁矿-Ⅰ	13.9	
ZK10405-24	二叠系	spot 1	闪锌矿-Ⅰ	14.4	
	二叠系	spot 2	闪锌矿-Ⅰ	14.8	
	二叠系	spot 3	黄铁矿-Ⅰ	14.7	
	二叠系	spot 4	闪锌矿-Ⅰ	14.5	
	二叠系	spot 5	黄铁矿-Ⅰ	15.3	
	二叠系	spot 6	黄铁矿-Ⅰ	15.3	
	二叠系	spot 7	黄铁矿-Ⅰ	15.3	
	二叠系	spot 8	闪锌矿-Ⅰ	14.0	
ZK10405-30	二叠系	spot 1	方铅矿-Ⅱ	12.8	
	二叠系	spot 2	闪锌矿-Ⅱ	13.9	
	二叠系	spot 3	闪锌矿-Ⅰ	14.2	
	二叠系	spot 4	黄铁矿-Ⅰ	14.2	
	二叠系	spot 5	黄铁矿-Ⅰ	14.4	
	二叠系	spot 6	闪锌矿-Ⅱ	13.7	
ZK10405-33	二叠系	spot 1	闪锌矿-Ⅰ	13.9	
	二叠系	spot 2	闪锌矿-Ⅰ	14.4	
	二叠系	spot 3	黄铁矿-Ⅰ	14.5	
	二叠系	spot 4	方铅矿-Ⅱ	13.2	
	二叠系	spot 5	闪锌矿-Ⅱ	13.7	
	二叠系	spot 6	闪锌矿-Ⅱ	13.9	
ZK10405-38	二叠系	spot 1	闪锌矿-Ⅰ	14.5	
	二叠系	spot 2	方铅矿-Ⅱ	13.1	
	二叠系	spot 3	闪锌矿-Ⅱ	13.8	
	二叠系	spot 4	闪锌矿-Ⅱ	13.8	
	二叠系	spot 5	闪锌矿-Ⅱ	13.9	
	二叠系	spot 6	闪锌矿-Ⅰ	14.2	
	二叠系	spot 7	闪锌矿-Ⅰ	14.3	
	二叠系	spot 8	闪锌矿-Ⅰ	14.5	
ZK10405-58	二叠系	spot 1	黄铁矿-Ⅰ	13.5	
	二叠系	spot 2	黄铁矿-Ⅰ	12.5	
	二叠系	spot 3	方铅矿-Ⅱ	12.9	

硫化物的 $\delta^{34}S_{CDT}$ 介于 12.2‰～23.8‰，均值为 15.4‰，显示硫化物具有富重硫特征。其中，黄铁矿 $\delta^{34}S_{CDT}$ 范围为 12.5‰～23.8‰，均值为 15.5‰（n=14）；闪锌矿 $\delta^{34}S_{CDT}$ 范围为 13.3‰～23.4‰，均值为 15.4‰（n=39）；方铅矿 $\delta^{34}S_{CDT}$ 范围为 12.2‰～23.3‰，均值为 15.2‰（n=10）。可见，硫化物间总体具有 $\delta^{34}S_{黄铁矿}>\delta^{34}S_{闪锌矿}>\delta^{34}S_{方铅矿}$特征（表 5-15），暗示猪拱塘铅锌矿床硫化物间 S 同位素分馏达到了热力学平衡（图 5-18）。

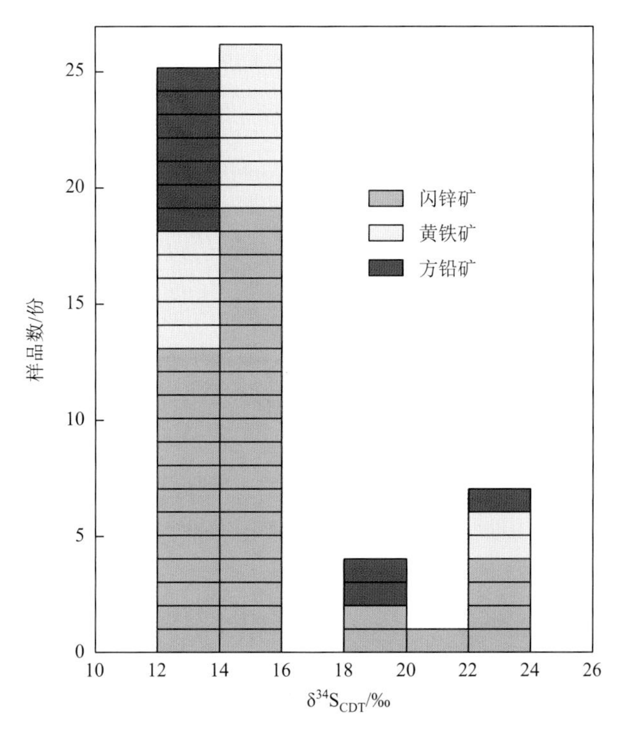

图 5-18　猪拱塘铅锌矿床不同硫化物原位 S 同位素组成（数据来自表 5-15）

九、地质意义

本次研究的矿床矿物组合为黄铁矿、闪锌矿、方铅矿、方解石和白云石及少量的石英，缺乏热液硫酸盐矿物。因此，$\delta^{34}S_{黄铁矿}=\delta^{34}S_{\sum S\text{-}流体}$。前已述及，本区矿床中黄铁矿的 $\delta^{34}S$ 为 3‰～24‰，均值约为 14‰，暗示成矿流体 $\delta^{34}S_{\sum S}$ 值约为 14‰，明显不同于幔源硫（0‰）。前人研究表明（图 5-19），区域沉积地层中普遍发育膏盐层，其中石膏 $\delta^{34}S$ 约为 15‰，与成矿流体 $\delta^{34}S_{\sum S}$ 接近。沉积地层中发育蒸发岩，其重晶石 $\delta^{34}S$ 为 12‰～28‰，与泥盆纪至二叠纪海水硫酸盐硫同位素组成相似（18‰～30‰）。另外，前人研究表明，硫酸盐热化学还原（thermochemical sulfate reduction，TSR）可以使体系中的硫同位素组成降低 15‰。因而，黔西北典型矿床成矿流体中的硫主要来源于蒸发岩（膏盐岩/层）。

有关成矿流体中还原硫的形成机制，主要有细菌还原作用（bacterial sulfate reduction，BSR）和 TSR。BSR 通常发生在相对低温条件（小于 120℃）下，其形成的还原态硫具有较大 $\delta^{34}S$ 变化范围，能很好地解释碳酸盐岩容矿铅锌矿床硫同位素组成变化范围大，且多具有较大负值特征。

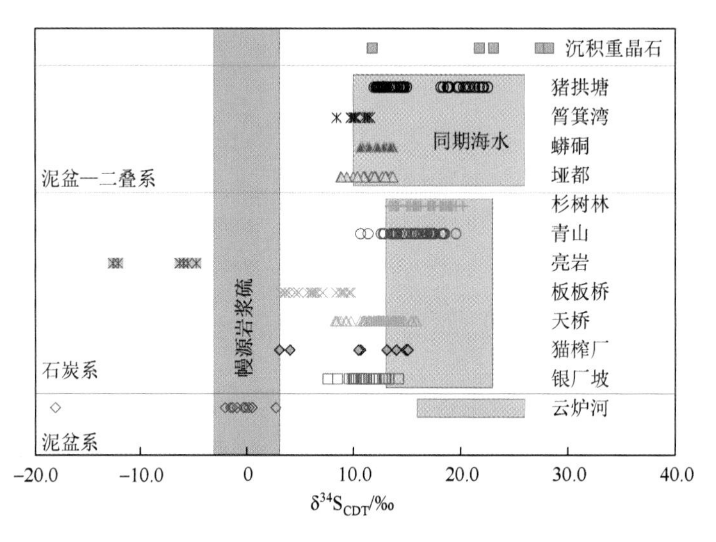

图 5-19　黔西北典型铅锌矿床及相关端元 S 同位素组成（据 Zhou et al.，2018c）

TSR 发生在相对高温条件（>175℃）下，能产生大量还原态硫，且形成还原态硫的 $\delta^{34}S$ 相对稳定。前人对本区典型矿床流体包裹体地球化学研究结果显示，本区成矿流体均一温度集中在 140～270℃，峰值温度为 200℃，相似的硫化物间硫同位素平衡分馏温度计算结果为 170～350℃，均值为 250℃。显然，成矿温度超过了细菌可以存活的温度范围。此外，黔西北典型矿床硫化物硫同位素组成稳定（图 5-20），大规模的铅锌硫化物沉淀需要大量的还原态硫，且矿床中随处可见膏岩溶隙。

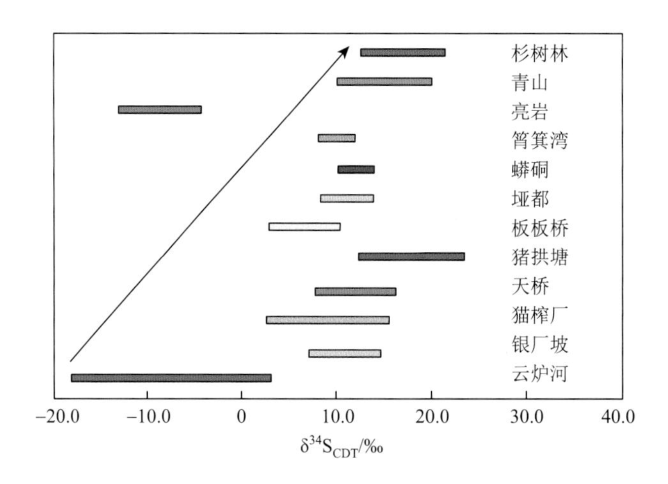

图 5-20　黔西北典型铅锌矿床 S 同位素组成统计（Zhou et al.，2018c）

因此，成矿流体中的还原态硫主要为蒸发岩（膏盐岩/层）TSR 的产物。沉积地层中普遍发育的有机质，不仅在 TSR 过程中充当还原剂的作用，还可能热降解部分还原态硫提供给成矿流体。

由于本区矿床矿石硫化物形成时硫同位素基本达到了平衡，利用沈渭洲和黄耀生

(1987) 介绍的 Pinckney 和 Rafter 法对满足要求的天桥、筲箕湾、青山和杉树林铅锌矿床求解总硫同位素，如图 5-21 所示，获得了天桥、筲箕湾、青山和杉树林铅锌矿床 $\delta^{34}S_{\Sigma S}$ 分别为 10.62‰、11.43‰、18.33‰和 21.59‰，均值为 15.49‰，与全部样品的硫同位素组成峰值 16‰接近（图 5-19 和图 5-20），与区域膏岩层硫同位素组成为 15‰相近（柳贺昌和林文达，1999），也与黄铁矿 $\delta^{34}S_{CDT}$ 均值为 14‰相近，进一步表明研究区成矿流体的 $\delta^{34}S_{\Sigma S}$ 约为 15‰。同时，图 5-20 显示，整体上，由黔西北的西北部向东南部，硫同位素组成有逐渐升高的趋势，而计算结果也显示出从天桥→筲箕湾→青山→杉树林 $\delta^{34}S_{\Sigma S}$ 逐渐升高（图 5-21），表明成矿流体很可能是向杉树林→青山→筲箕湾→天桥方向演化特征，这与前文发现的微量元素 Ba 的指示信息部分吻合。

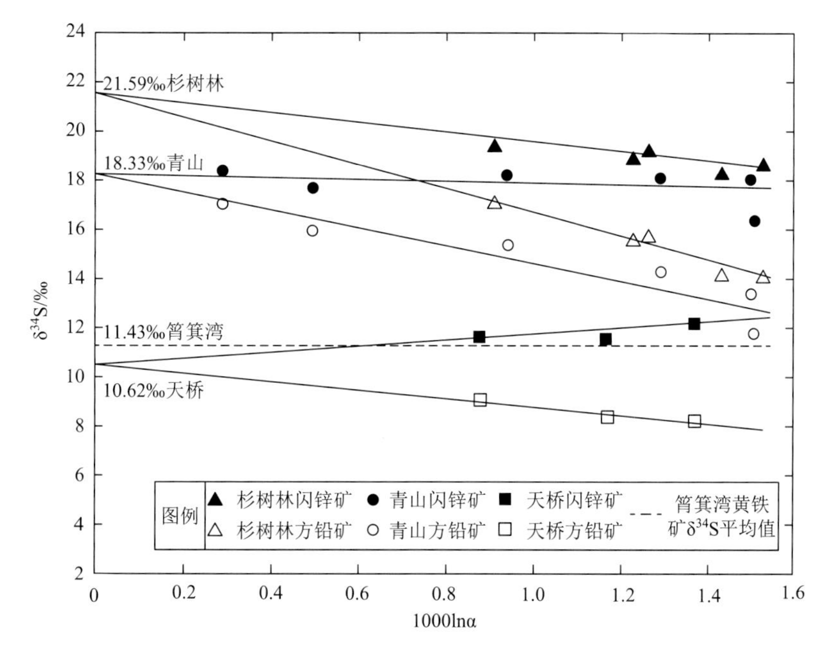

图 5-21　代表性矿床成矿流体中总硫图解

从矿床分布上看，本区已发现的 100 余处矿床（点）主要是沿威宁-水域构造带和垭都-蟒硐构造带展布，也符合成矿流体从杉树林向天桥方向演化的推论。黔西北铅锌成矿区代表性矿床矿石硫化物的硫同位素组成具有塔式正态分布特征，成矿流体中总硫同位素组成约等于 15‰，与地层膏岩硫同位素组成为 15‰相近，表明本区矿床成矿流体中硫是多个时代地层海相硫酸盐的热化学还原作用的产物。因此，笔者认为黔西北铅锌成矿区富还原硫的成矿流体总体是沿 NW 向构造运移的（图 5-22），富还原硫的成矿流体在向 NW 方向运移的过程中，不断有新的流体（层间水或大气降水）和物质（碳酸盐岩地层中金属物质）的加入，在加入的部位形成脉状或透镜状矿体；与赋存于层间滑动面或古溶洞中富成矿物质的流体相遇后形成似层状或“鸡窝”矿。

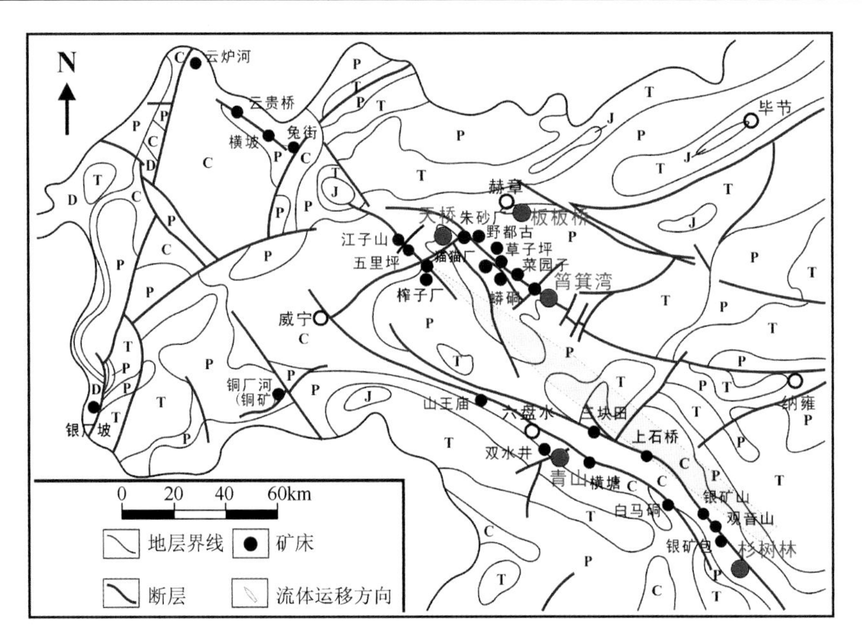

图 5-22　还原硫富集的成矿流体运移方向

第三节　Pb 同位素组成特征

一、猫榨厂

猫榨厂铅锌矿床硫化物样品的 Pb 同位素比值如表 5-16 和图 5-23 所示（安琦 等，2018；Zhou et al.，2018c；本次工作）。方铅矿的 $^{206}Pb/^{204}Pb$、$^{207}Pb/^{204}Pb$、$^{208}Pb/^{204}Pb$、$^{208}Pb/^{206}Pb$ 和 $^{207}Pb/^{206}Pb$ 范围分别为 18.755～18.775、15.780～15.799、39.413～39.477、2.1016～2.1031 和 0.8412～0.8421。

表 5-16　猫榨厂铅锌矿床 Pb 同位素组成

测点	对象	$^{206}Pb/^{204}Pb$	$^{207}Pb/^{204}Pb$	$^{208}Pb/^{204}Pb$	$^{208}Pb/^{206}Pb$	$^{207}Pb/^{206}Pb$	文献
MZC-1-01	方铅矿	18.774	15.796	39.472	2.1024	0.8414	安琦 等，2018；Zhou et al.，2018c；本次工作
MZC-1-02	方铅矿	18.773	15.792	39.469	2.1024	0.8413	
MZC-1-03	方铅矿	18.772	15.791	39.464	2.1022	0.8412	
MZC-1-04	方铅矿	18.771	15.791	39.465	2.1024	0.8413	
MZC-1-05	方铅矿	18.769	15.789	39.455	2.1021	0.8413	
MZC-1-06	方铅矿	18.764	15.783	39.442	2.1019	0.8412	
MZC-1-07	方铅矿	18.773	15.793	39.471	2.1025	0.8413	
MZC-1-08	方铅矿	18.767	15.790	39.457	2.1023	0.8414	
MZC-1-09	方铅矿	18.775	15.795	39.477	2.1025	0.8413	
MZC-1-10	方铅矿	18.770	15.789	39.458	2.1022	0.8413	

续表

测点	对象	$^{206}Pb/^{204}Pb$	$^{207}Pb/^{204}Pb$	$^{208}Pb/^{204}Pb$	$^{208}Pb/^{206}Pb$	$^{207}Pb/^{206}Pb$	文献
MZC-14-01	方铅矿	18.766	15.789	39.452	2.1024	0.8414	安琦 等，2018；Zhou et al.，2018c；本次工作
MZC-14-02	方铅矿	18.763	15.788	39.446	2.1024	0.8414	
MZC-14-03	方铅矿	18.769	15.793	39.461	2.1024	0.8414	
MZC-14-04	方铅矿	18.759	15.782	39.431	2.1018	0.8412	
MZC-14-05	方铅矿	18.758	15.781	39.427	2.1018	0.8412	
MZC-14-06	方铅矿	18.770	15.793	39.466	2.1026	0.8414	
MZC-14-07	方铅矿	18.766	15.790	39.456	2.1024	0.8413	
MZC-14-08	方铅矿	18.766	15.790	39.453	2.1023	0.8414	
MZC-14-09	方铅矿	18.766	15.792	39.456	2.1025	0.8414	
MZC-20-01	方铅矿	18.768	15.791	39.456	2.1023	0.8414	
MZC-20-02	方铅矿	18.762	15.784	39.437	2.1020	0.8413	
MZC-20-03	方铅矿	18.759	15.782	39.430	2.1019	0.8412	
MZC-20-04	方铅矿	18.768	15.791	39.457	2.1023	0.8414	
MZC-20-05	方铅矿	18.767	15.789	39.454	2.1023	0.8413	
MZC-20-06	方铅矿	18.768	15.790	39.455	2.1022	0.8413	
MZC-20-07	方铅矿	18.767	15.789	39.453	2.1022	0.8413	
MZC-20-08	方铅矿	18.767	15.789	39.455	2.1024	0.8413	
MZC-20-09	方铅矿	18.763	15.786	39.445	2.1021	0.8413	
MZC-3-01	方铅矿	18.758	15.784	39.428	2.1020	0.8414	
MZC-3-02	方铅矿	18.759	15.786	39.435	2.1022	0.8415	
MZC-3-03	方铅矿	18.755	15.780	39.413	2.1016	0.8414	
MZC-3-04	方铅矿	18.764	15.786	39.439	2.1019	0.8413	
MZC-3-05	方铅矿	18.761	15.789	39.441	2.1023	0.8416	
MZC-3-06	方铅矿	18.766	15.789	39.449	2.1021	0.8413	
MZC-3-07	方铅矿	18.759	15.784	39.429	2.1020	0.8414	
MZC-3-08	方铅矿	18.760	15.784	39.432	2.1020	0.8414	
MZC-3-09	方铅矿	18.756	15.783	39.424	2.1020	0.8415	
MZC-4-01	方铅矿	18.756	15.794	39.438	2.1029	0.8421	
MZC-4-02	方铅矿	18.767	15.795	39.464	2.1028	0.8416	
MZC-4-03	方铅矿	18.769	15.793	39.465	2.1026	0.8414	
MZC-4-04	方铅矿	18.769	15.791	39.458	2.1022	0.8413	
MZC-4-05	方铅矿	18.759	15.794	39.452	2.1031	0.8420	
MZC-4-06	方铅矿	18.769	15.799	39.475	2.1031	0.8417	
MZC-4-07	方铅矿	18.763	15.786	39.437	2.1019	0.8413	
MZC-4-08	方铅矿	18.765	15.789	39.446	2.1021	0.8413	
MZC-4-09	方铅矿	18.768	15.791	39.457	2.1023	0.8414	

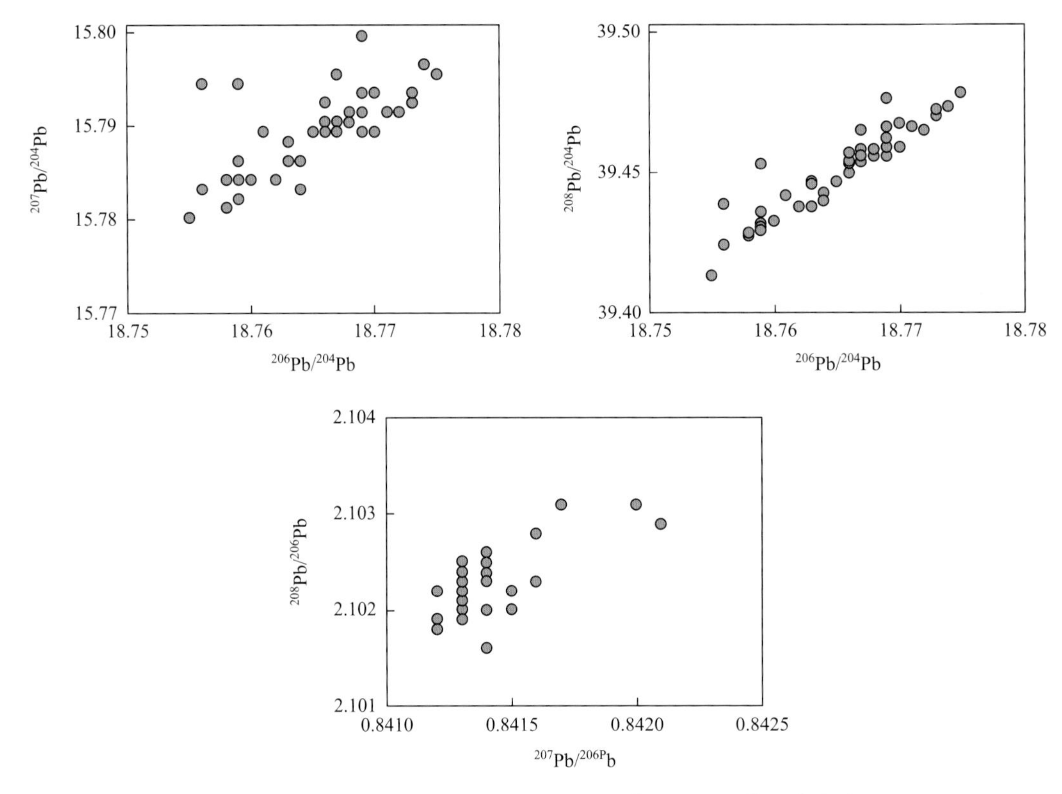

图 5-23　猫榨厂铅锌矿床方铅矿 Pb 同位素组成特征图解（数据来自表 5-16）

二、天桥

天桥矿床硫化物样品的 Pb 同位素比值如表 5-17 和图 5-24 所示（王华云，1993；郑传仑，1994；张启厚 等，1998；柳贺昌和林文达，1999；Zhou et al.，2013a；本次工作）。

表 5-17　天桥铅锌矿床 Pb 同位素组成

测点	对象	$^{206}Pb/^{204}Pb$	$^{207}Pb/^{204}Pb$	$^{208}Pb/^{204}Pb$	$^{208}Pb/^{206}Pb$	$^{207}Pb/^{206}Pb$	文献
TQ-19	黄铁矿	18.526	15.731	38.983	2.1042	0.8491	Zhou et al.，2013a；本次工作
TQ-24-2	方铅矿	18.521	15.735	38.962	2.1037	0.8496	
TQ-24-3	闪锌矿	18.481	15.708	38.875	2.1035	0.8500	
TQ-24-4	闪锌矿	18.527	15.725	38.929	2.1012	0.8488	
TQ-24-5	闪锌矿	18.517	15.724	38.930	2.1024	0.8492	
TQ-25-1	方铅矿	18.544	15.763	39.057	2.1062	0.8500	
TQ-25-2	闪锌矿	18.490	15.713	38.888	2.1032	0.8498	
TQ-52	方铅矿	18.537	15.760	39.040	2.1061	0.8502	
TQ-54-1	方铅矿	18.521	15.726	38.942	2.1026	0.8491	
TQ-54-2	闪锌矿	18.504	15.714	38.888	2.1016	0.8492	
TQ-60	黄铁矿	18.506	15.713	38.901	2.1021	0.8491	

续表

测点	对象	$^{206}Pb/^{204}Pb$	$^{207}Pb/^{204}Pb$	$^{208}Pb/^{204}Pb$	$^{208}Pb/^{206}Pb$	$^{207}Pb/^{206}Pb$	文献
Tain-1	方铅矿	18.538	15.761	39.051	2.1065	0.8502	王华云，1993
Tian-2	方铅矿	18.560	15.772	39.152	2.1095	0.8498	
Ty-5	方铅矿	18.508	15.706	38.934	2.1036	0.8486	郑传仑，1994
Ty-7	方铅矿	18.601	15.782	39.571	2.1274	0.8484	
Ty-10	方铅矿	18.504	15.704	38.872	2.1007	0.8487	
HTQ-T1Pb	方铅矿	18.576	15.804	39.191	2.1098	0.8508	张启厚 等，1998
HTQ-T2Pb	方铅矿	18.582	15.811	39.341	2.1172	0.8509	
HTQ-T3Pb	方铅矿	18.539	15.711	39.116	2.1099	0.8475	
HTQ-T4Pb	方铅矿	18.565	15.790	39.115	2.1069	0.8505	
HTQ-T5Pb	方铅矿	18.564	15.776	39.140	2.1084	0.8498	
HTQ-T6Pb	方铅矿	18.517	15.726	39.005	2.1064	0.8493	
Jn01	方铅矿	18.598	15.635	39.112	2.1030	0.8407	柳贺昌和林文达，1999
Jn02	方铅矿	18.438	15.519	38.773	2.1029	0.8417	
Pb-37	方铅矿	18.507	15.701	39.100	2.1127	0.8484	
Jan-78	方铅矿	18.395	15.632	38.793	2.1089	0.8498	
TzPb4	方铅矿	18.492	15.718	38.934	2.1055	0.8500	
TzPb5	方铅矿	18.454	15.669	38.826	2.1039	0.8491	
TzPb6	方铅矿	18.411	15.673	38.799	2.1074	0.8513	
TzPb8	方铅矿	18.378	15.681	38.666	2.1039	0.8532	
TzPb11	方铅矿	18.446	15.677	38.734	2.0999	0.8499	
TzPb12	方铅矿	18.417	15.677	38.753	2.1042	0.8512	
TzPb13	方铅矿	18.428	15.689	38.792	2.1051	0.8514	

硫化物的 $^{206}Pb/^{204}Pb$、$^{207}Pb/^{204}Pb$、$^{208}Pb/^{204}Pb$、$^{208}Pb/^{206}Pb$ 和 $^{207}Pb/^{206}Pb$ 范围分别为 18.378～18.601、15.519～15.811、38.666～39.571、2.0999～2.1274 和 0.8407～0.8532。其中，黄铁矿的 $^{206}Pb/^{204}Pb$、$^{207}Pb/^{204}Pb$、$^{208}Pb/^{204}Pb$ 和 $^{208}Pb/^{206}Pb$ 范围分别为 18.506～18.526、15.713～15.731、38.901～38.983、2.1021～2.1042，$^{207}Pb/^{206}Pb$ 为 0.8491；方铅矿的 $^{206}Pb/^{204}Pb$、$^{207}Pb/^{204}Pb$、$^{208}Pb/^{204}Pb$、$^{208}Pb/^{206}Pb$ 和 $^{207}Pb/^{206}Pb$ 范围分别为 18.378～18.601、15.519～15.811、38.666～39.571、2.0999～2.1274 和 0.8407～0.8532；闪锌矿的 $^{206}Pb/^{204}Pb$、$^{207}Pb/^{204}Pb$、$^{208}Pb/^{204}Pb$、$^{208}Pb/^{206}Pb$ 和 $^{207}Pb/^{206}Pb$ 范围分别为 18.481～18.527、15.708～15.725、38.875～38.930、2.1012～2.1035 和 0.8488～0.8500。

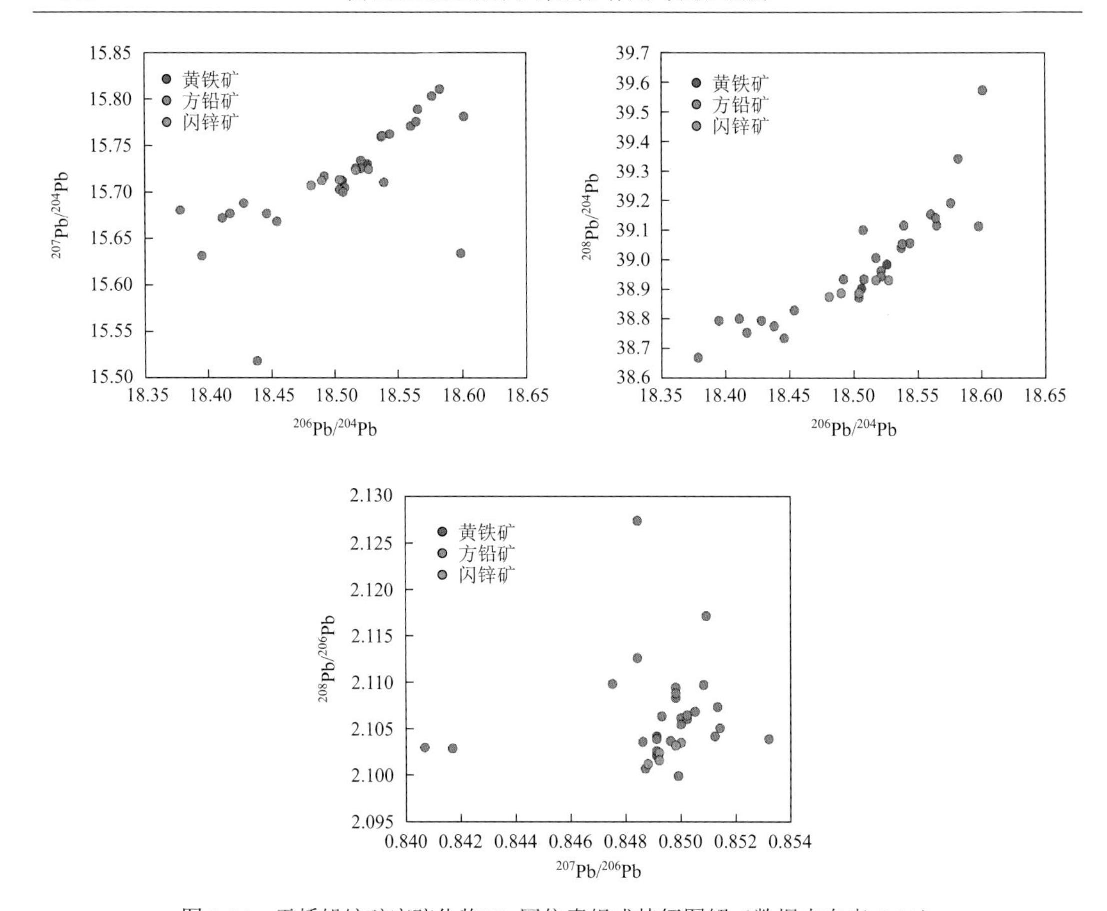

图 5-24　天桥铅锌矿床硫化物 Pb 同位素组成特征图解（数据来自表 5-20）

三、板板桥

板板桥矿床样品（赋矿围岩和硫化物）的 Pb 同位素比值如表 5-18 和图 5-25 所示（Li et al.，2015；本次工作）。黄铁矿的 $^{206}Pb/^{204}Pb$、$^{207}Pb/^{204}Pb$、$^{208}Pb/^{204}Pb$、$^{208}Pb/^{206}Pb$ 和 $^{207}Pb/^{206}Pb$ 范围分别为 18.280～18.571、15.689～15.705、38.609～38.675、2.0825～2.1121 和 0.8448～0.8591。方铅矿的 $^{206}Pb/^{204}Pb$、$^{207}Pb/^{204}Pb$、$^{208}Pb/^{204}Pb$、$^{208}Pb/^{206}Pb$ 和 $^{207}Pb/^{206}Pb$ 分别为 18.564、15.784、39.138、2.1083 和 0.8502。闪锌矿的 $^{206}Pb/^{204}Pb$、$^{207}Pb/^{204}Pb$、$^{208}Pb/^{204}Pb$、$^{208}Pb/^{206}Pb$ 和 $^{207}Pb/^{206}Pb$ 范围分别为 18.029～18.726、15.651～15.715、38.145～38.850、2.0747～2.1163 和 0.8392～0.8684。下二叠统页岩的 $^{206}Pb/^{204}Pb$、$^{207}Pb/^{204}Pb$、$^{208}Pb/^{204}Pb$、$^{208}Pb/^{206}Pb$ 和 $^{207}Pb/^{206}Pb$ 分别为 18.467、15.656、38.704、2.0958 和 0.8478；下石炭统白云岩的 $^{206}Pb/^{204}Pb$、$^{207}Pb/^{204}Pb$、$^{208}Pb/^{204}Pb$、$^{208}Pb/^{206}Pb$ 和 $^{207}Pb/^{206}Pb$ 范围分别为 18.436～18.602、15.663～15.850、38.703～39.140、2.0806～2.1146 和 0.8466～0.8545。

表 5-18　板板桥铅锌矿床 Pb 同位素组成

测点	对象	$^{206}Pb/^{204}Pb$	$^{207}Pb/^{204}Pb$	$^{208}Pb/^{204}Pb$	$^{208}Pb/^{206}Pb$	$^{207}Pb/^{206}Pb$	文献
B903	下二叠统页岩	18.467	15.656	38.704	2.0958	0.8478	Li et al.，2015；本次工作
B904	下石炭统白云岩	18.436	15.675	38.736	2.1011	0.8502	
B905	下石炭统白云岩	18.558	15.763	39.030	2.1031	0.8494	
B908	下石炭统白云岩	18.497	15.663	38.735	2.0941	0.8468	
B912	下石炭统白云岩	18.551	15.850	38.756	2.0892	0.8544	
B913	下石炭统白云岩	18.602	15.748	38.703	2.0806	0.8466	
B920	下石炭统白云岩	18.517	15.735	38.913	2.1015	0.8498	
B923	下石炭统白云岩	18.509	15.816	39.140	2.1146	0.8545	
B925	下石炭统白云岩	18.483	15.782	38.720	2.0949	0.8539	
B03	黄铁矿	18.571	15.689	38.675	2.0825	0.8448	
B06	黄铁矿	18.280	15.705	38.609	2.1121	0.8591	
B05	闪锌矿	18.130	15.651	38.145	2.1040	0.8633	
B08	闪锌矿	18.200	15.665	38.261	2.1023	0.8607	
B09	闪锌矿	18.153	15.674	38.229	2.1059	0.8634	
B15	闪锌矿	18.133	15.658	38.161	2.1045	0.8635	
B17	闪锌矿	18.270	15.676	38.393	2.1014	0.8580	
B18	闪锌矿	18.176	15.668	38.201	2.1017	0.8620	
B20	闪锌矿	18.726	15.715	38.850	2.0747	0.8392	
B21	闪锌矿	18.029	15.656	38.154	2.1163	0.8684	
B924	闪锌矿	18.159	15.701	38.286	2.1084	0.8646	
B10	方铅矿	18.564	15.784	39.138	2.1083	0.8502	

四、箐箕湾

箐箕湾矿床硫化物样品的 Pb 同位素比值如表 5-19 和图 5-26 所示（Zhou et al.，2013d；本次工作）。硫化物的 $^{206}Pb/^{204}Pb$、$^{207}Pb/^{204}Pb$、$^{208}Pb/^{204}Pb$、$^{208}Pb/^{206}Pb$ 和 $^{207}Pb/^{206}Pb$ 范围分别为 18.616～18.686、15.682～15.728、39.067～39.181、2.0967～2.0986 和 0.8415～0.8429。

其中，黄铁矿的 $^{206}Pb/^{204}Pb$、$^{207}Pb/^{204}Pb$、$^{208}Pb/^{204}Pb$、$^{208}Pb/^{206}Pb$ 和 $^{207}Pb/^{206}Pb$ 范围分别为 18.620～18.661、15.694～15.714、39.075～39.144、2.0976～2.0985 和 0.8421～0.8429；方铅矿的 $^{206}Pb/^{204}Pb$、$^{207}Pb/^{204}Pb$、$^{208}Pb/^{204}Pb$、$^{208}Pb/^{206}Pb$ 和 $^{207}Pb/^{206}Pb$ 分别为 18.678、15.719、39.165、2.0969 和 0.8416；闪锌矿的 $^{206}Pb/^{204}Pb$、$^{207}Pb/^{204}Pb$、$^{208}Pb/^{204}Pb$、$^{208}Pb/^{206}Pb$ 和 $^{207}Pb/^{206}Pb$ 范围分别为 18.616～18.686、15.682～15.728、39.067～39.181、2.0967～2.0986 和 0.8415～0.8424。

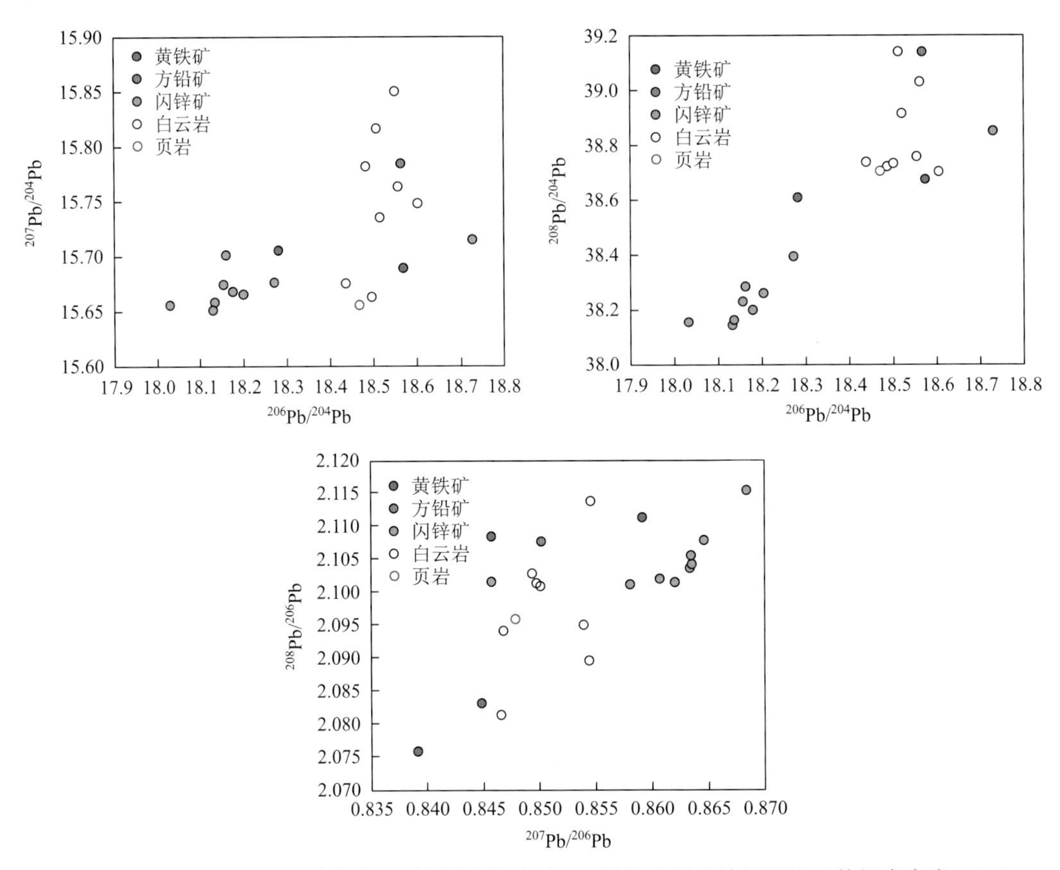

图 5-25　板板桥铅锌矿床硫化物及不同地层沉积岩 Pb 同位素组成特征图解（数据来自表 5-21）

表 5-19　筲箕湾铅锌矿床 Pb 同位素组成

测点	对象	$^{206}Pb/^{204}Pb$	$^{207}Pb/^{204}Pb$	$^{208}Pb/^{204}Pb$	$^{208}Pb/^{206}Pb$	$^{207}Pb/^{206}Pb$	文献
SJW-14	黄铁矿	18.661	15.714	39.144	2.0976	0.8421	Zhou et al.，2013d；本次工作
SJW-9-1	黄铁矿	18.653	15.708	39.141	2.0984	0.8421	
SJW-15-1	黄铁矿	18.620	15.694	39.075	2.0985	0.8429	
SJW-9-2	闪锌矿	18.686	15.725	39.179	2.0967	0.8415	
SJW-15-2	闪锌矿	18.671	15.728	39.181	2.0985	0.8424	
SJW-1	闪锌矿	18.616	15.682	39.067	2.0986	0.8424	
SJW-12	方铅矿	18.678	15.719	39.165	2.0969	0.8416	

五、青山

青山矿床硫化物样品的 Pb 同位素比值如表 5-20 和图 5-27 所示（王华云，1993；张启厚 等，1998；付绍洪，2004；Zhou et al.，2013e；本次工作）。硫化物的 $^{206}Pb/^{204}Pb$、$^{207}Pb/^{204}Pb$、$^{208}Pb/^{204}Pb$、$^{208}Pb/^{206}Pb$ 和 $^{207}Pb/^{206}Pb$ 分别为 18.561～18.768、15.701～15.920、38.831～39.641、2.0690～2.1179 和 0.8445～0.8534。

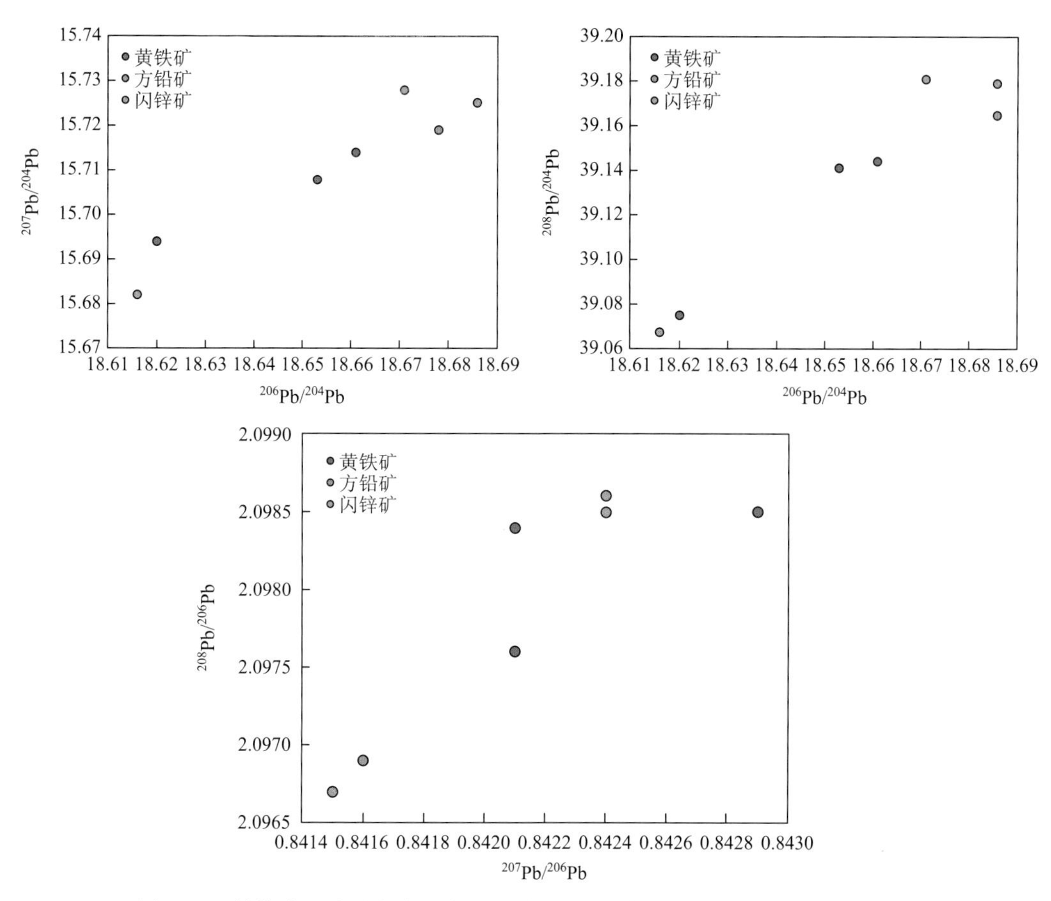

图 5-26　箬箕湾铅锌矿床硫化物 Pb 同位素组成特征图解（数据来自表 5-22）

表 5-20　青山铅锌矿床 Pb 同位素组成

测点	对象	$^{206}Pb/^{204}Pb$	$^{207}Pb/^{204}Pb$	$^{208}Pb/^{204}Pb$	$^{208}Pb/^{206}Pb$	$^{207}Pb/^{206}Pb$	文献
QS04	闪锌矿	18.594	15.711	39.130	2.1044	0.8449	付绍洪，2004
QS03	黄铁矿	18.768	15.920	38.831	2.0690	0.8483	
QS04	方铅矿	18.717	15.863	39.631	2.1174	0.8475	
QS02	方铅矿	18.660	15.789	39.389	2.1109	0.8461	
Q3	方铅矿	18.667	15.802	39.480	2.1150	0.8465	王华云，1993
Q5	方铅矿	18.591	15.701	39.166	2.1067	0.8445	
Qt-2	方铅矿	18.592	15.726	39.183	2.1075	0.8458	
1816A4-Pb1	方铅矿	18.575	15.701	39.101	2.1050	0.8453	张启厚 等，1998
1816B4-Pb1	方铅矿	18.717	15.854	39.641	2.1179	0.8470	
Qsc-3Pb1	方铅矿	18.561	15.792	39.167	2.1102	0.8508	
QS-09-01	黄铁矿	18.619	15.816	39.121	2.1011	0.8495	Zhou et al.，2013e；本次工作
QS-09-02	闪锌矿	18.598	15.792	39.354	2.1160	0.8491	
QS-09-03	闪锌矿	18.652	15.780	39.455	2.1153	0.8460	
QS-09-06	闪锌矿	18.615	15.825	39.013	2.0958	0.8501	
QS-09-12	方铅矿	18.620	15.891	39.228	2.1068	0.8534	

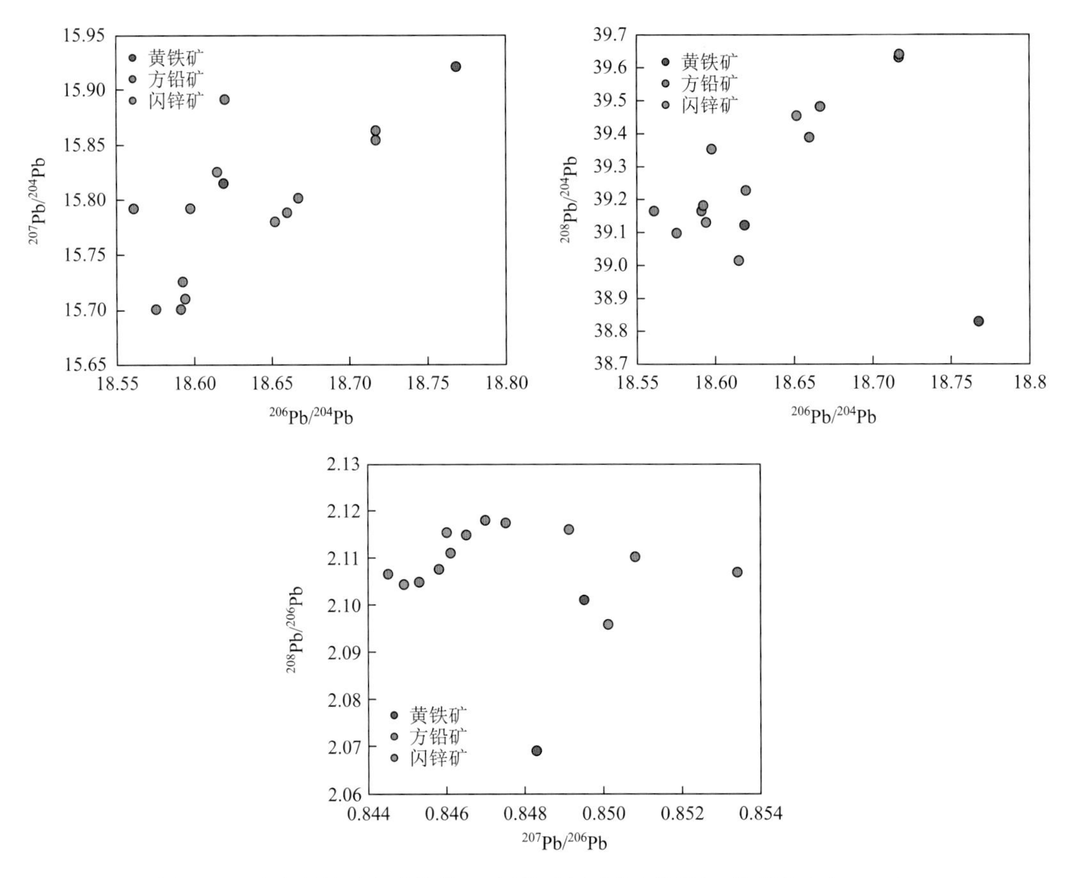

图 5-27　青山铅锌矿床硫化物 Pb 同位素组成特征图解（数据来自表 5-23）

其中，黄铁矿 $^{206}Pb/^{204}Pb$、$^{207}Pb/^{204}Pb$、$^{208}Pb/^{204}Pb$、$^{208}Pb/^{206}Pb$ 和 $^{207}Pb/^{206}Pb$ 范围分别为 18.619～18.768、15.816～15.920、38.831～39.121、2.0690～2.1011 和 0.8483～0.8495；方铅矿 $^{206}Pb/^{204}Pb$、$^{207}Pb/^{204}Pb$、$^{208}Pb/^{204}Pb$、$^{208}Pb/^{206}Pb$ 和 $^{207}Pb/^{206}Pb$ 范围分别为 18.561～18.717、15.701～15.891、39.101～39.641、2.1050～2.1179 和 0.8445～0.8534；闪锌矿 $^{206}Pb/^{204}Pb$、$^{207}Pb/^{204}Pb$、$^{208}Pb/^{204}Pb$、$^{208}Pb/^{206}Pb$ 和 $^{207}Pb/^{206}Pb$ 范围分别为 18.594～18.652、15.711～15.825、39.013～39.455、2.0958～2.1160 和 0.8449～0.8501。

六、杉树林

杉树林矿床硫化物样品的 Pb 同位素比值如表 5-21 和图 5-28 所示（张启厚 等，1998；柳贺昌和林文达，1999；付绍洪，2004；Zhou et al.，2014b；本次工作）。黄铁矿、方铅矿和闪锌矿的 $^{206}Pb/^{204}Pb$、$^{207}Pb/^{204}Pb$、$^{208}Pb/^{204}Pb$、$^{208}Pb/^{206}Pb$ 和 $^{207}Pb/^{206}Pb$ 分别为 18.506、15.677、38.915、2.1028 和 0.8471；18.276～18.654、15.448～15.874、38.299～39.573、2.0888～2.1214 和 0.8442～0.8510；18.362～18.593、15.505～15.802、38.302～39.300、2.0827～2.1137 和 0.8429～0.8499。

表 5-21　杉树林铅锌矿床 Pb 同位素组成

测点	对象	$^{206}Pb/^{204}Pb$	$^{207}Pb/^{204}Pb$	$^{208}Pb/^{204}Pb$	$^{208}Pb/^{206}Pb$	$^{207}Pb/^{206}Pb$	文献
SS01	闪锌矿	18.503	15.726	38.970	2.1061	0.8499	付绍洪，2004
SS03	闪锌矿	18.593	15.802	39.300	2.1137	0.8499	
SS13	闪锌矿	18.530	15.709	39.041	2.1069	0.8478	
SS14	闪锌矿	18.528	15.710	39.024	2.1062	0.8479	
SS14-1	闪锌矿	18.474	15.657	38.881	2.1046	0.8475	
SS16	闪锌矿	18.510	15.687	38.957	2.1046	0.8475	
SS07	黄铁矿	18.506	15.677	38.915	2.1028	0.8471	
SS14	方铅矿	18.596	15.798	39.332	2.1151	0.8495	
SS14-1	方铅矿	18.654	15.874	39.573	2.1214	0.8510	
Pb-73	方铅矿	18.278	15.448	38.545	2.1088	0.8452	柳贺昌和林文达，1999
Pb-74	方铅矿	18.276	15.457	38.553	2.1095	0.8458	
Pb-78	方铅矿	18.450	15.605	38.687	2.0969	0.8458	
TzPb1	方铅矿	18.475	15.675	38.924	2.1068	0.8484	
TzPb2	方铅矿	18.502	15.698	39.012	2.1085	0.8484	
TzPb3	方铅矿	18.457	15.684	38.846	2.1047	0.8498	
S26	方铅矿	18.488	15.607	38.977	2.1082	0.8442	
33-Y3003	方铅矿	18.335	15.551	38.299	2.0888	0.8482	
SSL-6-@2	方铅矿	18.573	15.769	39.223	2.1118	0.8490	Zhou et al.，2014b；本次工作
SSL17-@3	方铅矿	18.552	15.743	39.141	2.1098	0.8486	
SSL-10	方铅矿	18.556	15.756	39.194	2.1122	0.8491	
SSL12-@3	方铅矿	18.531	15.722	39.069	2.1083	0.8484	
SSL12-@1	闪锌矿	18.549	15.736	39.117	2.1088	0.8483	
SSL-6-@1	闪锌矿	18.567	15.754	39.179	2.1101	0.8485	
SSL1-@1	闪锌矿	18.412	15.561	38.452	2.0884	0.8452	
SSL-11	闪锌矿	18.441	15.559	38.601	2.0932	0.8437	
SSL14-@2	闪锌矿	18.428	15.601	38.558	2.0924	0.8466	
SSL17-@2	闪锌矿	18.362	15.515	38.302	2.0859	0.8450	
SSL13-@2	闪锌矿	18.395	15.505	38.312	2.0827	0.8429	
Wy-1	上石炭统白云岩	18.828	15.757	39.185	2.0812	0.8369	
SS101	矿石	18.551	15.755	39.255	2.1161	0.8493	张启厚 等，1998
S3117	矿石	18.495	15.701	39.016	2.1095	0.8489	
S4115	矿石	18.499	15.681	38.965	2.1063	0.8477	
S5137-3	矿石	18.496	15.705	39.083	2.1131	0.8491	
S5127-2	矿石	18.493	15.757	39.185	2.1189	0.8521	
Ssl001	方铅矿	18.619	15.742	39.345	2.1132	0.8455	
Ssl002	方铅矿	18.546	15.716	39.264	2.1171	0.8474	
23y-3003	方铅矿	18.336	15.458	39.304	2.1435	0.8430	

续表

测点	对象	$^{206}Pb/^{204}Pb$	$^{207}Pb/^{204}Pb$	$^{208}Pb/^{204}Pb$	$^{208}Pb/^{206}Pb$	$^{207}Pb/^{206}Pb$	文献
26k	方铅矿	18.490	15.610	38.980	2.1082	0.8442	
81093	方铅矿	18.472	15.673	38.923	2.1071	0.8485	
81094	方铅矿	18.512	15.696	39.018	2.1077	0.8479	
81095	方铅矿	18.547	15.864	38.845	2.0944	0.8553	
SA1150-1	方铅矿	18.471	15.648	38.455	2.0819	0.8472	张启厚 等，1998
SA1150-2	方铅矿	18.481	15.657	38.553	2.0861	0.8472	
75g-1	方铅矿	18.452	15.625	38.679	2.0962	0.8468	
S3317	方铅矿	18.491	15.702	39.006	2.1095	0.8492	
S5237	方铅矿	18.539	15.705	38.083	2.0542	0.8471	
S5137-2	方铅矿	18.613	15.775	39.103	2.1008	0.8475	

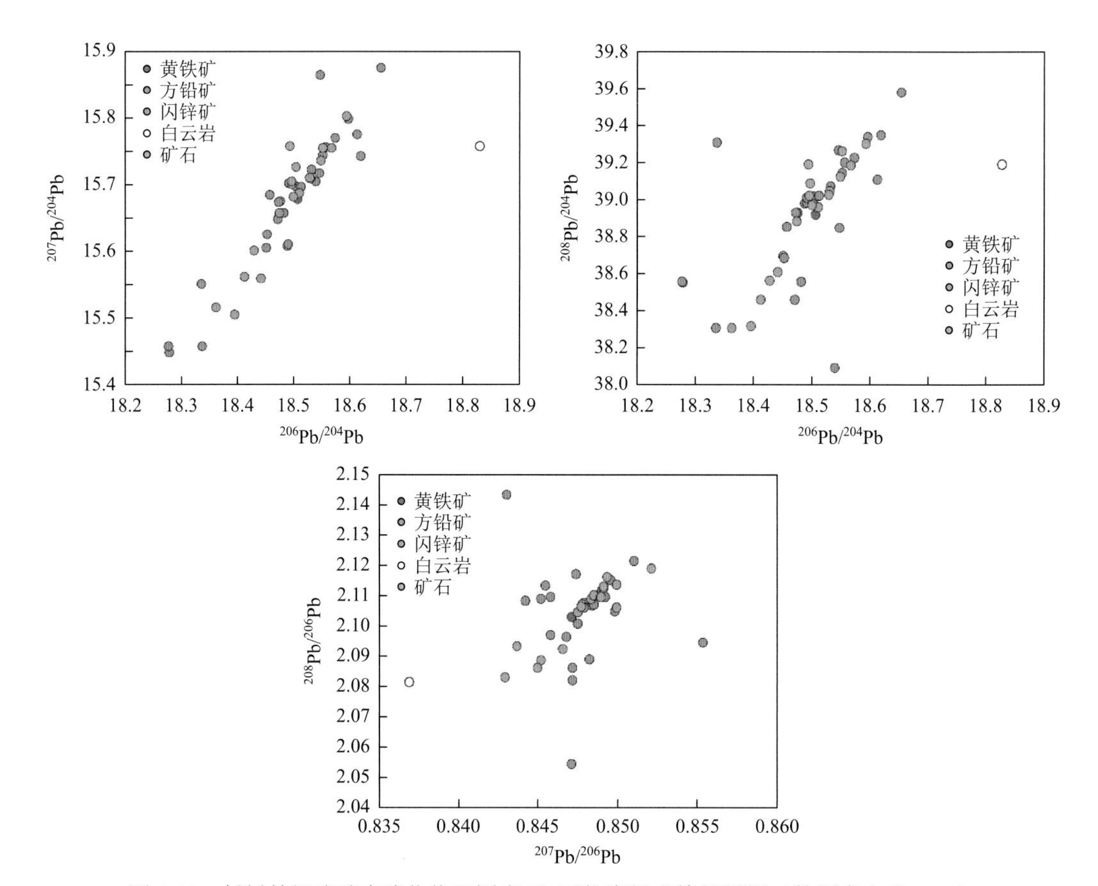

图 5-28　杉树林铅锌矿床硫化物和围岩 Pb 同位素组成特征图解（数据来自表 5-24）

七、银厂坡

银厂坡矿床硫化物样品的 Pb 同位素比值如表 5-22 和图 5-29 所示（郑传仑，1994；胡耀国，1999；柳贺昌和林文达，1999）。方铅矿的 $^{206}Pb/^{204}Pb$、$^{207}Pb/^{204}Pb$、$^{208}Pb/^{204}Pb$、

$^{208}Pb/^{206}Pb$ 和 $^{207}Pb/^{206}Pb$ 范围分别为 18.062～18.648、15.440～15.891、38.004～39.522、2.1012～2.1219 和 0.8476～0.8660。

表 5-22　银厂坡铅锌矿床 Pb 同位素组成

测点	对象	$^{206}Pb/^{204}Pb$	$^{207}Pb/^{204}Pb$	$^{208}Pb/^{204}Pb$	$^{208}Pb/^{206}Pb$	$^{207}Pb/^{206}Pb$	文献
I80-2	方铅矿	18.130	15.440	38.420	2.1191	0.8516	柳贺昌和林文达，1999
I80-3	方铅矿	18.120	15.500	38.360	2.1170	0.8554	
30348	方铅矿	18.401	15.597	38.664	2.1012	0.8476	
30376	方铅矿	18.404	15.608	38.700	2.1028	0.8481	
30317	方铅矿	18.062	15.642	38.004	2.1041	0.8660	
YC6-23	方铅矿	18.645	15.866	39.368	2.1115	0.8510	胡耀国，1999
YC6-21	方铅矿	18.487	15.712	38.883	2.1033	0.8499	
YC7P-7	方铅矿	18.648	15.891	39.451	2.1156	0.8522	
YC6-25	方铅矿	18.314	15.576	38.513	2.1029	0.8505	
YC3-1K	方铅矿	18.626	15.887	39.522	2.1219	0.8529	
YC3T-4	方铅矿	18.542	15.798	39.167	2.1123	0.8520	
YC3-5K	方铅矿	18.439	15.716	38.955	2.1126	0.8523	
Yc-1	方铅矿	18.526	15.783	39.164	2.1140	0.8519	郑传仑，1994
Y4-3	方铅矿	18.496	15.705	38.951	2.1059	0.8491	
Y6-2	方铅矿	18.462	15.706	38.885	2.1062	0.8507	

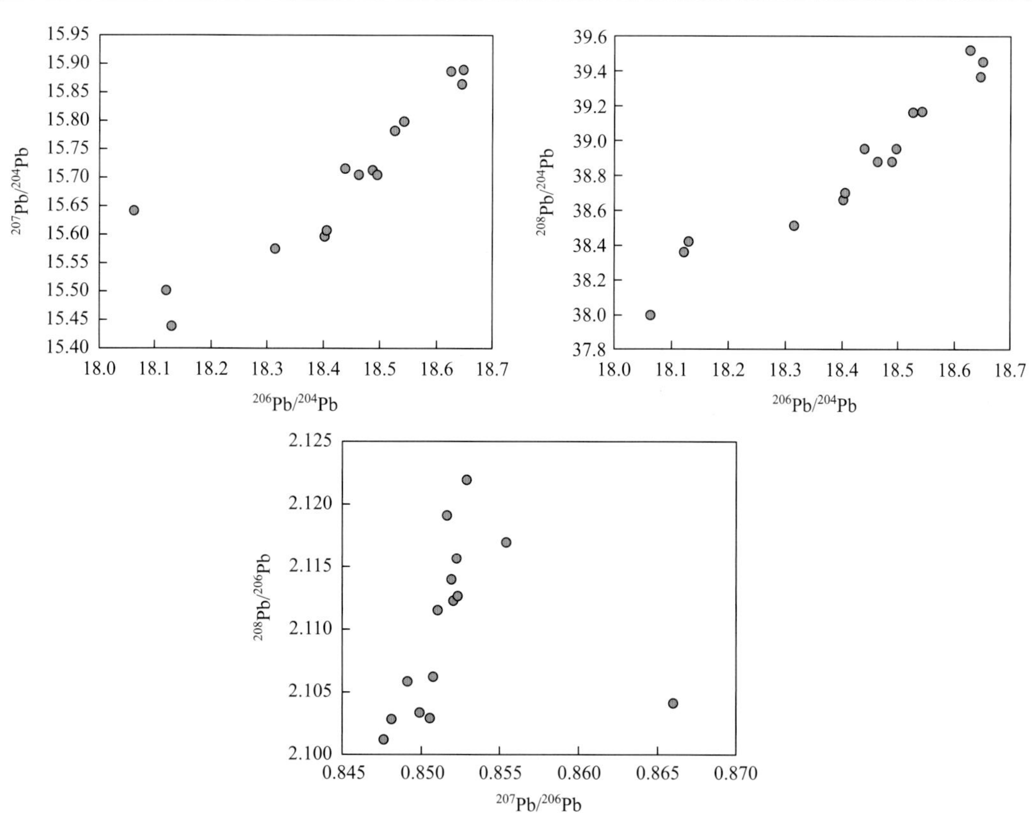

图 5-29　银厂坡铅锌矿床方铅矿 Pb 同位素组成特征图解（数据来自表 5-25）

八、罐子窑

罐子窑铅锌矿床硫化物样品的 Pb 同位素比值如表 5-23 和图 5-30 所示（曾广乾等，2017）。方铅矿的 $^{206}Pb/^{204}Pb$、$^{207}Pb/^{204}Pb$、$^{208}Pb/^{204}Pb$、$^{208}Pb/^{206}Pb$ 和 $^{207}Pb/^{206}Pb$ 范围分别为 18.424～18.473、15.607～15.627、38.913～39.031、2.1079～2.1142 和 0.8459～0.8471。

表 5-23　罐子窑铅锌矿床 Pb 同位素组成

测点	对象	$^{206}Pb/^{204}Pb$	$^{207}Pb/^{204}Pb$	$^{208}Pb/^{204}Pb$	$^{208}Pb/^{206}Pb$	$^{207}Pb/^{206}Pb$	文献
GZ4-1	方铅矿	18.461	15.626	39.031	2.1142	0.8464	曾广乾 等，2017
GSTC18-1	方铅矿	18.454	15.621	38.936	2.1099	0.8465	
DLD10-1	方铅矿	18.445	15.622	38.993	2.1140	0.8470	
GSTC42-1	方铅矿	18.470	15.626	38.946	2.1086	0.8460	
DTC6-1	方铅矿	18.452	15.620	38.919	2.1092	0.8465	
GLD1-1	方铅矿	18.424	15.607	38.942	2.1137	0.8471	
GSLD3-1	方铅矿	18.473	15.627	38.940	2.1079	0.8459	
GSLD4-1	方铅矿	18.471	15.626	38.943	2.1083	0.8460	
GSLD1-1	方铅矿	18.439	15.615	38.914	2.1104	0.8468	
GSLD2-1	方铅矿	18.458	15.614	38.913	2.1082	0.8459	
GZ4-2	上石炭统灰岩	18.438	15.644	38.851	2.1071	0.8485	
DLD10-3	上石炭统灰岩	18.454	15.637	38.886	2.1072	0.8474	
GSTC42-2	上石炭统灰岩	18.555	15.680	39.004	2.1021	0.8451	
DTC6-2	上石炭统灰岩	18.445	15.643	38.866	2.1071	0.8481	
GLD1-2	下石炭统灰岩	18.294	15.689	38.815	2.1217	0.8576	
GSLD4-2	下石炭统灰岩	18.401	15.636	38.831	2.1103	0.8497	
GSLD1-2	上泥盆统灰岩	18.438	15.633	38.832	2.1061	0.8479	
GSLD2-2	上泥盆统灰岩	18.673	15.688	39.060	2.0918	0.8401	
GZ18-1	辉绿岩	18.610	15.539	38.883	2.0894	0.8350	
GZ18-2	辉绿岩	18.515	15.523	38.964	2.1045	0.8384	
GZ18-4	辉绿岩	18.518	15.518	38.869	2.0990	0.8380	
GZ51-1	辉绿岩	18.577	15.567	38.936	2.0959	0.8380	

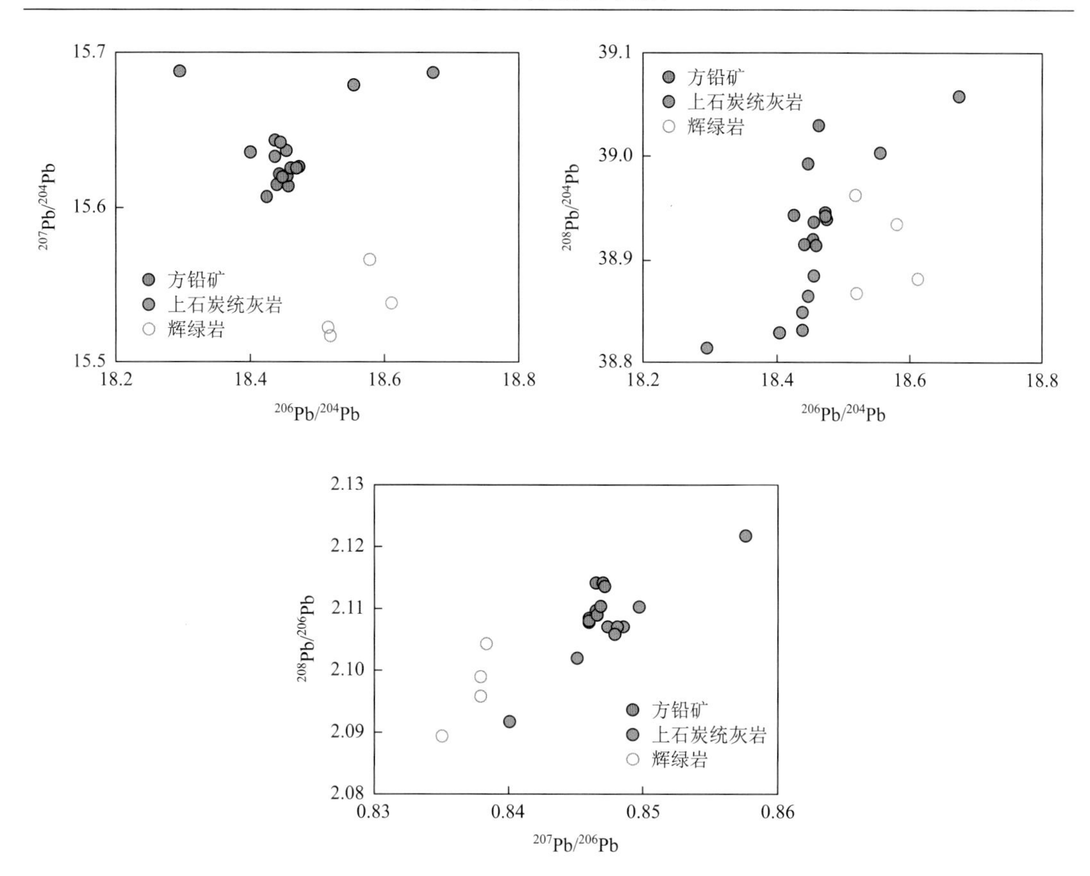

图 5-30　罐子窑铅锌矿床硫化物和不同地层 Pb 同位素组成特征图解（数据来自表 5-26）

上石炭统灰岩的 $^{206}Pb/^{204}Pb$、$^{207}Pb/^{204}Pb$、$^{208}Pb/^{204}Pb$、$^{208}Pb/^{206}Pb$ 和 $^{207}Pb/^{206}Pb$ 范围分别为 18.294～18.673、15.633～15.689、38.815～39.060、2.0918～2.1217 和 0.8401～0.8576。辉绿岩的 $^{206}Pb/^{204}Pb$、$^{207}Pb/^{204}Pb$、$^{208}Pb/^{204}Pb$、$^{208}Pb/^{206}Pb$ 和 $^{207}Pb/^{206}Pb$ 范围分别为 18.515～18.610、15.518～15.567、38.869～38.964、2.0894～2.1045 和 0.8350～0.8384。

九、猪拱塘

猪拱塘铅锌矿床方铅矿样品的原位 Pb 同位素比值如表 5-24 和图 5-31 所示（Wei et al.，2021）。方铅矿的 Pb 同位素比值 $^{206}Pb/^{204}Pb$、$^{207}Pb/^{204}Pb$、$^{208}Pb/^{204}Pb$、$^{208}Pb/^{206}Pb$ 和 $^{207}Pb/^{206}Pb$ 范围分别为 18.566～18.758、15.757～15.769、39.061～39.366、2.0882～2.107 和 0.8406～0.8488。其中，泥盆系碳酸盐岩中方铅矿的 $^{206}Pb/^{204}Pb$、$^{207}Pb/^{204}Pb$、$^{208}Pb/^{204}Pb$、$^{208}Pb/^{206}Pb$ 和 $^{207}Pb/^{206}Pb$ 范围分别为 18.701～18.758、15.761～15.769、39.109～39.366、2.0882～2.1023 和 0.8406～0.8431。二叠系中碳酸盐岩中方铅矿的 $^{206}Pb/^{204}Pb$、$^{207}Pb/^{204}Pb$、$^{208}Pb/^{204}Pb$、$^{208}Pb/^{206}Pb$ 和 $^{207}Pb/^{206}Pb$ 范围分别为 18.566～18.703、15.757～15.766、39.061～39.329、2.0948～2.107 和 0.8428～0.8488。

表 5-24　猪拱塘铅锌矿床 Pb 同位素组成

测点	赋存地层	对象	$^{206}Pb/^{204}Pb$	$^{207}Pb/^{204}Pb$	$^{208}Pb/^{204}Pb$	$^{208}Pb/^{206}Pb$	$^{207}Pb/^{206}Pb$	文献
ZGT-1-01	泥盆系	方铅矿	18.755	15.766	39.363	2.0988	0.8406	Wei et al.，2021；本次工作
ZGT-1-02	泥盆系	方铅矿	18.754	15.768	39.362	2.0989	0.8408	
ZGT-1-03	泥盆系	方铅矿	18.758	15.769	39.366	2.0986	0.8407	
ZGT-1-04	泥盆系	方铅矿	18.729	15.761	39.109	2.0882	0.8415	
ZGT-1-05	泥盆系	方铅矿	18.738	15.766	39.279	2.0962	0.8414	
ZGT-KB-1-01	泥盆系	方铅矿	18.703	15.767	39.319	2.1023	0.8430	
ZGT-KB-1-02	泥盆系	方铅矿	18.704	15.768	39.303	2.1013	0.8430	
ZGT-KB-1-03	泥盆系	方铅矿	18.703	15.767	39.311	2.1019	0.8430	
ZGT-KB-1-04	泥盆系	方铅矿	18.702	15.767	39.308	2.1018	0.8431	
ZGT-KB-1-05	泥盆系	方铅矿	18.701	15.764	39.288	2.1009	0.8429	
ZK10405-08-01	二叠系	方铅矿	18.702	15.762	39.297	2.1012	0.8428	
ZK10405-08-02	二叠系	方铅矿	18.696	15.764	39.196	2.0965	0.8432	
ZK10405-08-03	二叠系	方铅矿	18.703	15.764	39.329	2.1028	0.8429	
ZK10405-08-04	二叠系	方铅矿	18.696	15.761	39.165	2.0948	0.8430	
ZK10405-08-05	二叠系	方铅矿	18.703	15.764	39.304	2.1015	0.8429	
ZK10405-16-01	二叠系	方铅矿	18.582	15.757	39.061	2.1021	0.8480	
ZK10405-16-02	二叠系	方铅矿	18.580	15.758	39.116	2.1053	0.8481	
ZK10405-16-03	二叠系	方铅矿	18.566	15.759	39.118	2.1070	0.8488	
ZK10405-16-04	二叠系	方铅矿	18.577	15.759	39.105	2.1050	0.8483	
ZK10405-16-05	二叠系	方铅矿	18.589	15.759	39.096	2.1032	0.8478	
ZK10405-25-01	二叠系	方铅矿	18.687	15.764	39.292	2.1026	0.8436	
ZK10405-25-02	二叠系	方铅矿	18.673	15.758	39.219	2.1003	0.8439	
ZK10405-25-03	二叠系	方铅矿	18.684	15.766	39.265	2.1015	0.8438	
ZK10405-25-04	二叠系	方铅矿	18.675	15.763	39.252	2.1018	0.8441	
ZK10405-25-05	二叠系	方铅矿	18.661	15.764	39.236	2.1026	0.8448	
ZK10405-30-01	二叠系	方铅矿	18.626	15.761	39.171	2.1030	0.8462	
ZK10405-30-02	二叠系	方铅矿	18.624	15.757	39.182	2.1038	0.8461	
ZK10405-30-03	二叠系	方铅矿	18.641	15.762	39.203	2.1031	0.8456	
ZK10405-30-04	二叠系	方铅矿	18.642	15.762	39.209	2.1033	0.8455	
ZK10405-30-05	二叠系	方铅矿	18.623	15.760	39.166	2.1031	0.8463	
ZK10405-33-01	二叠系	方铅矿	18.638	15.762	39.192	2.1028	0.8457	
ZK10405-33-02	二叠系	方铅矿	18.638	15.762	39.205	2.1035	0.8457	
ZK10405-33-03	二叠系	方铅矿	18.635	15.763	39.186	2.1028	0.8459	
ZK10405-33-04	二叠系	方铅矿	18.635	15.760	39.195	2.1033	0.8457	
ZK10405-33-05	二叠系	方铅矿	18.636	15.758	39.206	2.1038	0.8456	

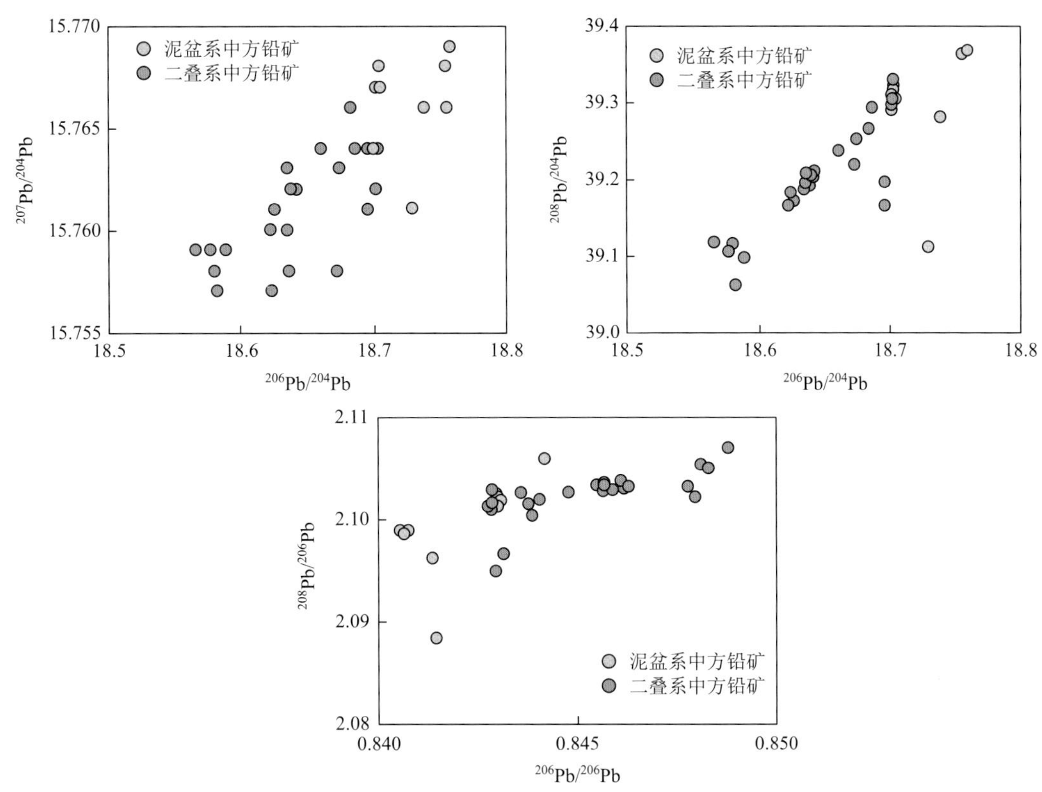

图 5-31　猪拱塘铅锌矿床不同地层中方铅矿 Pb 同位素组成特征图解（数据来自表 5-27）

十、地质意义

在 $^{207}Pb/^{204}Pb$ vs. $^{206}Pb/^{204}Pb$ 图上（图 5-32），黔西北地区代表性矿床硫化物样品的 Pb 同位素组成总体呈现线性关系（R^2=0.5665），隐约呈现 X 混合特征；而在 $^{208}Pb/^{204}Pb$ vs. $^{206}Pb/^{204}Pb$ 图上（图 5-33），黔西北地区代表性矿床硫化物样品的 Pb 同位素组成线性关系更为明显（R^2=0.813）。研究区 Pb 同位素组成特征表明，这些矿床的成矿金属具有相似或相同的源区。

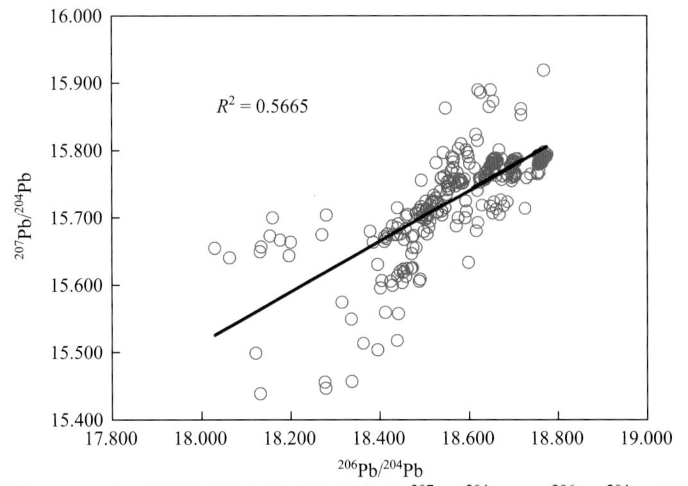

图 5-32　黔西北地区代表性矿床硫化物 $^{207}Pb/^{204}Pb$ vs. $^{206}Pb/^{204}Pb$ 图

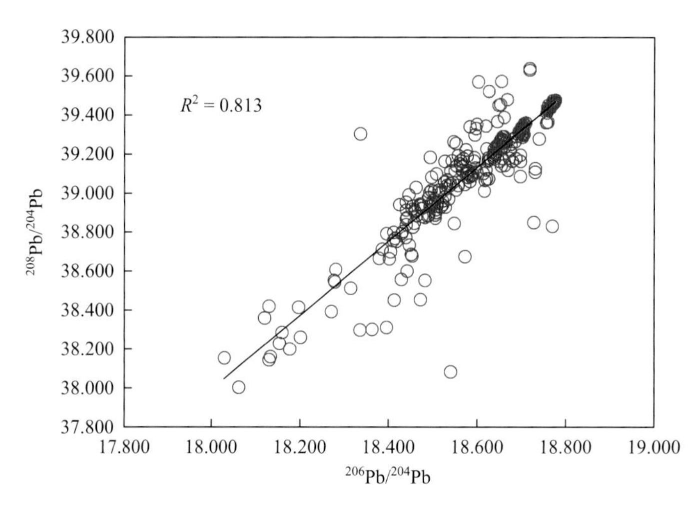

图 5-33　黔西北地区代表性矿床硫化物 $^{208}Pb/^{204}Pb$ vs. $^{206}Pb/^{204}Pb$ 图

在 Pb 演化模式图解上（图 5-34），大部分样品落入上地壳 Pb 演化线之上，部分样品落入上地壳 Pb 演化线和造山带 Pb 演化线之间，少部分落入下地壳范围。这一现象表明本区矿床成矿金属源区较为复杂。同时可见各矿床铅同位素组成和赋矿地层沉积岩、基底岩石以及峨眉山玄武岩的铅同位素组成范围都有重叠，但与赋矿沉积岩和基底岩石更相近。这表明研究区矿床的成矿金属很可能主要来自赋矿地层沉积岩和基底岩石，但不排除峨眉山玄武岩的贡献。前人研究表明由于峨眉山玄武岩浆活动时限与区域铅锌成矿时代相差较大（超过 50Ma），说明峨眉山玄武岩浆活动与铅锌成矿没有直接的成因联系，但不能排除成矿流体活化峨眉山玄武岩中的部分成矿金属，即大气降水或层间水下渗过程中活化了峨眉山玄武岩中的部分成矿金属（黄智龙 等，2004；Zhou et al.，2018a，2018b，2018c）。

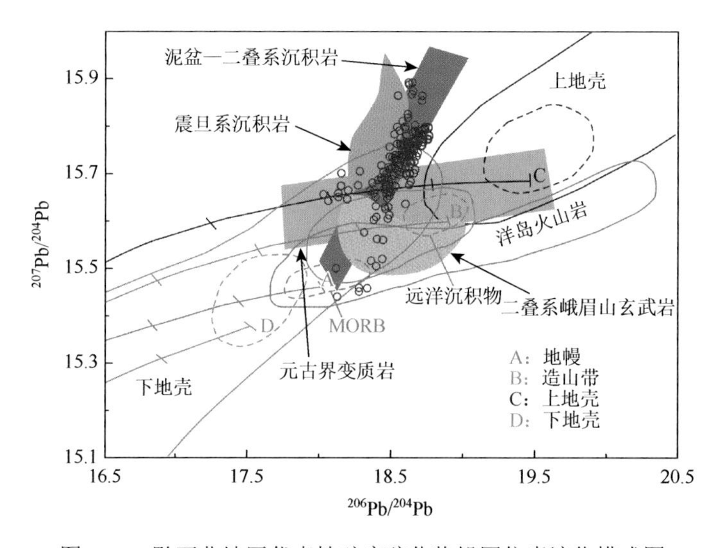

图 5-34　黔西北地区代表性矿床硫化物铅同位素演化模式图

综上认为，黔西北铅锌矿床成矿流体中的金属主要有两个来源，分别为赋矿沉积岩和基底岩石，其中赋矿沉积岩是绝大多数矿床成矿金属的主要提供者，而基底岩石提供了成矿金属的矿床目前揭示得较少。结合宏观地质，除银厂坡和板板桥矿床主要受 NE 或近 EW 向构造控制外，本次分析的其他矿床均受 NW 向构造控制，本书进一步推测研究区受 NE 或近 EW 向构造控制的矿床，其成矿金属来源多与基底岩石有关，而受 NW 向构造控制的矿床，其成矿金属多由赋矿地层岩石提供。综合分析认为，黔西北铅锌矿床成矿流体中的金属是由循环的盆地卤水活化、淋滤流经地层（包括基底和赋矿地层）岩石所得。因此，NW 向与 NE 向或近 EW 向构造的交会复合部位即成矿流体发生混合的有利部位，是成矿和找矿的优越场所，应予以重视。

通过对各成矿构造亚带代表性矿床的 Pb 同位素组成进行对比分析（图 5-35），不难发现云炉河与银厂坡 Pb 同位素组成重叠，但银厂坡更富放射性成因 Pb。而西部的猫榨厂→福来厂→天桥→东部的板板桥，放射性成因 Pb 呈降低趋势；相反地，西北部的云炉河→天桥→莽洞→筲箕湾→东南部的亮岩，放射性成因 Pb 呈升高趋势；但是西北部的青山→东南部的杉树林，放射性成因 Pb 又呈降低趋势。由于基底岩石较赋矿沉积岩具有更低的放射性成因 Pb。因此，笔者推测黔西北地区基底起源的富金属成矿流体很可能由北西向东南运移，结合起源赋矿地层的富硫和部分金属流体由南东向北西运移，两组流体在区域上发生大规模运移和混合，形成研究区矿床，各矿床基底和地层贡献比例略有差异。而猪拱塘一带刚好是流体汇聚混合的中心（周家喜，2011；熊伟 等，2015；Zhou et al.，2018c），找矿潜力巨大，最近的找矿突破也进一步证实该认识。

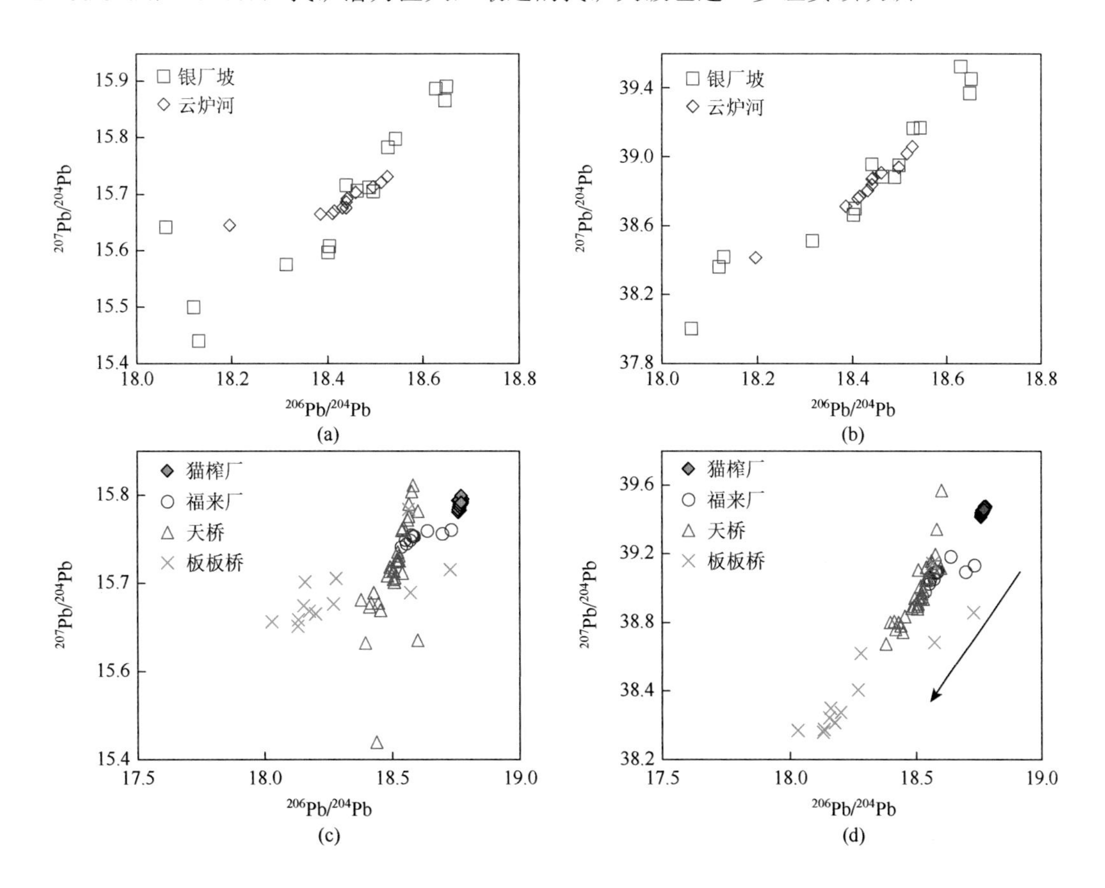

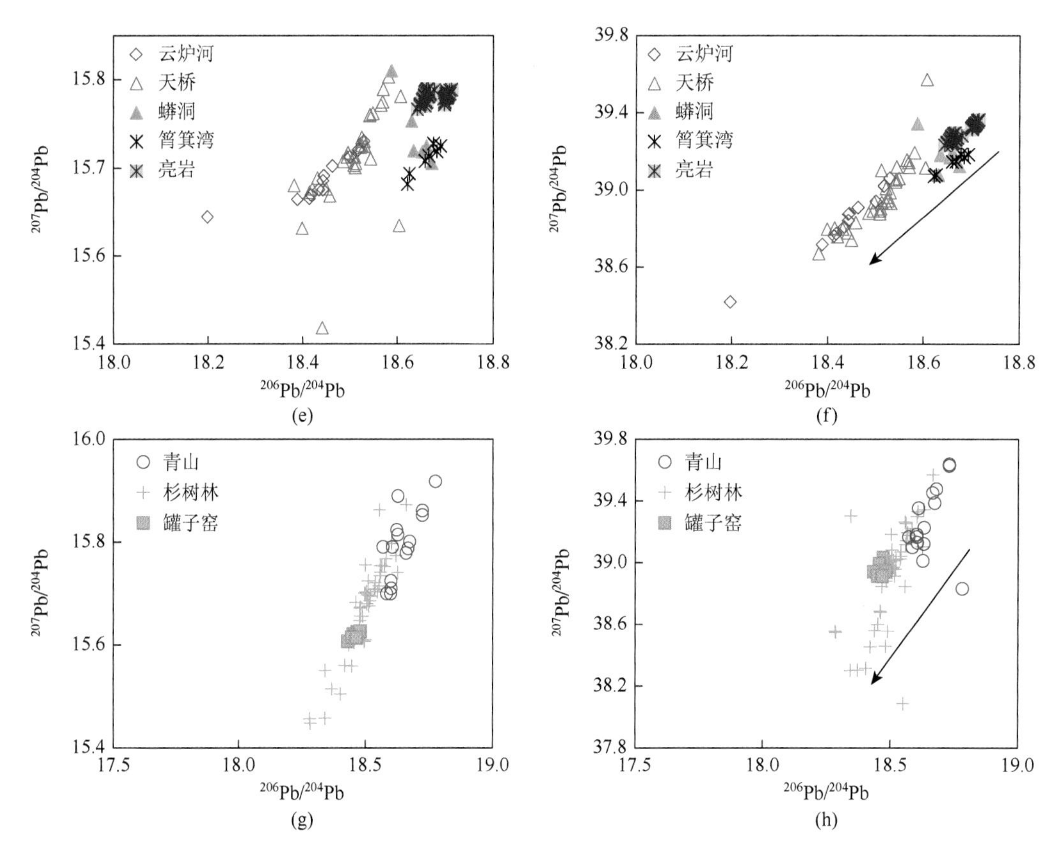

图 5-35　黔西北地区各成矿构造亚带代表性矿床 Pb 同位素对比图

第四节　Sr 同位素组成特征

一、天桥

天桥铅锌矿床 Rb-Sr 同位素组成（Zhou et al.，2013a；Dou et al.，2014；本次工作）见表 5-25。硫化物中 Rb 与 Sr 含量范围分别为 0.010×10^{-6}～0.600×10^{-6} 与 0.500×10^{-6}～2.400×10^{-6}，$^{87}Rb/^{86}Sr$ 和 $^{87}Sr/^{86}Sr$ 范围分别为 0.030～1.564 和 0.7119～0.7167。其中，黄铁矿中 Rb 与 Sr 含量范围分别为 0.010×10^{-6}～0.020×10^{-6} 与 0.500×10^{-6}～2.200×10^{-6}，$^{87}Rb/^{86}Sr$ 和 $^{87}Sr/^{86}Sr$ 范围分别为 0.030～0.063 和 0.7125～0.7132；闪锌矿中 Rb 与 Sr 含量范围分别为 0.010×10^{-6}～0.600×10^{-6} 与 0.800×10^{-6}～2.400×10^{-6}，$^{87}Rb/^{86}Sr$ 和 $^{87}Sr/^{86}Sr$ 比值范围分别为 0.032～1.564 和 0.7119～0.7167。

大量的定年结果表明，研究区铅锌矿床形成时代主要集中在 230～200Ma（黄智龙 等，2004；蔺志永 等，2010；毛景文 等，2012；Zhou et al.，2013a，2013f，2015，2018c；Zhang et al.，2015；胡瑞忠 等，2021）。因此，采用成矿年龄 200Ma 进行 $^{87}Sr/^{86}Sr$ 初始比值计算，获得全部硫化物的 $^{87}Sr/^{86}Sr_{200\ Ma}$ 范围为 0.7118～0.7125，其中黄铁矿的 $^{87}Sr/^{86}Sr_{200\ Ma}$ 范围为 0.7124～0.7130，闪锌矿的 $^{87}Sr/^{86}Sr_{200\ Ma}$ 比值范围为 0.7118～0.7125。

表 5-25　天桥铅锌矿床 Sr 同位素组成

测点	对象	Rb/($\times10^{-6}$)	Sr/($\times10^{-6}$)	$^{87}Rb/^{86}Sr$	$^{87}Sr/^{86}Sr$	$^{87}Sr/^{86}Sr_{200\ Ma}$	文献
TQ-60	闪锌矿	0.030	2.400	0.041	0.7126	0.7125	Zhou et al.，2013a；本次工作
TQ-19-1	黄铁矿	0.020	2.200	0.030	0.7125	0.7124	
TQ-19-2	闪锌矿	0.010	0.800	0.032	0.7126	0.7125	
TQ-26-0	闪锌矿	0.600	1.100	1.564	0.7167	0.7123	
TQ-26-1	闪锌矿	0.470	0.900	1.010	0.7152	0.7123	
TQ-60	黄铁矿	0.010	0.500	0.063	0.7132	0.7130	Dou et al.，2014；本次工作
TQ-13	闪锌矿	0.010	1.100	0.033	0.7119	0.7118	
TQ-18	闪锌矿	0.020	1.850	0.076	0.7123	0.7121	

二、筲箕湾

筲箕湾铅锌矿床 Sr 同位素组成（Zhou et al.，2013d；本次工作）见表 5-26。闪锌矿中 Rb 与 Sr 含量分别为 $0.124\times10^{-6}\sim0.220\times10^{-6}$ 和 $7.57\times10^{-6}\sim14.60\times10^{-6}$，$^{87}Rb/^{86}Sr$ 与 $^{87}Sr/^{86}Sr$ 范围分别为 0.034～0.055 和 0.7114～0.7130。根据成矿年龄 200Ma 计算获得的 $^{87}Sr/^{86}Sr_{200Ma}$ 范围为 0.7113～0.7129。

表 5-26　筲箕湾铅锌矿床 Sr 同位素组成

测点	对象	Rb/($\times10^{-6}$)	Sr/($\times10^{-6}$)	$^{87}Rb/^{86}Sr$	$^{87}Sr/^{86}Sr$	$^{87}Sr/^{86}Sr_{200\ Ma}$	文献
SJW-9-2	闪锌矿	0.130	9.58	0.039	0.7114	0.7113	Zhou et al.，2013d；本次工作
SJW-6	闪锌矿	0.124	10.60	0.034	0.7119	0.7118	
SJW-1	闪锌矿	0.124	7.57	0.048	0.7130	0.7129	
SJW-11	闪锌矿	0.220	14.60	0.044	0.7114	0.7113	
SJW-7	闪锌矿	0.203	10.60	0.055	0.7128	0.7126	

三、青山

青山铅锌矿床 Sr 同位素组成（顾尚义 等，1997；Zhou et al.，2013e；本次工作）见表 5-27。闪锌矿中 Rb 与 Sr 含量分别为 $0.315\times10^{-6}\sim0.850\times10^{-6}$ 和 $1.14\times10^{-6}\sim8.83\times10^{-6}$，$^{87}Rb/^{86}Sr$ 与 $^{87}Sr/^{86}Sr$ 范围分别为 0.278～0.846 和 0.7107～0.7141。依据成矿年龄 200Ma 计算获得的 $^{87}Sr/^{86}Sr_{200\ Ma}$ 范围为 0.7099～0.7126。

表 5-27　青山铅锌矿床 Sr 同位素组成

测点	对象	Rb/($\times 10^{-6}$)	Sr/($\times 10^{-6}$)	$^{87}Rb/^{86}Sr$	$^{87}Sr/^{86}Sr$	$^{87}Sr/^{86}Sr_{200\ Ma}$	文献
1800A4-RS1	闪锌矿	0.368	1.26	0.846	0.7127	0.7103	顾尚义 等，1997
1800A4-RS2	闪锌矿	0.315	2.08	0.437	0.7117	0.7105	
1800A4-RS3	闪锌矿	0.317	1.14	0.801	0.7136	0.7113	
1800A4-RS4	闪锌矿	0.344	1.53	0.659	0.7122	0.7103	
1800A4-RS5	闪锌矿	0.850	8.83	0.278	0.7107	0.7099	
QS-09-02	闪锌矿	0.336	1.61	0.312	0.7131	0.7122	Zhou et al.，2013e；本次工作
QS-09-03	闪锌矿	0.651	3.13	0.511	0.7141	0.7126	
QS-09-06	闪锌矿	0.518	2.16	0.425	0.7126	0.7114	

四、杉树林

杉树林铅锌矿床 Sr 同位素组成（Zhou et al.，2014b；本次工作）见表 5-28。闪锌矿中 Rb 与 Sr 含量分别为 $0.021\times10^{-6}\sim0.072\times10^{-6}$ 和 $2.07\times10^{-6}\sim10.90\times10^{-6}$，$^{87}Rb/^{86}Sr$ 和 $^{87}Sr/^{86}Sr$ 范围分别为 0.019～0.047 和 0.7108～0.7116。根据成矿年龄 200Ma 计算获得的 $^{87}Sr/^{86}Sr_{200\ Ma}$ 范围为 0.7107～0.7115。

表 5-28　杉树林铅锌矿床 Sr 同位素组成

测点	对象	Rb/($\times 10^{-6}$)	Sr/($\times 10^{-6}$)	$^{87}Rb/^{86}Sr$	$^{87}Sr/^{86}Sr$	$^{87}Sr/^{86}Sr_{200\ Ma}$	文献
SSL1-@1	闪锌矿	0.072	10.90	0.019	0.7116	0.7115	Zhou et al.，2014b；本次工作
SSL6-@1	闪锌矿	0.038	3.27	0.033	0.7108	0.7107	
SSL-11	闪锌矿	0.031	3.14	0.032	0.7111	0.7110	
SSL12-@1	闪锌矿	0.021	2.07	0.030	0.7116	0.7115	
SSL13-@2	闪锌矿	0.021	2.64	0.023	0.7115	0.7114	
SSL14-@2	闪锌矿	0.050	3.08	0.047	0.7115	0.7114	
SSL17-@2	闪锌矿	0.022	3.00	0.021	0.7114	0.7113	

五、银厂坡

银厂坡铅锌矿床 Sr 同位素组成（胡耀国，1999）见表 5-29。矿石中 Rb 与 Sr 含量分别为 $0.003\times10^{-6}\sim13.500\times10^{-6}$ 和 $5.40\times10^{-6}\sim48.10\times10^{-6}$，$^{87}Rb/^{86}Sr$ 与 $^{87}Sr/^{86}Sr$ 范围分别为 0.001～0.389 和 0.7108～0.7188。依据成矿年龄 200Ma 计算获得的矿石 $^{87}Sr/^{86}Sr_{200\ Ma}$ 范围为 0.7108～0.7177。方解石中 Rb 与 Sr 含量分别为 2.58×10^{-6} 和 $75.50\times10^{-6}\sim338.00\times10^{-6}$，$^{87}Rb/^{86}Sr$ 与 $^{87}Sr/^{86}Sr$ 范围分别为 0.008～0.034 和 0.7223～0.7256。依据成矿年龄 200Ma 计算获得的方解石 $^{87}Sr/^{86}Sr_{200\ Ma}$ 范围为 0.7222～0.7255。

表 5-29　银厂坡铅锌矿床 Sr 同位素组成

测点	对象	Rb/(×10^{-6})	Sr/(×10^{-6})	$^{87}Rb/^{86}Sr$	$^{87}Sr/^{86}Sr$	$^{87}Sr/^{86}Sr_{200 Ma}$	文献
Yc-01	方解石	2.580	75.50	0.008	0.7223	0.7222	胡耀国，1999
Yc-02	方解石	2.580	338.00	0.034	0.7256	0.7255	
Yc-03	矿石	0.040	7.88	0.004	0.7108	0.7108	
Yc-04	矿石	0.055	10.40	0.007	0.7112	0.7112	
Yc-05	矿石	0.003	5.40	0.001	0.7111	0.7111	
Yc-06	矿石	0.316	12.10	0.026	0.7145	0.7144	
Yc-07	矿石	4.840	34.80	0.101	0.7119	0.7116	
Yc-08	矿石	5.030	37.50	0.134	0.7127	0.7123	
Yc-09	矿石	13.500	48.10	0.389	0.7188	0.7177	

六、地质意义

由此可见，无论是闪锌矿及矿石样品，还是热液方解石样品，其 $^{87}Sr/^{86}Sr_{200 Ma}$（0.7099～0.7255）均高于地幔（0.704±0.002）（Faure，1977）和峨眉山玄武岩（0.7039～0.7078）（黄智龙 等，2004），具有高放射性成因 Sr，暗示成矿物质来源于相对富放射性成因 Sr 的源区或成矿流体曾流经富放射性成因 Sr 的地质体，排除了由地幔和峨眉山玄武岩提供大量物质的可能性。

区域不同时代地层沉积岩同期 $^{87}Sr/^{86}Sr_{200 Ma}$ 范围为 0.7073～0.7111（表 5-30 和图 5-36），其中上二叠统栖霞-茅口组灰岩 $^{87}Sr/^{86}Sr_{200 Ma}$ 范围为 0.7073～0.7089、下二叠统梁山组砂页岩 $^{87}Sr/^{86}Sr_{200 Ma}$ 为 0.7167、上泥盆统马坪组灰岩 $^{87}Sr/^{86}Sr_{200 Ma}$ 范围为 0.7099～0.7100、下石炭统摆佐组白云岩初始 $^{87}Sr/^{86}Sr_{200 Ma}$ 范围为 0.7087～0.7101、上泥盆统宰格组灰岩 $^{87}Sr/^{86}Sr_{200 Ma}$ 范围为 0.7084～0.7088、中泥盆统曲靖组白云岩 $^{87}Sr/^{86}Sr_{200 Ma}$ 为 0.7101、中泥盆统海口组砂岩 $^{87}Sr/^{86}Sr_{200 Ma}$ 为 0.7111 和上震旦统灯影组白云岩 $^{87}Sr/^{86}Sr_{200 Ma}$ 范围为 0.7083～0.7096（胡耀国，1999；Deng et al.，2000；江永宏和李胜荣，2005；周家喜，2011；Zhou et al.，2013a，2014a；Dou et al.，2014）。

表 5-30　研究区潜在源区 Sr 同位素组成

测点	对象	Rb/(×10^{-6})	Sr/(×10^{-6})	$^{87}Rb/^{86}Sr$	$^{87}Sr/^{86}Sr$	$^{87}Sr/^{86}Sr_{200 Ma}$	文献
峨眉山玄武岩		0.7039～0.7078（N=85，平均为 0.7058）					黄智龙 等，2004
上地幔		0.704±0.002					Faure，1977
D11	中二叠统灰岩	0.098	267	0.001	0.7075	0.7075	本次工作
D12	中二叠统灰岩	0.064	254	0.001	0.7073	0.7073	
LMG-9	中二叠统灰岩	0.087	186	0.001	0.7079	0.7079	Deng et al.，2000
LMG-11	中泥盆统白云岩	4.84	99.6	0.1325	0.7105	0.7101	

续表

测点	对象	Rb/(×10⁻⁶)	Sr/(×10⁻⁶)	$^{87}Rb/^{86}Sr$	$^{87}Sr/^{86}Sr$	$^{87}Sr/^{86}Sr_{200\ Ma}$	文献
D10	下二叠统页岩	2.2	23.5	0.264	0.7174	0.7166	胡耀国，1999；本次工作
D8	上石炭统灰岩	0.408	162	0.007	0.7100	0.7100	
D9	上石炭统灰岩	1.2	169	0.02	0.7100	0.7099	
D35	下石炭统白云岩	0.244	66	0.01	0.7101	0.7101	
D36	下石炭统白云岩	0.03	81.9	0.001	0.7099	0.7099	
D13	下石炭统白云岩	0.009	67	0.0001	0.7093	0.7093	
D14	下石炭统白云岩	0.005	54	0.0001	0.7087	0.7087	
D15	下石炭统白云岩	0.5	77	0.006	0.7093	0.7093	
D6	上泥盆统灰岩	1.38	76.2	0.0511	0.7085	0.7083	
D7	上泥盆统灰岩	0.034	350	0.0003	0.7088	0.7088	
D3	中泥盆统砂岩	15.2	58.2	0.7365	0.7132	0.7111	
	下寒武统碳酸盐岩	0.7084～0.7099（N=16，平均为 0.7091）					江永宏和李胜荣，2005
	下寒武统黑色岩系	0.7120～0.7136（N=2，平均为 0.7128）					
D1	上震旦统白云岩	0.204	308	0.0019	0.7083	0.7083	本次工作
D2	上震旦统白云岩	2.26	108	0.059	0.7098	0.7096	
	基底浅变质岩	0.7243～0.7288（N=5，平均为 0.7266）					从柏林，1988；李复汉和覃嘉铭，1988；陈好寿和冉崇英，1992

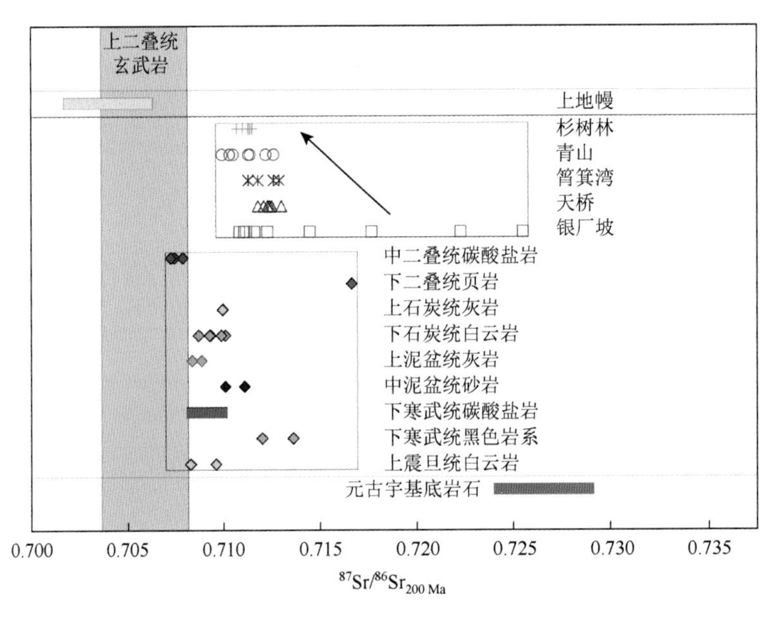

图 5-36　黔西北地区各成矿构造亚带代表性矿床 Sr 同位素对比图

可见，除下二叠统梁山组砂页岩的 $^{87}Sr/^{86}Sr_{200\ Ma}$ 高于本区矿床样品的 $^{87}Sr/^{86}Sr_{200\ Ma}$ 外，其他时代地层沉积岩样品的 $^{87}Sr/^{86}Sr_{200\ Ma}$ 均低于本区矿床样品的 $^{87}Sr/^{86}Sr_{200\ Ma}$，又排除了除下二叠统梁山组砂页岩外，其他时代地层沉积岩为成矿提供大量物质的可能性。

虽然黔西北地区基底岩石未见出露，但扬子板块西缘，尤其是川西南和滇东北区域上基底岩石（昆阳群和会理群）广泛分布，厚度巨大（最厚近 10000m）（从柏林，1988；张云湘 等，1988）。李复汉和覃嘉铭（1988）测得云南东川昆阳群因民组白云岩样品的 $^{87}Sr/^{86}Sr_{200\ Ma}$ 为 0.7288，河口-岔河组碳质板岩样品的 $^{87}Sr/^{86}Sr_{200\ Ma}$ 为 0.7283，易门昆阳群因民组板岩样品的 $^{87}Sr/^{86}Sr_{200\ Ma}$ 为 0.7249；从柏林（1988）报道四川会理河口群变钠质火山岩样品的 $^{87}Sr/^{86}Sr_{200\ Ma}$ 为 0.7243；陈好寿和冉崇英（1992）获得四川拉拉厂铜矿床大红山群石英流体包裹体 $^{87}Sr/^{86}Sr_{200\ Ma}$ 为 0.7275。可见，黔西北铅锌成矿区矿床样品的 $^{87}Sr/^{86}Sr_{200\ Ma}$ 明显低于基底岩石（昆阳群和会理群，0.7213～0.7288）（从柏林，1988；李复汉和覃嘉铭，1988；陈好寿和冉崇英，1992）。

综上所述，区域上富放射性成因 Sr 的地质体为下二叠统梁山组砂页岩和基底岩石（昆阳群和会理群）。下二叠统梁山组砂页岩样品的 $^{87}Sr/^{86}Sr_{200\ Ma}$ 为 0.7163，相对高于本区矿床样品的 $^{87}Sr/^{86}Sr_{200\ Ma}$（图 5-36）。下二叠统梁山组厚度为 30～80m，黄智龙等（2004）测得其 Pb、Zn 含量，分别为 4.80×10^{-6} 和 11.2×10^{-6}，明显低于克拉克值（分别为 12×10^{-6} 和 94×10^{-6}）（黎彤和倪守斌，1990），存在明显的贫化现象，并富含有机质（煤），暗示这套岩石在铅锌成矿过程中不仅为成矿提供了部分金属物质，还为成矿提供了还原剂（有机质）。

因此，黔西北铅锌矿床成矿物质可能来源或流经下二叠统梁山组砂页岩和基底岩石（昆阳群和会理群），其中赋存于石炭系和中二叠统中的铅锌矿床与下二叠统梁山组黑色页岩关系极为密切，而赋存于寒武系和震旦系中的铅锌矿床则与寒武系黑色岩系关系极为密切。

黔西北地区各成矿构造亚带代表性矿床的 Sr 同位素组成也呈现沿西北的银厂坡→天桥→筲箕湾→青山→杉树林有降低趋势（周家喜，2011；程鹏林 等，2015；Zhou et al.，2018c）。由于基底岩石具有高放射性成因 Sr，而赋矿地层相对具有低放射性成因 Sr。因此，进一步证实起源基底岩石富成矿金属的流体是由 NW 向 SE 方向运移的，这与 Pb 等示踪结果是一致的（周家喜，2011；熊伟 等，2015；Zhou et al.，2018c）。

主要参考文献

安琦，周家喜，徐磊，等，2018. 黔西北猫榨厂铅锌矿床原位 Pb 同位素地球化学[J]. 矿物学报，38（6）：585-592.

陈好寿，冉崇英，1992. 康滇地轴铜矿床同位素地球化学[M]. 北京：地质出版社.

陈士杰，1986. 黔西北-滇东北铅锌矿床成因探讨[J]. 贵州地质，3（8）：211-222.

程鹏林，熊伟，周高，等，2015. 黔西北地区铅锌矿床成矿流体起源与运移方向初探[J]. 矿物学报，35（4）：509-514.

从柏林，1988. 攀西古裂谷的形成与演化[M]. 北京：科学出版社.

付绍洪，2004. 扬子地块西南缘铅锌成矿作用及分散元素镉镓锗富集规律矿床[D]. 成都：成都理工大学.

顾尚义，2007. 黔西北地区铅锌矿硫同位素特征研究[J]. 贵州工业大学学报（自然科学版），36（1）：8-11.

顾尚义，张启厚，毛健全，1997. 青山铅锌矿床两种热液混合成矿的锶同位素证据[J]. 贵州工业大学学报，26（2）：50-54.

胡瑞忠，毛景文，华仁民，等，2015. 华南陆块陆内成矿作用[M]. 北京：科学出版社.

胡瑞忠，等，2021. 华南大规模低温成矿作用[M]. 北京：科学出版社.
胡耀国，1999. 贵州银厂坡银多金属矿床银的赋存状态、成矿物质来源与成矿机制[D]. 贵阳：中国科学院地球化学研究所.
黄智龙，陈进，韩润生，等，2004. 云南会泽超大型铅锌矿床地球化学及成因——兼论峨眉山玄武岩与铅锌成矿的关系[M]. 北京：地质出版社.
江永宏，李胜荣，2005. 贵州遵义下寒武统黑色岩系型 Ni，Mo 矿床 Rb-Sr 同位素测年与示踪研究[J]. 矿物岩石，25（1）：62-66.
金中国，2008. 黔西北地区铅锌矿控矿因素、成矿规律与找矿预测[M]. 北京：冶金工业出版社.
黎彤. 倪守斌，1990. 地球和地壳的化学元素丰度[M]. 北京：地质出版社.
李复汉，覃嘉铭，1988. 康滇地区的前震旦系[M]. 重庆：重庆出版社.
蔺志永，王登红，张长青，2010. 四川宁南跑马铅锌矿床的成矿时代及其地质意义[J]. 中国地质，37（2）：488-494.
柳贺昌，林文达，1999. 滇东北铅锌矿成矿规律研究[M]. 昆明：云南大学出版社.
毛德明，2000. 贵州赫章天桥铅锌矿床围岩的氧、碳同位素研究[J]. 贵州工业大学学报，29（2）：8-11.
毛健全，张启厚，顾尚义，1998. 水城断陷构造演化及铅锌矿研究[M]. 贵阳：贵州科技出版社.
毛景文，周振华，丰成友，等，2012. 初论中国三叠纪大规模成矿作用及其动力学背景[J]. 中国地质，39（6）：1437-1471.
沈渭洲，黄耀生，1987. 稳定同位素地质[M]. 北京：原子能出版社.
王华云，1993. 贵州铅锌矿的地球化学特征[J]. 贵州地质，10（4）：272-290.
王华云，1996. 贵州铅锌矿地质[M]. 贵阳：贵州科技出版社.
熊伟，程鹏林，周高，等，2015. 黔西北铅锌成矿区成矿金属来源的铅同位素示踪[J]. 矿物学报，35（4）：425-429.
尹观，倪师军，2009. 同位素地球化学[M]. 北京：地质出版社.
曾广乾，何良伦，张德明，等，2017. 黔西罐子窑铅锌矿床 Pb 同位素研究及地质意义[J]. 大地构造与成矿学，41（2）：305-314.
张启厚，毛健全，顾尚义，1998. 水城赫章铅锌矿成矿的金属物源研究[J]. 贵州工业大学学报，27（6）：28-36.
张启厚，顾尚义，毛健全，1999. 贵州水城青山铅锌矿床地球化学研究[J]. 地质地球化学，27（1）：15-20.
张云湘，骆耀南，杨荣喜，1988. 攀西裂谷[M]. 北京：地质出版社.
张准，黄智龙，周家喜，等，2011. 黔西北筲箕湾铅锌矿床硫同位素地球化学研究[J]. 矿物学报，31（3）：496-501.
郑传仑，1994. 黔西北铅锌矿的矿质来源[J]. 桂林冶金地质学院学报，14（2）：113-122.
郑永飞，陈江峰，2000. 稳定同位素地球化学[M]. 北京：科学出版社.
周家喜，2011. 黔西北铅锌成矿区分散元素及锌同位素地球化学研究[D]. 贵阳：中国科学院地球化学研究所.
朱炳泉，等，1998. 地球科学中同位素体系理论与应用——兼论中国大陆壳幔演化[M]. 北京：科学出版社.
朱路艳，苏文超，沈能平，等，2016. 黔西北地区铅锌矿床流体包裹体与硫同位素地球化学研究[J]. 岩石学报，32（11）：3431-3440.
Bottinga Y，1968. Calculation of fractionation factors for carbon and oxygen isotopic exchange in the system calcite-carbon dioxide-water [J]. The Journal of Physical Chemistry，72（3）：800-808.
Dejonghe L，Boulégue J，Demaiffe D，et al.，1989. Isotope geochemistry（S，C，O，Sr，Pb）of the Chaudfontaine mineralization（Belgium）[J]. Mineralium Deposita，24（2）：132-140.
Deng H L，Li C Y，Tu G Z，et al.，2000. Strontium isotope geochemistry of the Lemachang independent silver ore deposit，northeastern Yunnan，China [J]. Science in China Series D：Earth Sciences，43（4）：337-346.
Dou S，Zhou J X，2013. Geology and C-O isotope geochemistry of carbonate-hosted Pb-Zn deposits，NW Guizhou Province，SW China [J]. Chinese Journal of Geochemistry，32（1）：7-18.
Dou S，Liu J S，Zhou J X，2014. Strontium isotopic geochemistry of Tianqiao Pb-Zn deposit，Southwest China [J]. Chinese Journal of Geochemistry，33（2）：131-137.
Faure G，1977. Principles of Isotope Geology [M]. New York：Wiley.
Hoefs J，1980. Stable Isotope Geochemistry [M]. New York：Springer-Verlag，Berlin：Heidelberg.
Li B，Zhou J X，Huang Z L，et al.，2015. Geological，rare earth elemental and isotopic constraints on the origin of the Banbanqiao Zn-Pb deposit，southwest China [J]. Journal of Asian Earth Sciences，111：100-112.

Liu W H，Zhang J，Wang J，2017. Sulfur isotope analysis of carbonate-hosted Zn-Pb deposits in northwestern Guizhou Province，Southwest China：Implications for the source of reduced sulfur [J]. Journal of Geochemical Exploration，181：31-44.

O'Neil J R，Clayton R N，Mayeda T K，1969. Oxygen isotope fractionation in divalent metal carbonates [J]. The Journal of Chemical Physics，51（12）：5547-5558.

Wei C，Huang Z L，Ye L，et al.，2021. Genesis of carbonate-hosted Zn-Pb deposits in the Late Indosinian thrust and fold systems：An example of the newly discovered giant Zhugongtang deposit，South China [J]. Journal of Asian Earth Sciences，220：104914.

Zhang C Q，Wu Y，Hou L，et al.，2015. Geodynamic setting of mineralization of Mississippi Valley-type deposits in world-class Sichuan-Yunnan-Guizhou Zn-Pb triangle，southwest China：Implications from age-dating studies in the past decade and the Sm-Nd age of Jinshachang deposit [J]. Journal of Asian Earth Sciences，103：103-114.

Zhou J X，Huang Z L，Zhou G F，et al.，2010. Sulfur isotopic composition of the Tianqiao Pb-Zn ore deposit，Northwest Guizhou Province，China：Implications for the source of sulfur in the ore-forming fluids [J]. Chinese Journal of Geochemistry，29（3）：301-306.

Zhou J X，Huang Z L，Zhou M F，et al.，2013a. Constraints of C-O-S-Pb isotope compositions and Rb-Sr isotopic age on the origin of the Tianqiao carbonate-hosted Pb-Zn deposit，SW China [J]. Ore Geology Reviews，53：77-92.

Zhou J X，Huang Z L，Gao J G，et al.，2013b. Geological and C-O-S-Pb-Sr isotopic constraints on the origin of the Qingshan carbonate-hosted Pb-Zn deposit，Southwest China [J]. International Geology Review，55（7）：904-916.

Zhou J X，Huang Z L，Bao G P，et al.，2013c. Sources and thermo-chemical sulfate reduction for reduced sulfur in the hydrothermal fluids，southeastern SYG Pb-Zn metallogenic province，SW China [J]. Journal of Earth Science，24（5）：759-771.

Zhou J X，Huang Z L，Bao G P，2013d. Geological and sulfur-lead-strontium isotopic studies of the Shaojiwan Pb-Zn deposit，southwest China：implications for the origin of hydrothermal fluids [J]. Journal of Geochemical Exploration，128：51-61.

Zhou J X，Huang Z L，Gao J G，et al.，2013e. Geological and C-O-S-Pb-Sr isotopic constraints on the origin of the Qingshan carbonate-hosted Pb-Zn deposit，Southwest China [J]. International Geology Review，55（7）：904-916.

Zhou J X，Huang Z L，Yan Z F，2013f. The origin of the Maozu carbonate-hosted Pb-Zn deposit，southwest China：constrained by C-O-S-Pb isotopic compositions and Sm-Nd isotopic age [J]. Journal of Asian Earth Sciences，73：39-47.

Zhou J X，Huang Z L，Zhou M F，et al.，2014a. Zinc，sulfur and lead isotopic variations in carbonate-hosted Pb-Zn sulfide deposits，southwest China [J]. Ore Geology Reviews，58：41-54.

Zhou J X，Huang Z L，Lv Z C，et al.，2014b. Geology，isotope geochemistry and ore genesis of the Shanshulin carbonate-hosted Pb-Zn deposit，southwest China [J]. Ore Geology Reviews，63：209-225.

Zhou J X，Bai J H，Huang Z L，et al.，2015. Geology，isotope geochemistry and geochronology of the Jinshachang carbonate-hosted Pb-Zn deposit，southwest China [J]. Journal of Asian Earth Sciences，98：272-284.

Zhou J X，Luo K，Wang X C，et al.，2018a. Ore genesis of the Fule Pb-Zn deposit and its relationship with the Emeishan Large Igneous Province：Evidence from mineralogy，bulk C-O-S and in situ S-Pb isotopes [J]. Gondwana Research，54：161-179.

Zhou J X，Wang X C，Wilde S A，et al.，2018b. New insights into the metallogeny of MVT Zn-Pb deposits：A case study from the Nayongzhi in South China，using field data，fluid compositions，and in situ S-Pb isotopes [J]. American Mineralogist，103（1）：91-108.

Zhou J X，Xiang Z Z，Zhou M F，et al.，2018c. The giant Upper Yangtze Pb-Zn province in SW China：Reviews，new advances and a new genetic model [J]. Journal of Asian Earth Sciences，154：280-315.

第六章　Zn 同位素地球化学

锌是过渡族金属，广泛分布在地球各圈层中，特别是各类岩石和生物体中，并广泛参与成岩成矿作用等地质过程和生命活动过程，是近年来金属同位素研究领域的前沿之一，为示踪锌的来源和循环等一些地质和生物过程提供了新约束（Maréchal et al.，1999，2000；Zhu et al.，2000；蒋少涌 等，2001；Maréchal and Alarède，2002；Pichat et al.，2003；Rodushkin et al.，2004；Mason et al.，2005；Wilkinson et al.，2005；Gélabert et al.，2006；John et al.，2007；Kavner et al.，2008；Kelley et al.，2009；Ding et al.，2010；Zhou et al.，2014a，2014b，2016，2018）。锌是普通金属元素，也是主要的成矿元素之一，常以类质同象和闪锌矿（纤锌矿）及菱锌矿等独立矿物相的形式分布于各类矿床中，特别是金属硫化物矿床，但 Zn 同位素矿床地球化学研究及应用还较少（Maréchal et al.，1999；蒋少涌 等，2001；Maréchal and Alarède，2002；Albarède，2004；Mason et al.，2005；Wilkinson et al.，2005；Kelley et al.，2009；Zhou et al.，2014a，2014b，2016，2018），有关热液成矿作用和成矿过程中锌同位素分馏机理及控制因素还知之甚少（蒋少涌 等，2001；蒋少涌，2003；Albarède，2004；Mason et al.，2005；Wilkinson et al.，2005；John et al.，2008；Toutain et al.，2008；Kelley et al.，2009；Zhou et al.，2014a，2014b，2016，2018）。本章将系统介绍黔西北铅锌成矿区典型矿床的 Zn 同位素组成特征，并初步探讨热液成矿过程中 Zn 同位素组成变化及控制变化的主要因素，为 Zn 同位素体系矿床学应用提供理论依据。

第一节　Zn 同位素研究现状

Zn 共有五个稳定同位素，分别为 ^{64}Zn（48.89%）、^{66}Zn（27.81%）、^{67}Zn（4.11%）、^{68}Zn（18.56%）和 ^{70}Zn（0.62%）。它的同位素组成首先由 Rosman（1972）利用 TIMS 测定，然而由于测定误差大（1‰～2‰），没有发现地球样品有同位素分馏现象。Maréchal 等（1999）首次研究了 Cu、Zn 样品化学分离和 MC-ICPMS 测定方法，并初步报道了各类样品中的锌同位素组成。随后 Zn 同位素组成及应用等的研究涉及地外物质（Luck et al.，2001，2002，2005，2006；Monyier et al.，2006，2007；Herzog et al.，2009）、生物样品（Maréchal et al.，1999；Büchl et al.，2004；Stenberg et al.，2004，2005；Mattielli et al.，2005；Weiss et al.，2005，2007；Dolgopolova et al.，2006；Gélabert et al.，2006；John et al.，2007；Viers et al.，2007；梁莉莉，2008）、地质样品（Maréchal et al.，1999，2000；Ben et al.，2001，2003，2005，2006；Pichat et al.，2003；Mason et al.，2005；Wilkinson et al.，2005；Chapman et al.，2006；Toutain et al.，2008；李津，2008；唐索寒 等，2008；Herzog et al.，2009；Kelley et al.，2009；Zhou et al.，2014a，2014b，2016，2018）、人工

样品（John et al.，2007）、雨水（Luck et al.，1999）、颗粒沉降物（Maréchal et al.，2000）和工业污染气溶胶（Dolgopolova et al.，2006；Cloquet et al.，2006）等诸多方面。目前研究显示，δ^{66}Zn 值在地外样品中变化范围最大（−5.95‰～6.67‰），在自然界的一般变化范围为−0.91‰～1.70‰（图 6-1）。

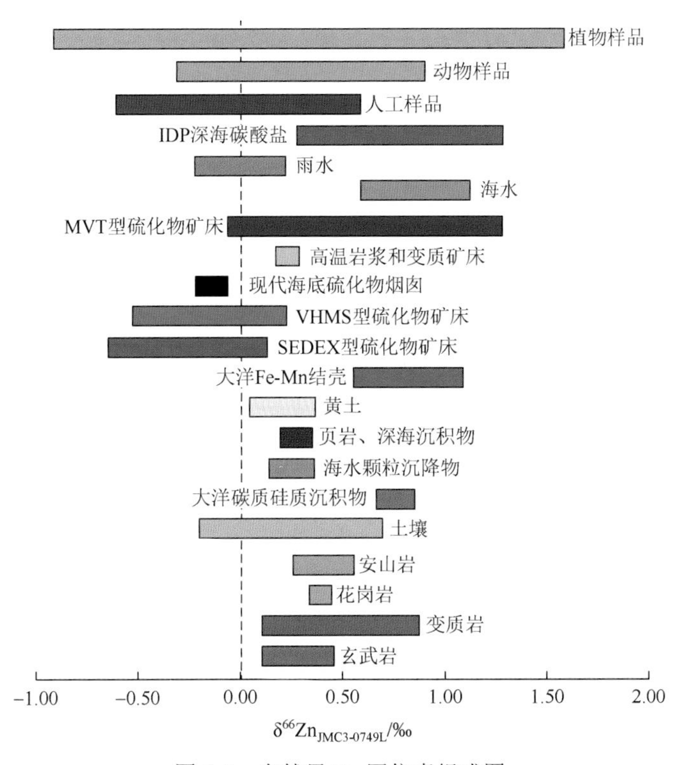

图 6-1　自然界 Zn 同位素组成图

稳定 Zn 同位素组成表示方法与传统稳定同位素表示方法一样，采用 δ 值法。目前还没有统一的国际标准同位素物质（已有国际标准物质，还没有被广泛采用），多数文献都采用 JMC 3-0749L 锌溶液为标准比照物质。自然界 Zn 同位素组成见图 6-1。有关地外物质和地质样品的锌同位素组成详见第二节，本节重点介绍生物样品、人工样品等的 Zn 同位素组成，以及地质作用和生命演化过程中 Zn 同位素分馏的研究进展。

一、Zn 同位素组成

1. *动物*

Maréchal 等（1999）首次研究了生物样品中的 Zn 同位素组成，蚌类的 δ^{66}Zn 为 0.82‰，人类血液中的 δ^{66}Zn 为 0.41‰。Maréchal 等（2000）又对浮游生物、龙虾肝及牛的肌肉和肝脏进行了锌同位素测试，发现两个浮游生物的 δ^{66}Zn 分别为 0.16‰和 0.42‰，龙虾肝的 δ^{66}Zn 为 0.51‰，牛的肌肉和肝脏的 δ^{66}Zn 分别为 0.56‰和 0.04‰。Stenberg 等（2004）也对动物和人体肌肉、血液、头发和肝脏中的 Zn 同位素组成进行了测定，其 δ^{66}Zn 分别为 0.52‰，0.30‰～0.34‰，−0.46‰～0.07‰和 0.04‰。

梁莉莉（2008）对红枫湖和阿哈湖鲫鱼鱼肉和鲢鱼鱼骨进行了 Zn 同位素组成测定，其 $\delta^{66}Zn$ 变化范围分别为–0.01‰～0.57‰和–0.35‰。上述研究说明动物之间以及动物体内不同部位的 Zn 同位素组成存在差异，其 $\delta^{66}Zn$ 变化范围较大（–0.46‰～0.82‰），表明高等动物之间和体内存在 Zn 同位素分馏。另外部分学者在对血红细胞的 Zn 同位素组成测试时，发现其 $\delta^{66}Zn$ 为 0.4‰～0.5‰，$\delta^{66}Zn$ 不随时间（季节）发生变化（Ohno et al.，2005）；而血色素病患者的 $\delta^{66}Zn$ 比正常人高 0.1‰，并认为导致二者 Zn 同位素组成差异的原因可能是由于基因变化所致（Stenberg et al.，2005）。因此，Zn 同位素在诊断疾病、检验基因，以及人体健康等方面存在应用潜力。

2. 植物

Mattielli 等（2005）对工业污染区植物中的 Zn 同位素组成进行了测定，其 $\delta^{66}Zn$ 为–0.63‰～0.58‰，并随着精炼程度的提高，其锌同位素组成逐渐变轻。在对俄罗斯矿区附近植物（苔藓和杨树）和尾矿中的 Zn 同位素组成进行测定时，发现其 $\delta^{66}Zn$ 变化范围分别为–0.4‰～1.4‰和–0.4‰～0.8‰，显示植物中的 $\delta^{66}Zn$ 大于尾矿（Dolgopolova et al.，2006）。Vies 等（2007）报道了热带雨林地区土壤和植物体中的 Zn 同位素组成，其 $\delta^{66}Zn$ 分别为–0.22‰～0.64‰和–0.91‰～0.76‰，显示植物体中的 Zn 同位素变化范围要大于土壤。对于树科植物来讲，叶片中的 $\delta^{66}Zn$ 显著小于树茎和树根中的 $\delta^{66}Zn$，而草本植物根、茎、叶的 $\delta^{66}Zn$ 则相差不大（Vies et al.，2007）。在对多雨地区泥炭和植物中的 Zn 同位素组成进行测定后，发现其变化范围较大，$\delta^{66}Zn$ 为 0.32‰～1.7‰，且随着深度的增加，$\delta^{66}Zn$ 逐渐增大，显然不同于背景区的 $\delta^{66}Zn$（0.9‰）。梁莉莉（2008）测定红枫湖和阿哈湖水藻样品的 Zn 同位素组成为 0.40‰～0.41‰，而一个陆生植物的 $\delta^{66}Zn$ 为 0.21‰。李世珍等（2008）对有机样品积累植物海州香薷进行了 Cu、Zn 同位素研究，发现海州香薷的吸收利用可导致 Cu、Zn 同位素分馏，表明植物的生物活动是自然界 Cu、Zn 同位素分馏的一个重要因素。此后的研究还发现植物体内 Cu、Zn 同位素的分馏受其相应生长土壤条件影响（李世珍 等，2009）。综上，不难发现不同种类植物和同种类植物体不同部位之间 Zn 同位素组成存在明显差异，表明植物作用过程对 Zn 同位素组成产生明显的影响。

3. 人工样品

John 等（2007）对普通含锌物品中的 Zn 同位素组成进行了测定，发现精馏后的物品，其 $\delta^{66}Zn$ 变化范围为 0.09‰～0.19‰，另外美元中的 $\delta^{66}Zn$ 为 0.14‰～0.31‰，镀锌钢材中的 $\delta^{66}Zn$ 为 0.12‰～0.58‰，镀锌物品中的 $\delta^{66}Zn$ 为–0.56‰～–0.2‰，人为活动源的 $\delta^{66}Zn$ 为 0.1‰～0.3‰，而药品中（维生素）的 $\delta^{66}Zn$ 为 0.09‰～0.24‰。可见，人工样品的 Zn 同位素组成也存在明显差异，表明人为作用也是导致 Zn 同位素变化的又一主要因素。

4. 水体

Luck 等（1999）首次测定了雨水中的锌同位素组成为–0.2‰～0.2‰。由于海洋中有机体优先利用轻 Zn 同位素，因而海水中的 $\delta^{66}Zn$ 应该高于有机体的 $\delta^{66}Zn$（0.42‰～

0.82‰），可能与Fe-Mn结壳的 $\delta^{66}Zn$ 接近，为0.6‰～1.2‰（Maréchal et al.，2000；李津，2008）。可见，不同水体的Zn同位素组成也存在显著差异。

二、Zn同位素分馏机制

从不同样品中Zn同位素组成差异上，不难看出地质作用和生命演化过程中均存在明显的Zn同位素分馏和锌同位素组成变化。目前，对分馏、组成差异、控制变化的因素及机理的解释还存在数据积累不够、认识不充分的问题。研究人员虽对离子交换过程（Maréchal and Albaréde，2002；Ding et al.，2010）、矿物表面吸附过程（Pokrovsky et al.，2005；Balistieri et al.，2008）、低温沉淀过程（Maréchal and Albarède，2002）、扩散过程（Rodushkin et al.，2004）、还原过程（Kavner et al.，2008）和生物过程（Maréchal et al.，2000；Pokrovsky et al.，2005；Weiss et al.，2005；Bermin et al.，2006；Chapman et al.，2006；Gélabert et al.，2006；Vance et al.，2006；John et al.，2007；Viers et al.，2007）等的Zn同位素分馏进行了诸多实验研究，其中有些问题得到了解释，但仍还有诸多问题尚未解决，如流体演化、成矿作用过程等 Zn 同位素组成变化情况及控制因素等。李津（2008）对低温环境下锌同位素分馏的若干重要过程进行了详细综述，本节就不再重复。下面重点对近期发表的地质作用过程中Zn同位素分馏特征进行综述。

Albarède（2004）在研究法国塞文山脉（Cévennes）地区碳酸盐岩型热液硫化物矿床Zn同位素组成时，发现共生的菱锌矿/闪锌矿之间存在一定程度分馏，菱锌矿的 $\delta^{66}Zn$ 比其共生的闪锌矿高0.3‰。Mason等（2005）在对俄罗斯乌拉尔亚历山大（Alexandrinka）地区火山块状硫化物（volcanic hosted massive sulfide，VHMS）矿床中黄铜矿和以闪锌矿锌为主矿石的Zn同位素组成研究表明，Zn同位素在共生矿物闪锌矿和黄铜矿间存在较明显分馏，其分馏系数 α 为1.000508。同时发现从烟囱的中心到边缘，$\delta^{66}Zn$ 是逐渐增加。笔者认为控制网状脉、烟囱和次生矿化及蚀变产物的Zn同位素差异的因素分别为矿物分异、沉淀作用和次生蚀变（包括重结晶和浸析作用）。John等（2008）报道了现代大洋底烟囱热液体系中黄铜矿和以闪锌矿为主的矿石Zn同位素组成，尽管存在部分重叠，仍表明共生的闪锌矿和黄铜矿之间存在较强的Zn同位素分馏。Toutain等（2008）根据590℃火山气冷却至297℃冷凝物（condensate）锌同位素组成在对应的温度下，固相/气相之间的分馏系数 $\alpha_{(solid/vapor)}$ 分别为1.00033和1.00153，表明不同温度下形成的矿物Zn同位素组成具有较明显差异。

Maréchal和Albarède（2002）进行了不同温度下的Zn同位素分馏实验，表明在一定的温度范围（30℃和50℃）内，Zn同位素分馏不明显；Pichat等（2003）发现冰期和间冰期形成的碳酸盐岩Zn同位素组成也没有显著变化；Pokrovsky等（2005）观察吸附过程中，$\delta^{66}Zn$ 与温度（＜50℃）没有显著的联系。Wilkinson等（2005）在研究爱尔兰的米德兰（Midland）地区密西西比河谷型（mississippi valley-type，MVT）铅锌矿床热液体系中闪锌矿的Zn同位素组成时，发现从深部（deeper vein systems）至主要矿体（main ore-bodies）、次要矿体（minor ore-bodies）和成矿远景区（prospects）逐步富重Zn同位素，而不同温度（60～200℃）与Zn同位素组成之间没有明显的相关关系，作者认为可能是沉淀作用控制该矿床的 Zn 同位素组成变化。Kelley 等（2009）对阿拉斯加红狗地区沉积岩容矿沉积喷流（sedimentary exhalative，SEDEX）型铅锌矿床中闪锌矿的研究结果发现闪锌矿的 δ^{66}Zn 与其铁锰比呈负相关，而且低 Cu 含量的闪锌矿中显示富重锌同位素（Kelley et al.，2009），并初步提出了成矿流体的沉淀作用可能是造成该矿床 Zn 同位素组成变化的最主要原因。

三、Zn 同位素体系应用

随着过渡族金属元素同位素分析测试技术方法的重大突破，Zn 同位素体系已经在宇宙化学、矿床学和海洋学等研究领域显示出优越性（蒋少涌，2003）。Zn 同位素体系可用于反演太阳系和行星演化历史（Zhu et al.，2002）；制约热液矿床的成矿作用过程（Wilkinson et al.，2005；Kelley et al.，2009）；推测海洋中过渡金属元素随时间的变化规律（Vance et al.，2006；Borrok et al.，2008），指示污染物来源（Luck et al.，1999；Dolgopolova et al.，2006；Weiss et al.，2007）和示踪全球气候变化（Pichat et al.，2003）等。随着分析测试技术的进一步提高和研究工作的进一步深入，Zn 同位素体系有望在地球和行星科学中取得更广泛的应用，成为具有巨大应用前景的一种新的地球化学手段（朱祥坤 等，2013）。

第二节　地质储库中 Zn 同位素组成

自 Maréchal 等（1999）率先研究了生物体、沉积物和矿物中的 Zn 同位素组成以来，非传统 Zn 同位素的研究进入了飞速发展期，国内外大量学者对不同储库中 Zn 同位素组成进行了大量研究（如 Maréchal et al.，1999；Zhu et al.，2000，2002；Luck et al.，2001，2005；Stenberg et al.，2004；Pichat et al.，2003；Rodushkin et al.，2004；Mason et al.，2005；Wilkinson et al.，2005；Gélabert et al.，2006；John et al.，2007；Kaver et al.，2008；梁莉莉，2008；李津，2008；Kelley et al.，2009；Zhou et al.，2014a，2014b，2016，2018；何承真 等，2016）。研究涉及地外地质样品（Luck et al.，2001，2002，2005，2006；Monyier et al.，2006，2007；Herzog et al.，2009），生物样品（Maréchal et al.，1999；Büchl et al.，2004；Stenberg et al.，2004，2005；Mattielli et al.，2005；Weiss et al.，2005，2007；Dolgopolova et al.，2006；Gélabert et al.，2006；John et al.，2007；Viers et al.，2007；梁莉莉，2008），地质样品（Maréchal et al.，1999，2000；Ben et al.，2001，2003，2006；Pichat et al.，2003；Mason et al.，2005；Wilkinson et al.，2005；Chapman et al.，2006；李津，2008；唐索寒 等，2008；Herzog et al.，2009；Kelley et al.，2009；Zhou et al.，2014a，2014b，2016，2018；何承真 等，2016）等。第一节详细介绍了生物样品、人工样品等中的 Zn 同位素组成及其不同过程中的 Zn 同位素分馏。本节重点对地质样品（地外物质、地幔、下地壳和上地壳样品及矿床样品等）中 Zn 同位素组成进行详细介绍，为探讨本区矿床中 Zn 同位素组成提供参考。

一、地外物质的 Zn 同位素组成

目前发现的 $\delta^{66}Zn$ 变化范围最大的来自地外地质样品（图 6-2）。首先介绍陨石的锌同位素组成，碳质球粒陨石 $\delta^{66}Zn$ 的范围是−2.65‰～0.52‰（Luck et al.，2001，2005；Mittlefehldt et al.，2002），普通球粒陨石的 $\delta^{66}Zn$ 范围是−1.30‰～0.76‰（Kallemeyn et al.，1989；Wasson et al.，1993），铁陨石的 $\delta^{66}Zn$ 范围是−0.59‰～3.68‰（Choi et al.，1995；Wasson et al.，1999），呈现从 CI-CM-CO-CV 型陨石，其 $\delta^{66}Zn$ 逐渐增大（Luck et al.，2001，2003，2005；Monyier et al.，2007）。这些地外物质与地球物质的 $\delta^{66}Zn$ 与 $\delta^{68}Zn$ 均落在斜率为 2 的质量分馏线上（Luck et al.，2005），与 $\Delta^{17}O$（‰）呈显著正相关，且与挥发分元素的贫化程度呈负相关，由此说明锌同位素的这种特征主要是锌同位素较重的 CI 型碳质球粒陨石与锌同位素较轻的碳质球粒陨石和普通球粒陨石的混合作用形成的（Luck et al.，2005，2006）。这表明在小行星的袭击和陨石球粒形成之前，太阳系的初始 Zn 同位素组成是均一的（Zhu et al.，2000，2002；李津，2008）。

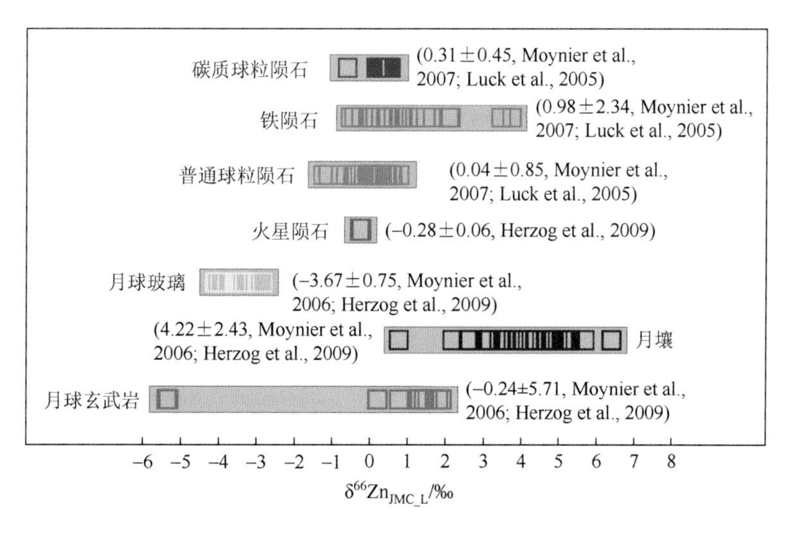

图 6-2 地外样品的锌同位素组成

Monyier 等（2006）对 2 件月球玄武岩中的 Zn 同位素进行了测定，结果分别为 0.17‰和 0.75‰，10 件月球玻璃的 $\delta^{66}Zn$ 变化范围为−3.47‰～−3.83‰，而 2 件月球土壤的 $\delta^{66}Zn$ 则为 2.18‰～6.39‰，Herzog 等（2009）又对火星陨石、月球玻璃、月球土壤及月球玄武岩进行了系统的 $\delta^{66}Zn$ 补充测定，均值分别为（−0.28±0.06）‰，（−3.67±0.75）‰，（4.22±2.43）‰，（−0.24±5.71）‰（Monyier et al.，2006；Herzog et al.，2009）。Monyier 等（2006）认为，月球玻璃主要是富集同位素较轻的挥发分或是因为形成玻璃的原始物质比较轻，而月壤中的 Zn 同位素组成较重则可能是因较轻物质逃逸了月球表面（Monyier et al.，2006；Herzog et al.，2009）。

二、地幔和下地壳的 Zn 同位素组成

Maréchal 等（2000）对留尼汪（Réunion）地区一件玄武岩样品进行了 Zn 同位素组成分析，其 δ^{66}Zn 为 0.25‰，另一件留尼汪地区玄武岩样品的 δ^{66}Zn 测试结果为 0.34‰（Herzog et al.，2009）。

刚果(金)尼拉贡戈火山(Nyiragongo)地区两件玄武岩 δ^{66}Zn 分别为 0.22‰和 0.37‰（Herzog et al.，2009）。Ben 等(2006)对三大洋洋中脊玄武岩的 δ^{66}Zn 测试结果均为 0.25‰，与留尼汪地区玄武岩 Zn 同位素组成相似（Maréchal et al.，2000；Herzog et al.，2009）。对冰岛四件玄武岩 Zn 同位素组成的研究结果，显示该区 δ^{66}Zn 变化较窄，为 0.19‰～0.32‰（王跃和朱祥坤，2010）。朱祥坤研究员课题组对一件佩洛山（Pello Hill）地区地幔包体中的角闪石样品（BD3855）δ^{66}Zn 的分析结果为 0.18‰（王跃和朱祥坤，2010）。

Chapman 等（2006）对欧盟标准物质研究所的玄武岩标准物质 BCR-1 的 δ^{66}Zn 测试结果为 0.29‰。Herzog 等（2009）对美国地质勘探局三件玄武岩标准物质 BHVO-2、BCR-2 和 BIR-2 的 δ^{66}Zn 测试结果分别为 0.3‰、0.41‰和 0.4‰。唐索寒等（2008）对玄武岩标准物质 GBW07105（CAGSR-1）δ^{66}Zn 测试结果为 0.48‰。显示不同玄武岩标样 Zn 同位素组成略有差异，我国玄武岩标样 Zn 同位素组成较欧盟和美国高（Chapman et al.，2006；Herzog et al.，2009）。

能代表地幔和下地壳 Zn 同位素组成的样品，主要为玄武岩和地幔包体，上述显示玄武岩的 Zn 同位素组成变化范围较小，为 0.19‰～0.48‰，均值为（0.30±0.08）‰，一件地幔包体的 δ^{66}Zn 为 0.18‰。综合上述资料认为地幔和下地壳 Zn 同位素组成范围为 δ^{66}Zn=0.18‰～0.48‰，均值为 0.30‰。

三、上地壳的 Zn 同位素组成

Maréchal 等（1999）对地中海与大西洋沉积物中的 δ^{66}Zn 进行测定，发现其变化范围较小，为 0.16‰～0.33‰。Maréchal 等（2000）测定了各大洋铁锰结核中的 Zn 同位素组成为 0.53‰～1.16‰，均值为（0.96±0.28）‰，发现高于陆壳的平均值（0.36‰），同时研究了大西洋、太平洋、南极附近及地中海的海底沉积物的 Zn 同位素组成，分别为 0.18‰～0.26‰、0.17‰～0.35‰、0.69‰～0.79‰及 0.26‰～0.29‰，以及三件来自法国的页岩 δ^{66}Zn 变化范围为 0.20‰～0.32‰，一件非洲尼日尔风成尘土的 δ^{66}Zn 为 0.17‰，欧洲黄土的 δ^{66}Zn 为 0.30‰～0.38‰（Maréchal et al.，2000）。李津（2008）对三块铁锰结壳 Zn 同位素测试结果显示，其 δ^{66}Zn 变化范围为 0.20‰～1.14‰，与 Maréchal 等（2000）获得的结果基本一致。Pichat 等（2003）发现生物成因碳酸盐结核（ODP849）中的 δ^{66}Zn 变化范围较大，为 0.32‰～1.34‰，且随着沉积年龄的增加，δ^{66}Zn 逐渐变大。Weiss 等（2007）测定了多雨地区泥炭中的 Zn 同位素组成，发现其变化范围较大，为 0.32‰～1.70‰，芬兰欧托昆普（Outokumpu）地区黑色片岩的 δ^{66}Zn 为 0.85‰，蛇纹岩 δ^{66}Zn 为 0.18‰，白云石化蛇纹岩 δ^{66}Zn 为–0.10‰。Viers 等（2007）报道了土壤中的 Zn 同位素组成

分别为–0.22‰～0.64‰，花岗闪长岩的 $\delta^{66}Zn$ 为 0.41‰，花岗岩为 0.47‰。Bentahila 等（2008）测得中国台湾造山带安山岩的 $\delta^{66}Zn$ 为 0.55‰，Toutain 等（2008）测定印尼默拉皮（Merapi）火山四件安山岩的 $\delta^{66}Zn$ 的范围为 0.23‰～0.35‰。Dolgopolova 等（2006）分析俄罗斯奥尔洛夫卡-斯波科伊诺（Orlovka-Spokoinoe）地区两件黑云母/白云母花岗岩的 $\delta^{66}Zn$ 为 0.35‰和–0.24‰，矿化花岗岩 $\delta^{66}Zn$ 为–0.04‰～1.20‰，天河石结晶花岗岩的 $\delta^{66}Zn$ 为 0.79‰，而强风化花岗岩 $\delta^{66}Zn$ 为–0.15‰，云英花岗岩的 $\delta^{66}Zn$ 为–0.35‰，角岩的 $\delta^{66}Zn$ 范围为–0.39‰～0.26‰，黑云母角岩的 $\delta^{66}Zn$ 为–0.39‰，矿化角岩的 $\delta^{66}Zn$ 为–0.27‰。朱祥坤研究员课题组对富禄组泥质页岩和南沱组粉砂质页岩的 $\delta^{66}Zn$ 测定分别为 0.28‰和 0.23‰，西峰剖面五件黄土的 $\delta^{66}Zn$ 的范围为 0.05‰～0.23‰（王跃和朱祥坤，2010）。

以碳酸盐岩、页岩、花岗岩、黄土和土壤等的 Zn 同位素组成可以来约束上地壳储库的 Zn 同位素组成，其变化范围较大，为–0.39‰～1.34‰。

四、矿床的 Zn 同位素组成

目前对不同类型矿床中 Zn 同位素组成都做了初步研究，研究认为不同类型矿床 Zn 同位素存在差别。蒋少涌等（2001）对世界上几十个典型沉积喷流（SEDEX）型和火山块状硫化物（VHMS）矿床中闪锌矿的 Zn 同位素组成进行统计分析表明，SEDEX 型矿床的 $\delta^{66}Zn$ 为–0.64‰～0.15‰，而 VHMS 型矿床的 $\delta^{66}Zn$ 稍有增高，为–0.51‰～0.21‰，两个岩浆热液矿床中闪锌矿的 $\delta^{66}Zn$ 分别为 0.20‰和 0.21‰，一个变质热液矿床中三种含锌矿物（硅锌矿、锌铁尖晶石和红锌矿）的 Zn 同位素组成无明显的变化，其 $\delta^{66}Zn$ 均为 0.21‰。可见岩浆热液矿床和变质热液矿床具有相似的锌同位素组成，而不同于 SEDEX 型和 VHMS 型矿床。Albarède（2004）获得法国塞文山脉地区密西西比河谷型（MVT）热液矿床的 $\delta^{66}Zn$ 为–0.06‰～0.69‰，并且发现菱锌矿/闪锌矿之间存在一定程度分馏，菱锌矿的 $\delta^{66}Zn$ 比其共生的闪锌矿高 0.3 个千分点（Maréchal，1999；Maréchal et al.，2000；Albarède，2004）。Mason 等（2005）对俄罗斯乌拉尔亚历山大地区火山块状硫化物（VHMS）矿床研究结果表明该矿床的 $\delta^{66}Zn$ 的变化范围为–0.43‰～0.23‰，并表现出从热液烟囱核心至边缘 $\delta^{66}Zn_{JMC}$ 值逐渐增加，认为引起 Zn 同位素组成变化的控制因素可能是温度（Mason et al.，2005）。

Wilkinson 等（2005）报道了爱尔兰的米德兰地区碳酸盐岩容矿后生型铅锌矿床中闪锌矿的 $\delta^{66}Zn$ 为–0.17‰～1.33‰，并发现从深部（deeper vein systems）至主要矿体（main orebodies）、次要矿体（minor orebodies）和成矿远景区（prospects）逐步富重 Zn 同位素，认为 Zn 同位素组成在成矿预测方面存在潜力，同时结合地质-地球化学资料，他认为成矿温度和锌的来源对 Zn 同位素组成变化的影响较小，而矿物的快速沉淀作用可能是引起该矿床 Zn 同位素组成变化的主要因素（Wilkinson et al.，2005；Crowther，2007）。

Kelley 等（2009）对红狗地区 SEDEX 型铅锌矿床中闪锌矿的研究结果认为，闪锌矿中锌同位素组成范围为 0.00～0.60‰，并发现 $\delta^{66}Zn$ 与闪锌矿的铁锰比呈负相关，而且低 Cu 含量的闪锌矿中显示富重锌同位素，同时他们认为闪锌矿的快速沉淀产生的动力学分馏是引起 Zn 同位素组成变化的主要因素（Kelley et al.，2009）。可见不同矿床类型闪锌矿锌同位素组成存在一定程度差异，同时 Zn 同位素体系在示踪成矿流体演化和成矿作用过程中有着极大潜力，并有可能为物质来源和矿床成因提供新的制约。

第三节 Zn 同位素分析方法

一、标样及表示方法

1. 标样

由于质谱仪自身在分析过程中存在同位素分馏，再加上样品本身同位素比值变化微小，因而实际工作中采用相对测量法确定同位素比值，即参照标准物质的同位素比值来确定待测样品的同位素比值（郑永飞和陈江峰，2000）。

锌同位素还没有统一的国际标样（Zn 同位素已有国际标样，但还没有被广泛采用），各家实验室采用的标准不同（Cloquet et al.，2008），如法国里昂国家科学研究中心（Lyon-CNRS）实验室采用的 JMC 3-0749L（Maréchal et al.，1999），参考材料和测量研究院（Reference Materials and Measurements，IRMM）的 IRMM-3702（Cloquet et al.，2006；John et al.，2007），美国国家标准及技术研究所的 NIST SRM683（Mason et al.，2004；Chapman et al.，2006）以及剑桥大学的 Romil（Tanimizu et al.，2002）等，但已经发表的数据多数以 JMC 为标准（Maréchal et al.，1999，2000；Zhu et al.，2000，2002；蒋少勇 等，2001；Maréchal and Alarède，2002；Maréchal and Albarède，2002；Pichat et al.，2003；Rodushkin et al.，2004；Mason et al.，2005；Wilkinson et al.，2005；Gélabert et al.，2006；John et al.，2007；Kaver et al.，2008；梁莉莉，2008；李津，2008；Kelley et al.，2009）。JMC 标准锌同位素比值也存在差别，Bainbridge 和 Nier（1950）报道了 $^{68}Zn/^{64}Zn_{JMC}$=0.3798，而 Rosman（1972）则报道 $^{68}Zn/^{64}Zn_{JMC}$=0.37441，矫正了仪器误差后定值为 $^{68}Zn/^{64}Zn_{JMC}$=0.3856，因而 Alarède（2004）推荐采用 NIST SRM 683 锌金属标准，但为了对比方便，本书采用的锌同位素标准为 JMC 3-0749L 锌溶液。

2. 表示方法

与锌同位素标准相似，锌同位素组成的表示方法尚未统一，主要有三种表示方法。

第一种与传统轻元素同位素具有相似的表示方法，即 δ 值（千分差）。

$$\delta^{66}Zn=[(^{66}Zn/^{64}Zn)_{样品}/(^{66}Zn/^{64}Zn)_{标样}-1]\times1000$$

$$\delta^{68}Zn=[(^{68}Zn/^{64}Zn)_{样品}/(^{68}Zn/^{64}Zn)_{标样}-1]\times1000$$

对于质量分馏而言，$\delta^{68}Zn=0.5\delta^{66}Zn$。

第二种方法与第一种方法相似，为 ε 值，即万分差，这对自然界中同位素组成变化微小的非传统同位素而言是实用的（Zhu et al.，2000）。

$$\varepsilon^{66}Zn=[(^{66}Zn/^{64}Zn)_{样品}/(^{66}Zn/^{64}Zn)_{标样}-1]\times1000$$

$$\varepsilon^{68}Zn=[(^{68}Zn/^{64}Zn)_{样品}/(^{68}Zn/^{64}Zn)_{标样}-1]\times1000$$

第三种表示方法不常见，为 F 值法，它被定义为样品的同位素比值相对于某一标准的同位素比值的每个原子质量单位的千分差，是通过假设 i 和 j 代表元素的任意两个同位素，锌同位素组成则用 F_{Zn} 来表示（李津，2008）：

$$F_{Zn}=[({}^{i}Zn/{}^{j}Zn)_{样品}/({}^{i}Zn/{}^{j}Zn)_{标样}-1]\times 1000/(i-j)$$

三种表示方法各有特色，本书采用的锌同位素组成表示方法（δ 值法）。

二、化学前处理

由于所测试的样品含有复杂的化学成分，进行同位素分析时它们可能会产生 Zn 同位素信号的同质异位素干扰（表 6-1）或导致仪器的质量歧视的变化，即所谓的基质效应（Zhu et al.，2000，2002；Maréchal and Alarède，2002；Alarède et al.，2004；李世珍 等，2008）。因此，在样品 Zn 同位素测定之前，需要对样品进行严格的化学分离和纯化。

表 6-1 Zn 同位素在 MC-ICP-MS 测定过程中潜在的干扰信号

同位素	与基质有关的干扰离子	与测定方法有关的干扰离子
^{64}Zn	$[^{40}Ar^{24}Mg]^+$、$[^{50}Cr^{14}N]^+$、$[^{50}Ti^{14}N]^+$、$[^{48}Ti^{16}O]^+$、$[^{32}S^{16}O_2]^+$、$[^{48}CaO]^+$、$^{64}Ni^+$、$^{128}Xe^{2+}$、$^{128}Te^{2+}$	$[^{12}C^{12}C^{40}Ar]^+$
^{66}Zn	$[^{54}Fe^{12}C]^+$、$[^{52}Cr^{14}N]^+$、$[^{40}Ar^{26}Mg]^+$、$^{34}SO_2^+$、$^{132}Xe^{2+}$、$^{132}Ba^{2+}$、$^{32}S^{34}S^+$	$[^{12}C^{14}N^{40}Ar]^+$
^{67}Zn	$[^{55}Mn^{12}C]^+$、$[^{59}Co^{18}O]^+$、$[^{40}Ar^{27}Al]$+、$^{134}Ba^{2+}$	$[^{14}N^{14}N^{39}Ar]^+$
^{68}Zn	$[^{56}Fe^{12}C]^+$、$^{136}Ba^{2+}$	$[^{14}N^{14}N^{40}Ar]^+$、$[^{12}C^{16}O^{40}Ar]^+$

注：引自李世珍等（2008）。

1. 样品消解

用于本书分析样品的消解方法有三种。

闪锌矿样品：准确称取挑净并经超声清洗的闪锌矿样品 1mg，放入干净的特氟龙（Teflon）溶样杯中，用 1.5mL 6mol/L HCl 在 120℃电热板上加热 24h 至闪锌矿样品全部溶解。将溶解干净的样品蒸干，待离心。

玄武岩样品：准确称取 200 目以下玄武岩样品 100mg，放入干净的 Teflon 溶样杯中，用 0.5mL HNO_3+1.5mL HF 在 120℃电热板上加热 36h 至玄武岩样品全部溶解。将溶解干净的样品蒸干，加 1.5mL HNO_3 再蒸干以清除溶液中的 HF，重复两次，加 1.5mL 6mol/L HCl 再蒸干以清除溶液中的 HNO_3，重复两次，蒸干，待离心。

碳酸盐样品：准确称取 200 目以下碳酸盐样品 150mg，放入干净的 Teflon 溶样杯中，用 2.0mL CH_3COOH 在 120℃电热板上加热 48h。将溶液转入干净离子管中进行离心，离心后提取上清液放入干净的 Teflon 溶样杯中，蒸干，加 1.5mL 6mol/L HCl 再蒸干以清除溶液中的 CH_3COOH，重复两次，蒸干，待离心。

2. Zn 分离纯化

Zn 与其他元素的分离是通过离子交换层析法实现的（Maréchal et al.，1999；Maréchal and Alarède，2002；唐索寒 等，2006a，2006b；李世珍等，2008）。采用 Bio-Rad 公司生产的 AG MP-1 大孔径强碱性阴离子交换树脂，聚乙烯做交换柱，利用金属阳离子与 HCl

形成的络合离子作用，根据各络离子与交换树脂的吸附能力的差异达到分离目的（唐索寒 等，2006a，2006b）。样品中 Zn 的分离纯化具体流程如下。

再生柱：以 5mL 0.5mol/L HNO_3 和 2mL 超纯 H_2O 交替洗数（三次以上）。

平衡柱：将柱中溶液流净后，沿柱壁转圈加入 2mL 2mol/L HCl，流完，重复两次（共计三次）。

上柱：将处理好的样品以 2mol/L HCl+0.001%H_2O_2 溶解，离心，用移液器取 0.2mL 上清液缓慢滴入柱子中（吸头接近树脂，但不能接触）。

过柱：沿柱壁转圈加入 1mL 2mol/L HCl+0.001%H_2O_2，流完，重复两次。再加入 5mL 2mol/L HCl+0.001%H_2O_2，流完。重复三次（合计 1mL×3+5mL×4=23mL），加入 1mL 0.5mol/L HNO_3，流完，重复一次，共计 2mL。

接 Zn：先换上干净的收集 Zn 的 Teflon 15mL 容器，加入 1mL 0.5mol/L HNO_3，流完，再加入 5mL 0.5mol/L HNO_3，流完，重复一次。共收集 1mL+5mL×2=11mL。

再生柱：以 5mL 0.5mol/L HNO_3 和 2mL 超纯 H_2O 交替洗数（三次以上），加入 5mL 超纯 H_2O，把交换柱封上。

实验所用 Teflon 容器、PE 离心管和吸头经 1∶2 HNO_3、超纯 H_2O、1∶10 HNO_3、超纯 H_2O（三次）流程，在 50℃电热板上浸泡、清洗约一周。所用 HNO_3、HF 和 HCl 经双瓶亚沸蒸馏纯化，所用 H_2O 经法国密理博公司的 Milli-Q integral 水纯化系统纯化，电阻为 18.2MΩ。所有试剂及用品均在超净化学实验室加工完成。

三、Zn 同位素组成测定

Zn 同位素组成测定在自然资源部同位素重点实验室完成，所用仪器为英国 Nu Instruments 公司的 Nu plasma HR 型等离子体质谱仪（MC-ICP-MS），其接收系统拥有 12 个固定的法拉第杯和 3 个离子接收器，测定 Zn 用其中的四个法拉第杯。^{70}Zn 由于在自然界含量很低，本次研究未予测定。实验以高纯 Ar 作为进样和等离子体载气。

将分离纯化后的样品溶入 0.1mol/L HCl 介质中，浓度为 200×10^{-9}，通过自动进样器和膜去溶 DSN-100 进入等离子体火炬离子化。样品之间用酸清洗 5min，以避免样品间的交叉污染（李世珍 等，2008；李津 等，2008）。

数据采集用牛津大学地球科学系尼克·S. 贝尔肖（Nick S. Belshaw）博士提供的操作系统自动进行，每组数据采集 20 个数据点，每点的积分时间为 10s，每组数据采集之前进行 20s 的背景测定。

在现有实验条件下，Zn 同位素质量范围的仪器质量歧视为 3% amu^{-1}，由于目前没有统一的 Zn 同位素标准物质，该估计是通过测定 Cu 同位素标准物质 NBS986 获得的（李世珍 等，2008）。通常用 MC-ICP-MS 进行同位素比值测定时仪器的质量歧视可以通过外标法、标样-样品交叉法（standard-sample-bracketing）或双稀释剂法等方法进行校正（Maréchal et al.，1999；Beshaw et al.，2000；Zhu et al.，2000，2002；Alarède，2004；Dideriksen et al.，2006；Peel et al.，2008）。本次实验采用标样-样品交叉法进行 Zn 同位素的仪器质量歧视校正（李世珍 等，2008）。

第四节　Zn 同位素组成

一、样品

为研究本区铅锌矿床 Zn 同位素组成，初步建立 Zn 同位素矿床地球化学理论模型，本次选定不同构造成矿亚带的典型矿床不同空间位置和不同成矿阶段的闪锌矿，具体采样矿床为天桥、板板桥和杉树林铅锌矿床，经岩矿鉴定、电子探针研究，确定了不同成矿阶段闪锌矿，早期形成的闪锌矿颜色较暗，为棕色闪锌矿［图 3-10（j）］，中期形成的闪锌矿为棕黄色闪锌矿［图 3-10（i）］，晚期形成的闪锌矿颜色较浅，为浅黄色透明闪锌矿［图 3-10（f）］。

二、天桥

天桥铅锌矿床不同成矿阶段形成的不同颜色闪锌矿 Zn 同位素组成列于表 6-2。由表 6-2 可见如下特征。

表 6-2　天桥铅锌矿床 Zn 同位素组成

编号	对象	$\delta^{66}Zn_{JMC}$	误差	文献	编号	对象	$\delta^{66}Zn_{JMC}$	误差	文献
TQ3	闪锌矿-I	0.00	0.04		TQ53-2	闪锌矿-II	0.18	0.05	
TQ6	闪锌矿-I	0.01	0.05		TQ54-1	闪锌矿-II	0.49	0.04	
TQ8-2	闪锌矿-II	0.32	0.05		TQ54-2	闪锌矿-I	0.22	0.03	
TQ10	闪锌矿-III	0.53	0.03		TQ55	闪锌矿-II	0.29	0.03	
TQ13	闪锌矿-II	0.24	0.05		TQ56-1	闪锌矿-I	0.09	0.04	
TQ16-2	闪锌矿-I	0.25	0.03		TQ56-2	闪锌矿-III	0.41	0.04	
TQ16-1	闪锌矿-II	0.35	0.04		TQ58	闪锌矿-I	−0.01	0.03	
TQ17-2	闪锌矿-III	0.43	0.04		TQ60-2	闪锌矿-I	0.33	0.03	
TQ17-1	闪锌矿-II	0.36	0.06		TQ60-1	闪锌矿-II	0.19	0.04	
TQ17-2r	闪锌矿-III	0.47	0.05	Zhou et al.，2014a；本次工作	TQ62	闪锌矿-II	0.30	0.05	Zhou et al.，2014a；本次工作
TQ18	闪锌矿-II	0.24	0.04		TQ62r	闪锌矿-II	0.31	0.04	
TQ19	闪锌矿-III	0.58	0.04		TQ64	闪锌矿-I	0.25	0.06	
TQ20-1	闪锌矿-I	0.11	0.05		TQ110	闪锌矿-III	0.56	0.05	
TQ20-2	闪锌矿-II	0.44	0.07		TQ105	闪锌矿-I	0.06	0.05	
TQ24-1	闪锌矿-I	0.39	0.04		TQ081	闪锌矿-I	−0.26	0.04	
TQ24-2	闪锌矿-II	0.48	0.03		TQ083	闪锌矿-I	0.03	0.06	
TQ24-3	闪锌矿-III	0.57	0.03		TQ084	闪锌矿-I	0.04	0.05	
TQ25	闪锌矿-I	0.12	0.04		TQ085-1	闪锌矿-I	−0.01	0.07	
TQ26	闪锌矿-II	0.32	0.05		TQ085-2	闪锌矿-II	0.25	0.04	
TQ53-1	闪锌矿-I	0.05	0.04		TQ086	闪锌矿-II	0.36	0.05	

（1）38 件闪锌矿 $\delta^{66}Zn_{JMC}$ 变化范围为–0.26‰～0.58‰，均值为 0.25‰，具塔式分布特征。其中，早期闪锌矿-Ⅰ的 $\delta^{66}Zn_{JMC}$ 变化范围为–0.26‰～0.39‰，中期闪锌矿-Ⅱ的 $\delta^{66}Zn_{MC}$ 变化范围为 0.18‰～0.49‰，晚期闪锌矿-Ⅲ的 $\delta^{66}Zn_{JMC}$ 为 0.41‰～0.58‰。

（2）尽管不同成矿阶段形成的闪锌矿 $\delta^{66}Zn$ 存在重叠（图 6-3），但总体呈现早期闪锌矿 $\delta^{66}Zn$ 低于中期和晚期闪锌矿（表 6-2），即成矿晚期形成的闪锌矿富 Zn 的重同位素。

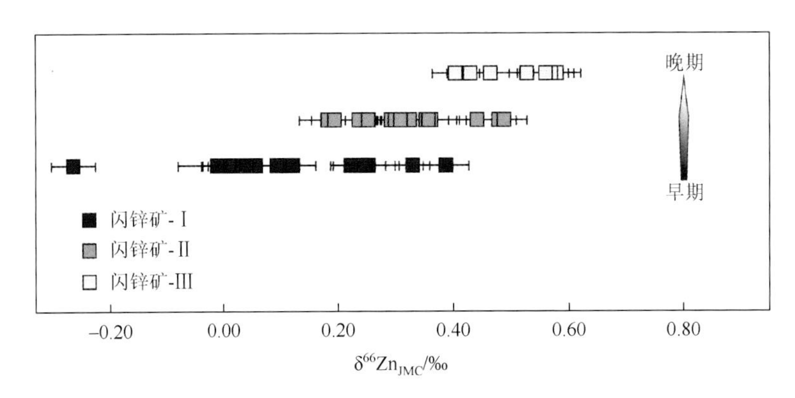

图 6-3　天桥铅锌矿床不同阶段闪锌矿 Zn 同位素组成

（3）在同一手标本中不同成矿阶段形成的闪锌矿 $\delta^{66}Zn$ 变化规律更明显（图 6-4），表明不同成矿阶段形成的闪锌矿之间存在可测的 Zn 同位素组成变化，并表现出从成矿早期至成矿晚期，$\delta^{66}Zn$ 逐渐增加，即早期沉淀的闪锌矿优先利用 Zn 的轻同位素，导致晚期形成的闪锌矿富 Zn 的重同位素。

（4）不同矿体部位 $\delta^{66}Zn$ 也存在规律性变化，体现出从矿体中部至矿体边部，$\delta^{66}Zn$ 逐渐增加（图 6-4）。这与 Wilkinson 等（2005）和 Kelley 等（2009）的观察结果相一致，均是由沉淀作用引起的。

（5）在闪锌矿 S 同位素组成和 Zn 同位素组成二元稳定同位素图解中，表现出较好的负相关趋势（图 6-5）。天桥铅锌矿床成矿流体中 S 已达到平衡（Zhou et al.，2010），早期结晶沉淀的闪锌矿具有较高的 $\delta^{34}S$，而沉淀作用将优先利用轻 Zn 同位素（Kelley et al.，2009），使得早期沉淀的闪锌矿具有低的 $\delta^{66}Zn$，所以造成闪锌矿 S、Zn 同位素组成具有负相关性。因此，闪锌矿 $\delta^{66}Zn$ 与 $\delta^{34}S$ 的负相关共变特征是结晶作用的结果。

（6）在闪锌矿 $\delta^{66}Zn$ 与$(^{87}Sr/^{86}Sr)_i$图解中（图 6-6），二者呈现正相关趋势。Sr 同位素在指示成矿物质来源方面已得到广泛应用，黔西北铅锌成矿区代表性矿床的 Sr 同位素组成研究（顾尚义 等，1997；胡耀国，1999；金中国，2008；Zhou et al.，2013a，2013b，2013c，2015，2018）表明，本区成矿流体来源或流经富放射性成因 Sr 的地质体（基底），且流体具有混合来源特征，李晓彪（2010）和 Zhou 等（2013a）测得典型地层剖面的 Sr 同位素组成，发现梁山组地层也具有较高的放射性成因 Sr，进一步说明成矿流体具有混合特征（详细论述见第五章），$\delta^{66}Zn$ 与 $^{87}Sr/^{86}Sr_{200\ Ma}$ 这种相关趋势，可能也是流体混合作用的结果。

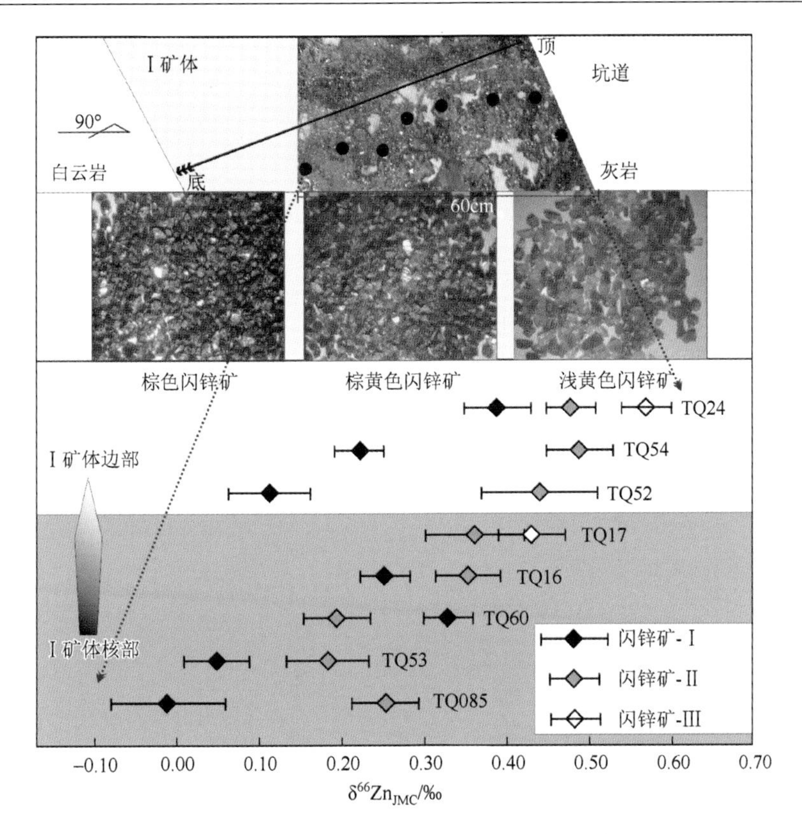

图 6-4　天桥铅锌矿床不同矿体部位 Zn 同位素组成

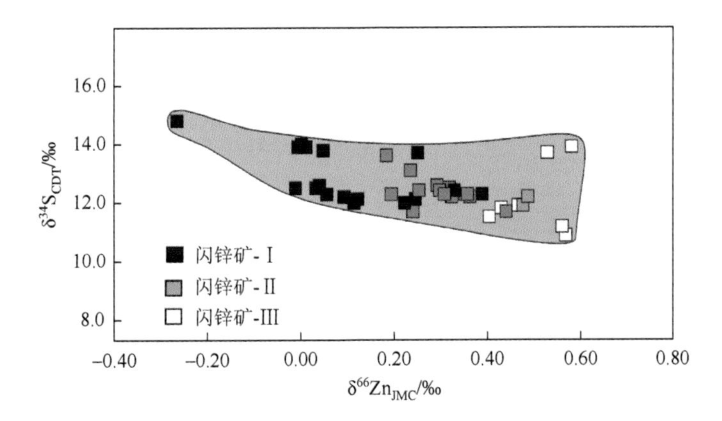

图 6-5　天桥铅锌矿床闪锌矿 δ^{66}Zn-δ^{34}S 相关图解

（7）全部闪锌矿样品 δ^{66}Zn 与其 Zn、Cu 和 Cd 含量之间没有明显的相关关系（图略）。虽然闪锌矿 δ^{66}Zn 与其 Zn 含量的相关性不明显，但其 δ^{66}Zn 与 Cu 和 Cd 含量之间呈现明显的负相关关系，相关系数 $R^2 \geqslant 0.46$（图 6-7）。闪锌矿的 δ^{66}Zn 与其 Zn 含量无关已被前人研究所证实（Mason et al.，2005；Kelley et al.，2009）。

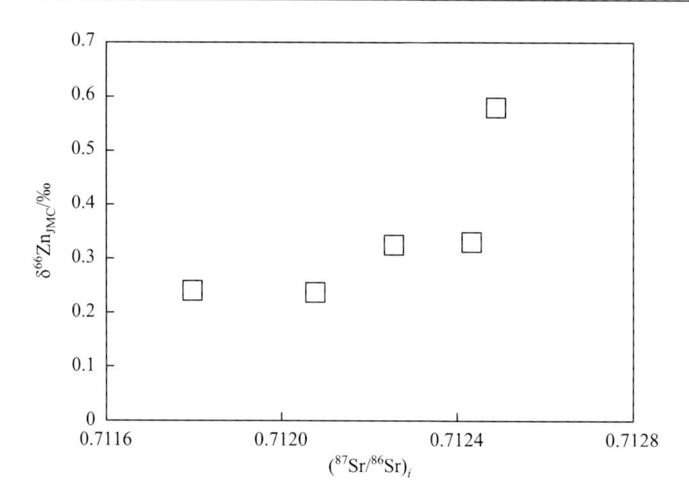

图 6-6 天桥铅锌矿床闪锌矿 $\delta^{66}Zn$-($^{87}Sr/^{86}Sr_i$)相关图解

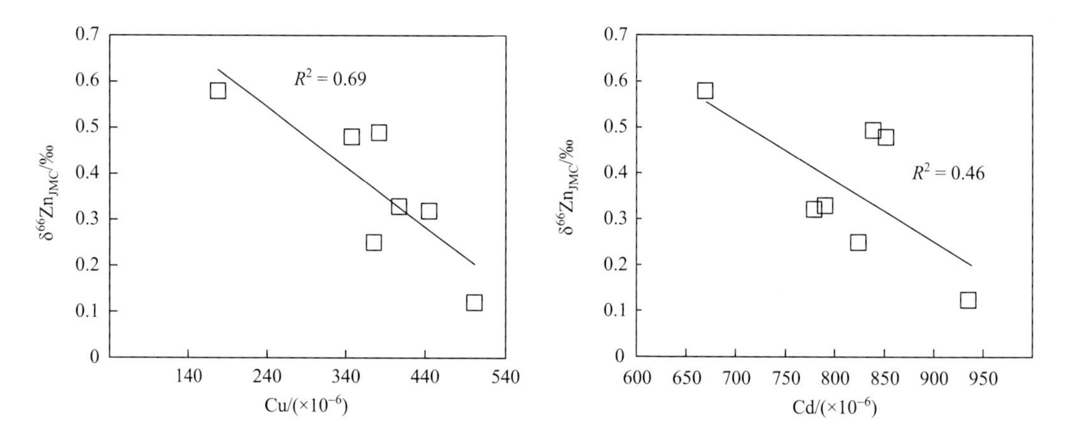

图 6-7 天桥铅锌矿床棕黄色闪锌矿 $\delta^{66}Zn$ 与 Cu 和 Cd 含量相关图解

John 等（2008）和 Kelley 等（2009）的研究表明，$\delta^{66}Zn$ 与 Cu 含量呈负相关关系，这是由于当成矿流体混合和降温后，Cu 将被首先快速沉淀在早期形成的闪锌矿中（John et al.，2008；Kelley et al.，2009），而较早形成的闪锌矿优先利用锌的轻同位素，所以在近同期形成的闪锌矿表现出负相关特征。同样在该矿床中，其近同期形成的闪锌矿 $\delta^{66}Zn$ 与其 Cd 含量呈负相关关系，进一步证实了上述观点。

三、板板桥

板板桥铅锌矿床闪锌矿 Zn 同位素组成列于表 6-3。由表 6-3 可见如下特征。

（1）9 件闪锌矿的锌同位素组成变化范围为 0.07‰～0.71‰，均值为 0.42‰。其中早期闪锌矿-Ⅰ的 $\delta^{66}Zn_{JMC}$ 变化范围为 0.07‰～0.25‰，中期闪锌矿-Ⅱ的 $\delta^{66}Zn_{JMC}$ 变化范围为 0.36‰～0.47‰，晚期闪锌矿-Ⅲ的 $\delta^{66}Zn_{JMC}$ 变化范围为 0.50‰～0.71‰。

表 6-3　板板桥铅锌矿床 Zn 同位素组成

编号	对象	$\delta^{66}Zn_{JMC}$	误差	文献
B04	闪锌矿-III	0.71	0.06	Zhou et al.，2014a；本次工作
B08	闪锌矿-III	0.62	0.05	
B09	闪锌矿-Ⅰ	0.25	0.05	
B15	闪锌矿-Ⅱ	0.47	0.05	
B17	闪锌矿-III	0.58	0.06	
B18	闪锌矿-Ⅰ	0.23	0.04	
B20	闪锌矿-III	0.50	0.07	
B21	闪锌矿-Ⅱ	0.36	0.05	
B924	闪锌矿-Ⅰ	0.07	0.05	

（2）板板桥不同阶段闪锌矿的 $\delta^{66}Zn$ 变化显著（图 6-8），显示出早期闪锌矿-Ⅰ的 $\delta^{66}Zn$ 低于中期和晚期闪锌矿 $\delta^{66}Zn$，表明早期形成的闪锌矿优先利用 Zn 的轻同位素，与杉树林和天桥铅锌矿床所表现出来的特征是一致的。

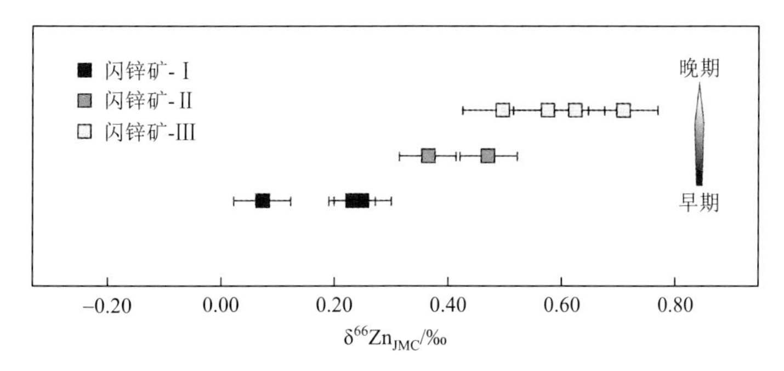

图 6-8　板板桥铅锌矿床不同阶段闪锌矿 Zn 同位素组成

（3）在板板桥铅锌矿床闪锌矿 S 同位素组成与 Zn 同位素组成二元稳定性同位素图解中（图 6-9），二者变化特征不明显，略呈负相关趋势，并呈现两组混合特征。

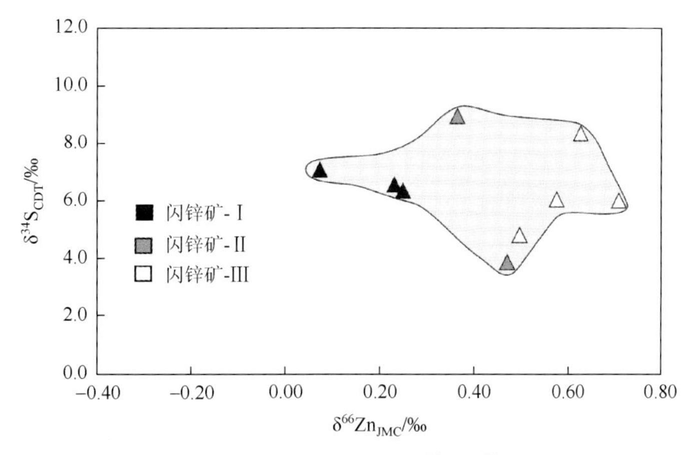

图 6-9　板板桥铅锌矿床闪锌矿 $\delta^{66}Zn$-$\delta^{34}S$ 相关图解

（4）板板桥铅锌矿床铅同位素组成变化相对较小，但在 $^{208}Pb/^{204}Pb-\delta^{66}Zn$ 图解中可以分为两组（图 6-10），表明 Zn 可能是多种来源的混合。

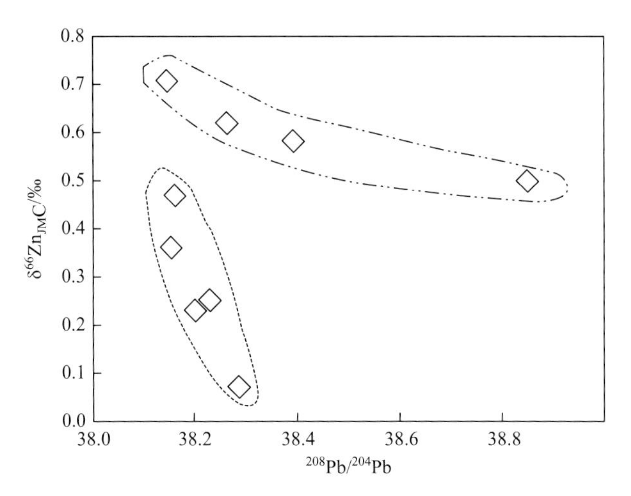

图 6-10　板板桥铅锌矿床闪锌矿 $^{208}Pb/^{204}Pb-\delta^{66}Zn$ 相关图解

（5）在闪锌矿 $\delta^{66}Zn$ 与其 Cu、Fe 含量图解（图 6-11）中，$\delta^{66}Zn$ 与其 Cu 含量略呈“曲线”性负相关；与其 Fe 含量呈负相关趋势；闪锌矿 $\delta^{66}Zn$ 与其 Cu 和 Fe 含量呈现的负相关趋势与杉树林和天桥相似，都是由于 Fe 和 Cu 被早期形成的闪锌矿优先沉淀，而锌的轻同位素也是被优先利用。

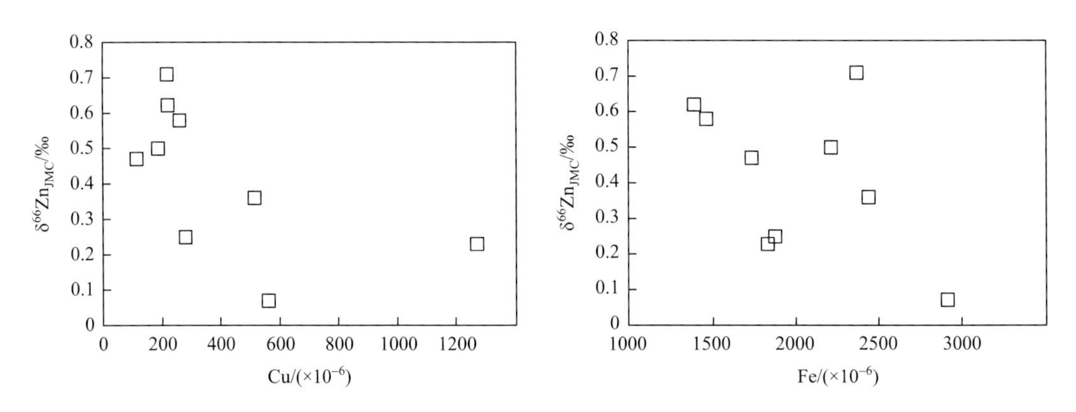

图 6-11　板板桥铅锌矿床闪锌矿 $\delta^{66}Zn$ 与 Cu、Fe 含量相关图解

四、杉树林

杉树林铅锌矿床不同成矿阶段闪锌矿 Zn 同位素组成列于表 6-4。由表 6-4 可以看出如下特征。

表 6-4　杉树林铅锌矿床 Zn 同位素组成

编号	对象	$\delta^{66}Zn_{JMC}$	误差	文献
SSL1-@1	闪锌矿-III	0.30	0.04	Zhou et al.，2014b；本次工作
SSL1-@1b	闪锌矿-III	0.29	0.05	
SSL1-@2	闪锌矿-II	0.21	0.03	
SSL6-@1	闪锌矿-III	0.49	0.07	
SSL11	闪锌矿-III	0.31	0.05	
SSL12-@1	闪锌矿-II	0.19	0.04	
SSL12-@2	闪锌矿-I	0.00	0.06	
SSL13-@1	闪锌矿-II	0.12	0.07	
SSL13-@2	闪锌矿-III	0.35	0.05	
SSL14-@1	闪锌矿-I	0.07	0.05	
SSL14-@2	闪锌矿-II	0.23	0.04	
SSL17-@1	闪锌矿-II	0.14	0.05	
SSL17-@2	闪锌矿-III	0.55	0.08	

（1）12 件不同颜色闪锌矿的锌同位素组成变化范围为 0.00‰～0.55‰，均值为 0.25‰。其中 5 件棕色闪锌矿 $\delta^{66}Zn_{JMC}$ 变化范围为 0.00‰～0.21‰，7 件棕黄色闪锌矿 $\delta^{66}Zn_{JMC}$ 变化范围为 0.19‰～0.55‰。

（2）早期闪锌矿-I 的 $\delta^{66}Zn$ 为 0.00‰～0.07‰，均值为 0.04‰，中期闪锌矿-II 的 $\delta^{66}Zn$ 为 0.12‰～0.23‰，均值为 0.18‰，晚期闪锌矿-III的 $\delta^{66}Zn$ 为 0.29‰～0.55‰，均值为 0.40‰。尽管不同阶段的闪锌矿 $\delta^{66}Zn$ 存在重叠（图 6-12），但总体呈现早期闪锌矿-I 的 $\delta^{66}Zn$ 低于中期闪锌矿-II 和晚期闪锌矿-III。

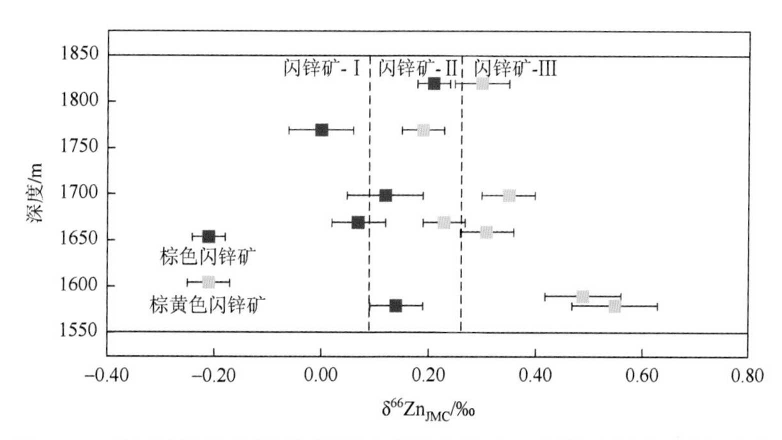

图 6-12　杉树林铅锌矿床不同阶段和颜色闪锌矿 Zn 同位素组成及空间变化

（3）在不同空间上（图 6-12），尽管闪锌矿的 $\delta^{66}Zn$ 存在重叠，但总体呈现由浅部向深部逐渐增加的趋势。由于本次做 S 同位素组成测试分析时，未考虑该样品可能做 Zn 同位素组成分析，所以本次获取的 S 同位素组成为不同颜色闪锌矿样品混合后的值。在 $\delta^{66}Zn$ 与 $\delta^{34}S$ 图解中（图略），二者的相关性并不明显，但除去样品 SSL1 后（连同平行样共 3 组数据，其棕色闪锌矿的较 $\delta^{66}Zn$ 棕黄色高，可能跟肉眼区分颜色有误有关，也可能是该样品具有特殊性，待以后考证)，略呈正相关共变特征（图 6-13)，该特征与天桥铅锌矿床中 $\delta^{66}Zn$ 与 $\delta^{34}S$ 的负相关性是相反的，这是杉树林铅锌矿床成矿流体中 S 同位素未达到平衡（金中国，2008）所致。因此，杉树林铅锌矿床中闪锌矿 S、Zn 同位素组成的相关性，也是受结晶作用的控制。

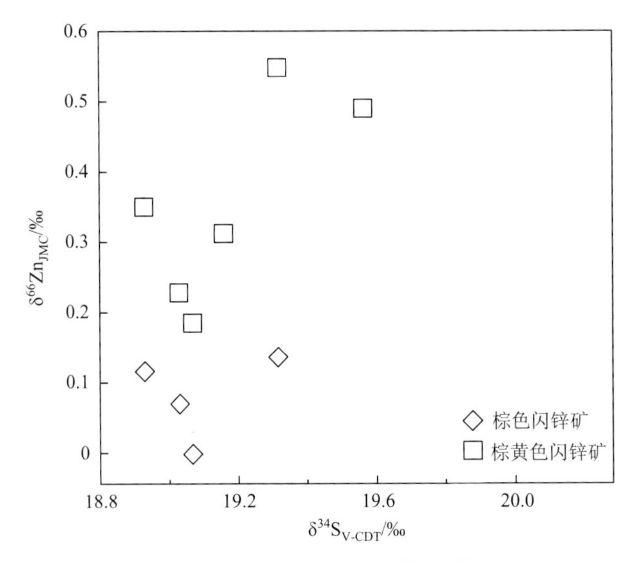

图 6-13　杉树林铅锌矿床闪锌矿 $\delta^{66}Zn$-$\delta^{34}S$ 相关图解

（4）与 S 同位素组成分析一样，$^{87}Sr/^{86}Sr_{200\ Ma}$ 也为不同阶段形成的不同颜色闪锌矿混合后的值。可以看出样品 SSL6 的 $^{87}Sr/^{86}Sr_{200\ Ma}$ 较其他样品低，与围岩地层及上覆梁山组地层相近，暗示存在流体混合。除去平行样样品以及 SSL6（该样品具有较低的 Sr 同位素比值，可能来源不同）后，在 $\delta^{66}Zn$ 与 $^{87}Sr/^{86}Sr_{200\ Ma}$ 图中（图 6-14)，两者相关共变特

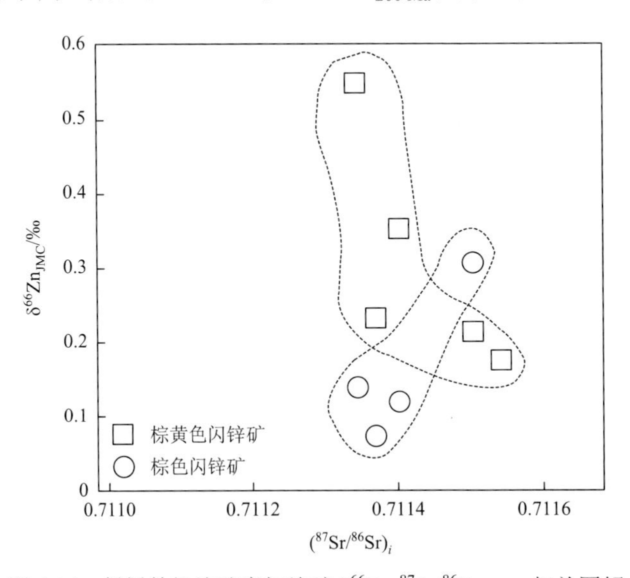

图 6-14　杉树林铅锌矿床闪锌矿 $\delta^{66}Zn$-$^{87}Sr/^{86}Sr_{200\ Ma}$ 相关图解

征呈现有趣的“X”形，即棕色闪锌矿 δ^{66}Zn 与 ^{87}Sr/^{86}Sr$_{200\ Ma}$略呈正相关，而棕黄色闪锌矿 δ^{66}Zn 值与 ^{87}Sr/^{86}Sr$_{200Ma}$略呈负相关，该特征表明存在流体混合作用，即 Zn 的混合来源，该现象是成矿流体混合所致。

第五节 地质意义

一、分馏机制及控制因素

所研究的三个代表性矿床不同成矿阶段形成的闪锌矿存在明显的 Zn 同位素组成变化，不同成矿阶段形成的闪锌矿之间、矿体不同空间位置闪锌矿之间以及相同手标本不同颜色闪锌矿之间存在明显的 Zn 同位素组成差异，最大差值可达 0.97‰。

从前面的研究可以得出，影响本区矿床 Zn 同位素组成变化的主要因素是结晶作用，而结晶作用的主要是受温度控制的。因此，热液成矿作用过程中 Zn 同位素组成变化的主要因素是结晶作用。前人研究也表明结晶沉淀可以导致 Zn 同位素组成差异，相对于成矿流体，早期沉淀出的硫化物富集 Zn 的轻同位素，导致流体相富 Zn 的重同位素，使得晚期结晶出来的浅黄色闪锌矿-III相对早期棕色闪锌矿-Ⅰ更富 ^{66}Zn，前人的研究也表明成矿早期至晚期逐渐富 Zn 的重同位素（Mason et al.，2005），这可以用瑞利分馏来解释，即成矿流体在开放体系和一定的物理化学条件下，早期沉淀的棕色闪锌矿-Ⅰ不断离开流体相，导致流体相中越来越富 Zn 的重同位素，故而晚期结晶的浅黄色闪锌矿-III的 δ^{66}Zn 升高。Kelley 等（2009）的研究发现 Zn 同位素比值与铁锰比呈负相关，而高铁锰比的闪锌矿往往是早期形成的棕色闪锌矿（刘英俊 等，1984）。因此，结晶作用下的瑞利分馏控制是控制不同阶段、不同温度下形成闪锌矿 Zn 同位素组成差异的主要因素（Zhou et al.，2014a，2014b，2016，2018）。

研究区三个代表性矿床 Zn 同位素组成与 S 同位素组成（图 6-5 和图 6-9）、Cu、Fe 等元素含量之间的相关性（图 6-7 和图 6-11），是由沉淀作用引起的，因为沉淀作用早期形成的棕色闪锌矿-Ⅰ优先利用 Zn 的轻同位素，导致流体相富重 Zn 同位素，从而使晚期从流体相中结晶的浅黄色闪锌矿-III富 Zn 的重同位素，而早期形成的棕色闪锌矿-Ⅰ在流体 S 同位素达到平衡的情况，富 ^{34}S，Cu、Fe 也以类质同象的形式混入闪锌矿中，造成 δ^{66}Zn 与 δ^{34}S 呈负相关，与 Cu、Fe 含量也呈现负相关。因此，引起 Zn 同位素变化的主要因素是结晶作用，这显示了 Zn 同位素在指示低温热液成矿作用过程中成矿流体来源、迁移与演化方面具有巨大的潜力。

黔西北铅锌成矿区闪锌矿 Zn 同位素组成特征表明本区不同矿床 Zn 同位素组成不具有很大的差异性，暗示这些矿床的成矿物质来源相近，成矿作用相似，成矿过程类似。相同矿床不同成矿阶段形成的不同颜色闪锌矿 Zn 同位素组成变化主要是受结晶作用控制，其分馏机制可以用瑞利分馏来解释。而导致本区矿床硫化物结晶沉淀的主要机制是流体混合，不能排除流体混合作用，也可能导致 Zn 同位素组成发生变化，但这一机制能导致多大程度的 Zn 同位素组成变化尚需进一步研究。

二、S-Zn 同位素体系

所研究的三个代表性矿床 $\delta^{34}S$ 与 $\delta^{66}Zn$ 呈现两组相关性，天桥铅锌矿床和板板桥铅锌矿床表现为负相关趋势，而杉树林铅锌矿表现为正相关趋势，这表明在成矿流体运移与演化过程中 Zn 同位素组成和 S 同位素组成具有明显的共变特征。已有研究表明天桥铅锌矿床 S 同位素组成特征为 $\delta^{34}S_{黄铁矿}>\delta^{34}S_{闪锌矿}>\delta^{34}S_{方铅矿}$，不同颜色闪锌矿中 S 同位素组成表现出 $\delta^{34}S_{棕色闪锌矿}>\delta^{34}S_{棕黄色闪锌矿}>\delta^{34}S_{浅黄色闪锌矿}$（顾尚义，2007；Zhou et al.，2010；李晓彪，2010；周家喜 等，2010），表明成矿流体中 S 同位素分馏已到达平衡，本次研究表明板板桥铅锌矿床中 S 同位素分馏也达到了平衡，而杉树林铅锌矿床中 S 同位素组成表现为 $\delta^{34}S_{闪锌矿}>\delta^{34}S_{黄铁矿}$（顾尚义，2007；金中国，2008），表明成矿流体中 S 同位素未达到平衡分馏。为此，可以理解为在成矿流体中 S 同位素未达到平衡分馏而结晶沉淀的硫化物闪锌矿中，S-Zn 同位素组成呈正相关，而成矿流体中 S 同位素达到平衡时，闪锌矿 S-Zn 同位素组成呈负相关。黔西北铅锌成矿区多数矿床成矿流体中 S 都达到平衡分馏（详见第五章）。因此，$\delta^{66}Zn$ 与 $\delta^{34}S$ 之间的负相关关系具有重要的地质意义。

本区若干矿床中除青山铅锌矿床有重晶石外，其他矿床均未发现硫酸盐。青山铅锌矿床中重晶石的 $\delta^{34}S$ 为 28.3‰（金中国，2008），现代海洋硫酸盐 $\delta^{34}S$ 为 20‰，海相蒸发岩 $\delta^{34}S$ 为 9‰～32‰（郑永飞和陈江峰，2000），来源于海水硫酸盐的本区矿床，其成矿流体的 $\delta^{34}S_{\Sigma S}$ 为高正值。根据 S 同位素热力学平衡分馏理论（中低温），成矿流体运移早期，其温度较高，H_2S 和 SO_4^{2-} 之间的分馏较小，由 SO_4^{2-} 热化学还原形成的 H_2S 富 ^{34}S，结晶沉淀的硫化物 $\delta^{34}S$ 较高，随着成矿流体的运移和成矿温度的降低，H_2S 和 SO_4^{2-} 之间的分馏变大，由 SO_4^{2-} 热化学还原形成的 H_2S 富 ^{32}S，结晶沉淀的硫化物 $\delta^{34}S$ 值也随之降低。因此，成矿早期至晚期沉淀的金属硫化物 $\delta^{34}S$ 逐渐减低。

上述及已有研究表明，结晶作用是影响 Zn 同位素组成变化的主要原因，本区成矿流体来源呈混合特征（成矿流体的持续或断续加入），表明成矿过程是近开放体系，而这样的体系下，Zn 同位素分馏机制可以用瑞利分馏来解释（Wilkinson et al.，2005；Kelley et al.，2009；Zhou et al.，2014a，2014b，2016，2018）。结晶作用早期优先利用 Zn 的轻同位素（Kelley et al.，2009），所以早期结晶沉淀的棕色闪锌矿-Ⅰ亏 Zn 的重同位素，而晚期结晶沉淀的浅黄色闪锌矿-Ⅲ则富 Zn 的重同位素。因此，在闪锌矿 S-Zn 同位素体系中，S、Zn 同位素组成表现为负相关关系是结晶作用的体现，故而闪锌矿 S-Zn 同位素组成的相关性可以用来指示成矿流体运移方向（后文论述）。

综上，可以构建闪锌矿 S-Zn 同位素体系，即封闭体系下，结晶作用过程中依次沉淀的闪锌矿 S-Zn 同位素组成呈负相关关系；开放体系下，结晶作用过程中依次沉淀的闪锌矿 S-Zn 同位素组成负相关，表明成矿流体中 S 已达到平衡分馏，正相关（或没有相关性）则表明成矿流体中 S 可能未达到平衡分馏。此外，S-Zn 二元同位素在示踪成矿流体运移与演化方面具有巨大的潜力。

三、对 Zn 来源的示踪

1. 地层及玄武岩 Zn 同位素组成对比

研究矿床 Zn 同位素组成的一个主要目的是示踪 Zn 的来源，前人研究表明 Zn 同位素体系在示踪锌的来源与循环方面具有直接的制约作用（Maréchal et al.，1999，2000；Zhu et al.，2000；Mason et al.，2005；Wilkinson et al.，2005；Kelley et al.，2009；Ding et al.，2010）。本次系统分析了代表性剖面地层的 Zn 同位素组成（表 6-5），部分岩石中 Zn 含量很低，导致未获得地层系统精确的 Zn 同位素组成数据。而获得的初步数据表明，本区矿床的赋矿地层及其下伏和上覆地层的 Zn 同位素组成均落入矿床的锌同位素组成范围内（图 6-15），表明这些地层均可能作为 Zn 源。同时可见峨眉山玄武岩落入矿床 Zn 同位素组成的中间位置，而各时代地层落入矿床 Zn 同位素组成的最小值位置，表明矿床的 Zn 可能由各时代地层提供，而峨眉山玄武岩则最有可能为成矿提供 Zn。由于目前还没有有关流体和闪锌矿间 Zn 同位素分馏系数的报道。因此，成矿流体中的 Zn 同位素组成还需要进一步研究。

表 6-5 研究区潜在源区 Zn 同位素组成

编号	对象	$\delta^{66}Zn_{JMC}$	误差	文献
TBDB-4	基底浅变质岩	0.62	0.01	何承真 等，2016
TBDB-6	上震旦统白云岩	0.21	0.06	
DZK301	上震旦统白云岩	0.06	0.05	
BZK3004	上震旦统白云岩	0.35	0.08	
D09-1	上震旦统白云岩	−0.24	0.06	Zhou et al.，2014a；本次工作
D09-3	中泥盆统砂岩	−0.19	0.06	
D09-5	中泥盆统砂岩	0.06	0.06	
D09-7	上泥盆统灰岩	−0.22	0.05	
D22	下石炭统灰岩	−0.12	0.04	
D23	下石炭统白云岩	0.15	0.04	
D24	下石炭统白云岩	0.17	0.05	
D09-10	下二叠统页岩	−0.16	0.06	
Ems09-14	中二叠统玄武岩	0.32	0.06	
Ems09-15	中二叠统玄武岩	0.30	0.04	
Ems09-16	中二叠统玄武岩	0.44	0.10	

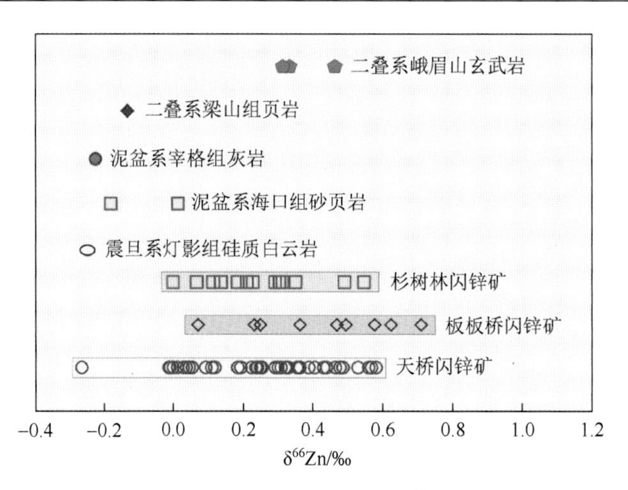

图 6-15　研究区代表性矿床及地层 δ^{66}Zn 组成对比图

2. Zn-Sr 同位素体系

天桥铅锌矿床金属硫化物闪锌矿富放射性成因 Sr（李晓彪，2010；Zhou et al.，2013a），其$(^{87}Sr/^{86}Sr)_i$明显高于赋矿地层及其下伏地层（顾尚义 等，1997；胡耀国，1999；黄智龙 等，2004；金中国，2008），普遍认为本区成矿流体来源于相对富放射性成因 Sr 的源区或成矿流体曾流经富放射性成因 Sr 的地质体，而区域上最有可能富放射性成因 Sr 的地质体应该为结晶基底岩石，前人研究也证实基底岩石为本区成矿提供了成矿物质和成矿流体（顾尚义 等，1997；胡耀国，1999；黄智龙 等，2004；金中国，2008；李晓彪，2010）。本次工作对区域代表性剖面的系统的 Sr 同位素比值进行分析的过程中发现梁山组地层也具有较高的放射性成因 Sr。因此，本次本区矿床成矿流体来源或流经富放射性成因 Sr 的基底岩石，并混合了来源或流经富放射性成因 Sr 的梁山组地层（详细论述见第五章）。

天桥铅锌矿床中$(^{87}Sr/^{86}Sr)_i$与 $\delta^{66}Zn_{JMC}$ 具有明显的相关性（图 6-6），表现为“曲线”性正相关趋势，不是简单的线性关系，表明 Zn-Sr 既具有相似的来源，同时也暗示具有 Zn 源的混合特征。杉树林铅锌矿床中$(^{87}Sr/^{86}Sr)_i$与 $\delta^{66}Zn_{JMC}$ 具有明显的“X”相关性（图 6-14），进一步表明成矿金属的混合特征。

3. Zn-Pb 同位素体系

板板桥铅锌矿床全部样品在 $^{208}Pb/^{204}Pb$-$\delta^{66}Zn$ 图解中可见分为两组（图 6-10）。本区 Pb 来源复杂，具有明显的混合特征（详见第五章）。板板桥铅锌矿床 Pb 同位素比值相对变化较小，具有混合特征。因此，Zn 同位素组成与 Pb 同位素比值之间的关系进一步表明本区矿床 Zn 来源很复杂，为不同端元的混合，这与地质-地球化学所获得的认识是一致的。

综上，本区代表性矿床的 δ^{66}Zn 与$(^{87}Sr/^{86}Sr)_i$和 $^{208}Pb/^{204}Pb$ 之间的相关性分析，可以初步认为 Zn 是多来源的，不同时代地层及峨眉山玄武岩的 Zn 同位素组成进一步表明本区矿床 Zn 是混合多来源的。由于资料有限，无法估算各种混合单元在成矿物质和成矿流体中所占的比例，但本区矿床中Zn的来源不是不同时代地层沉积岩、基底岩石和峨眉山玄武岩三者之间简单混合的结果。

四、对成矿流体运移方向的指示

Zn同位素组成在示踪成矿物质来源方面还需要更多的证据，而其在指示成矿流体运移方向上的潜力已被一些科学家所报道，Wilkinson等（2005）、Mason等（2005）和Kelley等（2009）的研究表明成矿流体运移的晚期，其形成的闪锌矿富Zn的重同位素。天桥、板板桥和杉树林矿床闪锌矿Zn同位素组成具有明显的时空规律性（图6-16），时间上从早期到晚期，空间上为杉树林→天桥→板板桥，是逐渐富Zn的重同位素，由于控制Zn同位素组成变化的主要因素是结晶作用，所以暗示成矿流体很可能是沿NW构造带运移的。

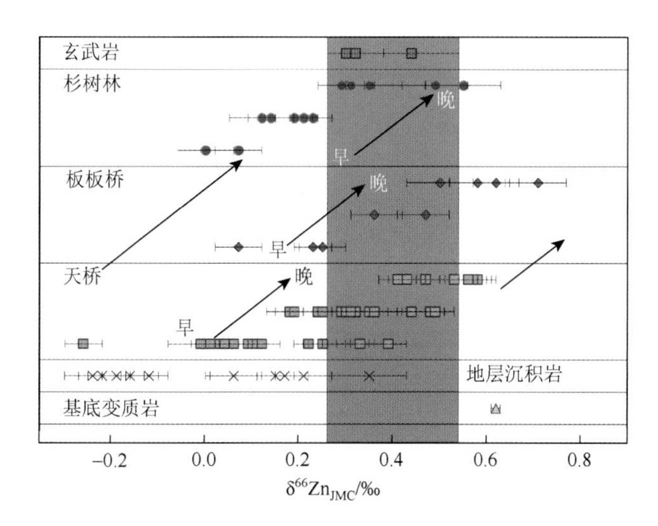

图6-16 研究区代表性矿床不同阶段闪锌矿Zn同位素组成变化

从典型矿床Zn-S同位素图解上（图6-17），也可以清晰地看到从杉树林→天桥→板板桥，δ^{34}S降低、δ^{66}Zn升高，指示成矿流体从早到晚的演化过程，表明流体运移方向为杉树林→天桥→板板桥。

五、对矿床成因的制约

从上述研究结果可以看出，世界主要类型矿床的Zn同位素组成中，SEDEX型和VHMS/VMS型与本区存在不同（图6-18）。系统的地质-地球化学证据也显示本区铅锌矿床类型明显不同于SEDEX型和VHMS/VMS型铅锌矿床（黄智龙 等，2004；Zhou et al.，2018），而与MVT铅锌矿床也存在一定程度的差异。虽然有关不同类型铅锌矿床Zn同位素组成数据积累还较少，从目前的研究成果看，本区矿床与爱尔兰型铅锌矿床颇为相似，尽管该类型矿床被认为仍属于MVT矿床或者MVT矿床中的一个亚类。已有研究认为

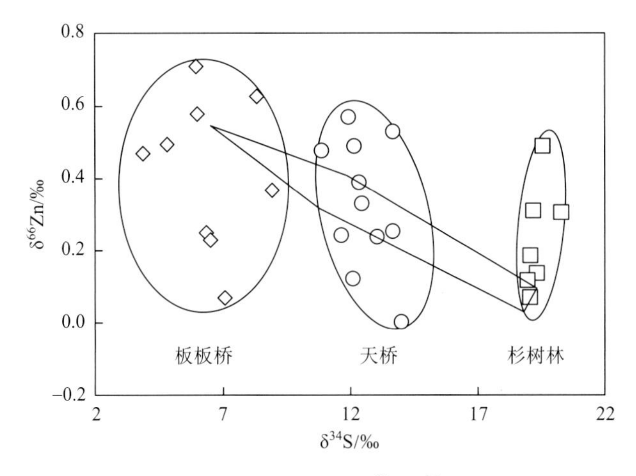

图 6-17　研究区代表性矿床 $\delta^{34}S$-$\delta^{66}Zn$ 相关图解

爱尔兰型矿床的形成很可能受到幔源岩浆的热驱动形成，这与研究区很可能受到峨眉山地幔柱热驱动也类似。此外，元素和同位素反映出的成因信息也显示本区矿床成因类型与 MVT 铅锌成矿存在差异。因此，笔者认为本区矿床成因有别于经典的 MVT 矿床，后文将进一步论述。

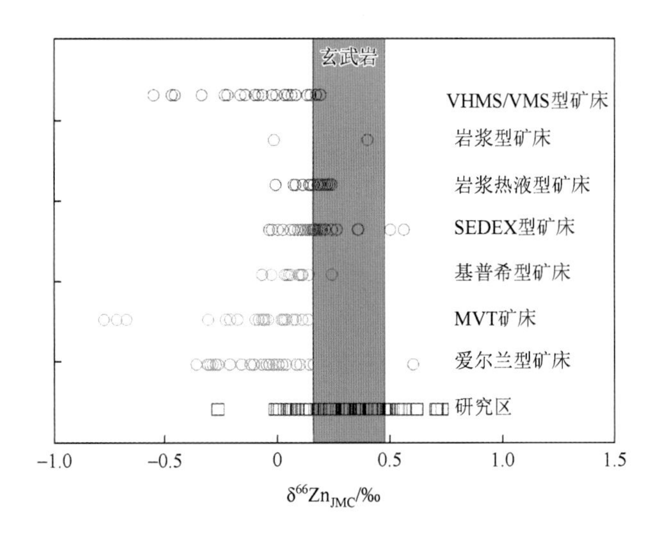

图 6-18　不同成因类型铅锌矿床的 Zn 同位素组成对比图

主要参考文献

顾尚义，2007. 黔西北地区铅锌矿硫同位素特征研究[J]. 贵州工业大学学报（自然科学版），36（1）：8-11.

顾尚义，张启厚，毛健全，1997. 青山铅锌矿床两种热液混合成矿的锶同位素证据[J]. 贵州工业大学学报，26（2）：50-54.

何承真，肖朝益，温汉捷，等，2016. 四川天宝山铅锌矿床的锌-硫同位素组成及成矿物质来源[J]. 岩石学报，32(11)：3394-3406.

胡耀国，1999. 贵州银厂坡银多金属矿床银的赋存状态、成矿物质来源与成矿机制[D]. 贵阳：中国科学院地球化学研究所.

黄智龙，陈进，韩润生，等，2004. 云南会泽超大型铅锌矿床地球化学及成因-兼论峨眉山玄武岩与铅锌成矿的关系[M]. 北京：地质出版社.

蒋少涌，2003. 过渡族金属元素同位素分析方法及其地质应用[J]. 地学前缘，10（2）：269-278.

蒋少涌，陆建军，顾连兴，等，2001. 多接收电感耦合等离子体质谱（MC-ICPMS）测量铜、锌、铁的同位素组成及其地质意义[J]. 矿物岩石地球化学通报，21（4）：431-433.

金中国，2008. 黔西北地区铅锌矿控矿因素、成矿规律与找矿预测[M]. 北京：冶金工业出版社.

李津，2008. 低温条件下过渡族元素同位素分馏及其在古海洋研究中的应用[D]. 北京：中国地质科学院.

李世珍，朱祥坤，唐索寒，等，2008. 多接收器等离子体质谱法Zn同位素比值的高精度测定[J]. 岩石矿物学杂志，27（4）：273-278.

李世珍，朱祥坤，唐索寒，等，2009. 植物中Cu，Zn同位素分馏初步研究[J]. 矿物学报，29（S1）：605-606.

李晓彪，2010. 黔西北天桥铅锌矿床地球化学研究[D]. 贵阳：中国科学院地球化学研究所.

梁莉莉，2008. 贵州喀斯特高原湖泊物质循环过程中的铜锌同位素地球化学——以红枫湖、阿哈湖为例[D]. 贵阳：中国科学院地球化学研究所.

刘英俊，曹励明，李兆麟，1984. 元素地球化学[M]. 北京：科学出版社.

唐索寒，朱祥坤，李津，等，2008. 地质样品铜、铁、锌同位素标准物质的研制[J]. 岩石矿物学杂志，27（4）：279-284.

唐索寒，朱祥坤，蔡俊军，等，2006. 用于多接收器等离子体质谱铜铁锌同位素测定的离子交换分离方法[J]. 岩矿测试，25（1）：5-8.

唐索寒，朱祥坤，2006b. AG MP-1阴离子交换树脂元素分离方法研究[J]. 高校地质学报，12（3）：398-403.

王跃，朱祥坤，2010. 锌同位素在矿床学中的应用：认识与进展[J]. 矿床地质，29（5）：843-852.

郑永飞，陈江峰，2000. 稳定同位素地球化学[M]. 北京：科学出版社.

周家喜，黄智龙，周国富，等，2010. 黔西北赫章天桥铅锌矿床成矿物质来源：S、Pb同位素和REE制约[J]. 地质论评，56（4）：513-524.

朱祥坤，王跃，闫斌，等，2013. 非传统稳定同位素地球化学的创建与发展[J]. 矿物岩石地球化学通报，32（6）：651-688.

Albarède F，2004. The stable isotope geochemistry of copper and zinc [J]. Reviews in Mineralogy and Geochemistry，55（1）：409-427.

Albarède F，Beard B，2004. Analytical methods for non-traditional isotopes [J]. Reviews in Mineralogy and Geochemistry，55（1）：113-152.

Bainbridge K T，Nier A O，1950. Relative isotope abundances of the elements [R]. Prelim. Report No.9，National Council，Washington.

Balistrieri L S，Borrok D M，Wanty R B，et al.，2008. Fractionation of Cu and Zn isotopes during adsorption onto amorphous Fe（Ⅲ）oxyhydroxide：Experimental mixing of acid rock drainage and ambient river water [J]. Geochimica et Cosmochimica Acta，72（2）：311-328.

Belshaw N S，Zhu X K，Guo Y，et al.，2000. High precision measurement of iron isotopes by plasma source mass spectrometry [J]. International Journal of Mass Spectrometry，197（1-3）：191-195.

Ben O D，Luck J M，Grousset F，et al.，2001. Cu，Zn（and Pb）isotopes in aerosols and loess [J]. Strasbourg，European Union of Geosciences，XI：668.

Ben O D，Luck J M，Tchalikian A，et al.，2003. Cu-Zn isotope systematics in terrestrial basalts [J]. Geophysical Research Abstracts，5：9669.

Ben O D，Luck J M，Bodinier J L，et al.，2005. Cu-Zn isotopic variations in Precambrian and present-day mantle [J]. Geophysical Research Abstracts，7：06732.

Ben O D，Luck J M，Bodinier J L，et al.，2006. Cu-Zn isotopic variations in the Earth's mantle [J]. Geochimica et Cosmochimica Acta，18（70）：A46.

Bentahila Y，Ben Othman D，Luck J M，2008. Strontium，lead and zinc isotopes in marine cores as tracers of sedimentary provenance：a case study around Taiwan orogen[J]. Chemical Geology，248：62-82.

Bermin J，Vance D，Archer C，et al.，2006. The determination of the isotopic composition of Cu and Zn in seawater [J]. Chemical Geology，226（3-4）：280-297.

Borrok D M，Nimick D A，Wanty R B，et al.，2008. Isotopic variations of dissolved copper and zinc in stream waters affected by historical mining [J]. Geochimica et Cosmochimica Acta，72（2）：329-344.

Büchl A，Archer C，Brown D R，et al.，2004. Combined high precision Cu，Zn and Fe isotopes in mice brains [J]. Geochimica et Cosmochimica Acta，68（11）：A528.

Chapman J B，Mason T F，Weiss D J，et al.，2006. Chemical separation and isotopic variations of Cu and Zn from five geological reference materials [J]. Geostandards and Geoanalytical Research，30（1）：5-16.

Choi B G，Ouyang X，Wasson J T，1995. Classification and origin of IAB and IIICD iron meteorites [J]. Geochimica et Cosmochimica Acta，59（3）：593-612.

Cloquet C，Carignan J，Libourel G，2006. Isotopic composition of Zn and Pb atmospheric depositions in an urban/periurban area of northeastern France [J]. Environmental Science & Technology，40（21）：6594-6600.

Cloquet C，Carignan J，Lehmann MF，et al.，2008. Variation in the isotopic composition of zinc in the natural environment and the use of zinc isotopes in biogeosciences：A review [J]. Analytical and bioanalytical chemistry，390（2）：451-463.

Crowther H L，2007. A rare earth element and transition metal isotope study of the Irish Zn-Pb ore field[D]. Imperial College London（University of London）.

Dideriksen K，Baker J A，Stipp S L S，2006. Iron isotopes in natural carbonate minerals determined by MC-ICP-MS with a ^{58}Fe-^{54}Fe double spike [J]. Geochimica et Cosmochimica Acta，70（1）：118-132.

Ding X，Nomura M，Suzuki T，et al.，2010. Chromatographic Zinc isotope separation by chelating exchange resin [J]. Chromatographia，71（s3-4）：195-199.

Dolgopolova A，Weiss D J，Seltmann R，et al.，2006. Use of isotope ratios to assess sources of Pb and Zn dispersed in the environment during mining and ore processing within the Orlovka-Spokoinoe mining site（Russia）[J]. Applied Geochemistry，21（4）：563-579.

Gélabert A，Pokrovsky O S，Viers J，et al.，2006. Interaction between zinc and freshwater and marine diatom species：Surface complexation and Zn isotope fractionation [J]. Geochimica et Cosmochimica Acta，70（4）：839-857.

Herzog G F，Moynier F，Albarède F，et al.，2009. Isotopic and elemental abundances of copper and zinc in lunar samples，Zagami，Pele's hairs，and a terrestrial basalt [J]. Geochimica et Cosmochimica Acta，73（19）：5884-5904.

John S G，Geis R W，Saito M A，et al.，2007. Zinc isotope fractionation during high-affinity and low-affinity zinc transport by the marine diatom Thalassiosira oceanic [J]. Limnology & Oceanography，52（6）：2710-2714.

John S G，Rouxel O J，Craddock P R，et al.，2008. Zinc stable isotopes in seafloor hydrothermal vent fluids and chimneys [J]. Earth and Planetary Science Letters，269（1-2）：17-28.

Kallemeyn G W，Rubin A E，Wang D，et al.，1989. Ordinary chondrites：Bulk compositions，classification，lithophile-element fractionations and composition-petrographic type relationships [J]. Geochimica et Cosmochimica Acta，53（10）：2747-2767.

Kavner A，John S G，Sass S，et al.，2008. Redox-driven stable isotope fractionation in transition metals：Application to Zn electroplating [J]. Geochimica et Cosmochimica Acta，72（7）：1731-1741.

Kelley K D，Wilkinson J J，Chapman J B，et al.，2009. Zinc isotopes in sphalerite from base metal deposits on the Red Dog district，Northern Alaska [J]. Economic Geology，104（6）：767-773.

Luck J M，Ben O D. Albaréde F，2005. Zn and Cu isotopic variations in chondrites and iron meteorites：Early solar nebula reservoirs and parent-body processes [J]. Geochimica Cosmochimica Acta，69（22）：5351-5363.

Luck J M，Ben O D，Albarede F，et al.，1999. Zinc and copper isotopes as tracers of metal origin in the dissolved and particulate loads of rain [J]. Goldschmidt Conference Abstracts，A7619.

Luck J M，Ben O D，Albarede F，et al.，2001. Cu and Zn isotopes in carbonaceous chondrites and iron meteorites [J]. Goldschmidt Conference，3638.

Luck J M，Ben O D，Albarede F，2002. What do Cu-Zn isotopes tell us on meteorites? [J]. Geochimica et Cosmochimica Acta，66（15A）：A462.

Luck J M，Ben O D，Zanda B，et al.，2006. Zn-Cu isotopes in chondritic components [J]. Geochimica et Cosmochimica Acta，

70（18，Supplement）：A373.

Maréchal C N，Télouk P，Albarède F，1999. Precise analysis of copper and zinc isotopic compositions by plasma-source mass spectrometry [J]. Chemical Geology，156（1）：251-273.

Maréchal C N，Nicolas E，Douchet C，et al.，2000. Abundance of zinc isotopes as a marine biogeochemical tracer [J]. Geochemistry Geophysics Geosystems，1（1）：1-15.

Maréchal C N，Albarède F，2002. Ion-exchange fractionation of copper and zinc isotopes [J]. Geochimica et Cosmochimica Acta，66（9）：1499-1509.

Mason T F D，Weiss D J，Chapman J B，et al.，2005. Zn and Cu isotopic variability in the Alexandrinka volcanic-hosted massive sulphide（VHMS）ore deposit，Urals，Russia [J]. Chemical Geology，221（3）：170-187.

Mattielli N，N'Guessan M Y，Rimetz J，et al.，2005. Isotopic study of two biolimiting metals（Zn and Cu）in industrial aerosols [J]. Geophysical Research Abstract，7：10030.

Mittlefehldt D W，2002. Geochemistry of the ungrouped carbonaceous chondrite Tagish Lake，the anomalous CM chondrite Bells，and comparison with CI and CM chondrites [J]. Meteoritics & Planetary Science，37（5）：703-712.

Moynier F，Albarède F，Herzog G F，2006. Isotopic composition of zinc，copper，and iron in lunar samples [J]. Geochimica et Cosmochimica Acta，70：6103-6117.

Moynier F，Blichert-Toft J，Telouk P，et al.，2007. Comparative stable isotope geochemistry of Ni，Cu，and Fe in chondrites and iron meteorites [J]. Geochimica et Cosmochimica Acta，71：4365-4379.

Maréchal C N，Sheppard S M F，2002. Isotopic fractionation of Cu and Zn between chloride and nitrate solutions and malachite e or smithsonite at 30℃ and 50℃[J]. Geochim Cosmochim Acta，66（15A）：A484.

Ohno T，Shinohara A，Chiba M，et al.，2005. Precise Zn isotopic ratio measurements of human red blood cell and hair samples by multiple collector-ICP-mass spectrometry [J]. Analytical Sciences the International Journal of the Japan Society for Analytical Chemistry，21（4）：425-427.

Peel K，Weiss D，Chapman J，et al.，2008. A simple combined sample-standard bracketing and inter-element correction procedure for accurate mass bias correction and precise Zn and Cu isotope ratio measurements [J]. Journal of Analytical Atomic Spectrometry，23（1）：103-110.

Pichat S，Douchet C，Albarède F，2003. Zinc isotope variations in deep-sea carbonates from the eastern equatorial Pacific over the last 175 ka [J]. Earth and Planetary Science Letters，210（1）：167-178.

Pokrovsky O S，Viers J，Freydier R，2005. Zinc stable isotope fractionation during its adsorption on oxides and hydroxides [J]. Journal of Colloid & Interface Science，291（1）：192-200.

Rodushkin I，Stenberg A，Andrén H，et al.，2004. Isotopic fractionation during diffusion of transition metal ions in solution [J]. Analytical Chemistry，76（7）：2148-2151.

Rosman K J R，1972. A survey of the isotopic and elemental abundance of zinc [J]. Geochimica et Cosmochimica Acta，36（7）：801-819.

Stenberg A，Andrén H，Malinovsky D，et al.，2004. Isotopic variations of Zn in biological materials [J]. Analytical chemistry，76（14）：3971-3978.

Stenberg A，Malinovsky D，Öhlander B，et al.，2005. Measurement of iron and zinc isotopes in human whole blood：preliminary application to the study of HFE genotypes [J]. Journal of Trace Elements in Medicine and Biology，19（1）：55-60.

Tanimizu M，Asada Y，Hirata T，2002. Absolute isotopic composition and atomic weight of commercial zinc using inductively coupled plasma mass spectrometry [J]. Analytical Chemistry，74（22）：5814-5819.

Toutain J P，Sonke J，Munoz M，et al.，2008. Evidence for Zn isotopic fractionation at Merapi volcano [J]. Chemical Geology，253（1）：74-82.

Vance D，Archer C，Bermin J，et al.，2006. Zn isotopes as a new tracer of metal micronutrient usage in the oceans [J]. Geochimica et Cosmochimica Acta，18（70）：A666.

Viers J，Oliva P，Nonell A，et al.，2007. Evidence of Zn isotopic fractionation in a soil-plant system of a pristine tropical watershed

(Nsimi, Cameroon) [J]. Chemical Geology, 239 (1-2): 124-137.

Wasson J T, Rubin A E, Kallemeyn G W, 1993. Reduction during metamorphism of four ordinary chondrites [J]. Geochimica et Cosmochimica Acta, 57 (8): 1867-1878.

Weiss D J, Mason T F D, Zhao F J, et al., 2005. Rapid reports isotopic discrimination of zinc in higher plants [J]. New Phytologist, 165 (3): 703-710.

Weiss D J, Rausch N, Mason T F D, et al., 2007. Atmospheric deposition and isotope biogeochemistry of zinc in ombrotrophic peat [J]. Geochimica et Cosmochimica Acta, 71 (14): 3498-3517.

Wilkinson J, Weiss D, Mason T, et al., 2005. Zinc isotope variation in hydrothermal systems: Preliminary evidence from the Irish Midlands ore field [J]. Economic Geology, 100 (3): 583-90.

Wasson J T, Lange D E, Francis C A, et al., 1999. Massive chromite in the Brenham pallasite and the fractionation of Cr during the crystallization of asteroidal cores [J]. Geochim Cosmochim Acta, 63 (7-8): 1219-1232.

Zhou J X, Huang Z L, Zhou G F, et al., 2010. Sulfur isotopic composition of the Tianqiao Pb-Zn ore deposit, Northwest Guizhou Province, China: Implications for the source of sulfur in the ore-forming fluids [J]. Chinese Journal of Geochemistry, 29 (3): 301-306.

Zhou J X, Huang Z L, Zhou M F, et al., 2013a. Constraints of C-O-S-Pb isotope compositions and Rb-Sr isotopic age on the origin of the Tianqiao carbonate-hosted Pb-Zn deposit, SW China [J]. Ore Geology Reviews, 53: 77-92.

Zhou J X, Huang Z L, Bao G P, 2013b. Geological and sulfur-lead-strontium isotopic studies of the Shaojiwan Pb-Zn deposit, southwest China: Implications for the origin of hydrothermal fluids [J]. Journal of Geochemical Exploration, 128: 51-61.

Zhou J X, Huang Z L, Gao J G, et al., 2013c. Geological and C-O-S-Pb-Sr isotopic constraints on the origin of the Qingshan carbonate-hosted Pb-Zn deposit, Southwest China [J]. International Geology Review, 55 (7): 904-916.

Zhou J X, Huang Z L, Zhou M F, et al., 2014a. Zinc, sulfur and lead isotopic variations in carbonate-hosted Pb-Zn sulfide deposits, southwest China [J]. Ore Geology Reviews, 58: 41-54.

Zhou J X, Huang Z L, Lv Z C, et al., 2014b. Geology, isotope geochemistry and ore genesis of the Shanshulin carbonate-hosted Pb-Zn deposit, southwest China [J]. Ore Geology Reviews, 63: 209-225.

Zhou J X, Bai J H, Huang Z L, et al., 2015. Geology, isotope geochemistry and geochronology of the Jinshachang carbonate-hosted Pb-Zn deposit, southwest China [J]. Journal of Asian Earth Sciences, 98: 272-284.

Zhou J X, Luo K, Li B, et al., 2016. Geological and isotopic constraints on the origin of the Anle carbonate-hosted Zn-Pb deposit in northwestern Yunnan Province, SW China [J]. Ore Geology Reviews, 74: 88-100.

Zhou J X, Xiang Z Z, Zhou M F, et al., 2018. The giant Upper Yangtze Pb-Zn province in SW China: Reviews, new advances and a new genetic model [J]. Journal of Asian Earth Sciences, 154: 280-315.

Zhu X, O'nions R, Guo Y, et al., 2000. Determination of natural Cu-isotope variation by plasma-source mass spectrometry: implications for use as geochemical tracers [J]. Chemical Geology, 163 (1-4): 139-149.

Zhu X K, Guo Y, Williams R, et al., 2002. Mass fractionation processes of transition metal isotopes [J]. Earth and Planetary Science Letters, 200 (1-2): 47-62.

第七章 矿床成因与找矿预测

前人对包括黔西北铅锌成矿区在内的川滇黔铅锌矿集区或多或少做过研究工作，但由于缺乏系统研究而对本区铅锌矿床成因的认识还存在争议。由于研究区处于全球特提斯成矿域和环太平洋成矿域交会部位、峨眉山大火成岩省内，成矿背景极其特殊，加之研究区铅锌矿床与峨眉山玄武岩空间关系密切，前人提出本区矿床很可能是岩浆-热液成因（谢家荣，1963）或地幔热柱成因（王登红，1998；王登红，2001；黄智龙 等，2001；韩润生 等，2001，2006；黄智龙 等，2004）。由于研究区铅锌矿床赋存于沉积地层中，区域上除玄武岩/辉绿岩外，其他岩浆岩不发育，这些矿床又被认为是沉积成因（张位及，1984）、沉积-改造成因（廖文，1984；赵准，1995）、沉积-原地改造成因（陈士杰，1986）、沉积-改造-后成成因（柳贺昌，1996；柳贺昌和林文达，1999）、沉积成岩期后热液改造-叠加成因（陈进，1993）等。

随着密西西比河河谷型（MVT）和沉积喷流（SEDEX）型铅锌矿床概念的引入，本区矿床被认为是属于MVT矿床（周朝宪，1998；王奖臻 等，2002；张长青 等，2005a；金中国，2008），甚至SEDEX矿床（林方成，2005；张荣伟，2013）。笔者在大量矿床地质、地球化学和年代学研究基础上，提出本区矿床虽然属于与盆地卤水有关、以碳酸盐岩为容矿围岩的后生热液矿床，但是与经典的MVT矿床相比，本区矿床的成矿特征还存在与MVT矿床诸多不同之处，并提出川滇黔型（SYG-type）或上扬子型（Upper Yangtze-type）（Zhou et al.，2013a，2013b，2014a，2014b，2015，2018a，2018b，2018c）。本章将在成矿流体性质、成矿年代学和综合对比的基础上，剖析研究区铅锌矿床成因，并建立成矿与找矿模式，结合地-物-化-遥的综合信息，进行成矿预测。

第一节 矿 床 成 因

一、成矿地质背景

黔西北铅锌成矿区位于扬子地台西南缘，主要沿北西向威宁-水城构造带和垭都-蟒硐构造带和银厂坡-云炉河构造带分布（图2-2）。区域地层出露较齐全、构造-岩浆发育、物化探异常明显、矿床（点）星罗棋布，具有有利的成矿地质背景和形成大型-超大型矿床的地质条件。目前川滇黔铅锌矿集区已探明大型-超大型铅锌矿床多处，如四川天宝山、小石房、大梁子和云南茂祖、会泽、毛坪等，这些大型-超大型铅锌矿床的成矿地质背景、赋矿地层、控矿构造、矿体产状、矿石组成、成矿温度、流体盐度以及同位素组成等地质、地球化学特征与黔西北地区的许多铅锌矿床（点）相似（表7-1），表明黔西北地区有形成大型-超大型铅锌矿床的可能性，同样暗示本区具有有利的成矿地质背景。黔西北地区猪拱塘超大型铅锌矿床的发现，再次表明本区成矿地质背景优越，进一步暗示本区巨大的找矿潜力。

表 7-1　川滇黔铅锌矿集区部分矿床地质、地球化学特征对比

矿床名称	四川大梁子	云南会泽	贵州银厂坡	贵州杉树林	贵州天桥
矿床规模	大型	超大型	中型*	中型	中型
矿化类型	Pb-Zn-Ga	Pb-Zn-Ge	Ag-Pb-Zn	Pb-Zn-Cd	Pb-Zn-Cd
赋矿地层	Z_1d	C_1b	C_1b	C_2h	C_1b
控矿构造	NE 向张扭性断裂	NE 向逆断层的层间破碎带	NE 向逆断层的层间破碎带	NW 向断裂构造及向斜	NW 向断裂构造及天桥背斜
矿体产状	筒柱状、脉状	囊状、透镜状、似层状	囊状、透镜状	层状、透镜状	似层状、囊状、脉状
矿石矿物	方铅矿、闪锌矿、黄铁矿、黄铜矿	闪锌矿、方铅矿、黄铁矿	方铅矿、闪锌矿	方铅矿、闪锌矿、黄铁矿	方铅矿、闪锌矿、黄铁矿
脉石矿物	石英、白云石	方解石	方解石	方解石、白云石	方解石、白云石
围岩蚀变	碳酸盐岩化、硅化	碳酸盐岩化	碳酸盐岩化	碳酸盐岩化	碳酸盐岩化
成矿温度**	140～280℃	175～276℃	146～171℃	175～276℃	150～270℃
流体盐度/%	4.25～11.71	7.31～21.12	4.2～7.8	14.9～22.6	9.6～14.2
$^{206}Pb/^{204}Pb$	17.690～19.147	17.980～18.830	18.062～19.073	18.276～19.030	18.481～18.601
$^{87}Sr/^{86}Sr$	0.70921～0.71254	0.7083～0.7181	0.71084～0.71877	0.7108～0.7116	0.7129～0.7167
$\delta^{34}S$/‰	6.72～14.56	9.00～15.75	7.57～14.15	10.51～16.99	8.40～2267
$\delta^{13}C_{PDB}$/‰	−2.0	−3.50～−2.10	−3.18～−0.29	2.42～3.91	−4.95～−1.18
$\delta^{18}O_{SMOW}$/‰	15.00	13.23～20.45	12.97～20.99	25.57～26.75	18.56～20.89

注：* Ag 储量为中型，Pb+Zn 储量为小型。**成矿温度包括 S 同位素平衡分馏计算温度。

二、成矿地质条件

1. 地层条件

本区矿化地层自震旦系灯影组到中二叠统茅口组，超过 14 个含矿层位（金中国，2008），其中石炭系为主要的赋矿层位，据不完全统计，本区 9 个中型矿床中的 8 个及 96 处小型矿床（点）中的 35 个均产于其中，占 40%以上。本区矿化基本赋存于中二叠统栖霞-茅口组（P_2q-m）及其以下地层，该地层以上矿床主要为氧化矿、混合矿及砂矿（金中国，2008）。矿化对岩性的选择高于对地层的选择，全区矿化围岩主要均为蚀变粗晶白云岩，其次为白云质灰岩，以及灰岩和泥灰岩。而且白云石化与铅锌矿化呈明显的正相关关系，是重要的近矿蚀变标志（详见第三章典型矿床地质概况）。矿体与围岩界限明显，多数矿体产于次级构造带、层间滑动面和褶皱滑脱空间，一些矿体直接产于古溶洞中，被称为鸡窝矿，矿化蚀变类型较多，主要为白云石化、方解石化、铁锰碳酸盐岩化、黄铁矿化及硅化。

地层、岩性与铅锌矿化的这种密切关系，表明矿化定位对地层、岩性具有强烈的选择性，这是由于碳酸盐岩脆性大，节理发育；空隙度大，溶洞发育；常夹海相硫酸盐岩层，呈现氧化环境，形成地球化学障；梁山组（P_1l）岩性主要为砂岩、页岩夹劣质煤及泥灰岩，起到隔挡层屏蔽作用，且其中大量有机质起到还原作用，形成地球化学障，即地层和岩性可能起到“提供成矿空间”和“地球化学障”的作用。

2. *构造条件*

从区域上看，小江断裂带、昭通-曲靖隐伏断裂带、垭都-紫云断裂带三条深切基底断裂所限制的区域内（图 2-1），控制了川滇黔铅锌矿集区的 500 余个铅锌矿床（点），众多学者在构造控矿方面达到了广泛共识（柳贺昌和林文达，1999；黄智龙 等，2004；韩润生 等，2006；金中国，2008）。黔西北铅锌成矿区矿床严格受到 NW 向、NE 向区域性紧密褶皱带、断裂带的控制，即威宁-水城构造带控制威（宁）-水（城）成矿亚带，垭都-紫云构造带控制垭都-蟒硐成矿亚带，银厂坡-云炉河构造带控制银厂坡-云炉河成矿亚带（金中国，2008；周家喜 等，2010）。构造控矿十分明显，特别是构造复合交会部位、背斜倾斜端、向斜扬起端控制铅锌矿化集中区（图 2-2）。从矿体产出部位看，本区矿床的工业矿体均产出于主矿构造旁侧的次级构造，主要为构造破碎带、层间滑动面、褶皱滑脱空间及古溶洞中。构造与成矿关系十分明显，这是由于区域性构造活动为成矿流体的迁移提供了部分驱动力，并为成矿流体的运移提供了有利的构造空间，构造复合交汇部位为成矿流体的混合提供了场所。

3. *岩浆岩条件*

本区岩浆活动频繁，其中最大规模的岩浆活动为海西晚期峨眉山玄武岩，为地幔柱活动的产物（图 2-1 和图 2-2）。本区基性侵入辉绿岩［侵位时间为（145±1.07）Ma，为燕山期）（欧锦秀，1996；金中国，2008；张馨玉，2021］，在本区较为多见，其岩石组合较为单一，规模也较小（主要呈岩墙产出），在一些矿床（如天桥铅锌矿床、青山铅锌矿床）附近均有出露。有关峨眉山玄武及辉绿岩岩浆活动与铅锌成矿的关系，已有众多学者进行了论述（柳贺昌和林文达，1999；黄智龙 等，2004；金中国，2008），尽管在峨眉山玄武岩浆活动是否为铅锌成矿提供了物质和流体方面还存在较大争论，但岩浆活动为成矿提供热动力已达成共识。因而，峨眉山玄武岩浆活动，特别是辉绿岩岩浆作用为成矿提供了热动力和部分物质来源。

三、成矿流体性质

本次对天桥、杉树林和青山等代表性矿床进行了流体包裹体分析，结合王林江（1994）、毛健全等（1998）、胡耀国（1999）、胡晓燕等（2013）和杨清（2021）等的研究成果，认为区内与方铅矿、闪锌矿共生的方解石包裹体较发育，但个体一般比较细小，集中在 4～10μm 范围，主要呈零星分布。例如，天桥铅锌矿床热液方解石流体包裹体较小，为 4～8μm，分布零散，多集中在裂隙中，为次生包裹体，未进行测试，仅进行观察。

在银厂坡包裹体相对较大，一般为 2～20μm，可见 3×170～33×120μm 大包裹体，成群成带分布明显（胡耀国，1999）。包裹体的形态以不规则状为主，尚见圆状、椭圆形及柱状包裹体。

流体包裹体的类型较单一，按相态组合、物理形态及气液两相比例不同，可划分为纯液体包裹体、气液包裹体和气相包裹体 3 种（金中国，2008；胡晓燕 等，2013；杨清，2021）。

纯液体包裹体全为盐水溶液相，未见气相存在，常呈淡红色，直径小，一般为 1～5μm，极少数大于 20μm。气液两相包裹体，一般为 4～5μm，按气液相比例不同，可分富液相的气液包裹体（气液比一般为 20%～40%，数量较多）和富气相包裹体（气液比为 80%左右）。气相包裹体中 H_2O、CO_2 和 CH_4 均较高，表明 CO_2 和有机质参与了成矿作用。

杉树林铅锌矿床闪锌矿内包裹体大小集中在 4～12μm，具有负晶形、椭圆形和不规则状，均一温度为 108.2～207.2℃，集中在 120～160℃，盐度为 3.7%～22.0%，集中在 5%～10%；方解石中包裹体多为长条形、正方形或者不规则状，包裹体大小与在闪锌矿内相似，多为 4～16μm，均一温度为 98.4～195.4℃，集中在 120～150℃，盐度为 3.2%～17.7%，集中在 6%～11%。杉树林铅锌矿床的流体包裹体显微测温结果表明，共生闪锌矿和方解石的均一温度较为集中，主要集中在 120～150℃，成矿流体盐度集中在 5%～12%，但具有一定的变化范围，存在盐度大于 20%的包裹体（杨清，2021）。

垭都铅锌矿床闪锌矿和与闪锌矿共生方解石中的包裹体主要呈长条状、椭圆形，大小主要为 6～12μm，包裹体均一温度为 141～203.7℃，集中于 150～190℃，盐度为 4.6%～15.5%，峰值在 8%～12%。其中，闪锌矿获得温度数据较少，但分布范围较广，流体包裹体均一温度为 149.4～195.3℃，盐度为 5.0%～12.3%，集中在 8%～10%；方解石中流体包裹体均一温度为 141～203.7℃，集中于 150～180℃，盐度为 4.6%～15.5%，主要分布在 6%～12%（杨清，2021）。

筲箕湾方解石流体包裹体较为发育，主要为椭圆形，均一温度集中于 140～170℃，盐度集中在 10%～14%，闪锌矿流体包裹体均一温度分布在 119.2～186.7℃，虽然所得数据较少，但可以看出均一温度还是主要分布于 120～170℃，盐度集中于 8%～12%，少量为 4%～6%的低盐度包裹体（胡晓燕 等，2013；杨清，2021）。

天桥铅锌矿床主要的测温矿物还是主成矿阶段的方解石，均一温度变化范围为 142.5～221.0℃，集中于 180～190℃，总体高于垭都、筲箕湾和杉树林；盐度为 4.0%～16.1%，集中于 10%～12%。闪锌矿测温数据较少，均一温度分布在 177.3～208.9℃，盐度为 5.3%～15.4%（杨清，2021）。

综上，可见本区铅锌矿床闪锌矿流体包裹体均一温度为 108～208℃，盐度为 3.7%～22.0%；与之共生的方解石流体包裹体均一温度为 98～221℃，盐度为 3.2%～17.7%。因此，成矿流体的均一温度介于 98～221℃，盐度介于 3.2%～22.0%，属于中低温、中高盐度流体。

包裹体液相成分如表 7-2 所示，阳离子以 Ca^{2+}、Na^{+}为主，Mg^{2+}、K^{+}次之，含量从多到少依次为 Ca^{2+}、Na^{+}、NH_4^{+}、Mg^{2+}、K^{+}。阴离子 SO_4^{2-} 和 Cl^{-}含量较高，F^{-}较低，含量从多到少依次为 SO_4^{2-}、Cl^{-}、F^{-}。显然，由于地层硫酸盐岩原位还原过程中未发生还原的

部分SO_4^{2-}被捕获，因而成矿流体属Ca^{2+}-Na^+-Cl^-型热液，这与川滇黔地区多数铅锌矿床包裹体特征相似（张振亮，2006）。由于Na^+与K^+含量比大于10，F^-与Cl^-含量比小于0.76，Na与Cl含量比为0.3～0.5，低于正常海水的0.87，故成矿热液中的水来源于深部地层的变质水，伴有大气降水和岩浆水的混合。

表 7-2　研究区部分矿床成矿流体包裹体成分和参数表

编号	对象	矿床	F^-/(×10^{-6})	Cl^-/(×10^{-6})	SO_4^{2-}/(×10^{-6})	K^+/(×10^{-6})	Na^+/(×10^{-6})	Ca^{2+}/(×10^{-6})	Mg^{2+}/(×10^{-6})	NH_4^+/(×10^{-6})
HT-01	方解石	横塘[a]	9.67	57.76	14.73	＜0.5	19.85	83.87	4.4	9.47
QS-01	方解石		5.93	22.36	106.6	＜0.5	11.06	62.19	3.3	11.99
QS-02	方解石	青山[a]	5.09	11.67	40.7	＜0.5	5.32	52.26	2.2	11.02
QS-03	方解石		5.09	39.01	20.16	＜0.5	14.69	80.64	1.1	5.72
SⅠ-9	方解石		4.74	76.08	195.4	＜0.5	24.88	4.52	2.56	6.5
SⅡ-41	方解石		5.28	12.91	204.7	＜0.5	5.29	92.47	nd	6.28
	方解石	杉树林[b]	0.85	30.0	426.5	3.94	2.86	42.3	5.9	—
	方解石		0.90	3.0	264.0	2.39	3.77	8.9	315	—
	闪锌矿		26.6	29.1	326.6	0.73	2.81	17.9	0.55	—
STC-5	方解石	水槽子[a]	4.86	51.74	71.09	＜0.5	16.87	91.52	0.4	6.1
编号	矿化度	盐度/%	pH	Eh/mV	$\lg f_{O_2}$/Pa	f_{H_2}/Pa	f_{CO_2}/Pa	$\omega_{Na^+}/\omega_{K^+}$	$\omega_{F^-}/\omega_{Cl^-}$	—
HT-01	414.36	8.29	7.93	−0.83	−39	7.609	79.8	＞71.92	0.31	
QS-01	307.5	9.97	5.65	−0.57	−41.27	36.57	195.8	＞38.48	0.5	
QS-02	275.16	6.31	6.50	−0.60	−41.17	18.65	157.2	＞18.16	0.18	
QS-03	367.6	10.53	6.75	−0.66	−41.72	35.78	123	＞51.12	0.24	—
SⅠ-9	315.38	5.13	7.02	−0.67	−39.05	29.96	314.6	＞86.56	0.12	
SⅡ-41	345.73	15.31	6.82	−0.68	−39.12	119.4	380.3	＞18.40	0.76	
STC-5	387.65	10.91	7.20	−0.71	−39.15	88.69	290	＞56.64	0.18	

注：nd表示未检出；—表示未检测；a. 毛健全等（1998）；b. 王林江（1994）。
$\lg f_{O_2}$表示氧逸度；f_{H_2}表示氢逸度；f_{CO_2}表示二氧化碳逸度。

结合报道的流体包裹体pH为5.65～7.93，Eh为−0.83～−0.57mV，研究区铅锌矿床的成矿流体为较强还原性、中低温度、中高盐度、弱酸-弱碱性和高矿化度的Ca^{2+}-Na^+-Cl^-型热液体系，与盆地卤水性质相符。

四、成矿物质来源

第四章至第六章的研究表明，本区铅锌矿床的成矿物质主要有三个源区：元古宇基底浅变质岩、古生界—中生界赋矿沉积岩和上二叠统峨眉山玄武岩，各源区对不同矿床的贡献比例不同。同时研究发现，各类型岩石及其组合在本区铅锌矿床形成中，扮演不同的重要角色。例如，基底浅变质岩是研究区铅锌矿床成矿金属，尤其是铅的主要源区岩石；赋矿沉积岩中富海相硫酸盐的蒸发膏盐岩/层是不仅是主要的硫源，其溶解还原后的空间还是重要的矿石就位场所；赋矿沉积岩中的有机质不仅是关键的还原剂，还可能提供部分成矿金属，并发挥着隔挡层的重要作用。

峨眉山地幔柱/玄武岩与本区铅锌矿床的形成，更是具有密切的联系（Zhou et al.，2018a，2018b），体现在：①成矿前，峨眉山地幔柱底侵和喷发活动提升了区域热流值（背景），升高的地温梯度加速促进了研究区铅锌矿床成矿流体活化-萃取基底岩石中的成矿元素；②成矿期，大火成岩省形成的玄武岩，与成矿流体发生水/岩相互作用，提供部分成矿金属（如Zn、Cu、稀散金属等），并起到区域性重要隔挡层的作用，甚至可以作为玄武岩型铜矿床、部分铅锌矿床和卡林型金矿床的赋矿围岩（如最近新发现架底玄武岩中的卡林型金矿床）；③成矿后，巨厚的玄武岩保护形成的研究区铅锌矿床免遭后期剥蚀使其得以保存，起到重要保护层的作用。峨眉山地幔柱/玄武岩的具体作用在后文的成矿模式中也有展现。

五、成矿时代

研究区铅锌矿床的成矿年代学研究大致经历了两个阶段。

2004年之前，不同学者根据地质和区域铅锌矿床Pb同位素模式年龄对其成矿时代就有不同的认识：根据“黔西滇东的所有铅锌矿床都产在峨眉山玄武岩之下，至多产在其中（云南宣威抚克玄武岩中的铅锌矿脉曾一度开采）”，有人指出矿床可能是海西期形成的（谢家荣，1963）；根据铅同位素模式年龄的分组，有学者认为该矿集区内铅锌矿床为多期次形成，主成矿期在海西晚期和燕山期（张云湘 等，1988）；根据构造矿化及铅同位素模式年龄，部分学者将川滇黔地区的铅锌矿床成矿时代划分为海西期和印支—燕山期（杨应选，1994）；欧锦秀（1996）将黔西北青山铅锌矿床矿石铅单阶段演化模式年龄192～134Ma视为成矿年龄，认为矿床形成于燕山期；张立生（1998）认为该区铅锌矿床成矿作用发生于晚二叠纪；有学者提出云南会泽麒麟厂铅锌矿床的形成可能与印度板块和欧亚板块的拼合、碰撞造山作用有关，成矿作用应晚于160～150Ma，为燕山期，甚至喜山期（Zhou et al.，2001）；管士平和李忠雄（1999）利用Pb同位素组成计算出该区铅锌矿床成矿时代为245Ma；柳贺昌和林文达（1999）将该区铅锌矿床作为上古生界矿床进行讨论，认为其形成于海西晚期和印支—燕山期；根据川滇黔铅锌矿集区402个矿床（点）集中分布于峨眉山玄武岩以下各时代地层中（图7-1），黄智龙等（2001）推测矿床成矿时代可能与峨眉山玄武岩岩浆活动时代相近。王奖臻等（2002）根据区域的构造和地质特征推断成矿时代为燕山—喜山期。显然，仅仅通过间接方法很难得到一个被广泛接受的成矿年龄。

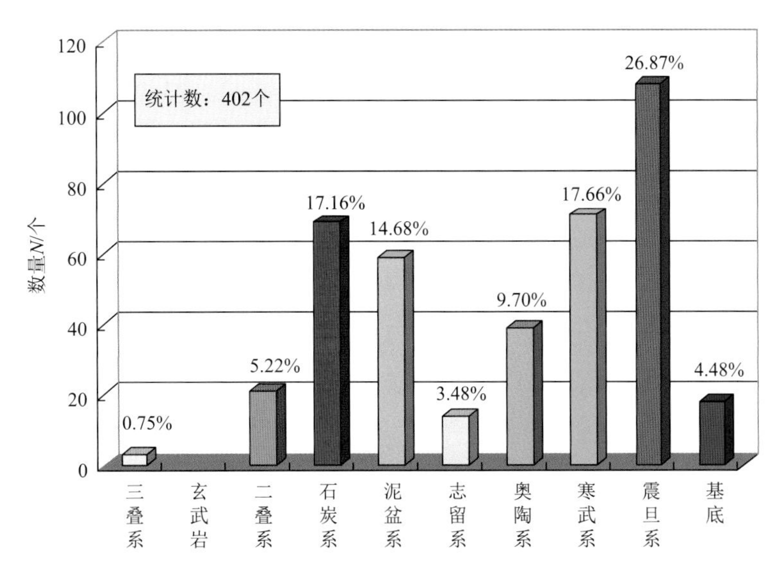

图 7-1　各地层赋存铅锌矿床的数量统计

2004 年之后，有学者对云南会泽超大型铅锌矿床进行了 Sm-Nd、Rb-Sr 和 K-Ar 测年，但结果有较大差距，如李文博等（2004）获得矿域内会泽超大型铅锌矿床 1 号和 6 号矿体方解石 Sm-Nd 等时线年龄分别为（225±38）Ma 和（226±15）Ma，还报道该矿床 6 号矿体 2 组同源混合矿物 Rb-Sr 等时线年龄分别为（225.1±2.9）Ma 和（225.9±3.1）Ma；黄智龙等（2004）测得该矿床 1 号、6 号和 10 号矿体闪锌矿 Rb-Sr 等时线年龄分别为（225.9±1.1）Ma、（224.8±1.2）Ma 和（226.0±6.9）Ma；张长青等（2005a）报道该矿床黏土矿物伊利石 K-Ar 年龄为 176.5±2.5Ma。有学者在对川滇黔铅锌矿集区内构造特征分析和对川南天宝山铅锌矿床构造应力场分析后，认为川滇黔地区铅锌矿床成矿作用发生在晚三叠世和早侏罗世（张志斌　等，2006）。另外，张长青等（2008）还报道了川滇黔铅锌成矿域内四川大梁子大型铅锌矿床闪锌矿 Rb-Sr 等时线年龄为（366.3±7.7）Ma。

随后，蔺志永等（2010）报道了四川宁南跑马铅锌矿床闪锌矿 Rb-Sr 等时线年龄为（200.1±4.0）Ma；毛景文等（2012）给出滇东北金沙厂铅锌矿床萤石 Sm-Nd 和闪锌矿 Rb-Sr 等时线年龄分别为（201.1±2.9）Ma 和（199.5±4.5）Ma，乐红铅锌矿床闪锌矿 Rb-Sr 等时线年龄为（200.9±2.3）Ma；白俊豪（2013）获得滇东北金沙厂铅锌矿床闪锌矿 Rb-Sr 等时线年龄为（202.8±1.8）Ma；吴越（2013）获得川西南大梁子铅锌矿床方解石 Sm-Nd 等时线年龄为（204.4±1.2）Ma、赤普铅锌矿床沥青 Re-Os 等时线年龄为（165.7±9.9）Ma。可见，研究区铅锌矿床的成矿时代仍没精确厘定。

笔者对研究区内代表性矿床天桥铅锌矿床硫化物采取 Rb-Sr 同位素法进行了年代学研究，分析结果列于表 7-3，尽管测试结果不理想，全部样品仍给出（196±40）Ma 混合等时线年龄，由于该年龄误差较大，剔除三个点（这三个点 Rb 含量太低，数据分析误差较大）后得到了（191.9±6.9）Ma 混合等时线年龄（图 7-2）。

表 7-3　天桥铅锌矿床硫化物 Rb-Sr 同位素组成

编号	对象	Rb/($\times10^{-6}$)	Sr/($\times10^{-6}$)	$^{87}Rb/^{86}Sr$	$^{87}Sr/^{86}Sr$	2 Sig.
TQ-60	闪锌矿	0.03	2.4	0.0406	0.712551	0.000019
TQ-60	黄铁矿	0.01	0.5	0.0625	0.713161	0.000214
TQ-19	黄铁矿	0.02	2.2	0.0296	0.712466	0.000010
TQ-19	闪锌矿	0.01	0.8	0.0324	0.712582	0.000028
TQ-26	闪锌矿	0.60	1.1	1.5640	0.716704	0.000029
TQ-26-1	闪锌矿	0.47	0.9	1.0101	0.715201	0.000020
TQ-13	闪锌矿	0.01	1.10	0.0330	0.711890	0.000023
TQ-18	闪锌矿	0.05	1.85	0.0755	0.712293	0.000036

注：测试在中国科学院地质与地球物理研究所采用 IsoProbe-T 测试，采用单颗粒硫化物 Rb-Sr 法。

天桥铅锌矿床硫化物 Rb-Sr 混合等时线年龄为（191.9±6.9）Ma，可以近似代表该矿床的成矿年龄。首先，在图 7-2（b）中，$^{87}Sr/^{86}Sr$-1/Sr 并没有线性关系，可以排除假等时线的可能性；其次，所选用的硫化物 Rb-Sr 等时线样品能有效满足同位素定年的同源性、等时线、均一性和封闭性（陈福坤 等，2005；李秋立 等，2006），本次选择的样品尽量选择矿体中部，挑选出共生的黄铁矿和闪锌矿单颗粒，且闪锌矿均选择同阶段闪锌矿（主成矿期形成的棕黄色闪锌矿）；最后，天桥铅锌矿床受垭都-紫云深大断裂的控制，产出于垭都-蟒硐成矿亚带的天桥背斜中，本区构造定型于印支—燕山期（金中国，2008）。因此，成矿应晚于或等于印支—燕山期。

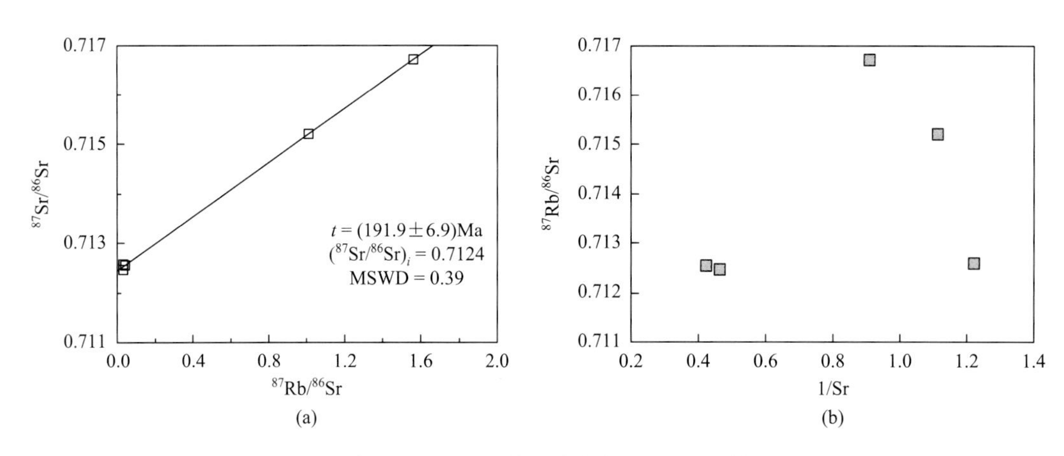

图 7-2　天桥铅锌矿床硫化物 Rb-Sr 等时线年龄（a）及假等时线判别图（b）

最近，有大量的年代学数据报道，从统计结果来看（图 7-3 和表 7-4），研究区铅锌矿床同位素年龄虽较为分散，包括 34～20Ma、231～176Ma 和 411～320Ma 均有，但是主要集中在 230～200Ma，峰值年龄为～200Ma（Hu et al.，2017；Zhou et al.，2018a）。

因此，笔者认为34～20Ma可能代表后期构造热事件的年龄纪录，而411～320Ma很可能是受到源区混入的影响，230～200Ma才可能代表研究区的成矿年龄。

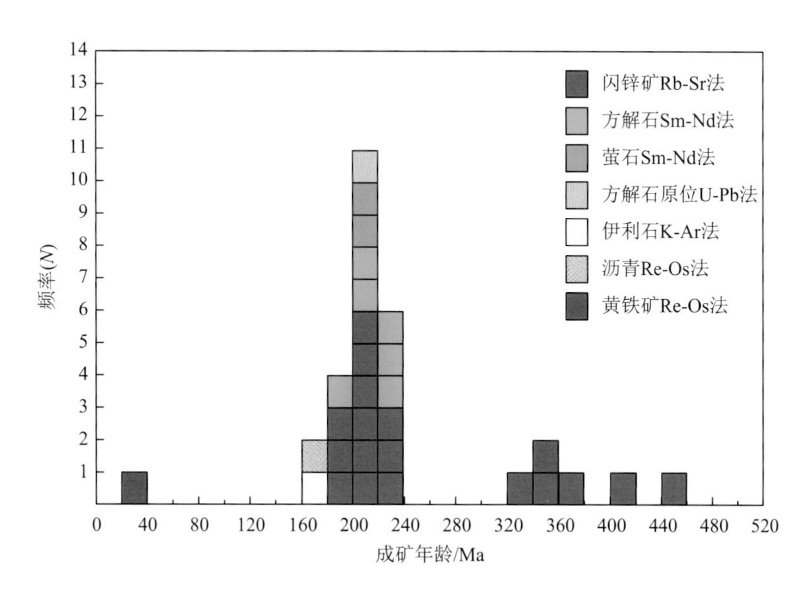

图7-3　川滇黔铅锌矿集区同位素年龄统计

研究区成矿作用发生在峨眉山地幔柱之后，晚印支期，扬子陆块与义敦岛弧等发生碰撞，导致古特提斯洋闭合，即印支期造山运动，随后由挤压动力学背景向伸展转变，形成前陆盆地，导致大规模造山带流体产生位移，卸载后与蒸发膏盐岩/层混合启动TSR，发生流体混合，导致金属硫化物沉淀，形成铅锌矿体。

此外，富乐铅锌矿床闪锌矿Re-Os等时线年龄为（34.7±4.4）Ma（刘莹莹，2014；Liu et al.，2015），与会泽铅锌矿床矿山厂1号矿体与闪锌矿同期黄铁矿Re-Os等时线年龄（32.0±3.6）Ma基本一致（周家喜，2011），而富乐铅锌矿床闪锌矿和方铅矿Re-Os等时线年龄为（20.4±3.2）Ma（刘莹莹，2014；Liu et al.，2015）。这些暗示本区铅锌矿床的形成可能受到喜山期构造热事件的影响。

此前，周朝宪（1998）根据地质和控矿构造特征，认为会泽铅锌矿床可能形成于燕山期或喜山期。区域上，～35Ma是印度板块及残留洋弧与欧亚大陆的碰撞晚期，喜马拉雅造山带地球动力学机制由汇聚增厚向伸展垮塌转换，而～20Ma后喜马拉雅造山带开始东西向伸展（王晓先 等，2012），这些重大地质事件可能影响到扬子地块西南缘，诱发陆缘盆地流体对该区域内的铅锌矿床进行了叠加改造或影响。尽管两种硫化物Re-Os等时线年龄记录了喜山期的成矿叠加改造作用，但喜山期改造作用的程度和方式还有待进一步深入研究。

表 7-4　川滇黔铅锌矿集区同位素年龄统计

矿床名称	测年方法	测年矿物	测年结果	资料来源	评价
会泽	Rb-Sr 法	闪锌矿	（225.9±1.1）Ma	李文博 等，2004；	同种方法测年结果范围很宽：226～193Ma
			（224.8±1.2）Ma		
			（226.0±6.9）Ma		
			（196.3±1.8）Ma	张长青 等，2014	
	Sm-Nd 法	方解石	（225±38）Ma	李文博 等，2004；Li et al.，2007	同种方法测年结果相似
			（226±15）Ma		
			（227±14）Ma	刘峰，2005；王登红 等，2010	
	Re-Os	黄铁矿	（32.0±3.6）Ma	周家喜，2011	与其他方法测年结果不同
	K-Ar	伊利石	（176.5±2.5）Ma	张长青 等，2005a	与其他方法测年结果不同
跑马	Rb-Sr 法	闪锌矿	（200.1±4）Ma	蔺志永 等，2010	—
金沙厂	Rb-Sr 法	闪锌矿	（199.5±4.5）Ma	毛景文 等，2012	同种方法测年结果相似
			（206.8±3.7）Ma	Zhou et al.，2015	
	Sm-Nd 法	萤石	（201.1±6.2）Ma	Zhang et al.，2015	与 Rb-Sr 法结果相似
乐红	Rb-Sr 法	闪锌矿	（200.9±8.3）Ma	张云新 等，2014	—
天桥	Rb-Sr 法	闪锌矿	（191.9±6.9）Ma	Zhou et al.，2013a，2018a	—
茂租	Sm-Nd 法	方解石	（196±13）Ma	Zhou et al.，2013b	—
大梁子	Rb-Sr 法	闪锌矿	（366.3±7.7）Ma	张长青 等，2008	两种不同方法测年结果悬殊
	Sm-Nd 法	方解石	（204.4±1.2）Ma	毛景文 等，2012；吴越，2013	
赤普	Re-Os	沥青	（165.7±9.9）Ma	吴越，2013	与其他方法测年结果都不同
天宝山	Rb-Sr 法	闪锌矿	（362.2±1.2）Ma	张长青 等，2014	同种方法测年结果范围很宽：411～223Ma
五星长	Rb-Sr 法	闪锌矿	（223.9±3.3）Ma		
杉树林	Rb-Sr 法	闪锌矿	（227.5±2.1）Ma		
唐家	Rb-Sr 法	闪锌矿	（229.1±4.7）Ma		
团宝山	Rb-Sr 法	闪锌矿	（230.3±3.3）Ma		
宝贝凼	Rb-Sr 法	闪锌矿	（231.9±3.4）Ma		
乌斯河	Rb-Sr 法	闪锌矿	（411±10）Ma	Xiong et al.，2018	
毛坪	Rb-Sr 法	闪锌矿	（321.7±10）Ma	沈战武 等，2016	
	Rb-Sr 法	闪锌矿	（202.5 ± 8.5）Ma	Yang et al.，2019	—
富乐	Re-Os 法	闪锌矿和方铅矿	（34.7±4.4）Ma	刘莹莹，2014；Liu et al.，2015	相同方法测年结果相差较大
			（20.4±3.2）Ma		
云炉河坝	Rb-Sr 法	闪锌矿	（206.2 ± 4.9）Ma	Tang et al.，2019	—
老鹰箐	Rb-Sr 法	闪锌矿	（209.8±5.2）Ma	Gong et al.，2020	—
噜噜	Rb-Sr 法	闪锌矿	（202.8±1.4）Ma	王文元 等，2017	—

六、矿床成因

全球铅锌矿床主要包括以碎屑岩为容矿围岩的同生热液矿床（SEDEX）、以火山岩为容矿围岩的同生热液矿床（VHMS/VMS）和以碳酸盐岩为容矿围岩的密西西比河谷型矿床（传统上称为 MVT）以及岩浆热液充填交代型（如矽卡岩型、浅成热液脉型等）。前文研究表明，研究区铅锌矿床赋存于碳酸盐岩中，与岩浆作用没有直接的成因联系。因此，研究区铅锌矿床最可能与 MVT 矿床对比，以下将通过比较矿床学研究，探讨黔西北地区铅锌矿床的成因类型。

1. MVT 铅锌矿床的基本特征

1939 年在美国密西西比河谷地区发现了一系列从 75～200℃的浓盆地热卤水中沉淀出来的后生热液硫化物矿床，它们主要产在古生代沉积岩中，这些矿床成为美国主要的闪锌矿、方铅矿、重晶石和萤石来源地。在该地区分布有近 400 个矿床（Leach and Sangster，1993），他们具有相似的地质、地球化学特征。由于该类矿床最先在美国密西西比河谷地区被发现，因此被命名为密西西比河谷型（MVT）铅锌矿床，简称 MVT 铅锌矿床。除在美国维伯纳姆特伦德（Viburnum Trend）、老铅带（Old Lead Belt）、三州（Tri-State）、上密西西比河谷（Upper Mississippi Valley）地区和东田纳西（East Tennessee）地区分布有 MVT 铅锌矿床外，在加拿大、秘鲁中北部、波兰、爱尔兰中部平原、法国、摩洛哥、伊朗、南非、阿尔及利亚及澳大利亚等国家和地区也发现了大量 MVT 矿床。

经过半个多世纪的研究，人们发现所有 MVT 矿床虽然存在一些相似的地质地球化学特征，但是大多数 MVT 铅锌矿床是局部或次大陆规模水文地质过程的产物，由于成矿流体组分，地质地球化学条件，流体运移通道以及沉淀机制在各 MVT 铅锌矿床中存在很大差异，因而 MVT 矿床之间也存在较大差异。因此，MVT 铅锌矿床是一个广泛的定义，不能用单一的成矿模式来描述所有的 MVT 铅锌矿（Sangster，1995）。MVT 铅锌矿床具有以下地质、地球化学特征（Leach and Sangster，1993；Leach et al.，2001，2005；刘英超 等，2008；张长青等，2005b，2009）。

（1）构造背景：MVT 铅锌矿床形成的有利大地构造环境为稳定克拉通或者大陆架内部靠近造山带前陆盆地一侧，产于克拉通边缘沉积盆地内，离造山带距离一般小于 600km；矿床的形成与泛大陆汇聚期间一系列构造事件有关，泥盆纪—二叠纪期间的发生的一系列造山运动是全球 MVT 矿床形成的构造背景，矿床在碰撞型、安第斯型、转换型造山运动后所形成于区域伸展环境中，矿床受张性构造控制。

（2）分布规律：MVT 铅锌矿床常集中出现在同一地区，常绵延数百平方公里，它们具有相似的矿物组合。如密苏里东南部（Southeast Missouri）铅锌矿区面积大于 2500km^2，三州地区小于等于 1800km^2，派恩波因特（Pine Point）地区大于 1600km^2，东阿尔卑斯（Alpine）地区约为 10000km^2，上密西西比（Upper Mississippi）河谷地区约为 7800km^2。在同一地区矿化并不连续，多呈点状出现。矿床在空间上基本分布于具轻微变形、压碎构造、宽穹窿、盆地、舒缓褶皱地带，或者古老克拉通的边缘、内部及裂谷环境中。矿体多产于盆地两侧或沉积盆地边缘的抬升隆起部位，这些部位是盆地深部碳酸盐岩中的卤水向上运移有利部位。控矿因素主要有断裂构造、页岩边界和白云岩（石）分布、岛礁、成矿前溶蚀塌陷角砾层、基底地形等因素。

（3）赋矿围岩：MVT 矿床主要赋存在厚的碳酸盐岩建造中，矿体大多赋存于白云岩、交代灰岩或大体积亮晶白云石中，具有明显的岩控和层控特征。整个矿床均产于灰岩中和砂岩中的情况相对少见，多以开放空隙充填方式成矿，碳酸盐主岩有明显溶蚀的迹象，如滑塌、崩解、角砾化及主岩减薄等，具有后生成矿特征。矿体赋存深度距当前地表的距离一般小于 600m，最大不超过 1500m。

（4）成矿时代：MVT 矿床的成矿时代问题是目前该类矿床的研究难点，到目前为止，仅有少数部分矿床获得了准确的成矿年龄。在现有已知的成矿年龄中，多数矿床成矿年代集中于泥盆纪—二叠纪期间，其次集中于白垩纪—新近纪期间（Leach et al., 2001）。从赋矿围岩时代看，泥盆纪到石炭纪是 MVT 矿床形成最重要时期，其次是白垩纪至新近纪，很少产于志留纪和二叠纪地层中，产于早元古代地层中的矿床也很少。产于三叠纪地层中的 MVT 铅锌矿床主要分布于波兰、秘鲁和欧洲中部。

（5）矿体形态：MVT 矿床的矿体特征从矿区尺度来讲，总体具有层控特征。但是从矿床尺度来看，矿体可以是穿层的，形态变化较大。矿体形态有以下几种类型：①平伏层状、似层状、透镜状矿体，沿层面呈水平状展布；②陡倾柱状、筒状、脉状、团块状矿体，沿断层面分布；③裂隙网脉状矿体，沿节理选择性溶解岩层，呈不连续脉状、网脉状分布；④角砾状矿体，充填和交代沿溶解坍塌角砾岩的粒间孔隙；⑤晶洞、岩溶、洞穴系统中的晶洞及充填矿体，矿石呈不规则状充填早期形成的开放孔隙空间。

（6）矿物组合：MVT 矿床的矿物组合简单，主要为闪锌矿、方铅矿、黄铁矿、白铁矿等，脉石矿物主要为白云石、方解石、石英等，在个别矿区萤石、重晶石较为发育；少量矿物有磁黄铁矿、天青石、硬石膏、硫黄和沥青等。少数矿床具有独特的矿物组合，如含银、镍、钴、铜、砷等矿物组合。大部分 MVT 矿床有银异常，有的还具有铜、钴、镍异常，许多还具有经济意义。矿物共生顺序大体是白云石、黄铁矿/白铁矿、胶状闪锌矿和骸晶方铅矿、粗晶闪锌矿和方铅矿、白云石和方解石，硫化物沉淀与早期方解石重叠。

（7）矿石组构：MVT 矿床中硫化物的沉淀结构涉及沉积、溶解、围岩交代、开放空间充填、角砾岩化作用等多种因素。最主要的矿石类型为开放空间充填形成的胶状、骸晶状粗粒硫化物晶体；其次为散布于围岩碳酸盐岩或脉石矿物的浸染状硫化物颗粒。硫化物的主要结构有粒状、交代、溶蚀、固溶体分离、胶状结构等几种类型，矿石构造主要有块状、角砾状、浸染状、网脉状、条带状、韵律层等构造。

（8）围岩蚀变：MVT 型矿床的围岩蚀变通常与碳酸盐岩的溶解、重结晶、热液交代和角砾岩化作用有关，此外还伴有硅化和黏土矿化，这些共同组成了 MVT 型矿床的围岩蚀变的主要形式。围岩碳酸盐岩的溶解和热液角砾岩化为 MVT 矿床最为常见的蚀变特征之一，在大多数 MVT 矿床中硅化不发育，自生黏土矿物有伊利石、绿泥石、白云母、地开石，另外可能存在高岭石集合体充填孔洞；较少出现自生长石（冰长石）。尽管 MVT 矿床中存在不同含量和类型的有机质，但有机质与矿床成因之间的关系仍不清楚。

（9）规模品位：MVT 矿床的矿石产量一般小于 10Mt，Pb+Zn 品位很少超过 10%。

但是有的也很高，如加拿大北极群岛（Arctic Archipelago）地区的北极星（Polaris）矿床不仅矿石产量大（22Mt），而且品位高（Pb+Zn 品位为 18%）。85%的矿床 Zn 的品位高于 Pb，Zn 与 Zn+Pb 含量比为 0.5～1，为 0.8 的矿床最多，只有少数矿床不在这个范围，如整个密苏里东南部地区及其他少数小的矿床其 Zn 与 Zn+Pb 含量比大约为 0.05。

（10）成矿流体：MVT 矿床的成矿流体为地下热卤水，许多矿床都含有有机质，其成矿流体可能与油田卤水有亲缘关系，但是流体包裹体钠钾比通常比油田卤水低得多。流体包裹体盐度为 10%～30%，成分主要为 Cl^-、Na^+、Ca^{2+}、K^+和 Mg^{2+}，流体包裹体均一温度较低，一般为 50～200℃，远高于按正常的地温梯度计算出来的温度。有的包裹体均一温度较高，如法国 Les Malines 矿床为 180～380℃。除伊利诺伊-肯塔基接壤地区的 MVT 矿床外，其他 MVT 矿床在成因上与岩浆岩无关。

（11）硫同位素：世界上 MVT 矿床的硫为壳源，单个矿床或地区可能有一个或多个硫源，硫同位素值变化范围很大，可以从–20‰变化到+30‰。生物成因（bacterial sulfate reduction，BSR）硫形成的 $\delta^{34}S$ 变化范围大，且多具较大负值特征。有机质硫的热降解导致原始有机质中硫 $\delta^{34}S$ 在 15‰附近；硫酸盐热化学还原作用（thermochemical sulfate reduction，TSR）通常产生的 $\delta^{34}S$ 为 0～15‰；另外，BSR 作用和封闭系统下 TSR 作用均可以形成较大正值的 $\delta^{34}S$。

（12）铅同位素：MVT 矿床矿石铅同位素组成比较复杂，有些矿床富放射性成因铅，显示为上地壳来源；有些矿床铅同位素组成差异较大，有的铅同位素组成很均一。在整个矿区，铅同位素组成具有明显的分带性，表明铅为多来源，或者矿化时间长，或者两者兼而有之。

（13）碳氧同位素：MVT 矿床赋矿岩石的碳氧同位素为正常海相碳酸盐岩值，但是近矿的主岩碳氧同位素值降低，脉石矿物的 $\delta^{13}C$ 和 $\delta^{18}O$ 也明显低于赋矿岩石，表明主岩曾有重结晶过程。MVT 矿床中流体包裹体水的氢氧同位素组成与沉积盆地中的孔隙水相似。MVT 矿床硫化物和脉石矿物的 $^{87}Sr/^{86}Sr$ 都不低于赋矿岩石。

（14）锌同位素：MVT 矿床闪锌矿 Zn 同位素组成变化范围较大。例如，法国塞文山脉地区 MVT 矿床的 $\delta^{66}Zn$ 为–0.06‰～0.69‰（Maréchal，1998；Maréchal and Sheppard，2002；Albarède，2004）；而爱尔兰的米德兰地区 MVT（爱尔兰型，可能是 MVT 的亚类）铅锌矿床中闪锌矿的 $\delta^{66}Zn$ 为–0.17‰～1.33‰（Wilkinson et al.，2005；Crowther，2007）。

（15）有机质：就全球范围 MVT 矿床而言，有机质并非存在于所有 MVT 矿床中。仅有特雷沃（Trèves）和 Les Malines（法国）、Polaris、派恩波因特和盖斯河（加拿大）、圣维森特（San Vicente）（秘鲁）、维伯纳姆带和上密西西比河谷（美国）等矿区内发育沥青或者有机包裹体。

2. 与 MVT 铅锌矿床对比

1）黔西北铅锌成矿区与 MVT 铅锌矿床对比

黔西北铅锌成矿区与 MVT 铅锌矿床有许多相似的地质特征。大地构造位置：黔西北地区铅锌矿床产于扬子克拉通西南缘的碳酸盐岩沉积盆地环境，为古老扬子克拉通西部边缘。构造背景：黔西北铅锌成矿区早古生代期间均处于被动大陆边缘环境，加里东期和印支期/燕山期的构造运动后期的伸展作用是该地区铅锌矿床形成的大地构造背景。古地理环境：黔西北铅锌成矿区位于扬子准地台的盆地边缘，自震旦系海侵到三叠纪期间均发育浅海碳酸盐岩相沉积地层。容矿围岩：黔西北地区铅锌矿床含矿层位集中产于震旦系灯影组和早古生界碳酸盐岩，容矿围岩主要为白云岩，其次为灰岩。矿体形态：黔西北地区铅锌矿床矿体主要存在四种。①受地层和岩性控制的似层状、板状、透镜状矿体；②受断裂控制的陡倾脉状、透镜状、囊状、筒状及裂隙状矿体；③受古喀斯特地貌和角砾岩控制的溶洞充填和角砾状、不规则状矿体；④受断裂和地层共同控制的层脉联合矿体。矿石矿物组合：黔西北地区铅锌矿床的矿物组合也比较简单，主要为闪锌矿、方铅矿、黄铁矿等，脉石矿物主要为方解石、白云石、石英、重晶石等。矿石组构：黔西北地区铅锌矿床主要发育粒状、交代、碎裂和揉皱等结构，块状、浸染状、层状-似层状、透镜状、角砾状等构造。但两者也存在一些不同特征，主要表现在四个方面。

（1）主要控矿因素：在许多经典 MVT 矿床中，溶解坍塌角砾岩和礁组合通常占有十分重要的控制作用，其次受到岩相变化、基底隆起以及喀斯特溶洞的控制，受断裂影响相对较弱的黔西北地区铅锌矿床断裂和褶皱构造的控制作用显得尤为重要，空间上矿床更多地受构造的控制，区域上主要沿紫云-垭都断裂展布，矿田范围内矿床多分布于 NW 向构造带内，矿床则往往定位于次级断裂的交会部位或断裂与褶皱的交切处。

（2）成矿温度、盐度：经典 MVT 矿床形成温度比较低，为 75～150℃，一般成矿温度不超过 200℃，在矿区范围内各矿床的成矿温度变化不大。黔西北地区铅锌矿床的成矿温度相对较高，一般为 150～250℃，个别温度超过 300℃，不同矿床之间的成矿温度有一定的差异。

（3）围岩蚀变：经典 MVT 矿床常伴随有大面积的热液蚀变，主要为热液白云石化作用。黔西北地区铅锌矿床的蚀变范围较小，多局限于断裂带附近，主要为碳酸盐岩化、黄铁矿化、硅化，部分矿区发育萤石化、重晶石化和黏土矿化等。

（4）硫同位素：世界上 MVT 矿床的硫为壳源，单个矿床或地区可能有一个或多个硫源，硫同位素值变化范围很大，为–20‰～30‰。许多矿床具有典型的生物成因硫的特征，具有较大的负值特征（如欧洲大多数矿区，爱尔兰（Ireland）、西里西亚（Schlesien）和塞文山脉地区等）。黔西北地区铅锌矿床硫化物 $\delta^{34}S$ 以正值为特征，指示硫主要来自围岩，热化学还原作用可能起到了一定的作用。

2）典型矿床与 MVT 铅锌矿床对比

从表 7-5 可见，这些典型铅锌矿床铅锌品位、矿物组合、单个矿体的规模、围岩蚀变、形成物理化学条件、同位素组成以及与峨眉山玄武岩存在密切关系等特征均与 MVT 铅锌矿床存在一定差别，尤其是矿床品位（天桥铅锌矿床：Pb+Zn 6.92%～20.51%，平均大于 10%）明显高于 MVT 铅锌矿床（Pb+Zn 一般小于 10%）、单个矿体的规模（天桥铅锌矿床：II 号矿体+III矿体 Pb+Zn 金属储量大于 0.2Mt）明显大于 MVT 铅锌矿床（单个矿体 Pb+Zn 金属储量一般小于 0.1Mt）、伴生元素（天桥铅锌矿床：Cd、In、Se、Tl 具有综合利用价值）与 MVT 矿床（Ag、Cu、Co、Ni 异常）存在明显差别、与岩浆活动（峨眉山玄武岩和辉绿岩）存在密切联系明显不同于 MVT 铅锌矿床（一般与岩浆岩没有直接成因联系）。因此，笔者认为黔西北地区铅锌矿床不是典型的 MVT 铅锌矿床。

表 7-5　黔西北铅锌成矿区与会泽超大型铅锌矿床及 MVT 矿床主要特征对比

条件	MVT 矿床	会泽超大型铅锌矿床	黔西北铅锌成矿区
品位	Pb+Zn：多小于 10%，Zn 与 Zn+Pb 含量比多为 0.8 左右	Pb+Zn：平均为 35%，Zn 与 Zn+Pb 含量比 0.9 左右	Pb+Zn：大于 10%，Zn 与 Zn+Pb 含量比 0.75 左右
规模	单个矿体 Pb+Zn 金属储量一般小于 0.1Mt	1、6、8、10 号矿体 Pb+Zn 金属储量都接近 1Mt	目前发现的矿床 Pb+Zn 金属储量小于 0.5Mt
矿化范围	常集中出现在同一地区，面积达数百平方公里	会泽铅锌矿床所在川滇黔成矿区面积约为 20 万 km^2	黔西北成矿区面积约为 5 万 km^2
赋矿地层	石炭纪、泥盆纪、奥陶纪和寒武纪的碳酸盐岩，矿体多产于白云岩和交代灰岩中	下石炭统摆佐组灰白色、肉红色、米黄色粗晶白云岩	石炭纪和泥盆纪粗晶白云岩、白云质灰岩
矿体深度	多小于 600m，最大不超过 1500m	大于 2000m	大于 400m
构造背景	沉积盆地边缘的抬升部位，或者古老克拉通的边缘、内部裂谷环境中，一般与构造运动或裂谷活动有关	扬子陆块西缘，小江断裂带和昭通-曲靖隐伏断裂带的复合部位	扬子陆块西缘，北西向垭都-紫云构造带、威宁-水城构造带、银厂坡-云炉河构造带
与岩浆活动的关系	在时间和空间上一般与岩浆岩没有直接成因联系	与峨眉山玄武岩岩浆活动存在密切联系	矿区外围分布有大面积峨眉山玄武岩，矿体常与辉绿岩共生
控矿因素	主要受构造和地层岩性控制	受构造和地层岩性控制	受构造和地层岩性控制
成矿时代	元古宇到白垩系，主要为泥盆纪到晚二叠纪，其次是白垩纪至新近纪	晚二叠纪，225Ma	晚三叠纪—早侏罗纪，192Ma
矿石结构、构造	浸染状、细粒状、树枝状、胶状和块状构造，主要为胶状、骸状粗晶结构	块状构造为主，细-中-粗晶结构	块状构造为主，细-中-粗晶结构
矿物组合	矿石矿物：主要为闪锌矿、方铅矿，次要为黄铁矿、黄铜矿和白铁矿。脉石矿物：主要为重晶石、萤石、方解石和白云石等	矿石矿物：闪锌矿、方铅矿和黄铁矿。脉石矿物：主要为方解石	矿石矿物：闪锌矿、方铅矿和黄铁矿。脉石矿物：主要为方解石
包裹体	盐度：10%～30%；成分：主要为 Cl^-、Na^+、Ca^{2+}、K^+和 Mg^{2+}；均一温度：一般为 50～200℃	盐度：<20%；成分：主要为 Cl^-、Na^+、Ca^{2+}、F^-和 SO_4^{2-}；均一温度：一般为 150～250℃	盐度：<20%；成分：主要为 Cl^-、Na^+、Ca^{2+}、F^-和 SO_4^{2-}；均一温度：一般为 150～300℃
伴生元素	大部分矿床有银异常，有的具有铜、钴、镍异常	银、锗、镓、镉、铟都具有工业价值	镉、铟、硒、铊和银都具有综合利用价值
硫同位素	$\delta^{34}S$ 多为 10‰～25‰	$\delta^{34}S$ 多为 11‰～17‰	$\delta^{34}S$ 多为 8‰～20‰
铅同位素	铅同位素组成比较复杂，区域上具有分带性	铅同位素组成均一，主要为正常铅	铅同位素组成均一，主要为正常铅

3. 成矿过程与矿床模型

1）成矿元素迁移和沉淀机制

有关铅锌矿床成矿元素迁移形式目前存在以下三种观点（Sverjensky，1984；Leach and Sangster，1993；Sangster，1995）。①混合模式：成矿金属以氯化物络合物或有机络合物的形式进行迁移，在适当的地点与另一富含还原态硫的流体相互混合后发生金属硫化物的沉淀，形成金属矿床。②还原模式：含成矿金属（以氯化物络合物和/或有机络合物和/或硫代硫酸盐的形式进行迁移）的流体，在富含有机质的成矿部位还原硫酸盐，引起硫化物的沉淀；硫酸盐可以随成矿流体一起迁移而来，也可以是成矿部位的硫酸盐被就地还原；其中，硫酸盐被还原是此模式的关键。③共同迁移模式：成矿金属以硫氢化物络合物的形式进行迁移，在成矿部位由于流体氧逸度和 pH 的变化，造成还原态硫的浓度降低，使金属硫化物沉淀下来（周朝宪，1998）。

在上述金属络合物中，研究较多的为氯化物络合物和硫氢化物络合物。以氯化物络合物形式进行迁移的条件是溶液为弱酸性、低硫和高氯化物的热卤水，但在硫浓度较高的溶液中将变得不稳定；而以硫氢化物络合物形式进行迁移的条件是高含量还原硫、中性至弱碱性溶液。溶液中 pH 升高、降温、减压、还原作用、流体稀释或还原硫浓度的增大都可造成氯化物络合物的离解，使金属硫化物得以沉淀下来；而当溶液发生氧化作用、pH 降低、降温、稀释、减压或还原硫浓度的突然降低可造成硫氢化物络合物的离解，使金属硫化物沉淀。

（1）迁移形式。前已述及，本区铅锌矿床成矿流体由不同性质的流体混合而成，成矿流体和成矿元素均具有多重来源。成矿流体主要由低温（100～250℃）的地层循环水（即地层热卤水和大气降水）、中高温（300～400℃）的基底循环水（即变质水）和岩浆水混合作用而成，成矿元素由不同的流体挟带，在不同流体中可能以不同的络合物形式进行迁移。

①低温（100～250℃）环境下的迁移形式。低温流体主要由地层循环水（即热卤水和大气降水）组成。该流体除挟带部分成矿元素（来自碳酸盐岩地层）外，还挟带了绝大部分成矿所需的 S 元素（黄智龙 等，2004；李文博 等，2006），因此还原硫浓度较高。据周朝宪（1998）对本区铅锌矿的研究，流体中还原硫的含量≥0.3～1.0mol/L。如果还原硫全部以 H_2S 处理，存在以下离解反应：$H_2S=H^++HS^-$，以此可计算出矿床中温流体中 HS^-的浓度（表 7-6）。

表 7-6　研究区铅锌矿床中低温流体中 HS^-的浓度

温度/℃	25	100	150	200	250
lg*k*	−6.89	−6.12	−5.77	−5.48	−5.26
k	1.3×10^{-7}	7.52×10^{-7}	1.71×10^{-6}	3.29×10^{-6}	5.56×10^{-6}
HS^-/(mol/L)	4×10^{-4}	9×10^{-4}	1.3×10^{-3}	1.8×10^{-3}	2.4×10^{-3}

注：H_2S 浓度以 1mol/L 计算。

据柳贺昌和林文达（1999）研究，研究区铅锌矿床流体包裹体中含有 Pb（1.71～2.0mg/L）、Cu（1.33～3.4mg/L）、Ba（17.20～48.27mg/L）、Sr（3.56～4.91mg/L）、Mn（8.0～12.86mg/L）等元素，盐度为 5%～23%，Cl^-浓度为 1.6～7.5mol/L，以 Pb 与 Zn 含量比为 1∶2 计算，则 Zn 的浓度约为 4.0mg/L。利用前人发表的铅锌络合物热力学数据，计算得出如下结果：a. 以硫氢化物络合物形式迁移的锌浓度远大于以氯化物络合物形式迁移的锌浓度；b. 以氯化物络合物形式迁移的铅浓度要大于以硫氢化物络合物形式迁移的铅浓度。

因此，本区铅锌矿床低温（100～250℃）条件下的铅、锌迁移形式有所不同，锌主要以硫氢化物络合物、少量氯化物络合物形式迁移；而铅主要以氯化物络合物、少量硫氢化物络合物形式进行迁移。

②中高温（300～400℃）环境下的迁移形式。中高温流体主要为基底循环水（即变质水）和岩浆水。使伴随幔源岩浆活动（本区为峨眉山玄武岩和辉绿岩）形成的流体刺穿了变质基底并使其中的变质水得以活化，与岩浆水混合，形成了中高温流体，该流体以高温（300～400℃）、低还原硫和富含部分成矿元素为特点。在该温度范围内，HS^-不再是占优势类型的还原硫，与铅锌缔合的还原硫将主要是H_2S或S^{2-}（饶纪龙，1977）。以锌为例，可与还原硫发生如下反应：$ZnS+H_2S=Zn(HS)_2^0$、$ZnS+H_2S+HS^-=Zn(HS)_3^-$、$ZnS+H_2S+2HS^-=Zn(HS)_4^{2-}$，这些反应的平衡常数极小（为 10^{-n}），生成的这些硫氢化物络合物在300℃以上并不稳定，容易产生分解。因此，实际生成的硫氢化物络合物相当稀少。

而氯化物络合物不一样，在高温下相当稳定，以$ZnCl_3^-$为例，其反应式如下：$Zn^{2+}+3Cl^-=ZnCl_3^-$，平衡常数较大（表 7-7），在理想状态下反应生成的$ZnCl_3^-$基本与原始 Zn^{2+}的量相当，Pb^{2+}的情况与 Zn^{2+}一致。因此，流体中的成矿元素在中高温状态下基本以氯化物络合物的形式进行迁移。

表 7-7 不同温度下 $Zn^{2+}+3Cl^-=ZnCl_3^-$ 反应的平衡常数

温度/℃	100	200	300	350	400
lg*k*	2.3	5.2	8.1	9.2	10.1

注：据张振亮（2006）。

（2）沉淀机制。从上述讨论可知，本区铅锌矿床成矿流体中 Pb 在低温和中高温环境下均主要以氯化物络合物形式存在；Zn 在低温下主要以硫氢化物络合物存在，而中高温下以氯化物络合物形式存在。这些络合物分解时可发生如下类似反应：

$$ZnCl_2+H_2O+FeS_2 = ZnS\downarrow+FeCl_2+1/2O_2+H_2S$$

$$PbCl_2+H_2O+FeS_2 = PbS\downarrow+FeCl_2+1/2O_2+H_2S$$

$$Zn(HS)_2 = ZnS\downarrow+H_2S$$

$$Pb(HS)_2 = PbS\downarrow+H_2S$$

$$H_2S = H^++HS^-$$

$$HS^- = H^++S^{2-}$$

从上述反应可知，要使金属络合物分解，必须满足以下条件：温度降低、还原硫和Cl^-的浓度降低、pH 的升高和氧逸度的降低。其中，以温度和 pH 的影响最大。

前文研究结果显示，本区铅锌矿床成矿流体存在混合作用。流体混合作用第一个结果便是高温流体温度的降低（300～400℃→150～250℃），由于大多数 Pb、Zn 络合物的溶解度为温度的函数，因此温度降低必然导致溶解度降低而使部分成矿元素从流体中沉淀出来，由于温度为逐渐下降，因此出现了不同温度下的矿物共生组合。

混合作用的第二个结果是流体 pH 的升高（弱酸性→中性或弱碱性），pH 的升高，主要是通过两种途径来实现的：一为流体混合导致高盐度流体被稀释，降低H^+、Cl^-等离子的浓度；二为水/岩反应，即通过矿物的蚀变作用消耗掉部分H^+。流体包裹体研究结果表明，随温度的降低，成矿流体 pH 是逐渐升高的。pH 的升高，导致了金属络合物（氯化物、硫氢化物）的稳定性下降而分解，使金属矿物得以形成并沉淀下来。

混合作用的第三个结果是流体的稀释。流体稀释后，其中的H^+、Cl^-和还原硫浓度的降低，导致上述反应能够顺利向右进行。

混合作用的第四个结果是硫逸度和氧逸度（降低）的变化（张振亮，2006），导致氧化-还原作用的发生，如下式：

$$5CuFeS_2+S_2 = Cu_5FeS_4+4FeS_2$$

$$Fe_2O_3+2S_2 = 2FeS_2+3/2O_2$$

$$2FeS+S_2 = 2FeS_2$$

因此，流体混合可以导致成矿元素从流体中沉淀出来。由于其影响范围大、作用时间长、反应速度快（张德会，1997），足以使金属矿物能够大规模地从流体中沉淀下来，形成规模巨大的矿体或矿床。

因此，本书研究认为，黔西北地区铅锌矿床与成矿特征与典型MVT铅锌矿床明显不同，进一步归纳该矿床成矿特征为，其主要形成于板块边缘挤压背景下，受挤压构造控制，产于挤压构造及其派生层间构造带内，流体受构造应力驱动，成矿温度较高（通常低于300℃），成矿盐度较低（通常小于20%），矿化品位较高（Pb+Zn通常大于10%），伴生多种分散元素（如Cd、Ga、Ge等），溶塌角砾不发育，构造角砾发育，成矿物质来源复杂，与岩浆岩具有空间分布耦合关系，与有机质和蒸发岩相密切相关，成矿是富金属流体与富还原硫流体混合作用的结果。黔西北地区铅锌矿床是“区域性深大断裂（流体运移通道）+挤压构造及其派生构造的局部张性部位（容矿空间）+重结晶白云岩（赋矿围岩）+蒸发膏盐岩（提供硫源）+富有机质页岩（提供部分成矿物质和还原剂）+大规模成矿流体（成矿金属搬运介质）”的“六位一体”大规模流体-圈闭构造体系-有利岩石组合耦合成矿产物。

2）矿床模型

通过前文研究和上述对比，本次工作建立了包括研究区在内的整个川滇黔矿集区铅锌矿床的中生代扬子板块西南缘动力学背景由拉张变为挤压再向伸展转换条件下，大规模成矿流体+圈闭构造体系+有利岩石组合耦合成矿综合矿床模型（图7-4），描述如下。

（1）约260Ma，峨眉山地幔柱相关的玄武岩喷发期间，产出的大量热流和挥发分，提供了部分流体，并促使研究区地温背景升高（50～100℃），拉张环境下促进和增强了深循环流体对基底元古宇变质岩和古生界—中生界赋矿沉积中成矿元素的活化、萃取和迁移，形成富含成矿金属的高温（可能超过300℃）初始深循环混合流体（地幔流体、变质流体和盆地流体）。

（2）256～249Ma，早印支造山运动期间，古特提斯洋开始闭合，前期形成的富含成矿金属的初始深循环混合流体，受挤压构造应力驱动沿区域性深大断裂向上迁移，沿途继续活化、萃取和迁移流经地层沉积岩中的部分成矿物质。

（3）226～182Ma，晚印支—早燕山期，研究区整体构造环境由挤压向伸展转换，富含成矿元素的热（＞300℃）深循环混合流体被释放到次级圈闭构造体系和有利岩石组合中，与富含有机质和硫酸盐（部分被细菌还原成H_2S）的冷（＜100℃）盆地流体，发生二次混合形成低于300℃的成矿流体，并启动硫酸盐的热化学还原作用，成矿流体由弱氧化变为还原，开始与赋矿围岩发生水/岩相互作用，通过碳酸盐岩/矿物的缓冲作用，形成高品位、大吨位的工业矿体。

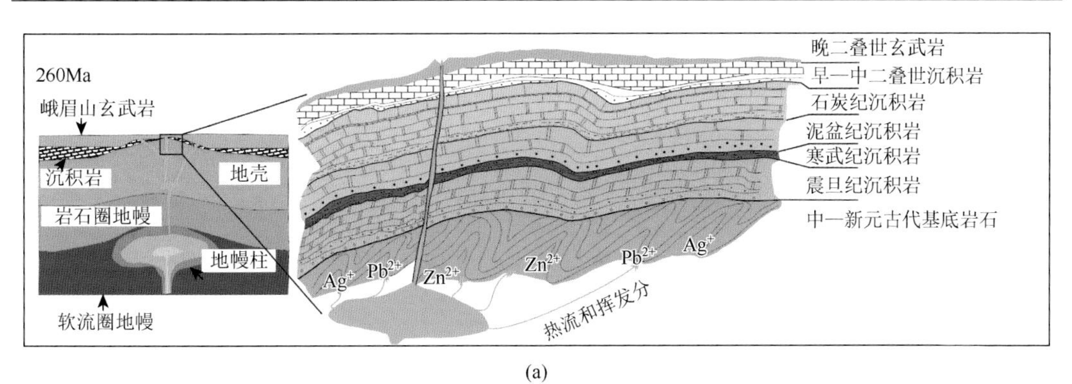

(a)

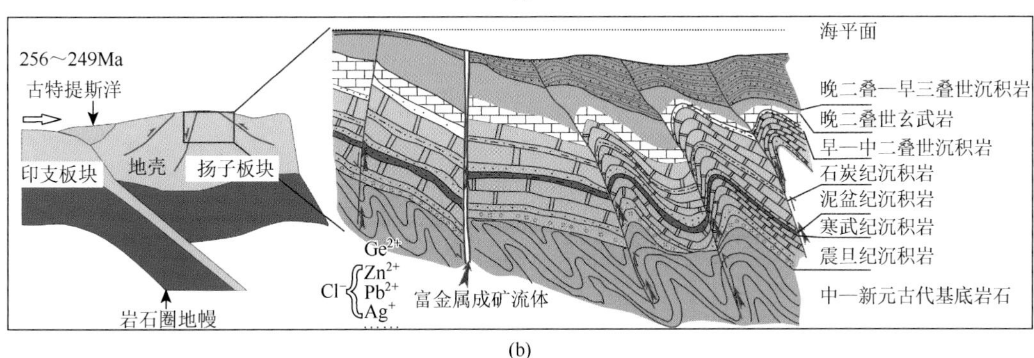

(b)

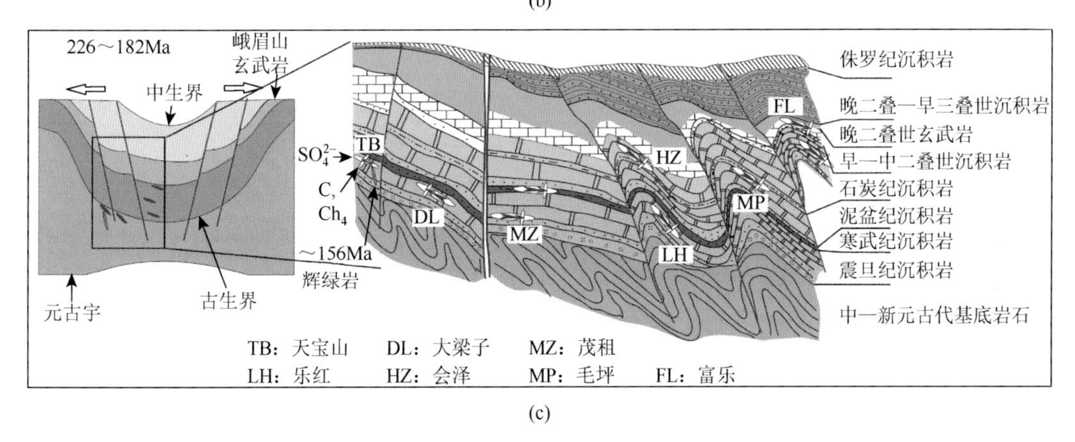

(c)

图 7-4　川滇黔铅锌矿集区铅锌矿床综合矿床模型

第二节　成 矿 预 测

一、成矿要素

大陆边缘是壳幔作用活跃、构造运动复杂、各圈层的物质及能量交换频繁、成矿作用显著的大地构造单元。研究区位于扬子陆块西南缘，全球特提斯和环太平洋两大成矿域的复合部位，受区域性岩石圈断裂垭都-紫云深大断裂控制，成矿背景的优越性不言而喻。

在我国铅锌矿床分布图上（图 7-5），显示扬子陆块周缘集中分布若干个铅锌矿集区，进一步说明大陆边缘成矿地质背景的特殊性和优越性以及包括黔西北地区在内的川滇黔接壤铅锌矿集区找矿潜力的巨大性。

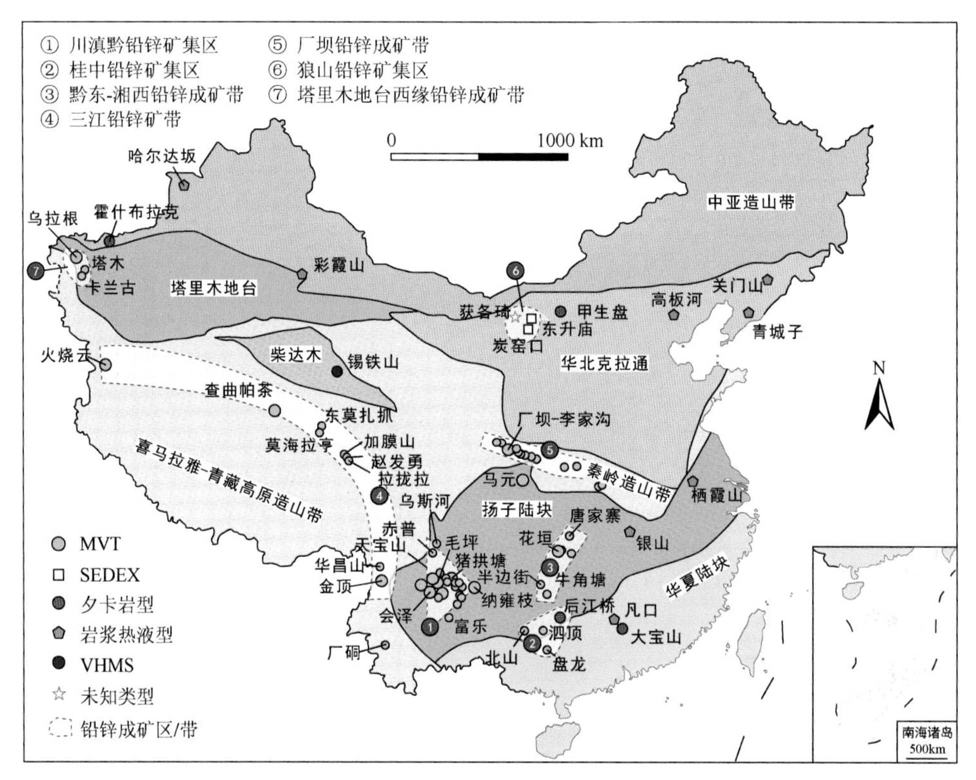

图 7-5　我国铅锌矿床分布略图（Leach and Song，2019；刘英超等，2022；有修改）

黔西北铅锌成矿区位于扬子陆块西南缘，已发现的 130 余处矿床（点）均沿 NE 向银厂坡-云炉河坝断裂构造带、NW 向威宁-水城断裂构造带和 NW 向垭都-蟒硐断裂构造带等分布，可见构造对铅锌矿床（点）严格的控制作用。从黔西北地区 Pb、Zn、Ag 地球化学块体图可见（图 7-6），在水城中部成矿区，江子山-猫猫厂-天桥成矿区、云炉河-云贵桥成矿区是 Pb、Zn、Ag 的强烈浓集区，尤以 Pb、Zn 最突出，形成规模宏大的地球化学块体异常图，暗示有较大的找矿潜力。

2003 年，贵州省有色地质勘查院优选了垭都-蟒硐铅锌成矿带，开展 1∶5 万 TM 卫星遥感解译和矿化（或蚀变）遥感信息提取，在该成矿带的 TM741 合成遥感影像上（图 7-7），以线、斑、环、块、条形图案为主，其中 NW 向线性构造较为醒目，自北而南有水槽堡-垭都-蟒硐-窝弓线性影像构造带、江子山-猫猫厂-榨子厂-黑泥院子线性影像构造带，同时发育 NE 向线性影像构造，与 NW 向线性影像一起构成本区特有的网格状构造骨架；图 7-6 同时显示，在垭都-蟒硐铅锌成矿带存在多个矿化（或蚀变）浓集中心，如 R-6、R-8、R-9 等，这些浓集中心与已知矿床（点）吻合相好；刘家铎等（2004）的研究也表明，沿垭都-蟒硐构造带环状构造明显，并与已知的矿床点吻合较好。这些区域地球化学和遥感解译成果也表明，垭都-蟒硐成矿带区域成矿条件优越、成矿潜力巨大。

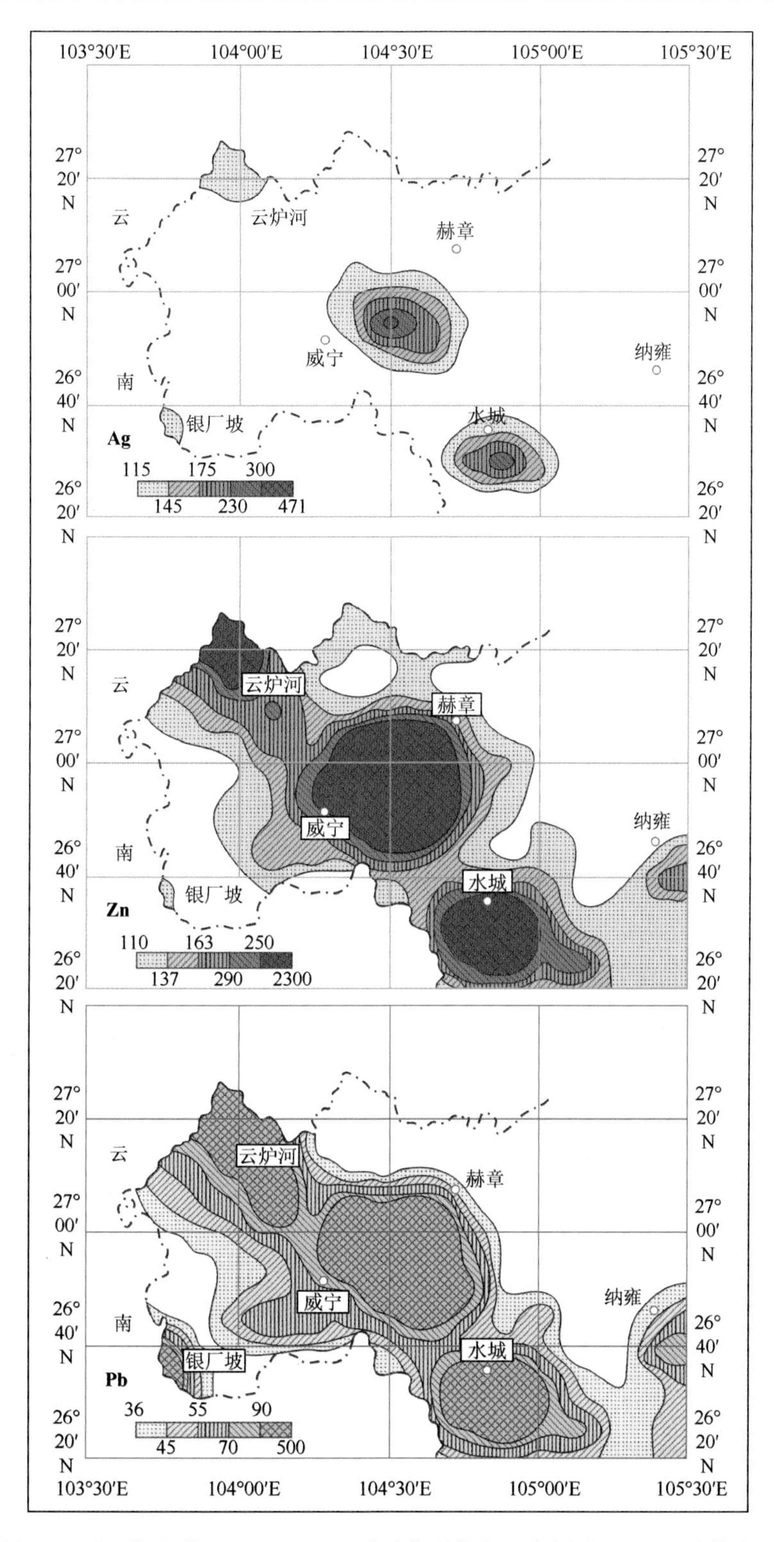

图 7-6　黔西北成矿区 Pb、Zn、Ag 地球化学块体（金中国，2008；略修改）

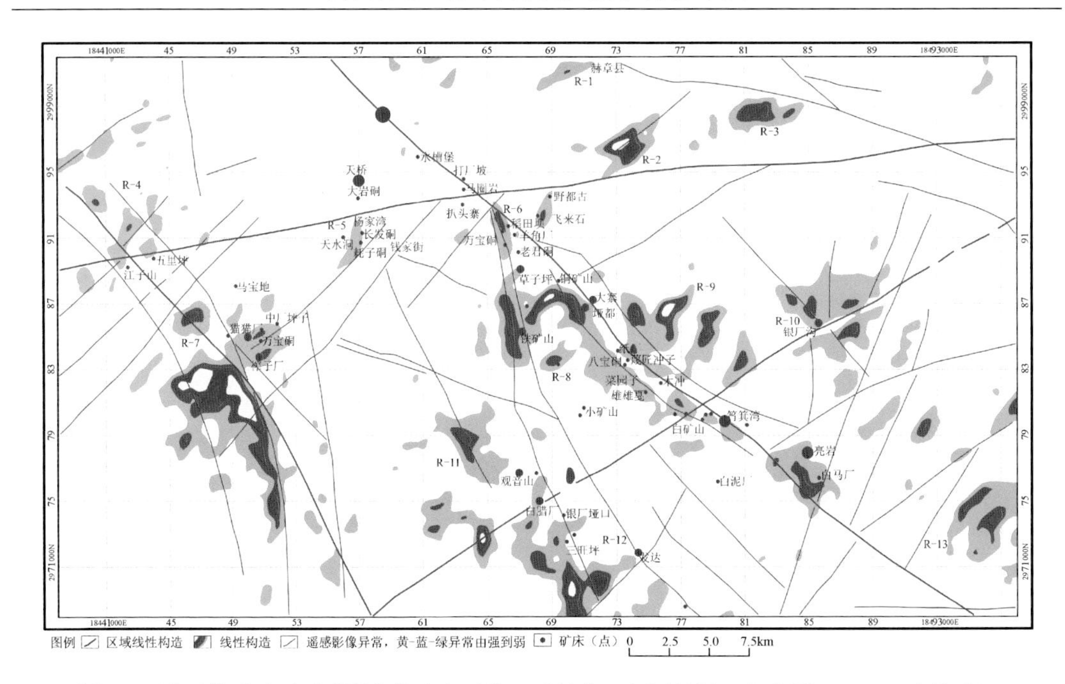

图 7-7　黔西北成矿区遥感影像构造和矿化（或蚀变）解译结果（金中国，2008；略修改）

黔西北地区主要构造格局严格受垭都-紫云深大断裂带的控制，根据封永泰等（2007）的研究，垭都-紫云断裂为左旋扭动的加里东期—燕山期长期活动的区域性深大断裂，是黔西南拗陷与黔中隆起的边界断裂。在磁力化极异常图上断裂特征较为明显，断裂北侧与峨眉山玄武岩有关的磁力局部异常沿着断裂分布，走向为 NW；断裂南侧与玄武岩有关的磁力局部异常的走向则呈 SN 或 NNW，与北侧明显不同。布格重力异常图中，断裂异常的特征不明显。地电断面上断裂西南侧从上而下出现中高阻、高阻，对应地层为石炭系、泥盆系及中上寒武统；断裂东北侧，从上而下出现中阻、低阻、中阻、高阻，对应地层为二叠系、中上寒武统、下寒武统及震旦系、新元古界。断裂的两侧电性在横向上不能对比追踪，终止于断裂两侧。同时，断裂处出现约 3km 宽由浅至深的低阻带，两侧为高阻及中高阻层，为断层的显示。该断裂在地电断面上表现为正断层，断面倾向为南西，说明断裂带存在多次活动。向深部，断裂带两侧基底电性特征明显不同，断裂西南基底为低阻、东北基底为高阻。断层带陡立。在控矿特征上，垭都-紫云断裂在镇宁控制重晶石矿床，在普安控制石膏矿产，在黔西北地区控制铅锌矿产、菱铁矿产等。这些矿产在分布上由 SE 向 NW 呈现重晶石+石膏-铅锌+菱铁矿特征。

二、控矿因素

1. 地层和岩性

黔西北地区从老到新主要有 14 个含矿层位，沉积厚度为 958～4292m，含矿层位具多层性，沉积厚度大，变化大。在 14 个含矿层位中，石炭纪地层及其发育的碳酸盐岩建造是主要赋矿层位和含矿岩性。研究区内除筲箕湾中型矿床未产于其中外，其余 8 个中型铅锌矿床及35个小型矿床或矿点均产于其中，含矿岩性主要为蚀变的粗晶白云岩、白云质灰岩、灰岩。白云石化程度越高，矿化越有利。

金中国（2008）认为，由于继泥盆纪后石炭纪发生了最广泛的海侵，沉积时间长，形成了有利于铅锌富集的巨厚碳酸盐岩层和岩石组合。在各矿区已探明的各矿床中一般可见多个控矿层位，除主控矿层位外，还可见多层次要控矿层位，如猫猫厂、天桥矿床除石炭系大埔组为主要控矿层位外，尚有上司组、摆佐组、黄龙组等次要控矿层位，垭都、蟒硐等矿床也可见多个控矿层位。

矿床的多层含矿性一方面反映了地质作用的影响导致地壳的周期性震荡，引起沉积环境的周期性变化，另一方面也反映出该类矿床成矿的穿层性。多层位控矿规律有助于在矿区就矿找矿、顺藤摸瓜、探边摸底。国内外一些大型、特大型矿床的找矿实践表明，矿床浅部或边部的小矿（化）体往往是深部大矿体的良好标志，如黔西北成矿区青山矿床、杉树林矿床、天桥矿床、筲箕湾矿床等均是在浅表仅见铅锌矿化或小矿体，而在深部发现富厚大矿体；国内著名的凡口超大型铅锌矿床在浅部和上部只有矿化或规模不大的矿体，而在深部埋藏着巨大矿体；川滇黔铅锌矿集区内的会泽超大型铅锌矿床也是如此。

此外，空间分布上主要含矿层位从NW向SE逐渐变新趋势，时间上具递变特征。例如，垭都-蟒硐构造带从NW端的云炉河（D_3r）→猫猫厂、五里坪、天桥（C_1s、$C_{1\text{-}2}d$、C_2h）→垭都（P_2m、P_2q）→筲箕湾（P_2q）。控矿层位的这种递变特征可能主要与区域性的垭都-紫云大断裂长期继承性活动密切相关，早期表现控岩、控相，晚期以控矿为主，导致早泥盆世→中三叠世沉降中心从NW向SE逐渐迁移，层位抬高。

与川滇黔铅锌矿集区相似，垭都-蟒硐成矿带主要含矿岩性为粗晶白云岩、白云质灰岩、灰岩，其次是泥灰岩。前文已详细介绍下石炭统摆佐组粗晶白云岩与成矿的关系，这类岩石脆性、孔隙度大，地球化学性质活泼，极易与后期含矿热液发生交代作用，形成赋矿围岩；同时认为这类岩石在成矿流体活动过程起“地球化学障”作用，流体中Pb、Zn等成矿元素沉淀成矿。

垭都-蟒硐成矿带天桥、猫猫厂等铅锌矿床，白云石化程度越高，矿化越有利，白云石化作用常沿灰岩中的某些细层或层（段）进行，形成白云岩与灰岩的互层或以夹层出现，而Pb、Zn则往往在石灰岩与白云岩界面附近的白云岩一侧富集。而泥灰岩、页岩，由于其致密性，是成矿流体迁移的地球化学障和较好隔挡层，易于矿质的沉淀聚集，如黔西北成矿区青山矿床、垭都矿床。空间上自下而上形成碳酸盐岩相-泥质岩相的叠置顺序组合，使岩性层位具圈闭条件利于Pb、Zn矿质赋存、富集于碳酸盐岩相的白云岩、白云质灰岩中，显示出铅锌矿的形成受岩性控制。

2. 构造

1）区域性深大断裂带控制铅锌成矿区分布

在区域上，小江断裂带、昭通-曲靖隐伏断裂带、垭都-紫云断裂带为长期活动的区域性断裂带，早期表现为控岩、控相，晚期区域控矿特征明显，控制了川滇黔相邻铅锌矿集区矿床分布，矿集区内500多个铅锌矿床（点）集中分布于三条深切基底断裂所限制的区域内。小江断裂带是一条长期继承发展演化的超壳断裂，由一系列近直立的南北向逆冲断层组成，多期活动特征明显，元古宙裂谷作用初期具张性特征→印支期前显示 EW 向拉伸特征，形成张性断裂系→印支期显示 EW 向挤压特征，形成近 SN 向逆冲断裂带→燕山期与昭通—曲靖隐伏断裂带、垭都-紫云断裂共同作用，形成 NE 向、NW 向褶皱群和压扭性断裂带，对垭都-蟒硐成矿带铅锌矿床的发育和分布起着重要的控制作用。在大多数金属矿床内，控矿断裂是以地壳断裂和基底断裂为主，成矿作用主要发生在地壳内部及其底部。

2）断陷沉积盆地边缘及同生断层控制矿带展布

中非、纳米比亚、澳大利亚和美国西部的元古宙 Cu、Pb、Zn 矿床都受深断裂带控制，呈线状分布，并认为深大断裂与沉积盆地同时形成。国内金顶等超大型的矿床的形成，成矿时空分异也均与盆地的演化、同生断层活动密切相关，深大断裂控制着矿床类型的总体分布。

黔西北成矿区威水断陷盆地是滇黔桂裂谷的次级断陷，边缘的垭都-蟒硐断层、水城断层均具同生断层特点，控制着区域性铅锌矿带的展布，区域内 80%的铅锌矿床（点）分布于断陷盆地边缘（毛健全 等，1998）。矿化强度与同生断层规模、断距大小、活动强度呈正相关关系。在垭都、箐箕湾等地段，垭都-紫云断裂带断距大于 1500m，导致 P_1m、P_2q 与 $S_{1\text{-}2}h$ 地层直接接触，Pb、Zn 矿化强烈，矿化长度大于 3km，已控制延深 300～400m。

3）区域性紧密褶皱及其核部发育的纵断层控制成矿亚带展布

黔西北成矿区 NW 向、NE 向区域性紧密褶皱带、断裂带控制着各成矿亚带的展布。在紧密褶皱轴部纵断层、物化探异常发育，铅锌矿化程度高，矿床规模大，常形成矿化集中区。NW 向威水背斜、水杉背斜控制着水城中部成矿带，包括明湖硐-横塘矿化集中区，响水河-杉树林矿化集中区；NW 向垭都—蟒硐断裂带控制着垭都-蟒硐成矿带，有猫猫厂-天桥矿化集中区，五里坪-猫猫厂矿化集中区，蟒硐-羊角厂矿化集中区，云炉河-云贵桥矿化集中区等；NE 向黑土河（银厂坡）断裂带控制着银厂坡-云炉河成矿亚带，有银厂坡矿化集中区，云炉河矿化集中区等。

4）主干断层与次级断层交会部位、背斜倾伏端控制矿床分布和矿体的产出

黔西北成矿区各成矿带或矿化集中区内主干断层是紧密褶皱或断裂构造带的主控矿构造，在其与相对晚期的横向或斜向断层交切部位以及背斜倾伏端、向斜扬起端是含矿层位受应力最强的地段，也是最活跃、最软弱的地方，铅锌矿化强烈，是形成矿床的有利部位。如水城青山矿床、横塘矿床 NW 向主断层与 NE 向次级断层交会区是主要赋矿部位；赫章垭都矿床、草子坪矿床等 NW 向主断层与 NNW、NE 及近 SN 断层交会部位是铅锌矿化强烈区；水城杉树林铅锌矿床产于水杉背斜倾伏端；赫章天桥铅锌矿床产于天桥鼻状背斜倾伏端；猫猫厂-榨子厂矿床产于 NW 向江子山背斜 SE 端与 NE 向白泥寨背斜交会部位，近 EW 向向斜西端的扬起处，受 NE 向和 NW 向断层联合控制。主干断层与多组断裂交切部位、背斜倾伏端和向斜扬起端由于岩层物理性质的差异，构造应力拖拉易牵引形成的断裂破碎带，层间剥离、层间滑动面，挤压虚脱空间发育，是成矿热液运移和富集场所，往往有富矿体产出。找矿勘查实践证明，水城中部成矿带无论是成型铅锌矿床或铅锌矿点，都是层间断层控矿，矿体主要沿高角度的层间逆冲断层分布，而

垭都-蟒硐成矿带铅锌主要受切层断层控制，矿体沿穿层断层产出，在层间构造内矿体规模小。

5）背斜近轴部和倾伏端控制矿床分带

岩层在发生褶皱过程中，由于应力在褶皱不同部位分布的差异，往往促使化学元素发生迁移和重新分配，致使在褶皱不同部位引起元素的化学分异。根据构造地球化学的动力调整原则，在挤压、构造应力小的部位容易富集沉积原子体积大、密度小、离子半径大及不稳定元素，而在挤压、构造应力较大部位，容易富集沉积体积小、密度大、离子半径小及稳定的元素。因此构造应力导致垭都-蟒硐成矿带铁相对富集核部，而翼部相对富集铅锌，形成明显的矿床分带。

郑传仑等（1992）从构造地球化学角度研究了本区成矿及伴生元素的分配分布特征，发现成矿元素 Pb、Zn、Ag 在威水背斜 SW 翼较 NE 翼富集，在 SW 翼 Pb、Zn、Ag 均值分别为 22.61×10^{-6}、106.43×10^{-6}、0.35×10^{-6}，而在 NE 翼 Pb、Zn、Ag 均值分别为 15.45×10^{-6}、20.62×10^{-6} 和 0.07×10^{-6}，而伴生元素 Mn、Cd、Ba 则相反，在 NE 翼普遍高于 SW 翼。

6）矿石自然类型与断裂性质、矿体的埋藏深度密切相关

一般在浅表及潜水面之上的张性、张扭性断裂带为相对开发的氧化环境，易于天水、地下水的渗透，赋存的矿石易被氧化成氧化矿，故以氧化矿产出为主；在潜水面之下的挤压断裂空间是相对封闭的还原环境，矿体一般埋藏较深，氧化程度低，矿石自然类型以硫化矿为主。从水城杉树林矿床、青山矿床、上石桥矿床及赫章天桥等矿床矿体主要沿陡倾斜层间断裂带及旁侧次级断裂带分布认为，区域性深大断层是主要控矿构造，大断层旁侧的层间破碎带，层间牵引虚脱空间，层间滑动面是主要聚矿构造，也是深部寻找隐伏矿、盲矿的有利部位。

3. 岩相古地理条件

印支期川滇黔地区西侧形成康滇基底隆起，向东形成川滇滨海、上扬子蒸发岩潮坪、陆棚海陆表海、活动陆棚，燕山期形成内陆盆地。这与晚印支—早燕山期，古特提斯洋闭合，扬子陆块西南缘由挤压向伸展动力学背景转换是一致的。这些进一步证明起源于基底隆起带的大规模成矿流体向 N、NE、NW 运移的可能性。

沉积环境是指在物理上、化学上和生物上，显然有别于相邻地区；沉积相是指在一定地质历史中的沉积环境及主要环境中所形成的沉积物特征的综合。10 亿年前，川滇黔铅锌矿集区所在的沉积环境为四面环海，西北两面为康滇岛弧海及南秦岭岛弧海，南东面为桂北弧海，东面为梵净山岛弧海，紧邻矿集区的北侧南秦岭岛弧海以南为上扬子古陆，西侧康滇岛弧海以东为康滇古陆，东侧梵净山岛弧海以西为黔中隆起，矿集区主体位于西昌—昆明以东的川、滇边缘海中。岛弧海均有基性、中性火山活动，形成含火山物质的复理石沉积。川、滇边缘海则沉积了碳酸盐岩及泥质碳酸盐岩，局部夹中、基性火山岩的过渡型沉积建造，沉积厚度为 10326～17732m。

晋宁运动后，上扬子古陆增生扩大，与下扬子古陆形成统一的扬子古陆，并使扬子古陆块整体褶皱上升，形成准地台。矿集区主体位于北侧上扬子古陆与西南部康滇古陆

之间，部分为南部边缘海及浅海沉积环境。早震旦世澄江期，扬子地/陆地盖层开始沉积，前震旦系基底长期裸露遭受风化剥蚀，为提供物质的蚀源区。南沱冰期之后，气候转暖，冰川消融，引起震旦纪以来第一次大规模海侵，矿集区广泛沉积了浅海、滨海相的泥质、碳质碎屑岩及碳酸盐岩组合的沉积。至灯影组，海侵范围继续扩大，上扬子古陆发展为上扬子陆表海，沉积区普遍处于碳酸盐岩台地相环境中，沉积一套镁质碳酸盐岩，富含藻类磷块岩。早期与晚期的碳酸盐岩中发育层纹、条带状构造，局部见竹叶状构造，显示处于潮坪、潮下浅滩沉积环境特征。在灯影组顶部及上部有铅锌银和磷矿产出。

贵州西部自晋宁-澄江运动后，随着扬子古陆块整体褶皱上升，形成了扬子陆块，以碳酸盐岩、泥质碳酸盐岩、中基性-中酸性火山碎屑岩为主的前震旦系基底长期裸露地表遭受风化剥蚀，使 Pb、Zn、Ag 等矿质元素初步富集于古风化壳中。震旦纪灯影期—中三叠世发生了广泛的海侵作用，古生代受加里东—海西早期运动的影响，区域性地壳张裂，并沿区域性的垭都-紫云同生断层、威水断层边缘形成水城断陷盆地。大规模海侵不仅将基底 Pb、Zn、Ag 等矿质带入断陷盆地（澄江期火山岩中，中酸性流纹岩的 Pb、Zn 丰度值很高，Pb 为 450×10^{-6}～650×10^{-6}、Zn 为 100×10^{-6}～600×10^{-6}，形成初始矿源层）。海西运动后，海侵范围逐渐扩大，地壳差异升降运动加强，造成了较多的脊状水下隆起及相对凹陷半闭塞-闭塞的水下潟湖。在生物作用、蒸发泵和渗滤对流作用下，处于相对宁静、富含有机质、富硫沉积环境，不仅有利于 Pb、Zn、Ag 等金属矿质的进一步富集，也利于形成 Pb、Zn、Ag 矿化的岩性组合。因此，黔西北成矿区矿床多赋存于水下隆起（高地-内侧凹地、半闭塞-闭塞的潟湖、局限半闭塞-闭塞环境海台地），与粤北地区的大宝山、凡口大型-超大型铅锌矿床具相似的沉积环境。

本区石炭系大埔组、摆佐组为主要含矿层位，从 NW 的云炉河至 SE 的观音山沉积环境特征为：云炉河（台地相带）→猫猫厂、天桥、双龙井、山王庙（台地边缘相带或称过渡相）→观音山、响水河、杉树林（浅海盆地相带），主要矿床（点）多集中于台地边缘礁（滩）相沉积环境沉积的白云质碳酸盐岩相及生物碎屑灰岩、礁灰岩（白云岩）中（图 7-8）。

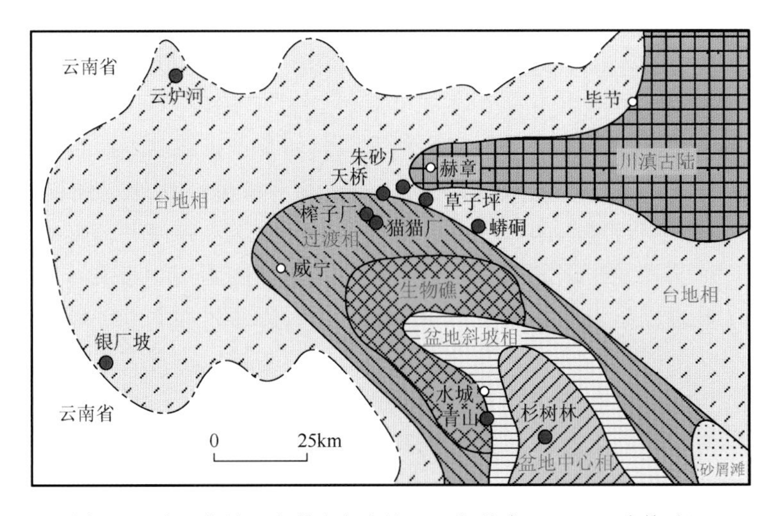

图 7-8 黔西北早石炭世岩相古地理（郑传仑，1994；略修改）

1）半闭塞-闭塞潟湖相控矿

由海底隆起、古断裂、差异升降及生物礁形成的半闭塞-闭塞潟湖沉积环境，是黔西北成矿区最普遍的一种控矿岩相，以潮汐作用为主，水体浅，白云石化、生物作用、蒸发泵与渗滤回流作用强烈，富含有机质，有利于 Pb、Zn、Ag 矿质浓集，如草子坪、天桥、猫猫厂-榨子厂等矿床（图 7-7）。

2）半闭塞-闭塞海台地相控矿

黔西北成矿区表现为受垭都-蟒硐断裂控制的碳酸盐岩为台地边缘半闭塞-闭塞浅水环境，总体特征反映出水体浅、动力作用强、能量低，层孔虫和群体珊瑚生物发育。沉积的生物碎屑灰岩，细-中粒白云岩中沉积黄铁矿化发育，Pb、Zn 含量高，为区域同类岩石丰度的 2～4 倍，显示与铅锌成矿关系密切。由于此沉积环境硫源充足，生物化学作用强，为成矿元素 Pb、Zn 富集起到了较好的固定作用，因此，常形成高背景的含矿层，如云炉河、猴子厂等矿床。

3）盆边潮下浅水凹地相控矿

这是局限海台地相中的一个微相，特别是在有沉积同期断裂和海底火山活动的继承性构造盆地中，往往是大型、特大型层控铅锌矿床的重要环境。盆边潮下浅水凹地能阻挡或削弱海浪与潮汐作用，并在其内侧出现局限半闭塞-闭塞环境，在干旱的气候条件下形成蒸发沉积环境或还原盆地的富硫、富有机质环境。干旱的气候使海水有较高的温度（28～35℃）、盐度（4.5%～5.2%）和 pH（＞9），加速了白云质碳酸盐岩相中 Pb、Zn、Ag 的富集。富硫、富有机质的还原盆地环境，能促使硫酸盐还原形成 H_2S，并与 Pb^{2+}、Zn^{2+}等金属离子结合或与 Pb、Zn 的重碳酸盐相反应形式硫化物沉淀，反应式如下：

$$Na_2SO_4+2C(\text{有机物})+2H_2O \longrightarrow 2NaHCO_3+H_2S$$

$$\downarrow$$

$$2NaHCO_3+(Ca, Mg)Cl_2 \longrightarrow 2NaCl+\underset{\text{白云石}}{CaMg(CO_3)_2}+H_2\uparrow$$

$$\downarrow$$

$$H_2S+Pb^{2+} \longrightarrow \underset{\text{方铅矿}}{PbS\downarrow}+H_2\uparrow \qquad H_2S+Zn^{2+} \longrightarrow \underset{\text{闪锌矿}}{ZnS\downarrow}+H_2\uparrow$$

或

$$H_2S+Pb(HCO_3)_2 \longrightarrow \underset{\text{方铅矿}}{PbS\downarrow}+2H_2CO_3 \qquad H_2S+Zn(HCO_3)_2 \longrightarrow \underset{\text{闪锌矿}}{ZnS\downarrow}+2H_2CO_3$$

$$H_2CO_3+Ca^{2+} \longrightarrow \underset{\text{方解石}}{CaCO_3\downarrow}+H_2\uparrow \qquad 2H_2CO_3+Ca^{2+}+Mg^{2+} \longrightarrow \underset{\text{白云石}}{CaMg(CO_3)_2\downarrow}+2H_2\uparrow$$

上述反应式中 NaCl 的产生可保持水域中的含盐度，促进细菌、藻类等繁殖，难溶性盐分解，Pb^{2+}、Zn^{2+}等金属离子浓度增大。大量 H_2 产生，可以被微生物吸收并还原成硫酸盐，形成 H_2S 和碳酸盐。由于微生物的不断循环反应，Pb、Zn 重碳酸盐相转化成硫化物时，亦伴随方解石、白云石沉淀，因而构成方铅矿、闪锌矿与碳酸盐矿物密切的依存关系。

4. *岩浆岩*

黔西北成矿区岩浆活动主要为大面积峨眉山玄武岩，在许多铅锌矿床外围广泛分布。黄智龙等（2004）以会泽超大型铅锌矿床为例，已详细论证川滇黔铅锌矿集区峨眉山玄武岩与铅锌成矿存在密切成因联系，主要表现为峨眉山玄武岩在铅锌成矿过程中起提供成矿热动力及部分成矿物质和成矿流体的作用：峨眉山玄武岩为地幔柱活动产物，地幔柱活动引发的大规模流体运移，同时提供热动力，使地层中膏盐层中硫还原成硫代硫酸和氢硫酸，这些硫代硫酸和氢硫酸淋滤基底及各时代地层中 Pb、Zn 等成矿元素形成成矿流体，成矿流体沿有利构造活动，在特定的环境（“地球化学障”，成矿区碳酸盐岩地层）成矿。

笔者以富乐铅锌矿床为例，论证了研究区铅锌矿床与峨眉山地幔柱/玄武岩的成因关系（Zhou et al.，2018b）。①成矿前：峨眉山玄武岩大规模喷发，挥发分和异常高的热能活化、萃取基底岩石和赋矿沉积岩中的成矿物质，形成初始成矿流体。②成矿期：印支期碰撞造山作用，驱动成矿流体的大规模运移，活化并迁移流经地层岩石中的成矿物质，上覆巨厚峨眉山玄武岩限制了成矿流体向上运移，使其运移到圈闭构造体系和有利岩石组合内沉淀成矿。③成矿后：地壳全面隆升并遭受剥蚀，峨眉山玄武岩“保护”其下层位中的铅锌矿床免遭剥蚀。

成矿区岩浆活动另一特征是沿威宁-水城构造带和垭都-蟒硐构造带成群分布辉绿岩体（金中国，2008），与铅锌矿床空间上密切共生，如天桥、青山、猫猫厂和杉树林等。K-Ar 和 U-Pb 年龄显示，这些辉绿岩可大体分为两期（欧景秀，1996；金中国，2008；张馨玉，2021），一期成岩年龄为 260Ma 左右，与峨眉山玄武岩成岩年龄（ca. 260Ma）（Zhou et al.，2002；Lo et al.，2002；Ali et al.，2005）相近，应为与地幔活动有关的基性岩体；另一期成岩年龄为 158～120Ma（欧景秀，1996；张馨玉，2021），与广泛分布于黔西南卡林型金矿区的基性岩脉（成岩年龄 ca. 100Ma），均可能为燕山期地壳拉张、幔源岩浆活动产物。成矿区与铅锌床共生的均为燕山期辉绿岩，为该区铅锌找矿重要标志之一，至于两者的成因联系等需要深入研究。

三、成矿规律

研究区铅锌矿床的成矿规律过去做过诸多归纳，本次在以往资料的基础上，通过大量矿床的地质和矿床地球化学研究，进一步进行浓缩，总结如下。

1. *矿床产出规律*

矿床（点）成群成带分布，这与特定的构造、蒸发岩相组合密切有关。尽管上震旦统灯影组—中二叠统栖霞-茅口组台地碳酸盐岩中均有铅锌矿床（点）分布，统计显示（图 7-9）下二叠统梁山组之下的石炭系与泥盆系和寒武系及其之下的震旦系中赋存的铅锌矿床数量最多、储量最大，这与下二叠统梁山组特别是寒武系广泛分布黑色岩系紧密相关，富有机质岩石起到还原剂、地球化学障以及提供成矿物质的作用；矿体呈脉状、透镜状、不规则串珠似层状产于压扭性构造组合样式次级配套张性构造内或岩性界面中，走向延伸短、倾向延伸长，这与含矿地层中蒸发膏岩的分布直接相关。围岩蚀变虽然弱，但广泛发育重（粗）结晶白云石化、铁锰碳酸盐岩化、白云石和方解石化及黄铁矿化和菱铁矿化，其中重（粗）结晶白云石化部位往往是蒸发岩发育部位，这受热液流体溶解-重结晶围岩的影响，铁锰碳酸盐岩化是热液流体作用下蒸发岩、铁锰结核与有机质综合作用的产物，白云石化和方解石化则是热液流体与围岩碳酸盐岩溶解作用伴随成矿的产物，而黄铁矿化和菱铁矿化是热液成矿的直接体现。因此，上述蚀变的组合是找矿的直接标志，再与其他标志融合更有利于提高找矿成功率。

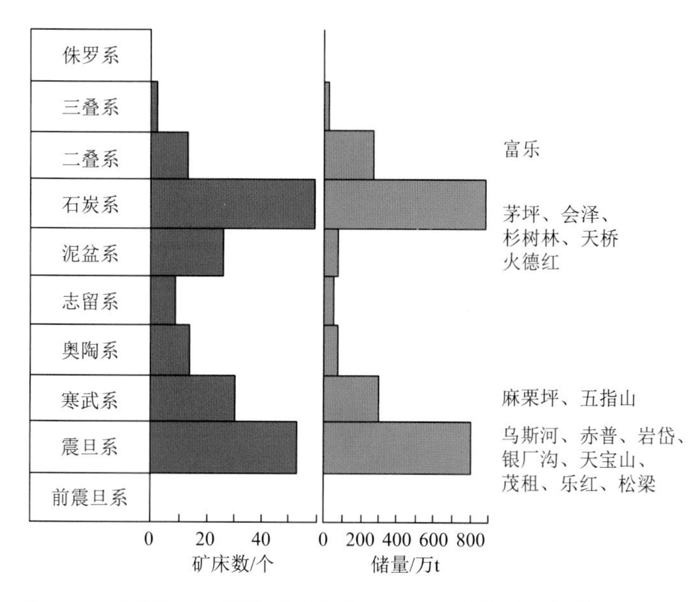

图 7-9　川滇黔地区铅锌矿床的数量和资源量统计（吴越，2013）

2. *矿床成因规律*

成矿流体具有中等至偏高温度、中等至偏低盐度特征，温度偏高很可能与峨眉山玄武岩及其同源基性脉岩作用有关，盐度偏低则很可能是与成矿时处于印支晚期，岩相古地理显示为本区刚进入陆内盆地阶段，海水尚未完全蒸发形成高浓度卤水有关。成矿流体中的硫来自同期海水，直接与赋矿地层蒸发岩对应。成矿金属来源赋矿地层和基底岩石，特别是与赋矿地层对应明显，并具有混合特征。大规模铅锌成矿作用发生于晚三叠世—早侏罗世（230～200Ma），是对印支碰撞造山事件的响应，表明矿床形成于挤压向伸展过渡的动力学背景下，与控矿构造特征吻合。

四、找矿标志

1. *地层岩性标志*

黔西北成矿区垭都-蟒硐成矿带赋矿层位多，出露地层从志留系韩家店组至下二叠统茅口组层位中均可见铅锌矿体产出。赋矿围岩主要为碳酸盐岩建造，岩性以粗晶白云岩、白云质灰岩、生物碎屑灰岩为主，其次是泥灰岩、灰岩、砂页岩。赋矿地段白云石化强弱程度与铅锌矿化呈正相关关系。

根据区内地层岩性控矿特点，结合赋矿层位从西到东逐渐升高、莫霍面由东向西倾斜的特征，重点加强石炭系大埔组（C_1d）、上司组（C_1s）、黄龙组（C_2h）、马坪组（C_2m）、中二叠统栖霞组（P_2q）、茅口组（P_2m）及中泥盆统独山组（D_2d）等层位找矿，这些层位岩性均为碳酸盐岩，在构造发育区白云石化、铁锰碳酸盐岩化、黄铁矿化、重晶石化组合蚀变发育，已有成型矿床产出，如赫章猫猫厂、榨子厂、天桥铅锌矿床产于 C_1s、C_1d、C_2h 层位中，箐箕湾铅锌矿床产于 D_2d、P_2q 层位中。

碳酸盐岩与砂页岩、泥质岩层接触部位，由于岩石的物理、化学性质差异，如岩石的能干性、化学活泼性、孔隙度、渗透率及胶结物的明显差异，在构造应力作用下，蚀变的碳酸盐岩易于破碎，利于成矿热液向减压空间运移并与其充分作用而在有利部位沉淀富集形成矿体。泥质岩石易于形成的柔软的盖层，起遮挡作用，控制含矿热液在其下部集中沉淀或促使成矿物质相对富集成矿，如水城青山铅锌矿床主要产于 C_2m 与 P_1l 接触带上。

2. 构造标志

区域性滇黔桂拉张裂谷环境控制着川滇黔铅锌矿集区范围，威水断陷盆地边缘的NW向断裂、褶皱带（紫云-垭都断裂带，威水背斜、水杉背斜褶皱带）、NE 向断裂带（耗子硐断裂、银厂坡-云炉河断裂）控制成矿带、矿田展布→区域性主干断裂及旁侧次级断裂（垂直或斜切相交部位）、背斜近轴部和倾伏端控制铅锌矿床的产出→主干断裂膨大空间，产状变化处、层间挤压破碎带、层间滑动构造控制铅锌矿体产出。断裂构造是区内铅锌矿床的主要控制因素，有矿必有断层。本区断层具多活动特点和多级控矿的格式，是找矿的重要标志。

由于区内主要矿区浅表至地表以下 300m 范围内地质工作程度相对较高，民采盛行，在地表铅锌矿化范围大而强烈。在 NE 向耗子硐断层、白泥寨背斜与 NW 向江子山-黑泥院子断裂及江子山背斜交接部位的赫章猫猫厂-榨子厂矿区及垭都-紫云断裂带断距较大、矿化强烈的垭都矿区，蟒硐-箐箕湾矿区，亮岩-窝弓矿区的深部，主断层倾向延深方向 300～1000m 和下盘是寻找深部盲矿、隐伏矿的最佳靶区。

3. 沉积环境标志

本区沉积地层主要为半局限-局限的海相沉积环境，形成了大面积分布的碳酸盐岩沉积建造，局部地段见浅海、滨海相、海陆交互相砂页岩沉积，如泥盆系中统邦寨组（D_2b）、石炭系下统旧司组（C_1j）、二叠系下统梁山组（P_1l）等。海侵方向呈 SE→NW 方向侵入，与威水断陷盆地展布方向一致。从中泥盆统至中三叠统，沉降中心由 NW 向逐渐向 SE 迁移，即 D_3 沉降中心在威宁罗卜夹（沉积厚度为 630m）→石炭系大埔组（C_1d）沉积中心在威宁最高峰（沉积厚度为 547.4m）→中石炭统（C_2h）沉积中心在威宁以南（沉积厚度为 242.8m）→T_2g 沉积中心在赫章县南（厚度＞700m）。沉降中心迁移方向与含矿层位抬升相一致。本区有利沉积环境为滨海有障壁台地环境（大埔组、摆佐组即形成于此种古地理环境）、滨海无障壁海湾区、水下隆起（高地）内侧区。

本区有利的沉积相为白云质碳酸盐岩相，如天桥、杉树林等铅锌矿床；富含生物的礁灰岩（白云岩）相、生物碎屑灰岩相，如青山、云炉河等铅锌矿床；富有机质、富硫沉积相，如筲箕湾、白马厂等铅锌矿床；有利岩相组合下为碳酸盐相，上为泥质岩、页岩相，页岩、泥质岩形成有利的地球化学障壁，如垭都、草子坪等铅锌矿床。有利沉积旋回：地壳出现大面积海侵的中期、晚期及海退的早期所造成的碳酸盐沉积韵律的中部和上部。

4. 岩浆岩标志

前已述及，川滇黔铅锌矿集区大面积峨眉山玄武岩浆沿区域性断裂喷溢，引发大规模流体运移，促使矿源层中的矿质发生活化和迁移，在有利的构造容矿空间沉淀富集成矿。因此，玄武岩分布区的区域性断裂带垭都-蟒硐断裂带，应是最明显的标志。

本区燕山期辉绿岩与铅锌矿床在空间上密切共生，在水城青山、杉树林、赫章天桥、猫猫厂矿区均有辉绿岩体产出，在辉绿岩体外带与碳酸盐岩接触部位是铅锌成矿有利地段，燕山期辉绿岩为该区重要的找矿标志之一。

5. 围岩蚀变标志

垭都-蟒硐成矿带含矿围岩蚀变主要见白云石化、方解石化、黄铁矿化、铁锰碳酸盐岩化、褐铁矿化、重晶石化及硅化等，这些围岩蚀变也是找矿的重要标志。

白云石化、方解石化：区内最常见，为近矿围岩蚀变，分布于矿体上、下盘，且分布范围大于矿化范围。由于岩性的差异，在断裂下盘蚀变往往强于上盘，形成不对称蚀变带。白云石、方解石常呈脉状充填于围岩裂隙间，多呈网脉状产出。

白云石、方解石蚀变的围岩往往结晶颗粒增大，并伴随重结晶和褪色现象。铅锌矿化普遍伴随白云石化、方解石化蚀变作用而在有利空间沉淀富集。据毛健全等（1998）研究天桥、杉树林、江子山等矿床（点）的蚀变特征，白云石化可提高围岩空隙率约10%。晶洞孔隙发育，岩石脆性大，受力碎裂孔缝增加，为其后溶蚀、充填及交代成矿提供空间。

黄铁矿化：黄铁矿化可分四期，一、二期分别位于白云石化前后，呈显微粒状分布于灰岩、白云岩晶间，溶蚀缝及早期缝合线中。三期最强，多为五角十二面体，呈星点、脉状、条带状产于碳酸盐岩中，与铅锌成矿关系密切，但总体上黄铁矿在空间上与铅锌矿体常形成兜底圈边现象，为中近矿蚀变。第四期为闪锌矿成矿期后，多呈立方体产出。

铁锰碳酸盐岩化：铁锰碳酸盐岩化为浅褐色、褐红色、紫褐色的含铁白云石。其成因应为原含 Fe、Mn 白云岩、灰岩在表生作用下，使相对惰性的 Fe^{2+}、Mn^{2+}氧化形成 Fe^{3+}、Mn^{3+}或 Mn^{4+}残留原地，而易溶组分流失。在猫猫厂矿区，横坡矿区、杉树林矿区常见，是区内最重要的蚀变，也是较好的找矿标志。一般可见 Pb、Zn、Ag 矿化，在黔西北成矿区威宁银厂坡下石炭统摆佐组（C_1b）含铁白云石中含 Ag 大于 100×10^{-6}，形成独立银矿床。

硅化：主要分布于水城青山矿区、杉树林矿区，总体范围不大，往往小于铅锌矿化范围，较弱。硅化可分四期：一期为石髓交代棘屑、共轴边等亮晶方解石，是大气降水渗流产物；二期位于白云石化前后；三期呈半自形柱状石英，沿晶间交代白云岩；四期为石英脉，常呈细脉切穿铅锌矿及黄铁矿化（王华云 等，1996）。二、三期硅化与铅锌矿化关系密切。

重晶石化：在青山矿床、猫猫厂矿床常见，可分两期：一期位于白云石化之前，充填白云岩晶间孔洞；二期在铅锌成矿之后，常呈似层状、脉状，沿断裂构造、层间挤压空间分布。

6. 地球物理标志

物探激电异常与TEM、Eh-4吻合较好，异常与区内各级含控矿断裂在空间上、成因上有较明显的耦合关系，或分布于已知矿体的延深或延长部位。激电异常具低阻高激化特征，TEM 异常具高二次电位、低电阻率（ρ＜30Ω·m）、高视时间常数（τ_s＞4ms）、定位的场源体与区内主要构造关系密切及呈典型的局部导电型或不典型的局部导电体型特征。

7. 地球化学标志

1∶20万水系沉积物、重砂测量异常及1∶5万水系沉积物、土壤测量异常沿区域性断裂、褶皱带呈带状展布，在构造交会区膨大明显，浓集中心突出，Pb-Zn-Ag-Mn 组合异常套合好。1∶1万土壤及岩石测量异常沿含控矿断裂分布，平面上呈椭圆状、短轴状，浓集趋势十分明显，梯度变化好，剖面上多点连续，峰值高。

8. 遥感影像标志

与区内主要成矿构造分布吻合好，浓集中心区与多组断裂交会关系密切，如垭都-蟒硐断裂带与铁矿山断裂带交会所夹持的铁矿山-草子坪异常区；江子山-黑泥院子断裂带与耗子硐断裂交会内构成的猫猫厂-三家寨异常区，异常强度高，浓集趋势突出，找矿标志明显。

9. 古人采矿冶炼遗迹

黔西北成矿区古人开采铅锌矿历史悠久，古采洞、采坑及冶炼矿渣星罗棋布，是现代找矿的直接标志。

10. 矿床地球化学标志

硫化物硫同位素组成与同期古海水（赋矿地层蒸发岩）硫同位素组成相近，表明蒸发岩相控制矿体分布，地层中发育石膏、石盐假晶和鸟眼状白云岩等可作为蒸发膏盐热化学还原依据，是重要的近矿标志。

11. 组合标志及意义

流体运移途径和混合程度标志：根据 S、Pb、Zn 等成矿元素同位素示踪成矿物质的来源与演化规律，预测流体运移途径、推测流体混合程度，决定找矿方向、矿化类型等。构造组合标志：区域性构造旁侧压扭性断层+褶皱+次级张性构造空间，容矿空间决定矿体规模、产状等。岩性组合标志：各时代海相碳酸盐岩+蒸发岩+富有机质岩，决定矿化定位、产状、品级等。蚀变组合标志：重结晶白云岩+铁锰碳酸盐岩+方解石或白云石+黄铁矿或菱铁矿，决定矿体的位置、规模等。地球物理化学场组合标志：成矿指示元素、成矿元素异常+激电等地球异常，决定矿体位置、产状等。上述任何一个组合标志的出现，都具有一定的找矿潜力，全部标志的高度融合，至少实现中型以上找矿突破。

五、找矿模型

通过成矿背景、成矿条件、主要控矿因素、矿床地球化学、成矿机制、成矿规律和矿床成因研究，结合地球物理、区域地球化学及遥感资料，总结出重要找矿标志，建立了黔西北地区综合描述性找矿模型（表 7-8 和图 7-10）。

表 7-8　黔西北成矿区描述性找矿模型

找矿标志	主要特征	备注
地层	$S_{1-2}h$-P_2，重点是石炭系地层	以 C_1b、C_2h、C_2m 为重点
岩性	碳酸盐岩建造，硅化白云岩、粗晶白云岩、白云质灰岩、生物碎屑灰岩最有利	次为泥灰岩，砂岩
构造	紧密褶皱+走向断层+次级断裂（横断层）。在背斜轴部或倾伏端最有利，深大断裂旁侧的次级断裂部位，层间挤压破碎带，牵引褶皱是良好的赋矿层间	断裂构造是重要找矿标志
沉积环境	相对封闭的局限-半局限凹陷潟湖沉积环境或水下脊伏隆起内侧	有利于 Pb、Zn 矿质的沉淀和热水沉积
沉积岩相	上泥质（页）岩相+下碳酸盐岩相+蒸发膏盐岩相	泥质（页）岩相为地球化学障，碳酸盐岩相储矿，膏盐提供硫源
蚀变	网脉状碳酸盐岩化+硅化+黄铁矿化+铁锰碳酸盐岩化	近矿-中近矿蚀变标志
	重晶石化、石膏化、褐铁矿化	地表找矿的有利标志
物探异常	激电：η_s=2%～4%，异常形态呈椭圆状、条带状，梯度变好明显，无干扰地层，与含矿断裂耦合程度高	矿致异常标志
	TEM：平面上异常强度高，规模大，剖面上多点连续，与断裂空间关系密切	典型的“局部导电体”异常
	EH-4：与激电、TEM 异常在空间上吻合较好，主要沿断裂带或断层下盘分布	矿致异常标志
化探异常	水系沉积物异常选择找矿靶区。形态规则，分布范围与含矿断裂关系密切，与物探激电异常套合好的原次晕异常。异常组合为：Pb-Zn-Ag-Sb-As-Cd	为矿致异常，具直接找矿意义
遥感影像	与区内主要成矿构造分布吻合好，浓集中心与多组断裂交会关系密切，环状构造明显	具直接找矿意义
岩浆岩	辉绿岩体旁侧	寻找矿化蚀变体

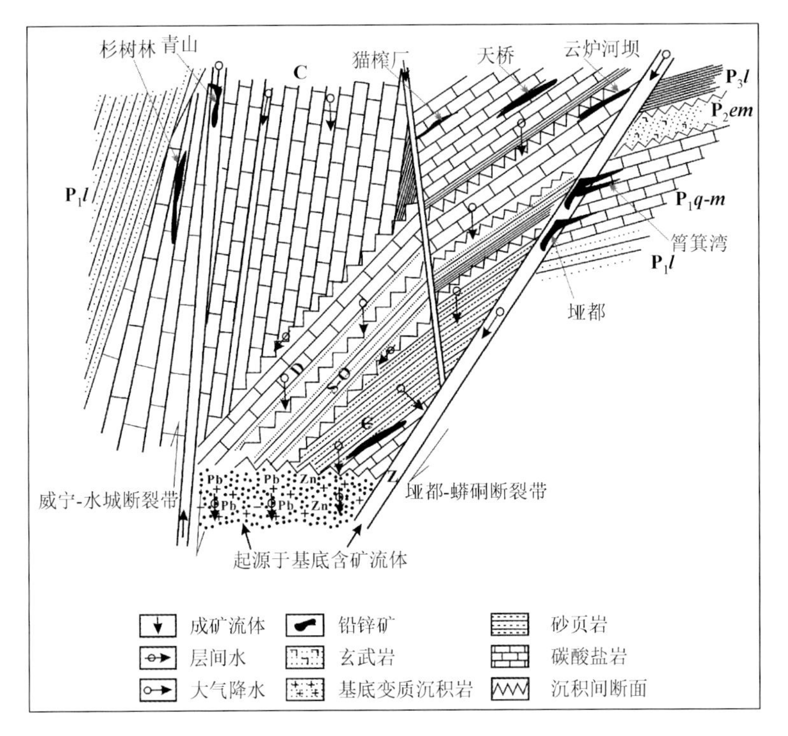

图 7-10　黔西北地区综合找矿模型

六、找矿远景区

1. 找矿远景区划分的原则及依据

以黔西北地区铅锌矿成矿地质背景为基础，以区域构造、含矿层位、物探异常、化探异常、遥感解译影像异常与铅锌矿空间分布的耦合关系为支撑，以垭都-蟒硐断裂带、威水背斜断裂带、银厂坡-云炉河断裂带 3 个构造单元（成矿亚带）为重点研究对象，以已知矿床规模的大小、集中分布程度及矿化强烈程度，地质工作程度，近年研究区及相邻区找矿新发现、新进展，本次研究取得新认识、建立的找矿模型为依据，按照就矿找矿、攻深找盲，主攻老矿区、探寻新靶区的原则进行划分。本次研究划分 18 个找矿远景区，其中Ⅰ类 4 个、Ⅱ类 8 个、Ⅲ类 6 个（图 7-11～图 7-13）。

Ⅰ类找矿远景区：与成矿有关的多期次的不同样式组合的构造发育，含矿层位多、分布广、沉积厚度相对大，有机质、蒸发膏盐岩发育，白云石化、铁锰碳酸盐岩化分布范围大而强烈，有大、中型规模矿床产出、铅锌矿床（点）分布集中、且位于 Pb-Zn-Ag 块体地球化学和遥感解译影像异常中心区（浓集区），民采历史悠久，近年深、边部找矿有新发现、新进展，或民采较盛行，本次研究为成矿流体运移、沉淀富集的有利区域。本次划分Ⅰ类找矿远景区 4 个，包括垭都-蟒硐断裂带的朱沙厂-老君洞、罐子窑-亮岩窝弓 2 个远景区和云炉河-银厂坡断裂带的云炉河-乐开、银厂坡 2 个远景区。

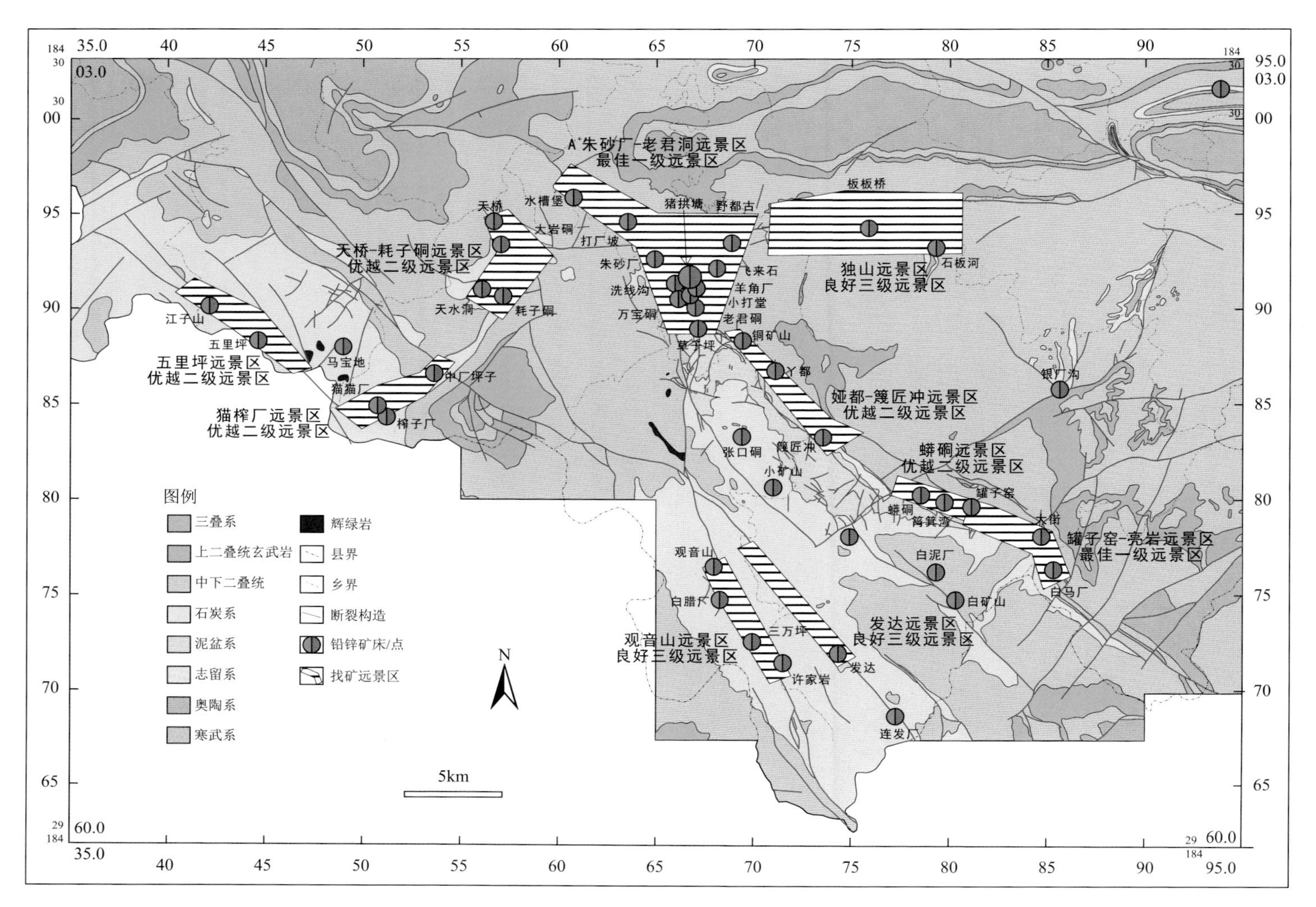

图 7-11　黔西北地区垭都-蟒硐构造带远景区分布图

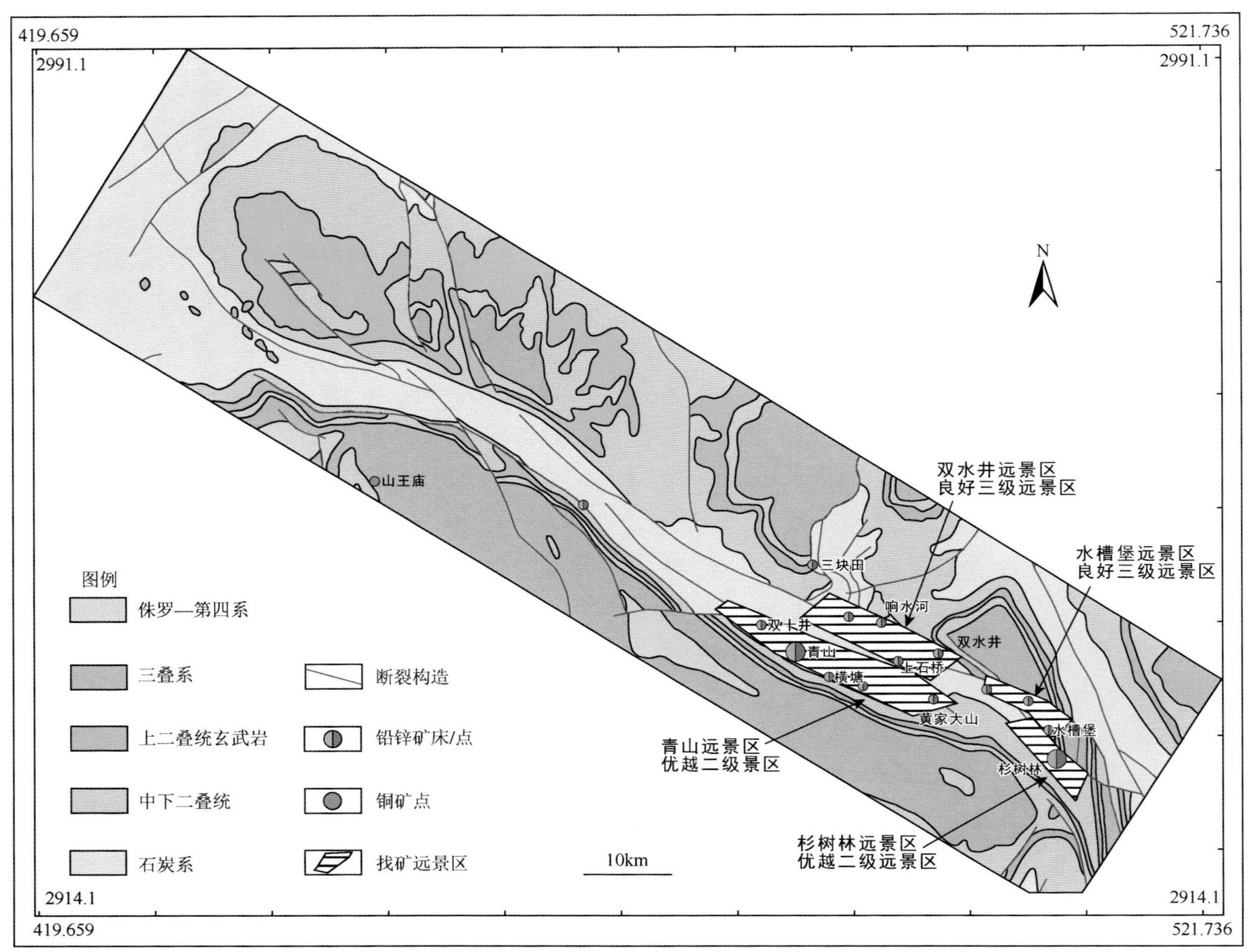

图 7-12 黔西北地区威宁-水城构造带远景区分布图

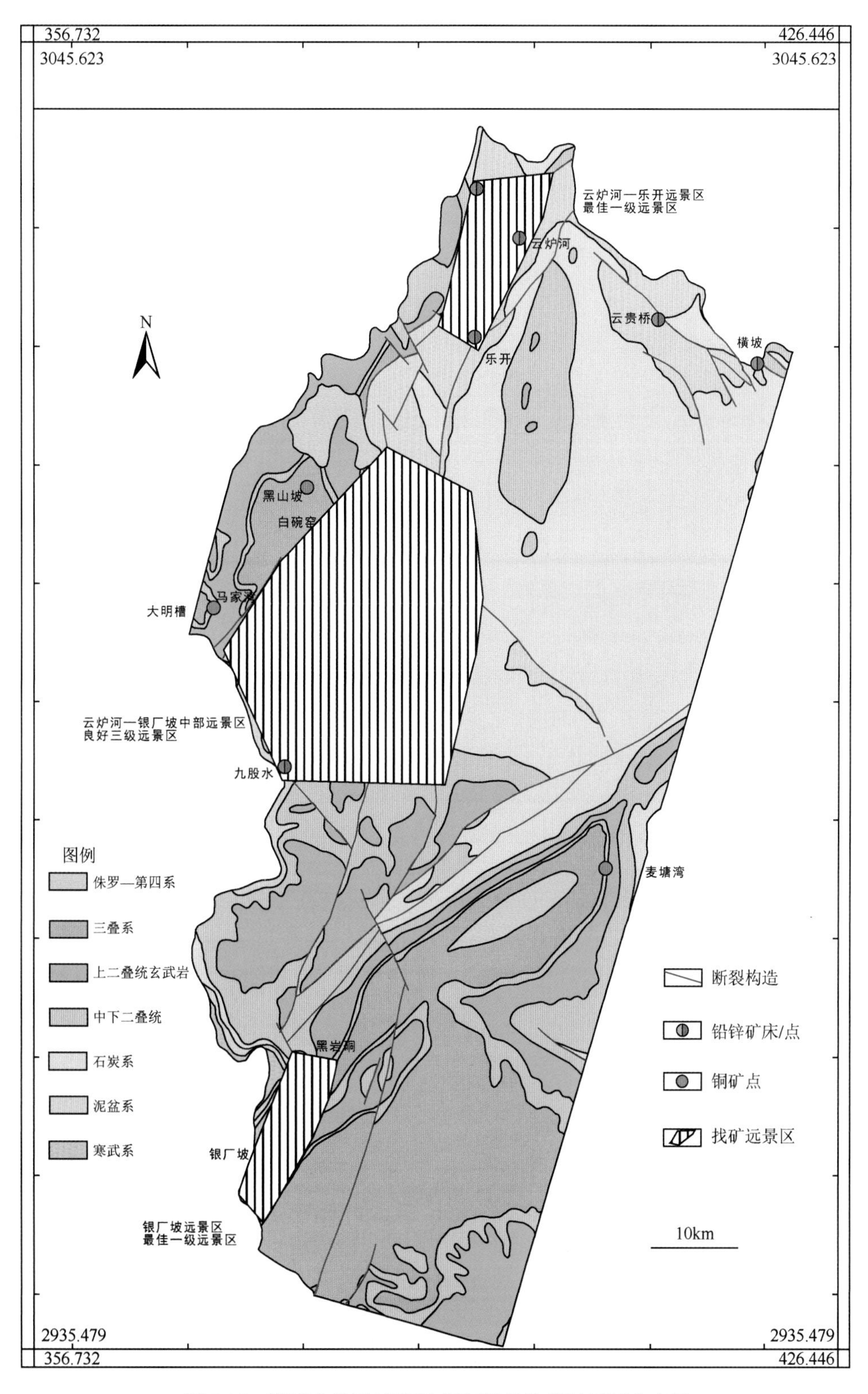

图 7-13 黔西北地区云炉河-银厂坡构造带远景区分布图

Ⅱ类找矿远景区：与成矿有关的多期次的构造较发育，含矿层位分布广、沉积厚度相对大，有机质、蒸发膏盐岩发育，白云石化、铁锰碳酸盐分布范围大，有中型或中小型矿床产出，铅锌矿床（点）分布较集中，且位于 Pb-Zn-Ag 块体地球化学和遥感解译影像异常中心区（浓集区），常见辉绿岩体，民采曾盛行，近 10 年来深、边部找矿有新发现或新进展。本次研究划分Ⅱ类找矿远景区 8 个，即垭都-蟒硐断裂带的（含猫猫厂-天桥、猫猫厂-江子山两个次级构造带）的垭都-箴匠冲、蟒硐、五里坪、福来厂、猫榨厂-榨子厂、天桥-耗子硐等 6 个远景区和威水断裂带的青山-横塘、杉树林 2 个远景区。

Ⅲ类找矿远景区：与成矿有关的构造较发育，含矿层位分布广、沉积厚度相对大，有机质、蒸发膏盐岩发育，白云石化等与成矿有关的蚀变范围大，圈定远景区及相邻区有小型矿床、矿（化）点产出、且位于 Pb-Zn-Ag 块体地球化学和遥感解译影像异常区（浓集区），有民采历史，近 10 年来深、边部找矿有新发现或新进展。本次研究划分Ⅲ类找矿远景区 6 个，其中垭都-蟒硐断裂带包括发达、独山、观音山 3 个；威水断裂包括三王庙、金钟 2 个（双水井、水槽堡矿区城市建设全压覆）；云炉河-银厂坡断裂带中段 1 个。

2. 各远景区地质特点及预测依据

1）Ⅰ类找矿远景区地质特点及预测依据

（1）银厂坡远景区。银厂坡远景区为会泽 NE 向成矿亚带的北延地段，与会泽超大型铅锌矿床在控矿构造、赋矿层位、容矿岩性和围岩蚀变上的相似性已得到论证。本次研究结果显示，银厂坡大型银矿床与会泽超大型铅锌锗矿床属于同一成矿流体体系，二者为流体演化不同阶段的产物。矿床地球化学理论依据为二者硫源均为赋矿地层同期海水蒸发岩且具有明显的演化特征（图 7-14），即由会泽向银厂坡逐渐降低。硫同位素组成接近 0‰，与天宝山大型矿床也具相似性，暗示银厂坡附近找矿前景乐观，有望发现中大型矿床。此外，会泽铅锌矿区目前控制深度约为 2000m，新发现的硫化矿体主要在 2000m 海拔标高以下，而银厂坡矿区勘查控制深度主要在 500m 以浅，工作程度低，2003～2010 年，民企勘查曾发现新的氧化矿体，找矿空间大。遥感资料解析成果显示，该区具有良好的找矿前景。

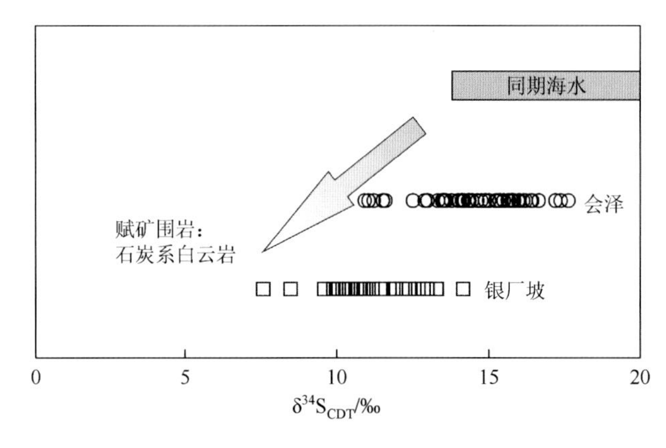

图 7-14　银厂坡与会泽两铅锌矿床的硫同位素组成对比

（2）云炉河坝-乐开远景区。该区位于 NE 向银厂坡-云炉河断裂带与 NW 向垭都-蟒硐断裂带北西延伸地段的复合部位，有多个矿床（点）产出，含矿地层为泥盆系，在控矿构造与含矿岩性上与紧邻的毛坪大型矿床颇为相似，成矿条件优越。通过遥感资料解析，显示除银厂坡外，云炉河坝—乐开地区同样具有良好的找矿前景，且在云炉河坝—乐开地区可能存在一个环形构造。值得注意的是，本次对云炉河坝唐家坪子、昊星、富强、顺达、狮子洞等的硫、铅等同位素分析结果显示，其硫同位素组成在 0‰ 附近（图 7-15），表明可能存在岩浆硫的贡献，加之环形构造的存在，不能排除存在隐伏岩体的可能性。建议应加强该区构造控矿因素研究，加大深部验证。

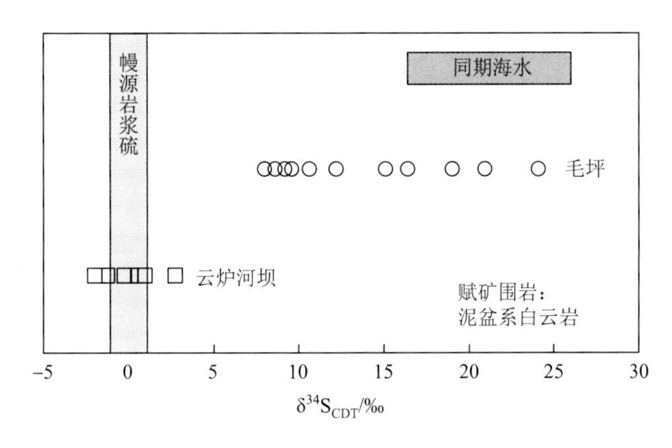

图 7-15　云炉河坝与毛坪两铅锌矿床的硫同位素组成对比

（3）朱砂厂-老君洞远景区。朱砂厂-老君洞远景区位于 NW 向垭都-蟒硐构造与 NE 向构造交会部位，有羊角厂、猪拱塘、野都古、草籽坪等矿床产出。本次研究各类同位素判别结果显示，该区是两种流体汇聚混合的关键场所。由硫同位素组成可见，由 SE 杉树林向 NW 青山、SW 猫榨厂向 NE 天桥，硫同位素组成均呈降低趋势；由铅同位素组成可见，由 NE 天桥向 SW 福厂再到猫榨厂，放射性成因铅同位素组成呈增高趋势，由 NW 蟒硐向 SE 箐箕湾再到亮岩，放射性成因铅同位素组成亦呈增高趋势；由锶同位素组成可见，由 NW 天桥向 SE 杉树林，放射性成因锶逐渐降低。因此，朱砂厂-老君洞一带深部找矿潜力巨大。该区为 Pb-Zn-Ag 块体地球化学和遥感解译影像异常中心区（浓集区），民采历史悠久，近 10 多年来不断有新的氧化矿体发现，累计采出资源储量达中型以上，加强攻深找盲、探边摸底，有望发现中大型矿床。建议优选尽快推进找矿。

本次研究显示菱铁矿与铅锌矿床具有空间分布和物质来源的统一性，碳-氧同位素对比显示，菱铁矿与热液方解石具有相似的氧同位素组成和相对较低的碳同位素组成，表明成矿晚期有机质脱羟基作用形成的碳增加（图 7-16），而菱铁矿中硫化物的硫同位素组成具有明显的两组（图 7-17），显示成矿晚期大量生物成因硫的加入，亮岩矿床存在大量生物成因硫，进一步证实流体运移晚期存在生物成因硫的事实。上述证明菱铁矿床所在地是大量成矿晚期流体排泄场所，深边部找矿潜力乐观。

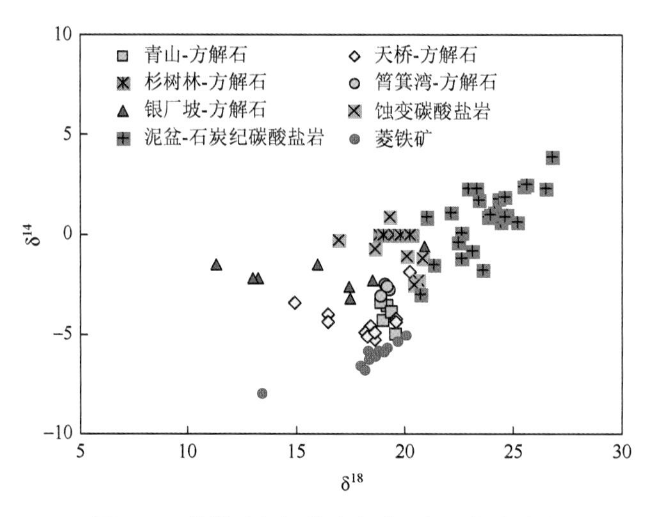

图 7-16　菱铁矿与铅锌矿床碳、氧同位素对比

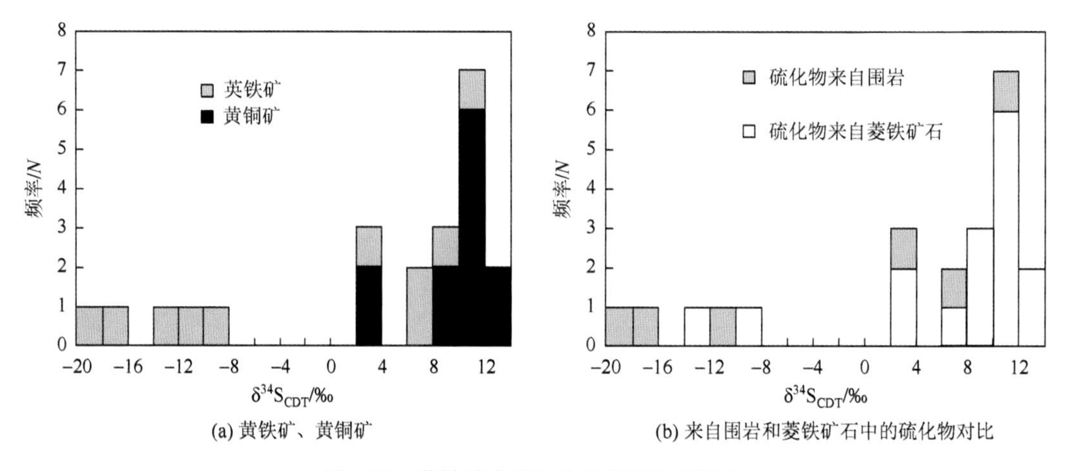

图 7-17　菱铁矿中硫化物的硫同位素组成

（4）罐子窑-亮岩远景区。该区位于 NW 向垭都-蟒硐断裂带南东端与 EW 向纳雍-息烽区域深大断裂的交会部位，断裂发育，铅锌矿化强烈，有赫章亮岩、水城中寨等铅锌矿床产出。遥感影响异常见多个浓集区，与构造关系密切，在亮岩民采盛行。本次研究认为，该区作为成矿流体晚期排泄场所，成矿条件有利，其成矿远景和潜力良好。

根据流体运移途径和演化过程，本次研究认为猫榨厂—马宝地也是成矿流体混合作用的又一场所，其成矿潜力亦不容小觑，而发达是杉树林-青山流体运移可能的通道，具有一定的找矿潜力。

2）Ⅱ类和Ⅲ类找矿远景区地质特点及预测依据

限于篇幅，Ⅱ类和Ⅲ类找矿远景区地质特点及预测依据见表 7-9。

表 7-9　黔西北地区Ⅱ、Ⅲ类找矿远景区特征表

找矿远景区类别	所属成矿亚带	远景区名称	远景区潜力分析	地质地球化学研究成果依据
Ⅱ	垭都-蟒硐成矿亚带	垭都-篾匠冲	位于 Pb-Zn-Ag 块体地球化学和遥感解译影像异常中心区，铅锌矿化强烈，可能是黔西北地区民采铅锌矿历史最长，开采资源储量最多的矿区，矿床规模至少为中型。2000～2010 年发现了多个品位高、分布集中的氧化铅锌矿体。该区未完全进行系统的深部勘查，找矿空间大、潜力大	流体运移通道和汇聚中心旁侧，满足"六位一体"中构造、岩性、蒸发膏盐岩和流体条件。旁侧菱铁矿发育。下盘深部较上盘更优
		蟒硐	位于 Pb-Zn-Ag 块体地球化学和遥感解译影像异常中心区，分布有蟒硐、箐箕湾等矿床，其中箐箕湾为中型矿床，主要产于垭都-蟒硐主断层中。浅部为氧化矿，深部见硫化矿。2000～2006 年因新发现了箐箕湾矿床，民采较盛行，从控矿因素分析，深部尚有较大找矿潜力	流体运移通道和汇聚中心外侧，满足"六位一体"中构造、岩性、蒸发膏盐岩、砂页岩和流体条件。下盘深部较上盘更优
		五里坪	位于 Pb-Zn-Ag 块体地球化学和遥感解译影像异常中心区附近，与天桥、猫榨厂等中型矿床相近，主要产于 NW 向次级构造中，该矿床以富 Mo 为特征，成因类型可能与其他矿床不同	满足"六位一体"中构造、岩性、富有机质岩系和流体条件。Mo 主要以硫酸盐矿物形成存在
		福来厂	位于 Pb-Zn-Ag 块体地球化学和遥感解译影像异常中心区附近，与天桥、猫榨厂等中型矿床相近，主要产于 NW 向次级构造中，民采老洞较多，从控矿因素分析，找矿潜力较大	满足"六位一体"中构造、岩性、富有机质岩系和流体条件。矿区 NE 部具有明显的构造地化异常，其深部具有较大找矿潜力
		猫榨厂	位于 Pb-Zn-Ag 块体地球化学和遥感解译影像异常中心区，也是 NW 与 NE 断层交会区，构造、铁锰碳酸盐岩化、白云石化发育。原探明矿床为中型，浅表矿石主要为氧化矿，2004～2009 年深部勘查见硫化矿，但控制程度低，对比相邻区找矿成功经验，潜力大	是 NE 向成矿流体运移的主要通道，满足"六位一体"中构造、岩性、富有机质岩系、蒸发膏盐岩和流体条件。深部已发现富厚硫化矿体
		天桥-耗子硐	位于垭都-蟒硐断裂带旁侧天桥鼻状背斜内，Pb-Zn-Ag 块体地球化学核心区，含矿层位多，分布范围大，矿化较强烈，已探明矿床为中型，但控制深度浅、范围小。深边部找矿潜力大	是流体汇聚的中心部位旁侧背斜圈闭区，满足"六位一体"中构造、岩性、富有机质岩系、蒸发膏盐岩和流体条件。锌同位素指示深部找矿方向
	威宁-水城成矿亚带	青山-横塘	位于 Pb-Zn-Ag 块体地球化学核心区，含矿层位为上石炭统马坪组灰岩，沉积环境为盆地相。陡倾斜的 NW 向主构造和 NE 向次级构造发育，常见辉绿岩体，近 20 年来民采一直连续，深、边部找矿不断有新发现或新进展。矿体延深远大于延长，矿石主要为硫化矿，品位高（Pb+Zn＞30%），经济价值高，易选。青山矿床为中型，矿体未圈边，深边部找矿潜力大	流体运移的主要通道，满足"六位一体"中构造、岩性、富有机质岩系、蒸发膏盐岩和流体条件。S、Pb、Sr 同位素指示成矿流体运移与演化的重要部位
		杉树林	位于 Pb-Zn-Ag 块体地球化学核心区，含矿层位为上石炭统马坪组灰岩，沉积环境为盆地相。陡倾斜的 NW 断层和铁锰碳酸盐岩化、白云石化、黄铁矿化发育。矿床为中型规模，深部矿体未圈边，找矿潜力大。现民采向深部矿石质量较好，多为 Pb+Zn 含量＞30%的硫化矿	流体运移的主要通道，满足"六位一体"中构造、岩性、富有机质岩系、蒸发膏盐岩和流体条件。S、Pb、Sr 同位素指示成矿流体运移与演化的末端部位
Ⅲ	垭都-蟒硐成矿亚带	发达	成矿条件与富来厂、猫榨厂、观音山等相似，矿化受 NW 向构造控制，赋矿地层为石炭系。深部具有较大找矿潜力	满足"六位一体"中构造、岩性、富有机质岩系和流体条件

续表

找矿远景区类别	所属成矿亚带	远景区名称	远景区潜力分析	地质地球化学研究成果依据
III	垭都-蟒硐成矿亚带	独山	成矿条件与天桥相似，受 NW 向断裂构造控制，产于 NE 向褶皱构造中，矿体具有似层状特征，赋矿为石炭系黄龙组白云岩，目前钻孔见矿率较高，深部具有较大找矿潜力	满足“六位一体”中构造、岩性、富有机质岩系和流体条件。是流体运移末端部位
		观音山	成矿条件与富来厂、猫榨厂等相似，矿化受 NW 向构造控制，赋矿地层为石炭系。深部具有较大找矿潜力	满足“六位一体”中构造、岩性、富有机质岩系和流体条件
	威宁-水城成矿亚带	山王庙-金钟	成矿条件与青山、杉树林相似。近年在山王庙、滥箐等矿区发现了品位较好的氧化矿体。该远景区成矿条件优越、工作程度低，有一定的找矿远景	满足“六位一体”中构造、岩性、富有机质岩系和流体条件

主要参考文献

白俊豪，2013. 滇东北金沙厂铅锌矿床成矿物质、成矿流体来源与成矿机制[D]. 贵阳：中国科学院地球化学研究所.

陈福坤，李秋立，李潮峰，2005. 高精度质谱计在同位素地球化学的应用前景[J]. 地球科学：中国地质大学学报，30（6）：639-645.

陈进，1993. 麒麟厂铅锌硫化矿矿床成因及成矿模式探讨[J]. 有色金属矿产与勘查，2（2）：85-90.

陈士杰，1986. 黔西滇东北铅锌矿成因探讨[J]. 贵州地质，3（3）：211-222.

封永泰，赵泽恒，赵培荣，等，2007. 黔中隆起及周缘基底结构、断裂特征[J]. 石油天然气学报，29（3）：35-38，503.

管士平，李忠雄，1999. 康滇地轴东缘铅锌矿床铅硫同位素地球化学研究[J]. 地质地球化学，27（4）：45-54.

韩润生，陈进，黄智龙，等，2006. 构造成矿动力学及隐伏矿定位预测——以云南会泽超大型铅锌（银、锗）矿床为例[M]. 北京：科学出版社.

韩润生，刘丛强，黄智龙，等，2001. 论云南会泽富铅锌矿床成矿模式[J]. 矿物学报，21（4）：674-680.

胡晓燕，蔡国盛，苏文超，等，2013. 黔西北筲箕湾铅锌矿床闪锌矿中的成矿流体特征[J]. 矿物学报，33（3）：302-307.

胡耀国，1999. 贵州银厂坡银多金属矿床银的赋存状态、成矿物质来源与成矿机制[D]. 贵阳：中国科学院地球化学研究所.

黄智龙，陈进，韩润生，等，2004. 云南会泽超大型铅锌矿床地球化学及成因——兼论峨眉山玄武岩与铅锌成矿的关系[M]. 北京：地质出版社.

黄智龙，陈进，刘丛强，等，2001. 峨眉山玄武岩与铅锌矿床成矿关系初探——以云南会泽铅锌矿床为例[J]. 矿物学报，21（4）：681-688.

金中国，2008. 黔西北地区铅锌矿控矿因素、成矿规律与找矿预测[M]. 北京：冶金工业出版社.

李秋立，陈福坤，王秀丽，等，2006. 超低本底化学流程和单颗粒云母 Rb-Sr 等时线定年[J]. 科学通报，51（3）：321-325.

李文博，黄智龙，陈进，等，2004. 会泽超大型铅锌矿床成矿时代研究[J]. 矿物学报，24（2）：112-116.

李文博，黄智龙，张冠，2006. 云南会泽铅锌矿田成矿物质来源：Pb、S、C、H、O、Sr 同位素制约[J]. 岩石学报，22（10）：2567-2580.

廖文，1984. 滇东、滇西 Pb、Zn 金属区 S、Pb 同位素特征与成矿模式探讨[J]. 地质与勘探：20（1）：2-6.

林方成，2005. 论扬子地台西缘层状铅锌矿床热水沉积成矿作用[D]. 成都：成都理工大学.

蔺志永，王登红，张长青，2010. 四川宁南跑马铅锌矿床的成矿时代及其地质意义[J]. 中国地质，37（2）：488-494.

刘峰，2005. 云南会泽大型铅锌矿床成矿机制及锗的赋存状态[D]. 北京：中国地质大学.

刘家铎，张成江，刘显凡，等，2004. 扬子地台西南缘成矿规律及找矿方向[M]. 北京：地质出版社.

刘英超，侯增谦，杨竹森，等，2008. 密西西比河谷型（MVT）铅锌矿床：认识与进展[J]. 矿床地质，27（2）：253-264.

刘英超，侯增谦，岳龙龙，等，2022. 中国沉积岩容矿铅锌矿床中的关键金属[J]. 科学通报，67（4-5）：406-424.

刘莹莹，2014. 闪锌矿、方铅矿的 Re-Os 同位素定年在典型铅锌矿床中的应用[D]. 贵阳：中国科学院地球化学研究所.

柳贺昌，1996. 滇、川、黔成矿区的铅锌矿源层（岩）[J]. 地质与勘探，32（2）：12-18.
柳贺昌，林文达，1999. 滇东北铅锌矿成矿规律研究[M]. 昆明：云南大学出版社.
毛健全，张启厚，顾尚义，1998. 水城断陷构造演化及铅锌矿研究[M]. 贵阳. 贵州科技出版社.
毛景文，周振华，丰成友，等，2012. 初论中国三叠纪大规模成矿作用及其动力学背景[J]. 中国地质，39（6）：1437-1471.
欧锦秀，1996. 贵州水城青山铅锌矿床的成矿地质特征[J]. 桂林工学院学报，16（3）：277-282.
饶纪龙，1977. 关于研究铁在表生作用中行为的若干热力学方法（一）[J]. 地质地球化学，5（5）：1-6.
沈战武，金灿海，代堰锫，等，2016. 滇东北毛坪铅锌矿床的成矿时代：闪锌矿 Rb-Sr 定年[J]. 高校地质学报（22）：213-218.
王登红，1998. 地幔柱及其成矿作用[M]. 北京：地震出版社.
王登红，2001. 地幔柱的概念、分类、演化与大规模成矿——对中国西南部的探讨[J]. 地学前缘，8（3）：67-72.
王登红，陈郑辉，陈毓川，等，2010. 我国重要矿产地成岩成矿年代学研究新数据[J]. 地质学报（84）：1030-1040.
王华云，梁福谅，曾鼎权，1996. 贵州铅锌矿地质[M]. 贵阳：贵州科技出版社.
王奖臻，李朝阳，李泽琴，等，2002. 川、滇、黔交界地区密西西比河谷型铅锌矿床与美国同类矿床的对比[J]. 矿物岩石地球化学通报，21（2）：127-132.
王林江，1994. 黔西北铅锌矿床的地质地球化学特征[J]. 桂林冶金地质学院学报，14（2）：125-130.
王文元，高建国，依阳霞，等，2017. 云南禄劝噜鲁铅锌矿床铷-锶同位素年代学与硫、铅同位素地球化学特征[J]. 地质通报，36（7）：1294-1304.
王晓先，张进江，刘江，等，2012. 中新世中期喜马拉雅造山带构造体制的转换[J]. 科学通报，57（33）：3162-3172.
吴越，2013. 川滇黔地区 MVT 铅锌矿床大规模成矿作用的时代与机制[D]. 北京：中国地质大学.
谢家荣，1963. 中国矿床学总论[M]. 北京：学术书刊出版社.
杨清，2021. 滇东北-黔西北地区铅锌矿床成矿作用研究[D]. 武汉：中国地质大学.
杨应选，1994. 康滇地轴东缘铅锌矿研究的若干新进展[J]. 四川地质科技情报（3）：22-25.
张长青，李向辉，余金杰，等，2008. 四川大梁子铅锌矿床单颗粒闪锌矿铷-锶测年及地质意义[J]. 地质论评，54（4）：532-538.
张长青，毛景文，刘峰，等，2005a. 云南会泽铅锌矿床粘土矿物 K-Ar 测年及其地质意义[J]. 矿床地质，24（3）：317-324.
张长青，毛景文，吴锁平，等，2005b. 川滇黔地区 MVT 铅锌矿床分布、特征及成因[J]. 矿床地质，24（3）：336-348.
张长青，吴越，王登红，等，2014. 中国铅锌矿床成矿规律概要[J]. 地质学报，88（12）：2252-2268.
张长青，余金杰，毛景文，等，2009. 密西西比型（MVT）铅锌矿床研究进展[J]. 矿床地质，28（2）：195-210.
张德会，1997. 关于成矿流体地球化学研究的几个问题[J]. 地质地球化学，25（3）：49-57.
张立生，1998. 康滇地轴东缘以碳酸盐岩为主岩的铅-锌矿床的几个地质问题[J]. 矿床地质，17（增刊）：135-138.
张荣伟，2013. 云南茂租铅锌矿矿床地球化学特征与矿床成因研究[D]. 昆明：昆明理工大学.
张位及，1984. 试论滇东北铅锌矿床的沉积成因和成矿规律[J]. 地质与勘探，20（7）：11-16.
张馨玉，2021. 黔西北凉水沟铅锌矿床辉绿岩年代学及地球化学研究[D]. 昆明：昆明理工大学.
张云湘，骆耀南，杨荣喜，1988. 攀西裂谷[M]. 北京. 地质出版社.
张云新，吴越，田广，等，2014. 云南乐红铅锌矿床成矿时代与成矿物质来源：Rb-Sr 和 S 同位素制约[J]. 矿物学报（34）：305-311.
张振亮，2006. 云南会泽铅锌矿床成矿流体性质和来源-来自流体包裹体和水岩反应实验的证据[D]. 贵阳：中国科学院地球化学研究所.
张志斌，李朝阳，涂光炽，等，2006. 川、滇、黔接壤地区铅锌矿床产出的大地构造演化背景及成矿作用[J]. 大地构造与成矿学，30（3）：343-354.
赵准，1995. 滇东、滇东北地区铅锌矿床的成矿模式[J]. 云南地质，14（4）：350-354.
郑传仑，1992. 黔西北铅锌矿区的控矿构造研究[J]. 矿产与地质，3（6）：193-200.
郑传仑，1994. 黔西北铅锌矿的矿质来源[J]. 桂林冶金地质学院学报（2）：113-124.
周朝宪，1998. 滇东北麒麟厂锌铅矿床成矿金属来源、成矿流体特征和成矿机理研究[J]. 矿物岩石地球化学通报，17（1）：36-38.
周家喜，2011. 黔西北铅锌成矿区分散元素及锌同位素地球化学研究[D]. 贵阳：中国科学院地球化学研究所.

周家喜，黄智龙，周国富，等，2010. 黔西北赫章天桥铅锌矿床成矿物质来源：S、Pb 同位素和 REE 制约[J]. 地质论评，56（4）：513-524.

Albarède F，2004. The stable isotope geochemistry of copper and zinc [J]. Reviews in Mineralogy and Geochemistry，55（1）：409-427.

Ali J R，Thompson G M，Zhou M F，et al.，2005. Emeishan large igneous province，SW China [J]. Lithos，79（3-4）：475-489.

Crowther H L，2007. A rare earth element and transition metal isotope study of the Irish Zn-Pb ore field [C]. Imperial College London (University of London).

Gong H S，Han R S，Wu P，et al.，2020. Constraints of S-Pb-Sr isotope compositions and Rb-Sr isotopic age on the origin of the laoyingqing noncarbonate-hosted Pb-Zn deposit in the Kunyang Group，SW China [J]. Geofluids，8844312：1-21.

Hu R Z，Fu S L，Huang Y，et al.，2017. The giant South China Mesozoic low-temperature metallogenic domain：Reviews and a new geodynamic model [J]. Journal of Asian Earth Sciences，137：9-34.

Leach D L，Bradley D C，Lewchuk M，et al.，2001. Mississippi valley-type lead-zinc deposits through geological time：Implications from recent age-dating research [J]. Mineralium Deposita，36：711-740.

Leach D L，Sangster D F，1993. Mississippi Valley-type lead-zinc deposits [J]. Geological Association of Canada Special Paper，40：289-314.

Leach D L，Sangster D F，Kelley K D，et al.，2005. Sedement-hosted lead-zinc deposits：A global perspective [J]. Economic Geology 100th Anniversary Volume，561-607.

Leach D L，Song Y C，2019. Sediment-hosted Zinc-lead and Copper Deposits in China [M]//Chang Z S，Goldfarb R J. Mineral Deposits of China. Lancaster：Society of Economic Geologists.

Li W B，Huang Z L，Yin M D，2007. Dating of the giant Huize Zn-Pb ore field of Yunnan Province，Southwest China：Constraints from the Sm-Nd system in hydrothermal calcite [J]. Resource Geology，57：90-97.

Liu Y Y，Qi L，Gao J F，et al.，2015. Re-Os dating of galena and sphalerite from lead-zinc sulfide deposits in Yunnan Province，SW China [J]. Journal of Earth Science，26（3）：343-351.

Lo C H，Chung S L，Lee T Y，et al.，2002. Age of the Emeishan flood magmatism and relations to Permian-Triassic boundary events [J]. Earth and Planetary Science Letters，198（3-4）：449-458.

Maréchal C N，1998. Géochimie des isotopes du Cuivre et du Zinc. Méthode，variabilités natreelles，et application océanographique [J]. Lyon：Thesis Ecole Normale Supérieure，253.

Maréchal C N，Albarède F，2002. Ion-exchange fractionation of copper and zinc isotopes [J]. Geochim Cosmochim Acta，66（90）：1499-1509.

Maréchal C N，Sheppard S M F，2002. Isotopic fractionation of Cu and Zn between chloride and nitrate solutions and malachite or smithsonite at 30 degrees and 50 degrees C [J]. Geochimica et Cosmochimica Acta，66（15A）：A484.

Sangster D F，1995. Mississippi valley-type lead-zinc[J]//Eckstrand OR Sinclair WD and Thorpe RI eds. Geology of Canadian Mineral Deposit Types. Geological Survey of Canada Geology of Canada，8：253-261.

Sverjensky D A，1984. Oil field brines as ore-forming solution [J]. Economic Geology，79：23-37.

Tang Y Y，Bi X W，Zhou J X，et al.，2019. Rb-Sr isotopic age，S-Pb-Sr isotopic compositions and genesis of the ca. 200Ma Yunluheba Pb-Zn deposit in NW Guizhou Province，SW China [J]. Journal of Asian Earth Sciences，185：104054

Wilkinson J，Weiss D，Mason T，et al.，2005. Zinc isotope variation in hydrothermal systems：Preliminary evidence from the Irish Midlands ore field [J]. Economic Geology，100（3）：583-90.

Xiong S F，Gong Y J，Jiang S Y，et al.，2018. Ore genesis of the Wusihe carbonate-hosted Zn-Pb deposit in the Dadu River Valley district，Yangtze Block，SW China：Evidence from ore geology，S-Pb isotopes，and sphalerite Rb-Sr dating [J]. Mineralium Deposita，53：967-979.

Yang Q，Liu W H，Zhang J，et al.，2019. Formation of Pb-Zn deposits in the Sichuan-Yunnan-Guizhou triangle linked to the Youjiang foreland basin：Evidence from Rb-Sr age and in situ sulfur isotope analysis of the Maoping Pb-Zn deposit in northeastern Yunnan Province，southeast China [J]. Ore Geology Reviews，107：780-800.

Zhang C Q，Wu Y，Hou L，et al.，2015. Geodynamic setting of mineralization of Mississippi Valley-type deposits in world-class Sichuan-Yunnan-Guizhou Zn-Pb triangle，southwest China：Implications from age-dating studies in the past decade and the Sm-Nd age of Jinshachang deposit [J]. Journal of Asian Earth Sciences，103：103-114.

Zhou C X，Wei C S，Guo J Y，et al.，2001. The source of metals in the Qilinchang Zn-Pb deposit，northeastern Yunnan，China：Pb-Sr isotope constraints [J]. Economic Geology，96（3）：583-598.

Zhou J X，Bai J H，Huang Z L，et al.，2015. Geology，isotope geochemistry and geochronology of the Jinshachang carbonate-hosted Pb-Zn deposit，southwest China [J]. Journal of Asian Earth Sciences，98：272-284.

Zhou J X，Huang Z L，Lv Z C，et al.，2014b. Geology，isotope geochemistry and ore genesis of the Shanshulin carbonate-hosted Pb-Zn deposit，southwest China [J]. Ore Geology Reviews，63：209-225.

Zhou J X，Huang Z L，Yan Z F，2013b. The origin of the Maozu carbonate-hosted Pb-Zn deposit，southwest China：constrained by C-O-S-Pb isotopic compositions and Sm-Nd isotopic age [J]. Journal of Asian Earth Sciences，73：39-47.

Zhou J X，Huang Z L，Zhou M F，et al.，2013a. Constraints of C-O-S-Pb isotope compositions and Rb-Sr isotopic age on the origin of the Tianqiao carbonate-hosted Pb-Zn deposit，SW China [J]. Ore Geology Reviews，53：77-92.

Zhou J X，Huang Z L，Zhou M F，et al.，2014a. Zinc，sulfur and lead isotopic variations in carbonate-hosted Pb-Zn sulfide deposits，southwest China [J]. Ore Geology Reviews，58：41-54.

Zhou J X，Luo K，Wang X C，et al.，2018b. Ore genesis of the Fule Pb-Zn deposit and its relationship with the Emeishan Large Igneous Province：Evidence from mineralogy，bulk C-O-S and in situ S-Pb isotopes [J]. Gondwana Research，54：161-179.

Zhou J X，Wang X C，Wilde S A，et al.，2018c. New insights into the metallogeny of MVT Zn-Pb deposits：A case study from the Nayongzhi in South China，using field data，fluid compositions，and in situ S-Pb isotopes [J]. American Mineralogist，103（1）：91-108.

Zhou J X，Xiang Z Z，Zhou M F，et al.，2018a. The giant Upper Yangtze Pb-Zn province in SW China：Reviews，new advances and a new genetic model [J]. Journal of Asian Earth Sciences，154：280-315.

Zhou M F，Yan D P，Kennedy A K，et al.，2002. SHRIMP U-Pb zircon geochronological and geochemical evidence for Neoproterozoic arc-magmatism along the western margin of the Yangtze Block，South China [J]. Earth and Planetary Science Letters，196（1-2）：51-67.

第八章　结　　论

一、主要认识

1. 典型矿床地质特征

黔西北地区典型矿床地质特征的共性包括含矿层位虽具多层性，但以石炭系为主，含矿岩性主要为蚀变的粗晶白云岩、白云质灰岩，具有一定的层位和岩性控矿特征；NW向、NE向区域性紧密褶皱带、断裂带控制着各成矿亚带的展布。在紧密褶皱轴部纵断层，物化探异常发育，铅锌矿化程度高，矿床规模大，常形成矿化集中区，主干断层与次级断层交会部位、背斜倾伏端控制矿床分布和矿体的产出，背斜近轴部和倾伏端控制矿床分带，构造圈闭体系控矿明显；云炉河（台地相带）→猫猫厂、天桥、双龙井、山王庙（台地边缘相带或称过渡相）→观音山、响水河、杉树林（浅海盆地相带），主要矿床（点）多集中于台地边缘礁（滩）相沉积环境沉积的白云质碳酸盐岩相及生物碎屑灰岩、礁灰岩（白云岩）中，具有一定的岩相控矿特征。

2. 区域成矿规律

研究区铅锌矿床（点）成群成带分布与特定的构造、蒸发岩相组合密切有关。统计显示下二叠统梁山组之下的石炭系与泥盆系中赋存的铅锌矿床数量最多、储量最大，与二叠统梁山组富有机质页岩紧密相关，有机质起到还原剂、地球化学障以及提供成矿物质的作用；矿体呈脉状、透镜状、不规则串珠似层状产于压扭性构造组合样式次级配套张性构造内或岩性界面中，走向延伸短、倾向延伸长，与含矿地层中蒸发膏岩的分布直接相关。围岩蚀变虽然弱，但广泛发育重（粗）结晶白云石化、铁锰碳酸盐岩化、白云石化和方解石化及黄铁矿化和菱铁矿化，其中重（粗）结晶白云石化部位往往是蒸发岩发育部位，受热液流体溶解-重结晶围岩的影响，铁锰碳酸盐岩化是热液流体作用下蒸发岩、铁锰结核与有机质综合作用的产物，白云石化和方解石化则是热液流体与围岩碳酸盐岩溶解作用伴随成矿的产物，而黄铁矿化和菱铁矿化是热液成矿的直接体现。

3. 典型矿床地球化学特征

元素地球化学分析结果显示本区矿床普遍富集Cd、Ge等稀散元素，暗示成矿环境的特殊性；元素和同位素地球化学示踪结果共同指示成矿物质具有多来源混合特征，主要源区为基底岩石、赋矿沉积岩和盖层玄武岩，并与赋矿沉积岩中的有机质和海相硫酸盐有密切的成因关系，结合矿床地质特征，进一步确认赋存于石炭系的铅锌矿床与二叠系梁山组有着密切的物质和地球化学还原障的关系。

4. *矿床成因和矿床模型*

系统研究表明黔西北地区铅锌矿床与 MVT 矿床不同，表现为这些矿床主要形成于板块边缘挤压背景下，受挤压构造控制，产于挤压构造及其派生层间构造带内，流体受构造应力驱动，成矿温度较高（通常小于 300℃），成矿盐度较低（通常小于 10%），矿化品位较高（Pb 与 Zn 之和大于 10%），伴生多种稀散元素（如 Cd、Ga、Ge 等），溶塌角砾不发育，构造角砾发育，成矿物质来源复杂，与岩浆岩具有空间分布耦合关系，与有机质和蒸发膏盐岩相密切相关，成矿是富金属流体与富还原硫流体混合作用的产物。本次研究确定本区矿床与 MVT 矿床不同，属于独特的 SYG 型，是“区域性深大断裂（流体运移通道）+挤压构造及其派生构造的局部张性部位（容矿空间）+重结晶白云岩（赋矿围岩）+蒸发膏盐岩（提供硫源）+富有机质页岩（提供部分成矿物质和还原剂）+大规模成矿流体（成矿金属搬运介质）”的“六位一体”大规模流体-圈闭构造体系-有利岩石组合耦合成矿产物。

二、成矿预测

1. *成矿流体运移与演化*

通过矿床地质规律分析和矿床地球化学特征对比结果，发现硫同位素自杉树林向天桥再向板板桥明显降低，云炉河坝硫同位素组成在零值附近，锶同位素由天桥向杉树林有降低趋势，铅同位素由青山向杉树林、筲箕湾向亮岩、天桥向猫榨厂有增加趋势，锌同位素由天桥向板板桥有增加趋势，锌同位素在天桥矿床由矿体底部向顶部增加，而在杉树林锌同位素组成由浅部向深部有增加趋势。这些演化特征指示成矿流体运移方向为富硫流体由 SE 向 NW 运移，而富金属流体由 NW 向 SE 演化，这为找矿指明了方向。

2. *找矿标志*

建立流体运移途径和混合程度组合标志：根据 S、Pb、Zn 等成矿元素同位素示踪成矿物质的来源与演化规律，预测流体运移途径、推测流体混合程度，决定找矿方向、矿化类型等。构造组合标志：区域性构造旁侧压扭性断层+褶皱+次级张性构造空间，容矿空间决定矿体规模、产状等。岩性组合标志：各时代海相碳酸盐岩+蒸发岩+富有机质岩，决定矿化定位、产状、品级等。蚀变组合标志：重结晶白云岩+铁锰碳酸盐岩+方解石或白云石+黄铁矿或菱铁矿，决定矿体的位置、规模等。地球物理化学场组合标志：成矿指示元素、成矿元素异常+激电等地球异常，决定矿体位置、产状等。

3. *找矿模型和找矿远景区*

根据成矿背景、成矿条件、主要控矿因素、矿床地球化学、成矿机制、成矿规律和矿床成因研究资料，结合地球物理、区域地球化学及遥感资料，总结出重要找矿标志，建立了成矿带综合找矿模型。划分远景区分三级：Ⅰ级（4 个）；Ⅱ级（8 个）；Ⅲ级（6 个）。Ⅰ级共 4 个：其中垭都-蟒硐断裂带 2 个（朱沙厂—老君洞、罐子窑—亮岩窝弓），云炉河-银厂坡断裂带 2 个（云炉河—乐开、银厂坡）。Ⅱ级共 8 个：其中垭都-蟒硐断裂带 6 个（垭都—篾匠冲、蟒硐、五里坪、福来厂、猫榨厂、天桥—耗子硐），威水断裂 2 个（青山、杉树林）。Ⅲ级共 6 个：其中垭都-蟒硐断裂带 3 个（发达、独山、观音山）。威水断裂 2 个（双水井、水槽堡），云炉河-银厂坡断裂带 1 个（云炉河—银厂坡中部）。